电工轻松入门

邱利军　主编

化学工业出版社

·北京·

图书在版编目（CIP）数据

电工轻松入门：双色视频版/邱利军主编. —北京：化学工业出版社，2018.5（2023.1重印）

ISBN 978-7-122-31835-0

Ⅰ.①电… Ⅱ.①邱… Ⅲ.①电工技术-图解 Ⅳ.①TM-64

中国版本图书馆CIP数据核字（2018）第058436号

责任编辑：宋 辉　　装帧设计：王晓宇

责任校对：边 涛

出版发行：化学工业出版社（北京市东城区青年湖南街13号 邮政编码100011）

印 装：北京虎彩文化传播有限公司

787mm×1092mm 1/16 印张$15^1/_2$ 字数337千字 2023年1月北京第1版第6次印刷

购书咨询：010-64518888　　售后服务：010-64518899

网 址：http：//www.cip.com.cn

凡购买本书，如有缺损质量问题，本社销售中心负责调换。

定 价：49.80元

前 言

Foreword

本书在编写时充分考虑了零起点读者的实际情况，在分析电工的实际工作内容的基础上，提炼出电工入门必备的技能，按照实用、够用的原则，以通俗易懂的语言、图文并茂的形式，深入浅出地进行介绍。全书从最简单的电工基本操作入手，起点较低，注重实用，便于自学入门。针对起点低、从零学起的朋友，本书追求的学习效果是：基本知识一看就懂，基本操作技能一学就会，一书在手，入门上岗无忧。

本书用全图解的形式介绍了电工的基本操作技能、电工常用工具和电工仪表的使用方法、低压电器和电工基本控制线路的识读及安装调试、照明线路的安装等电工入门必须掌握的技能。

为帮助读者更好地掌握电工操作技能，本书针对一些较有难度的操作配备了视频二维码。

本书由邱利军主编，高二贺、胡伟、黄敦华、黄桂芸、金秋生、颜勇军、张英参加了编写工作，于曰浩主审。

由于编者水平所限，书中难免存在不妥之处，恳请广大读者批评指正。

编　者

目 录

Contents

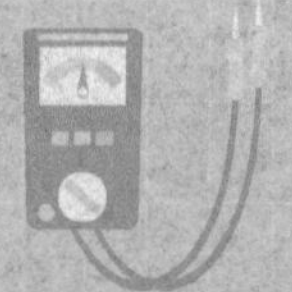

第一章

电工基本操作

001

目 录
Contents

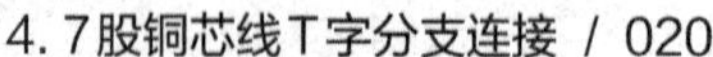

目录 Contents

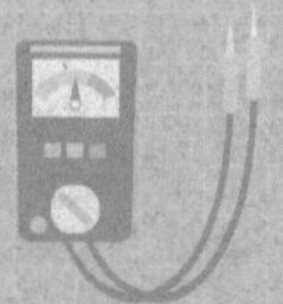

第二章 常用电工仪表的使用

031

目 录
Contents

目 录
Contents

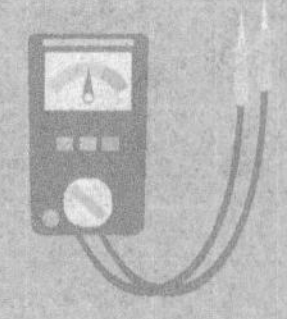

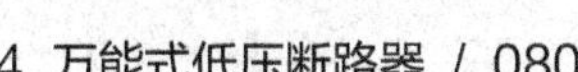

目录
Contents

目录
Contents

目 录
Contents

目录
Contents

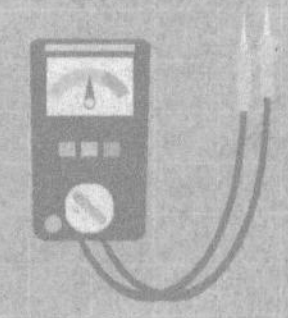

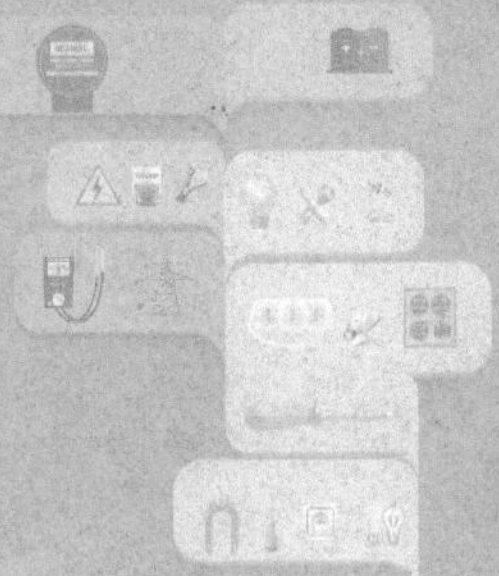

第一章

Chapter 01

电工基本操作

一、常用电工工具

1. 钢丝钳

（1）钢丝钳的结构

钢丝钳的结构如图1-1所示。

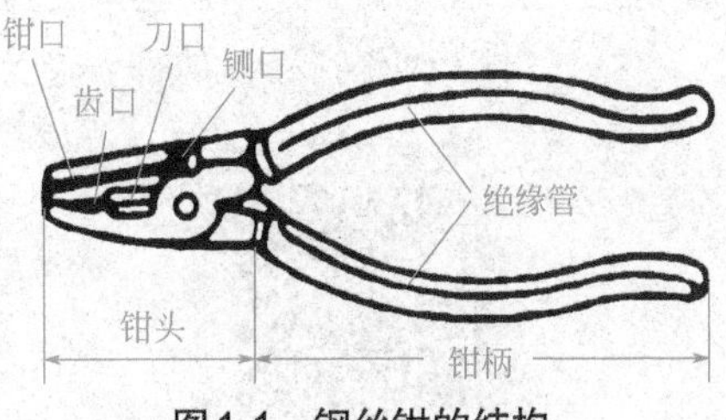

图1-1　钢丝钳的结构

（2）钢丝钳的用途

钢丝钳的用途如图1-2所示。钳柄上应套有耐500V及以上电压的绝缘套。钢丝钳的规格用钢丝钳全长的毫米数表示，常用的有150mm、175mm、200mm等。

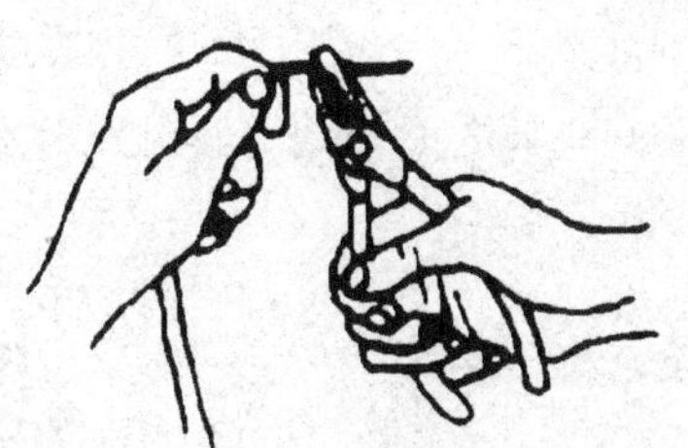

(a) 钳口可用来钳夹和弯绞导线

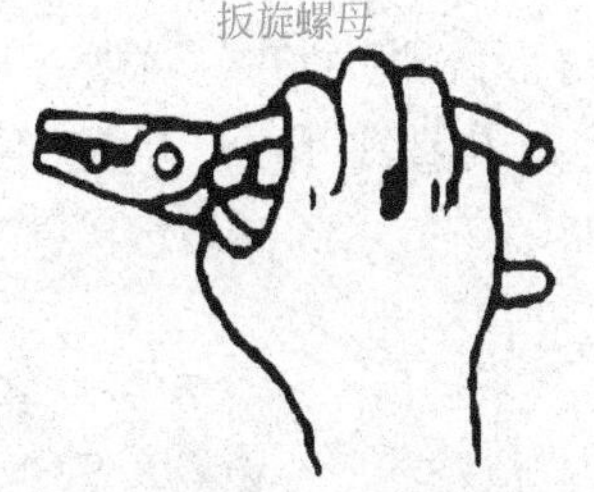

(b) 齿口可代替扳手来拧小型螺母

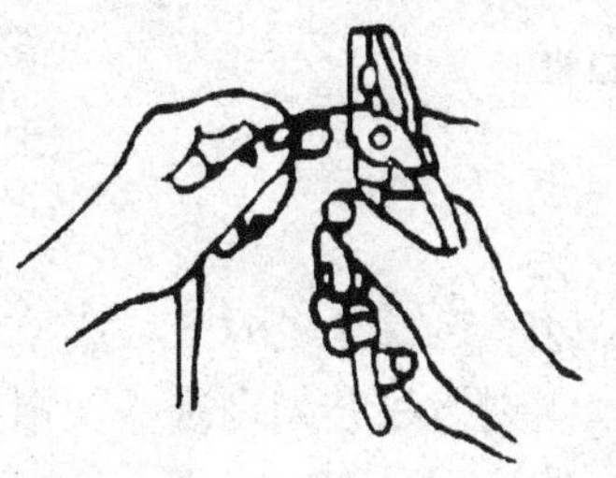

(c) 刀口可用来剪切电线、掀拔铁钉

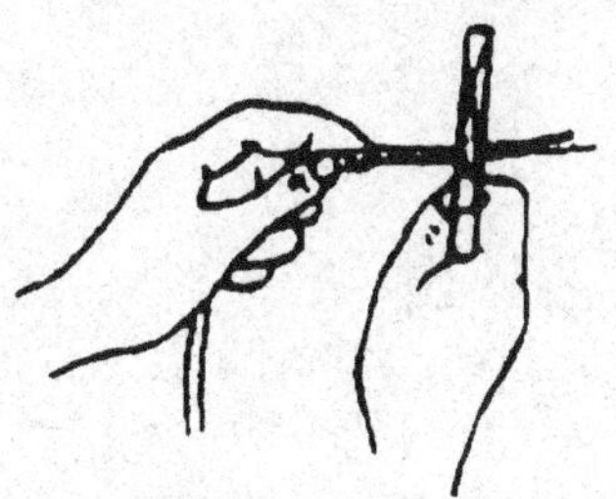

(d) 铡口可用来铡切钢丝等硬金属丝

图1-2　钢丝钳的用途

（3）钢丝钳的使用

① 使用前，必须检查其绝缘柄，确定绝缘状况良好，否则，不得带电操作，以免发生触电事故。

② 用钢丝钳剪切带电导线时，必须单根进行，不得用刀口同时剪切相线和零线或者两根相线，以免造成短路事故。

③ 使用钢丝钳时要刀口朝向内侧，便于控制剪切部位。

④ 不能用钳头代替手锤作为敲打工具，以免变形。钳头的轴销应经常加机油润滑，保证其开闭灵活。

2. 尖嘴钳

尖嘴钳的头部尖细，如图1-3所示；适用于在狭小的工作空间操作，能夹持较小的螺钉、垫圈、导线及电器元件。在安装控制线路时，尖嘴钳能将单股导线弯成接线端子（线鼻子），尖嘴钳的小刀口用于剪断导线、金属丝、剥削导线的绝缘层等。电工用尖嘴钳采用绝缘手柄，其耐压等级为500V。

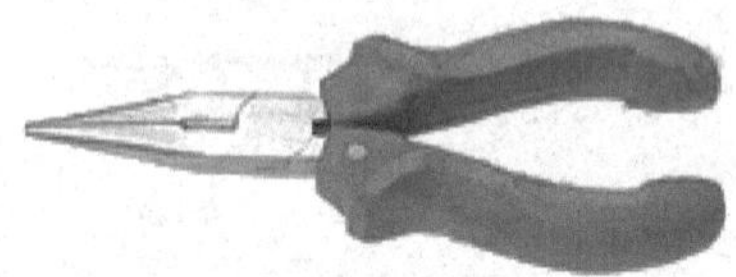

图1-3 尖嘴钳

扫二维码观看尖嘴钳的操作视频。

3. 斜口钳

斜口钳又称断线钳，如图1-4所示；断线钳的头部“扁斜”，是专供剪断较粗的金属丝、线材及导线、电缆等用的。电工用斜口钳的钳柄采用绝缘柄，其耐压等级为1000V。

扫二维码观看斜口钳的使用视频。

图1-4 斜口钳

4. 剥线钳

剥线钳如图1-5所示；用来剥削直径3mm及以下绝缘导线的塑料或橡胶绝缘层，剥线钳钳口有0.5～3mm的多个直径切口，用于不同规格线芯的剥削。使用时应使切口与被剥削导线芯线直径相匹配，切口过大难以剥离绝缘层，切口过小会切断芯线。剥线钳手柄也装有绝缘套。

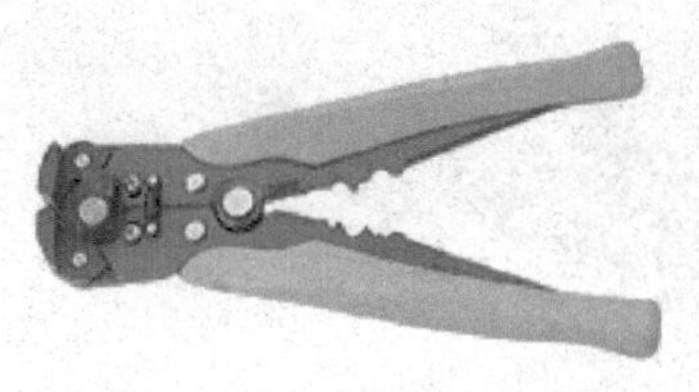
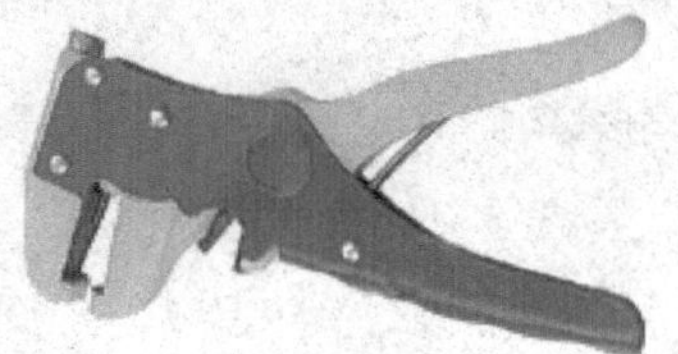
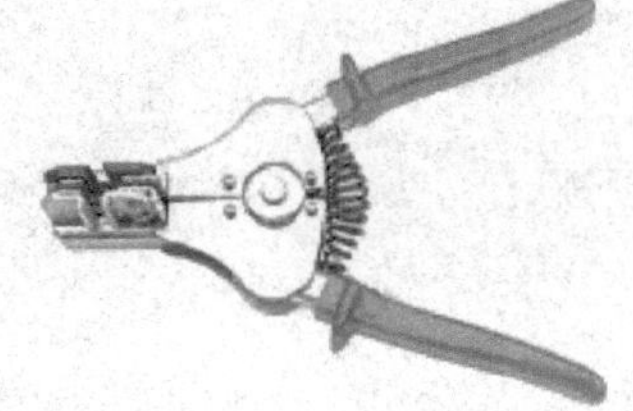

图1-5　剥线钳

剥线钳的使用：使用剥线钳时，将要剥削的绝缘层长度用标尺定好后，把导线放入相应的刃口中，切口大小应略大于导线芯线直径，否则会切断芯线，握紧绝缘手柄，导线的绝缘层即被割破，并自动弹出，如图1-6所示。

扫二维码观看剥线钳的操作视频。

5. 压线钳

压线钳可用于压制各种线材，主要用来压制接线端子。如图1-7所示。

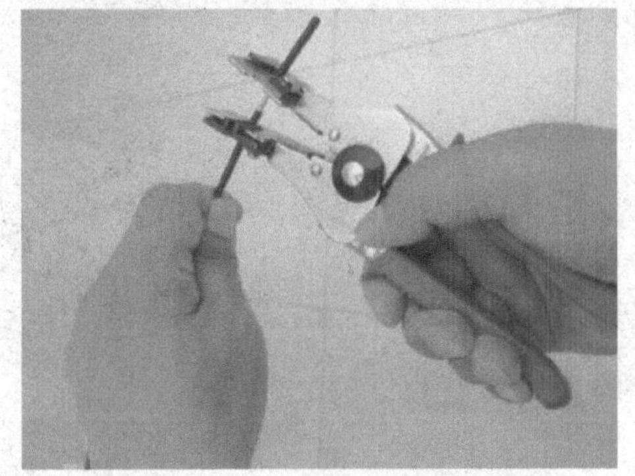

图1-6　剥线钳的使用

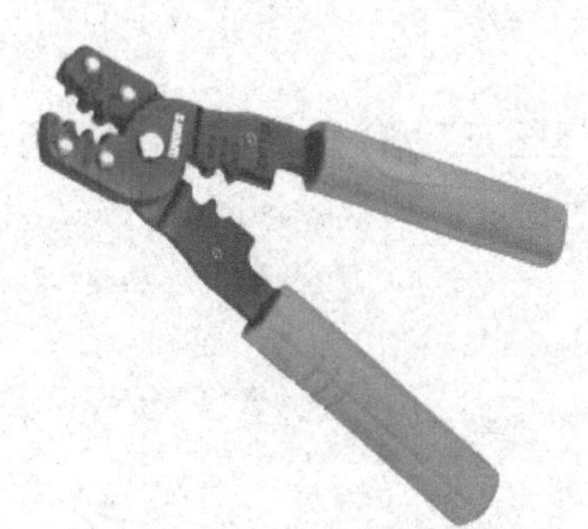

图1-7　压线钳

压线钳的使用：

① 将导线进行剥线处理，裸线长度约1.5mm，与压线片的压线部位大致相等；

② 将压线片的开口方向向着压线槽放入，并使压线片尾部的金属带与压线钳平齐；

③ 将导线插入压线片，对齐后压紧；

④ 将压线片取出，观察压线的效果，掰去压线片尾部的金属带即可使用。

扫二维码观看压线钳的操作视频。

6. 卡簧钳

卡簧钳用于安装和拆除卡簧。在车辆制造和机械行业中用于对轴承的固定或者孔内轴承固定。卡簧钳分为内卡簧钳和外卡簧钳。如图1-8所示。

（1）卡簧钳的使用方法

① 内卡簧钳：使用时先将手柄张开使头部尖嘴能够完全按插入卡簧孔内，然后稍稍捏紧手柄使卡簧直径变小到能够放入轴承固定孔内即可。

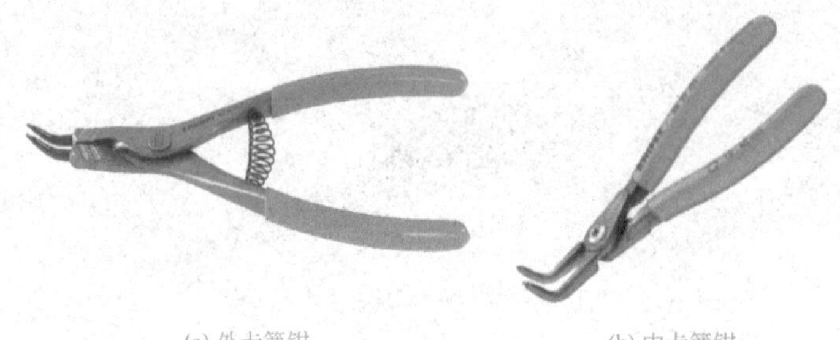

(a) 外卡簧钳　　(b) 内卡簧钳

图1-8　卡簧钳

② 外卡簧钳：使用时先调整头部尖嘴使其完全插入卡簧孔，然后用力捏紧手柄使头部尖嘴张开卡簧直径变大，然后套在轴承外围，松开手柄即可。

(2) 卡簧钳使用的注意事项

① 卡簧钳要根据标示的可接受卡簧直径来选用，如果超过该直径可能会崩坏卡簧钳；

② 小型卡簧钳的顶端很容易过载，因此在取出卡簧钳之前先松开张紧的卡簧。

7. 旋具（螺丝刀）

螺丝刀又称起子或旋凿，是用来紧固或拆卸带槽螺钉的常用工具。螺丝刀按头部形状的不同，有一字型和十字型两种，如图1-9所示。

扫二维码可观看螺丝刀的使用视频。

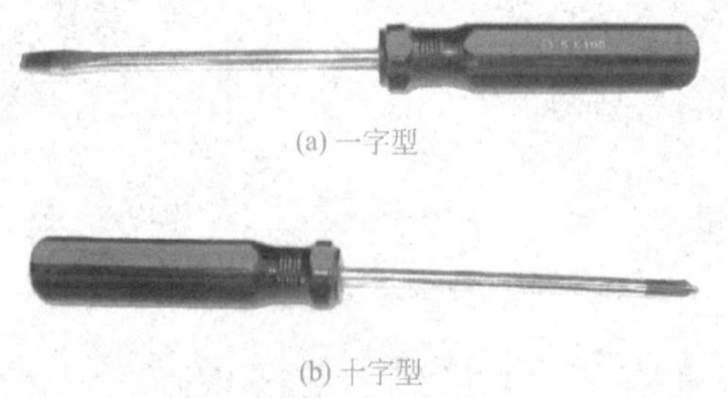

(a) 一字型

(b) 十字型

图1-9　螺丝刀

螺丝刀是电工最常用的工具之一，使用时应选择带绝缘手柄的螺丝刀，使用前先检查绝缘是否良好；螺丝刀的头部形状和尺寸应与螺钉尾槽的形状和大小相匹配，严禁用小螺丝刀去拧大螺钉，或用大螺丝刀拧小螺钉；更不能将其当凿子使用。

螺丝刀的使用：对于小型号螺丝刀，可以采用图1-10（a）所示，用食指顶住握柄末端，大姆指和中指夹住握柄旋动使用；对于大型号可以采用图1-10（b）所示，用手掌顶住握柄末端，大姆指、食指和中指夹住握柄旋动；较长螺丝刀的使用如图1-10（c）所示，由右手压紧并旋转，左手握住金属杆的中间部分。

8. 电工刀

电工刀如图1-11所示；是用来剖削和切割电工器材的常用工具，电工刀的刀口磨制成单面呈圆弧状的刃口，刀刃部分锋利一些。

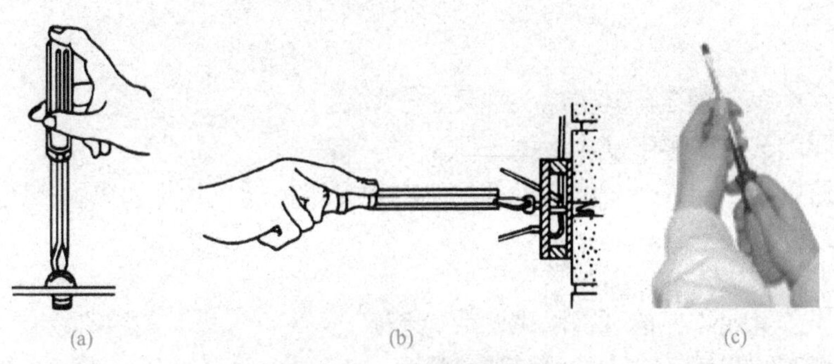

(a)　(b)　(c)

图 1-10　螺丝刀的使用

电工刀的使用：在剖削电线绝缘层时，可把刀略微向内倾斜，用刀刃的圆角抵住线芯，刀口向外推出。这样既不易削伤线芯，又防止操作者受伤。切忌把刀刃垂直对着导线切割绝缘，以免削伤线芯。严禁在带电体上使用没有绝缘柄的电工刀进行操作。

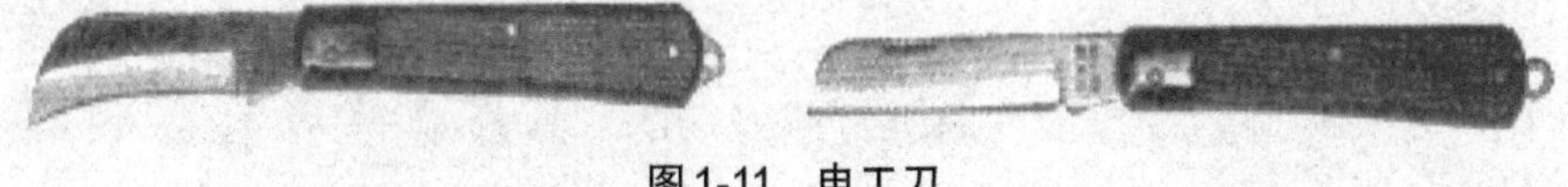

图 1-11　电工刀

9. 活络扳手

活络扳手是一种旋紧或拧松有角螺钉或螺母的工具。电工常用的有200mm、250mm、300mm三种，使用时应根据螺母的大小选配。

活络扳手的使用：如图1-12所示。

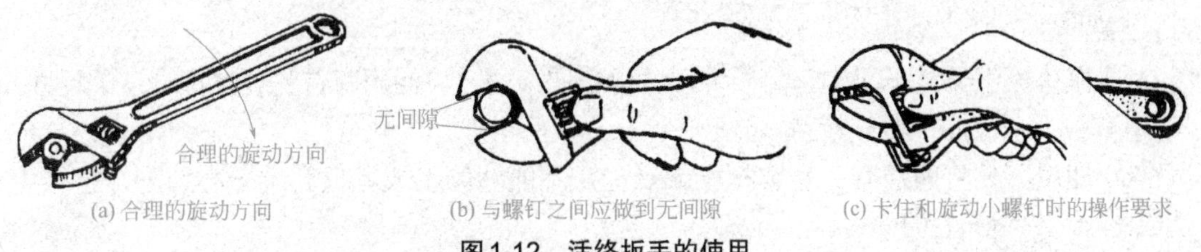

(a) 合理的旋动方向　(b) 与螺钉之间应做到无间隙　(c) 卡住和旋动小螺钉时的操作要求

图 1-12　活络扳手的使用

10. 开口扳手

开口扳手是一种旋紧或拧松有角螺钉或螺母的工具。如图1-13所示。

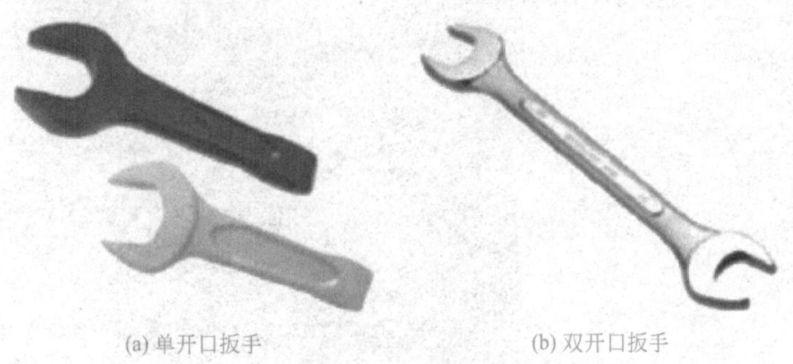

(a) 单开口扳手　(b) 双开口扳手

图 1-13　开口扳手

（1）开口扳手的使用

① 扳口大小应与螺栓、螺母的头部尺寸一致；

② 扳口厚的一边应置于受力大的一侧；

③ 扳动时以拉动为好，若必须推动式，可用手掌推动以防止伤手。

（2）开口扳手使用的注意事项

① 多用于拧紧或拧标准规格的螺栓或螺母；

② 不可用于拧紧力矩较大的螺母或螺栓；

③ 可以上、下套入或者横向插入，使用方便；

④ 要区分公英制，不能混用，尺寸要选择合适，不能够用大尺寸扳手旋小螺栓。

11. 梅花扳手

梅花扳手是一种旋紧或拧松有角螺钉或螺母的工具。如图1-14所示。

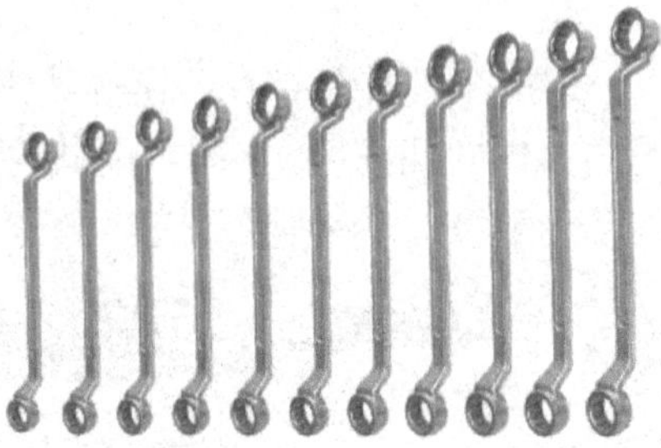

图1-14 梅花扳手

（1）梅花扳手的使用

① 使用时可用扳手套头将螺栓或者螺母的头部全部围住；

② 然后用力扳动扳手另一头；

③ 扳手扳动30°后，则可更换位置继续使用。

（2）梅花扳手使用的注意事项

① 梅花扳手类似于两头套筒扳手，适用于狭窄场合，使用时首先要选择合适的尺寸，尺寸不对，容易造成螺栓或者螺母滑牙；

② 使用时要将两端套头套牢螺栓或螺母，不能够倾斜或者只套进一小部分，这样会造成螺栓或者螺母滑牙。

12. 套筒扳手

套筒扳手是一种旋紧或拧松有角螺丝钉或螺母的工具。如图1-15所示。

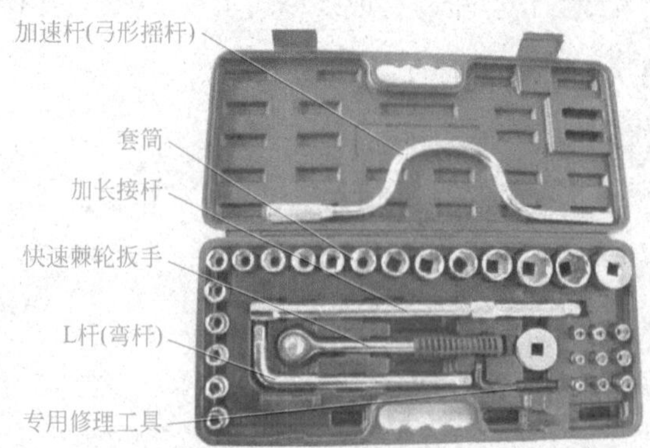

图1-15 套筒扳手

套筒扳手由套筒、套筒接合器、万向节和加长杆组成，如图1-16所示。

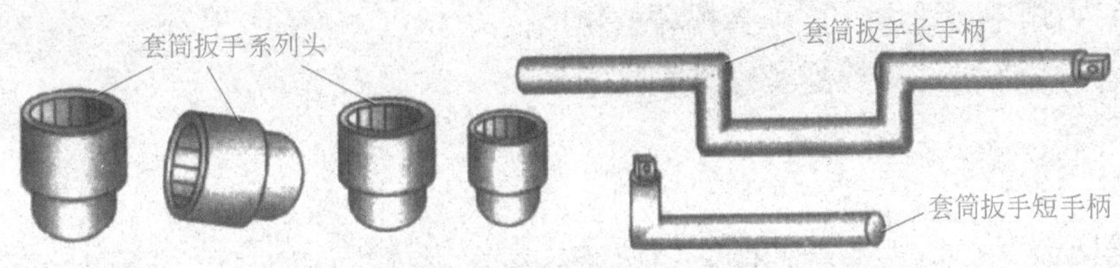

图1-16　套筒扳手的组成

（1）套筒扳手的使用

① 选择合适的套筒；

② 将套筒、套筒连杆、棘轮操作杆组装；

③ 然后将套筒套住螺栓或者螺母，调整棘轮方向；

④ 旋动棘轮操作杆就可以旋紧或松动螺栓或者螺母。

（2）套筒扳手使用的注意事项

① 使用前要调整好棘轮的方向，方向不能调反；

② 应根据作业空间及扭力要求的不同选用接杆及合适的套筒进行作业；

③ 使用时注意套筒必须与螺栓或螺母的形状与尺寸相适合，一般不允许使用外接加力装置。

13. 棘轮扳手

棘轮扳手是一种手动螺丝松紧工具，经组装加工后，前端为四方孔，内嵌活动滚珠只能向一个方向旋转的扳手，一般配合套管使用，非常方便，但它的棘轮有最大力矩，如图1-17所示。当螺钉或螺母的尺寸较大或扳手的工作位置很狭窄时，就可用棘轮扳手。这种扳手摆动的角度很小，能拧紧和松开螺钉或螺母。拧紧时顺时针转动手柄。方形的套筒上装有一只撑杆。当手柄向反方向扳回时，撑杆在棘轮齿的斜面中滑出，因而螺钉或螺母不会跟随反转。如果需要松开螺钉或螺母，只需翻转棘轮扳手朝逆时针方向转动即可。

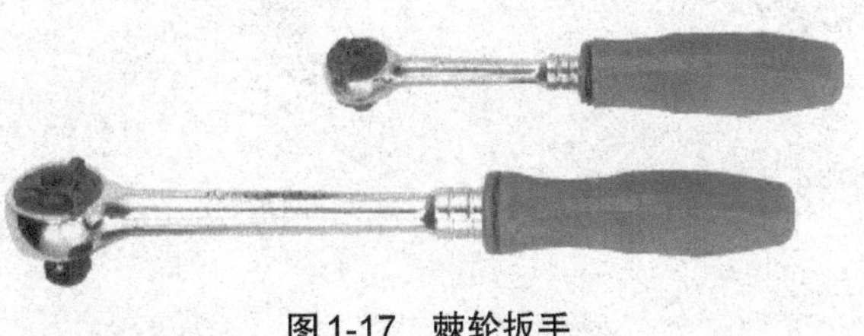

图1-17　棘轮扳手

（1）棘轮扳手的使用

① 根据要旋动的螺栓或者螺母选择合适大小的棘轮；

② 根据旋动的方向选择合适方向的棘轮或者调整双向棘轮的方向；

③ 将棘轮套住螺栓或者螺母旋动即可。

（2）棘轮扳手使用的注意事项

① 使用前要调整正确的棘轮方向；

② 选择合适的转接杆、套筒头、或块扳手组合使用；
③ 紧固力矩不能过大，否则会损坏棘轮机构；
④ 使用时棘轮要和螺栓或者螺母完全吻合。

14. 验电器

低压验电器又称试电笔，如图1-18所示，是检验导线、电器是否带电的一种常用工具，检测范围为60～500V，有钢笔式、旋具式和组合式多种。

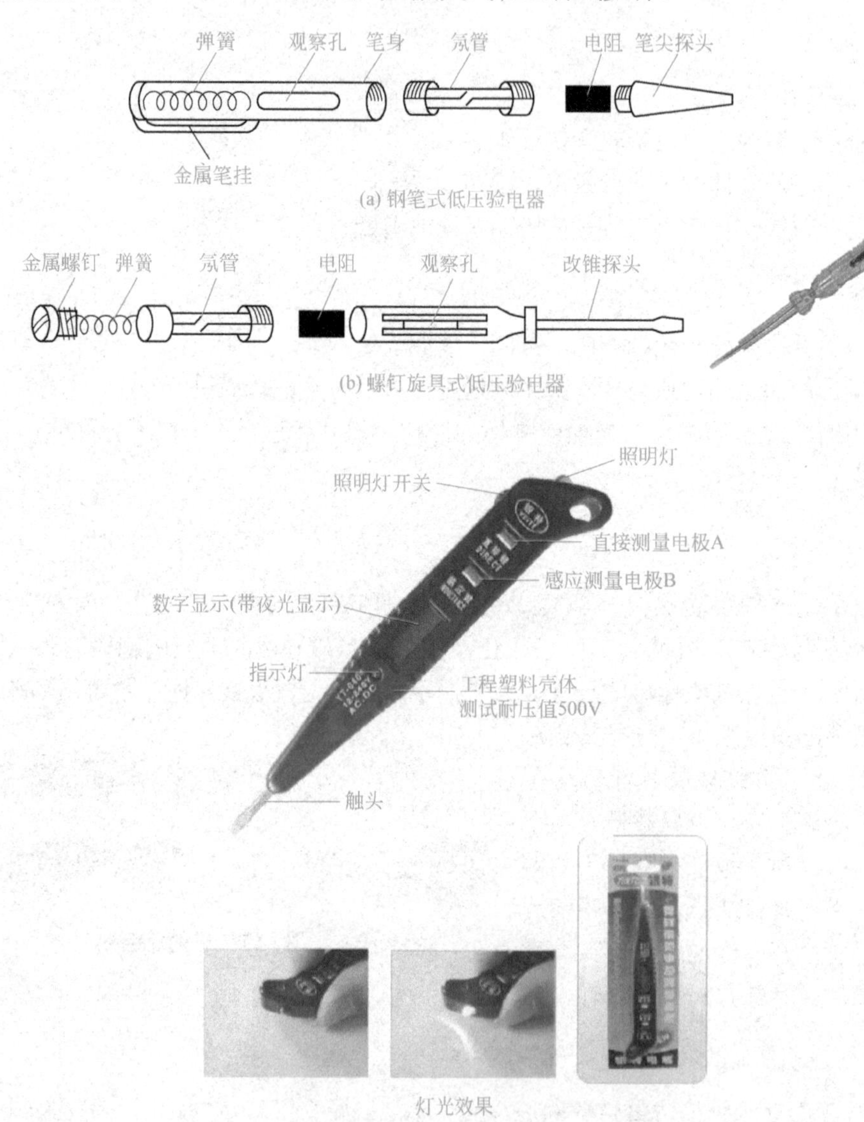

图1-18　低压验电器

验电器的使用：使用钢笔式或螺钉旋具式低压验电器验电时，手指必须接触笔尾的金属体（钢笔式）或测电笔顶部的金属螺钉（螺丝刀式），如图1-19（a）所示。使用数显式低压验电器低压验电器验电时，手指必须按下笔尾的测试按钮，如图1-19（b）所示。

扫二维码可观看验电器的使用视频。

(a) 使用螺钉旋具式低验电器验电

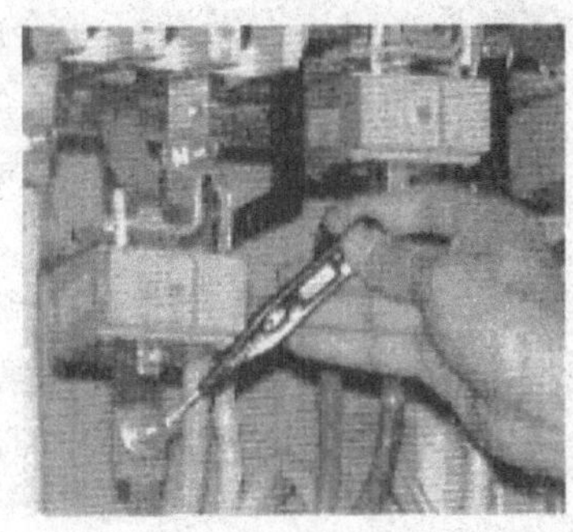

(b) 使用数显式低压验电器验电

图1-19　低压验电器的使用

15. 高压验电器

高压验电器又称为高压测电器，如图1-20所示；主要类型有发光型高压验电器、声光型高压验电器。

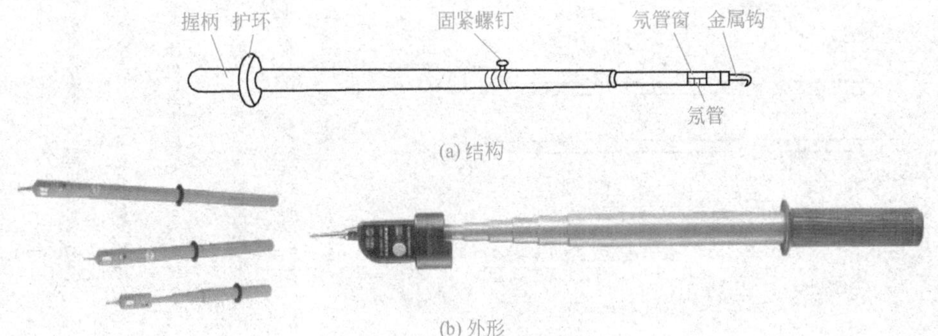

(a) 结构

(b) 外形

图1-20　10kV高压验电器

高压验电器通常用于检测对地电压在250V以上的电气线路与电气设备是否带电。常用的有10kV及35kV两种电压等级。高压验电器的种类较多，原理也不尽相同，常见的有发光型、风车型及有源声光报警型等几种。图1-21所示是一种6～10kV高压迴转验电器，在验电过程中，只要验电器发光、发声或色标转动，即可视该物体有电。图1-22所示为高压验电时的正确握法和错误握法。

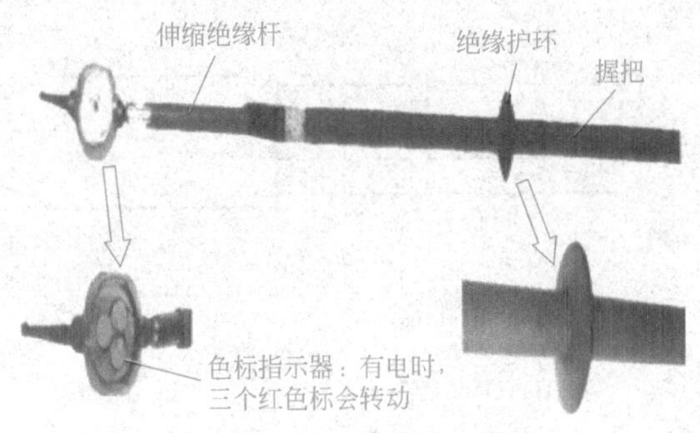

图1-21　高压验电器

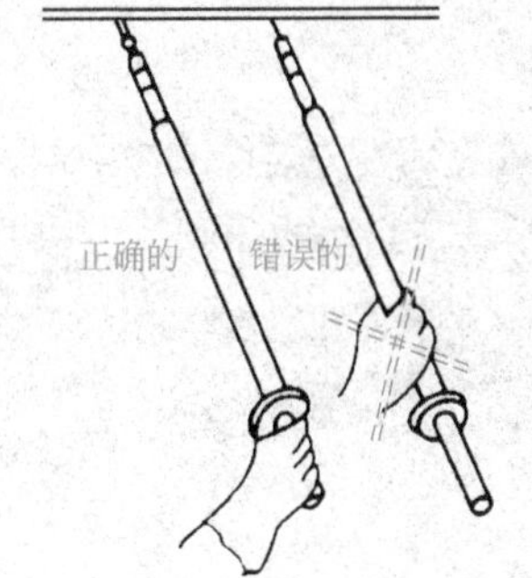

图1-22　10kV高压验电器的使用

高压验电器的使用：应在有电设备上先验证验电器性能完好，然后再对被验电设备进行检测。注意操作中是将验电器渐渐移向设备，在移近过程中若有发光或发声指示，则立即停止验电。

① 使用前首先确定高压验电器额定电压与被测电气设备的电压等级相适应，以免危及操作者人身安全或产生误判。

② 验电时操作者应带绝缘手套，手握在护环以下部分，同时设专人监护。

③ 使用高压验电器时，必须在气候良好的情下进行，以确保操作人员的安全。

④ 验电时人体与带电体应保持足够的安全距离，10kV以下的电压安全距离应为0.7m以上。

⑤ 验电器应每半年进行一次预防性试验。

16. 高压绝缘拉杆

绝缘棒主要是用来闭合或断开高压隔离开关、跌落保险，以及用于进行测量和实验工作。绝缘棒由工作部分、绝缘部分和手柄部分组成，如图1-23所示。

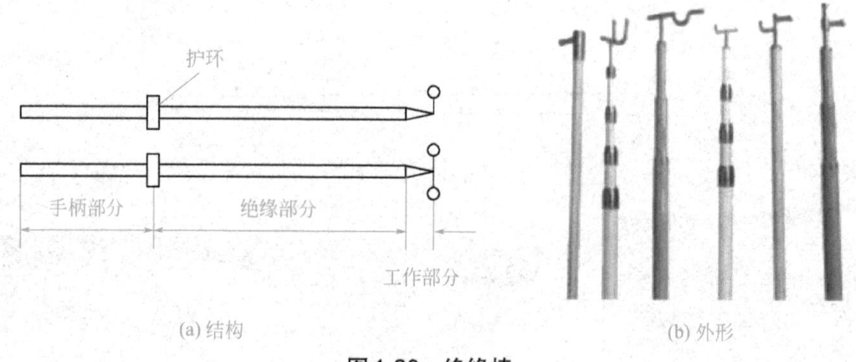

(a) 结构　　(b) 外形

图1-23　绝缘棒

17. 绝缘夹钳

绝缘夹钳主要用于拆装低压熔断器等。绝缘夹钳由钳口、钳身、钳把组成，如图1-24所示，所用材料多为硬塑料或胶木。钳身、钳把由护环隔开，以限定手握部位。绝缘夹钳各部分的长度也有一定要求，在额定电压10kV及以下时，钳身长度不应小于0.75m，钳把长度不应小于0.2m。使用绝缘夹钳时应配合使用辅助安全用具。

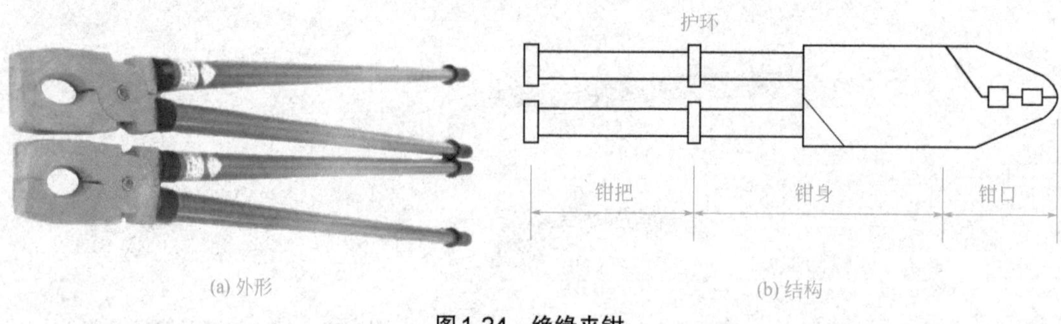

(a) 外形　　(b) 结构

图1-24　绝缘夹钳

18. 常用防护用具

（1）绝缘手套

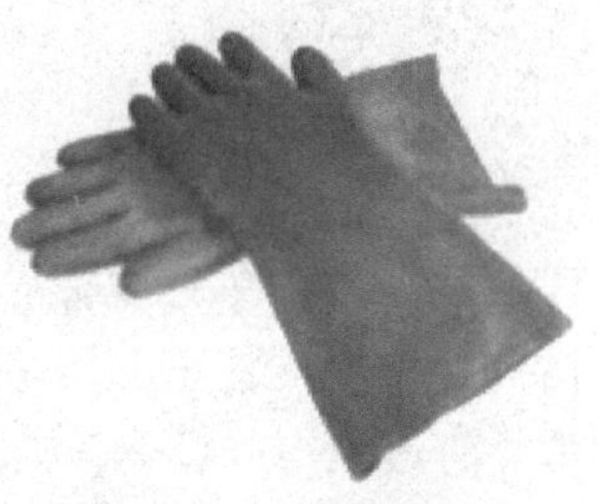

图1-25 绝缘手套

绝缘手套是用橡胶材料制成的，一般耐压较高。它是一种辅助性安全用具，一般常配合其他安全用具使用，如图1-25所示。

检查绝缘手套是否漏气的方法，如图1-26所示。

① 将手套口撑开	② 向手套灌气	③ 放在耳边，听有无漏气声

图1-26 绝缘手套是否漏气的检查

（2）携带型接地线

携带型接地线也就是临时性接地线，在检修配电线路或电气设备时作临时接地之用，以防意外事故，如图1-27所示。

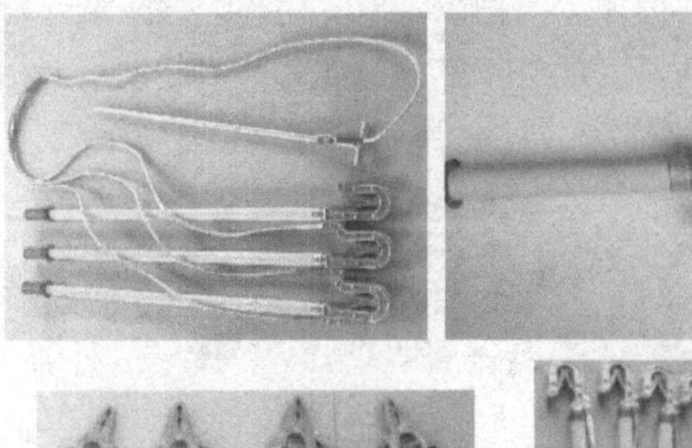

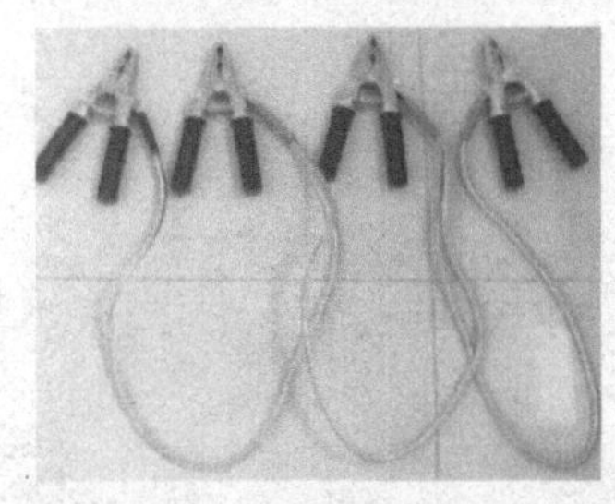

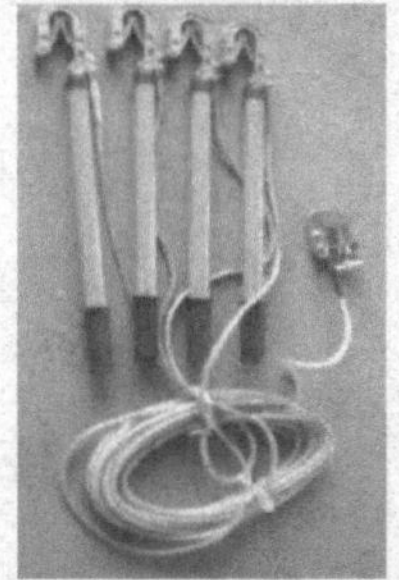

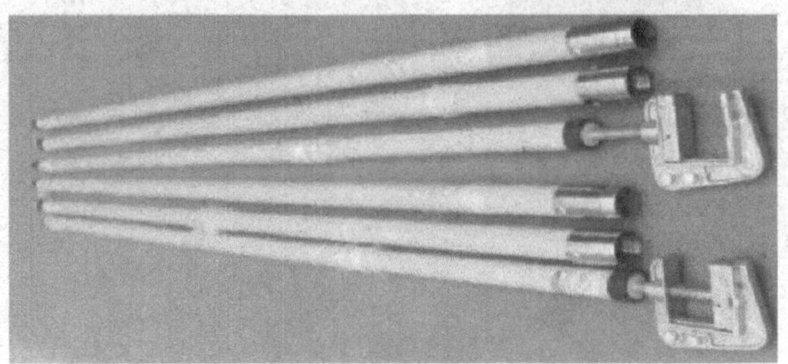

图1-27 携带型接地线

19. 电钻

（1）手电钻

手电钻如图1-28所示，主要用于在各种金属、木头、塑料等硬度相对较小的材料上钻孔。一般具备正反转功能，很多品种还具备调速功能。电钻所能支持的最大钻头直径都是有限的，一般小于ϕ12mm。

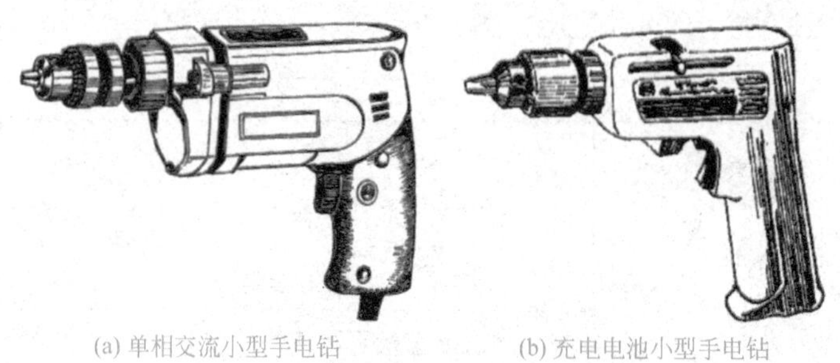

(a) 单相交流小型手电钻　　(b) 充电电池小型手电钻

图1-28　手电钻

（2）冲击电钻

冲击电钻如图1-29所示；在通电工作时，其钻头一方面作旋转运动，同时作前后轴向的冲击运动，用于“敲击”被加工的物体，使其粉碎，便于在水泥和砖结构的墙或地面等坚硬但易碎的物体上钻孔，因此也被称为电锤，此时需使用专用的冲击钻头。有些品种同时具有只旋转而不冲击的普通手电钻功能，用一个转换开关来转换，即为两用型。

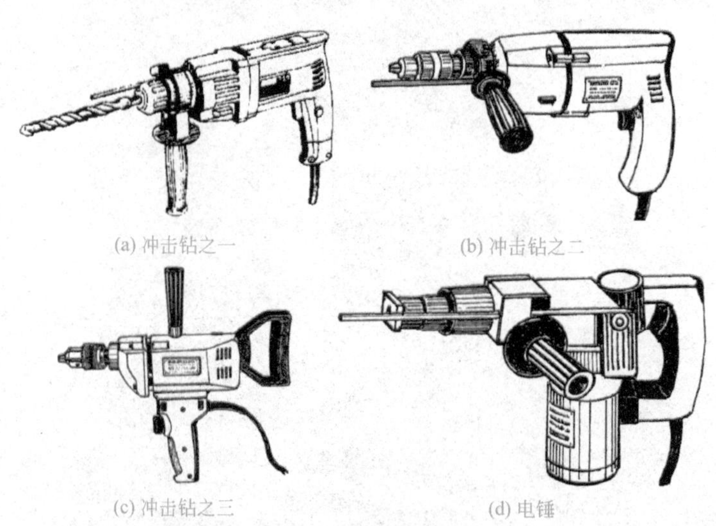

(a) 冲击钻之一　　(b) 冲击钻之二

(c) 冲击钻之三　　(d) 电锤

图1-29　冲击电钻

20. 常用登高用具

（1）安全帽

安全帽如图1-30所示，是用来保护施工人员头部的，必须由专门工厂生产。

（2）安全带

安全带如图1-31所示，是大带和小带的总称，用来防止发生空中坠落事故。腰带用来系挂保险绳、腰绳和吊物绳，系在腰部以下、臀部以上的部位。

图1-30 安全帽

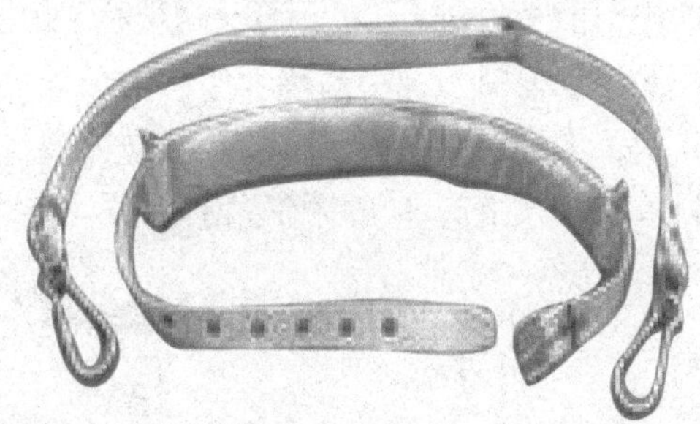

图1-31 安全带

（3）踏板

踏板又叫登高板，如图1-32所示；用于攀登电杆，由板、绳、钩组成。

图1-32 踏板

（4）脚扣

脚扣是攀登电杆的工具，主要由弧形扣环、脚套组成，分为木杆脚扣和水泥杆脚扣两种，如图1-33所示。

(a) 木杆脚扣

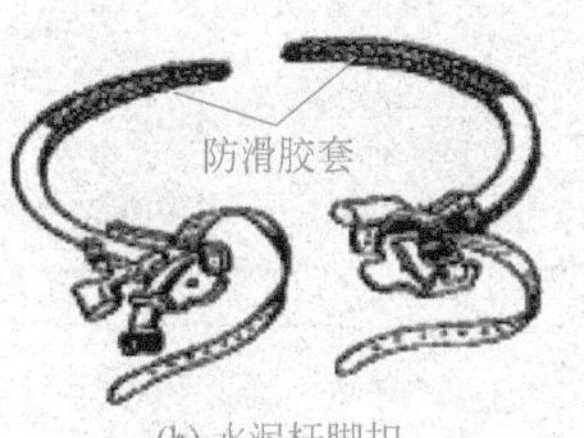

(b) 水泥杆脚扣

图1-33 脚扣

（5）梯子

梯子是最常用的登高工具之一，有单梯、人字梯（合页梯）、升降梯等几种，如图1-34所示；使用梯子应注意以下几点：

① 使用前要检查有无虫蛀、折裂等；

② 使用单梯时，梯根与墙的距离应为梯长的1/4 ～ 1/2，以防滑落和翻倒；

③ 使用人字梯时，人字梯的两腿应加装拉绳，以限制张开的角度，防止滑塌；

④ 采取有效措施，防止梯子滑落。

(a) 单梯　(b) 人字梯　(c) 升降梯

图1-34　梯子

21. 常用专用工具

（1）安装器具

① 叉杆。叉杆是外线电工立杆时使用的专用工具，由U形铁叉和撑杆组成，其外形如图1-35所示。

② 架杆。架杆是由两根相同直径、相同长度的圆木组成的立杆工具，其外形如图1-36所示。

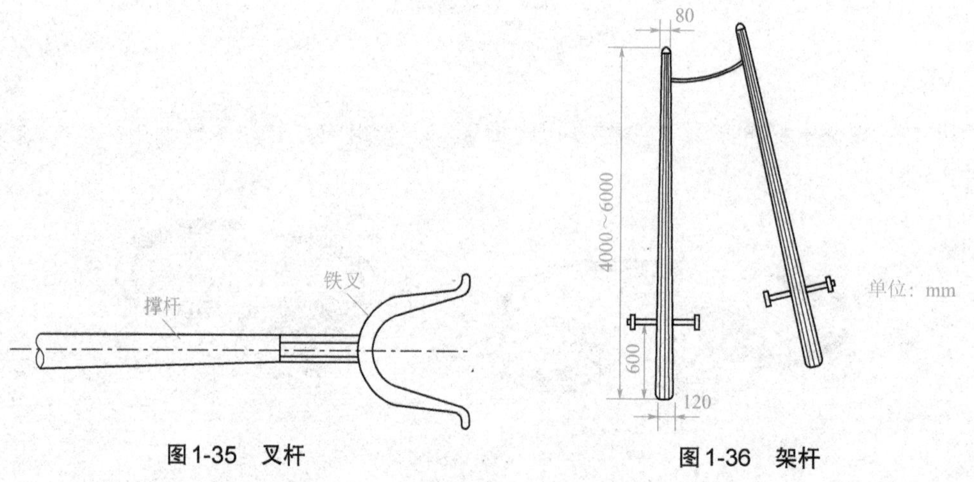

图1-35　叉杆　　图1-36　架杆

③ 紧线器。紧线器是用来收紧户内瓷瓶线路和户外架空线路导线的专用工具，由夹线钳、滑轮、收线器、摇柄等组成，分为平口式和虎口式两种，其外形如图1-37所示。

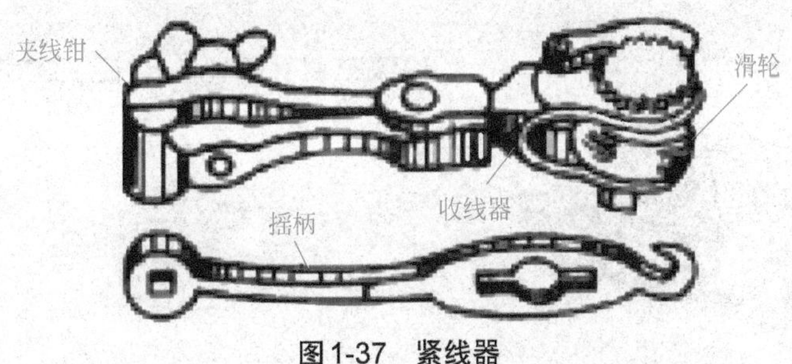

图1-37　紧线器

④ 导线压接钳。导线压接钳是连接导线时将导线与连接管压接在一起的专用工具，分为手动压接钳和手提式油压钳两类，如图1-38所示。

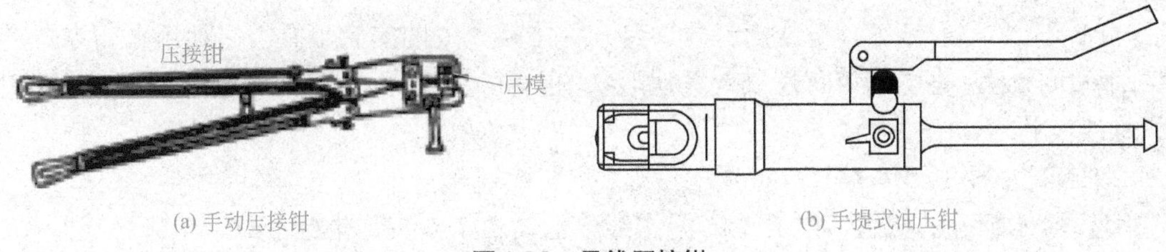

图1-38　导线压接钳

（2）管加工器具

① 弯管器：分为手动弯管器和滑轮弯管器，如图1-39、图1-40所示。

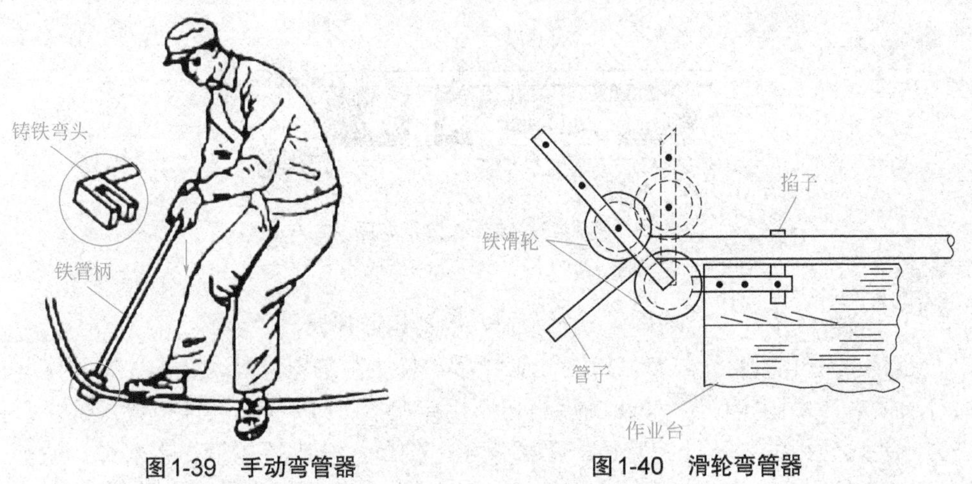

图1-39　手动弯管器　　图1-40　滑轮弯管器

② 切管器：包括手钢锯（见图1-41）、电锯及管子割刀。

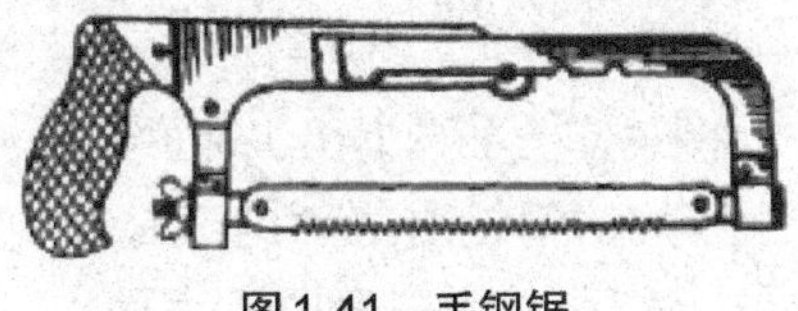

图1-41　手钢锯

③ 管子套丝绞扳：包括钢管绞扳和圆扳牙（见图1-42）。

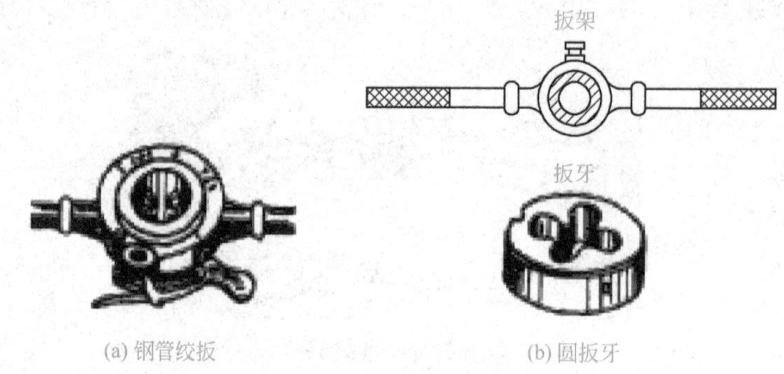

(a) 钢管绞扳　　(b) 圆扳牙

图1-42　管子套丝绞扳

（3）射钉枪

射钉枪又称射钉工具枪或射钉器，是一种比较先进的安装工具。它利用火药爆炸产生的高压推力，将尾部带有螺纹或其他形状的射钉射入钢板、混凝土和砖墙内，起固定和悬挂作用。

射钉枪主要由器体和器弹两部分组成。

① 器体部分的构造。射钉枪的器体部分主要由垫圈夹、坐标护罩、枪管、撞针体、扳机等组成，其前部可绕轴闩扳折转动45°。

② 器弹部分的构造。器弹部分主要由钉体、弹药、定心圈、钉套、弹套等组成，见图1-43。射钉直径为3.9mm，尾部螺纹有M8、M6、M4等几种，弹药分为强、中、弱三种。

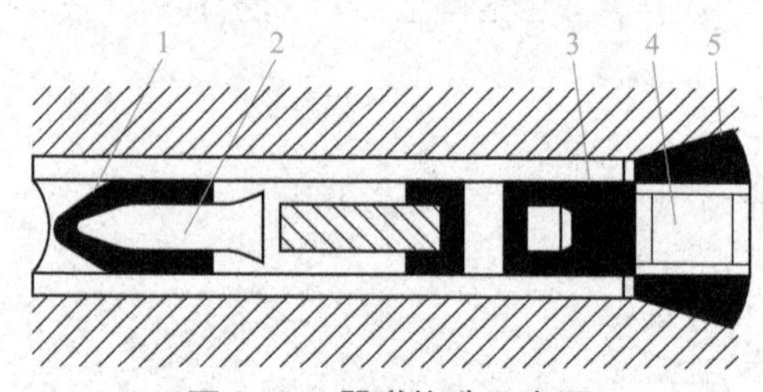

图1-43　器弹构造示意图

1—定心圈；2—钉体；3—钉套；4—弹药；5—弹套

射钉枪的操作：射钉枪的操作分为装弹、击发和退弹壳三个步骤。

① 装弹。将枪身扳折45°，检查无脏物后，将适用的射钉装入枪膛，并将定心圈套在射钉的顶端，以固定中心（M8的规格可不用定心圈）；将钉套装在螺纹尾部，以传递推进力。装入适用的弹药及弹套，一手握擎坐标护罩，一手握枪柄，上器体，使前、后枪管成一条直线。

② 击发。为确保施工安全，射钉枪设有双重保险机构，一是保险按钮，击发前必须打开；二是击发前必须使枪口抵紧施工面，否则射钉枪不会击发。

③ 退弹壳。射钉射出后，将射钉枪垂直退出工作面，扳开机身，弹壳即退出。

使用射钉枪的注意事项：使用射钉枪时严禁枪口对人，作业面的后面不准有人，不准在大理石、铸铁等易碎物体上作业。如在弯曲状表面上（如导管、电线管、角钢等）

作业时，应另换特别护罩，以确保施工安全。

二、绝缘导线绝缘层的剥削方法

1. 4mm² 及以下的塑料硬线绝缘层剥削

线芯截面为 $4mm^2$ 及以下的塑料硬线，一般用钢丝钳进行剖削。

剥削方法

① 用左手捏住导线，在需剖削线头处，用钢丝钳刀口轻轻切破绝缘层，但不可切伤线芯，如图1-44（a）所示。

② 用左手拉紧导线，右手握住钢丝钳头部用力向外勒去塑料层，如图1-44（b）所示。

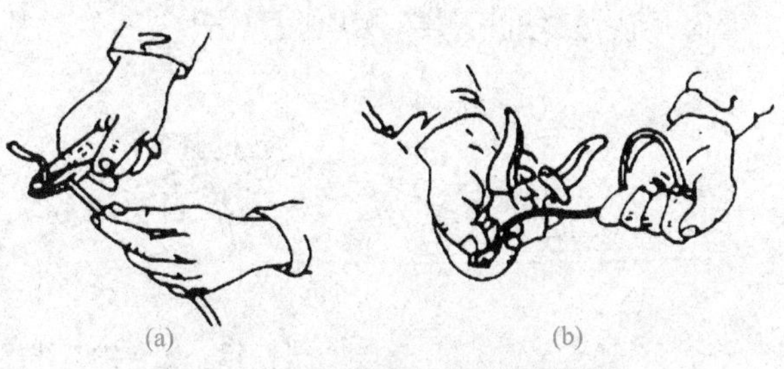

(a)　(b)

图1-44　塑料硬线绝缘层剥削

注意：剖削出的线芯应保持完整无损，如有损伤，应重新剖削。还可以用剥线钳，用剥线钳剖削塑料硬线绝缘层，须将塑料硬线按照线径放入不同的卡线口用力切下即可自动剥下线皮。

2. 4mm² 以上的塑料硬线绝缘层剥削

线芯面积大于 $4mm^2$ 的塑料硬线，可用电工刀来剖削绝缘层。

剥削方法

① 在需剖削线头处，用电工刀以45°角倾斜切入塑料绝缘层，注意刀口不能伤着线芯，如图1-45（a）、（b）所示。

② 刀面与导线保持25°角左右，用刀向线端推削，只削去上面一层塑料绝缘，不可切入线芯，如图1-45（c）所示。

③ 将余下的线头绝缘层向后扳翻，把该绝缘层剥离线芯，如图1-45（d）、（e）所示。再用电工刀切齐，如图1-45（f）所示。

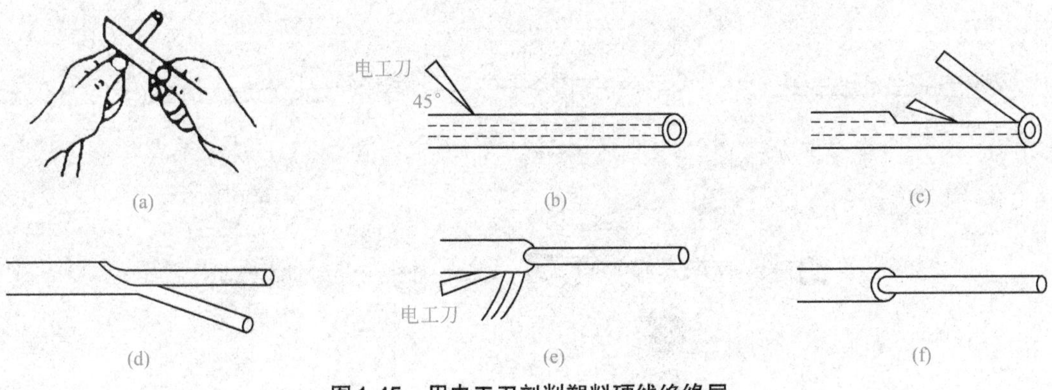

图1-45　用电工刀剖削塑料硬线绝缘层

3. 塑料护套线绝缘层剥削

塑料护套线具有二层绝缘，护套层和每根线芯的绝缘层。塑料护套线绝缘层使用电工刀剖削。

（1）护套层的剖削

① 按线头所需长度处，用电工刀刀尖对准护套线中间线芯缝隙处划开护套线，如图1-46（a）所示。如偏离线芯缝隙处，电工刀可能会划伤线芯。

② 向后扳翻护套层，用电工刀把它齐根切去，如图1-46（b）所示。

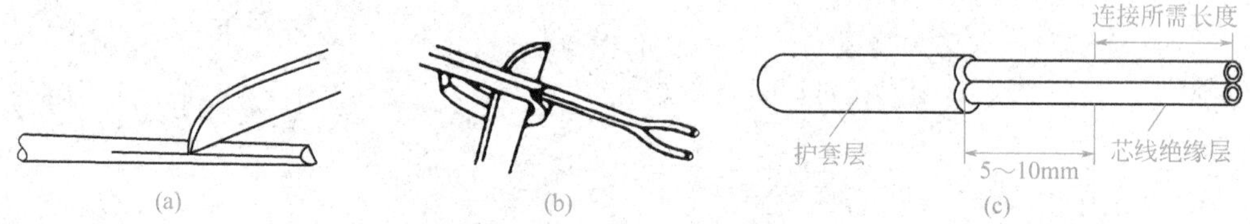

图1-46　塑料护套线绝缘层的剖削

（2）内部绝缘层的剖削

在距离护套层5～10mm处，用电工刀以45°角倾斜切入绝缘层，其剖削方法与塑料硬线剖削方法相同，如图1-46（c）所示。

三、导线的连接方法

1. 单股铜芯导线对接连接

截面较小的可采用自缠法（一般导线横截面积在2.5mm^{2}及以下），截面较大的可采用绑扎法。但连接后要涮锡。也可用“压线帽”压接。在不承受拉力时，也可采用电阻焊的方法连接。

（1）自缠法

自缠法如图1-47（a）、（b）、（c）所示。

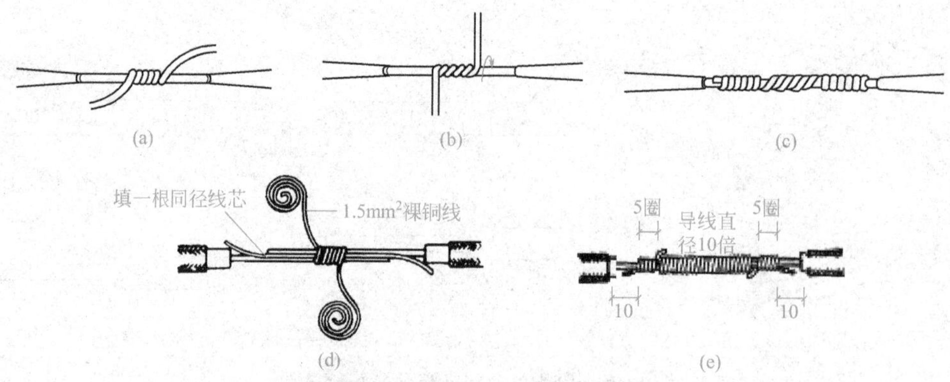

图1-47　单股铜芯导线的直线连接

(2) 绑扎法

绑扎法如图1-47（d）、（e）所示。

扫二维码观看单股铜芯导线对接连接的操作视频。

2. 单股铜芯导线T字分支连接

(1) 不打结连接

① 把去除绝缘层及氧化层的支路线芯的线头与干线线芯十字相交，使支路线芯根部留出3～5mm裸线，如图1-48（a）所示。

② 将支路线芯按顺时针方向紧贴干线线芯密绕6～8圈，用钢丝钳切去余下线芯，并钳平线芯末端及切口毛刺，如图1-48（b）所示。

③ 用绝缘胶布缠好，如图1-48（c）所示。

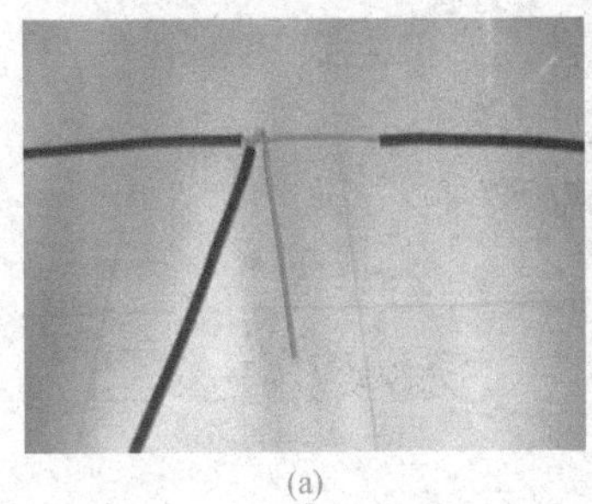
(a)

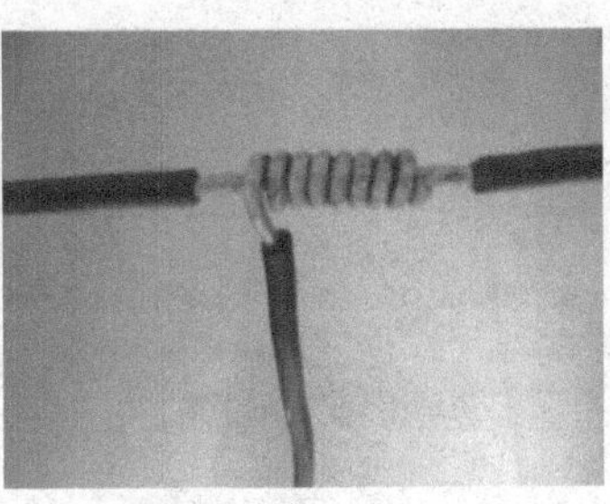
(b)

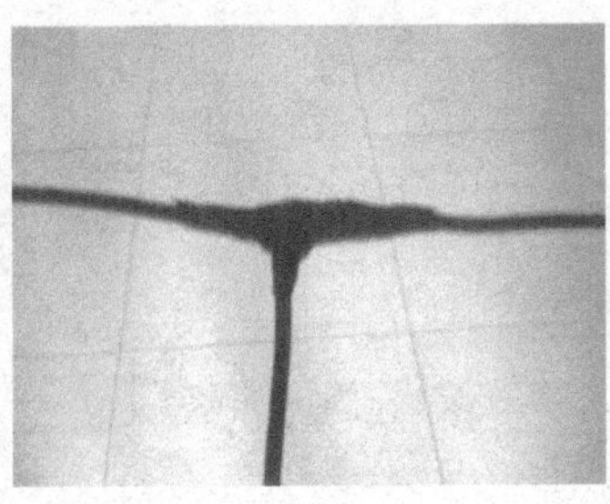
(c)

图1-48　单股铜芯导线不打结的T字分支连接

(2) 打结连接

单股铜芯导线打结的T字分支连接如图1-49所示。

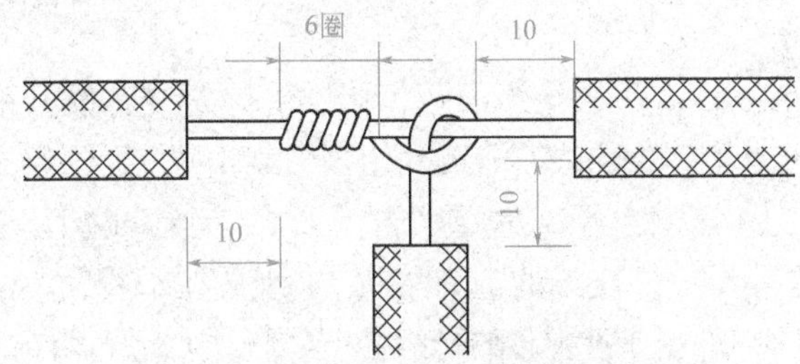

图1-49　单股铜芯导线打结的T字分支连接

扫二维码观看单股铜芯导线打结T字分支连接操作视频。

3. 7股铜芯导线直线连接

① 先将除去绝缘层及氧化层的两根线头分别散开并拉直，在靠近绝缘层的1/3线芯处将该段线芯绞紧，把余下的2/3线头分散成伞状，如图1-50（a）所示。

② 把两个分散成伞状的线头隔根对叉，如图1-50（b）所示。然后放平两端对叉的线头，如图1-50（c）所示。

③ 把一端的7股线芯按2、2、3股分成三组，把第一组的2股线芯扳起，垂直于线头，如图1-50（d）所示。然后按顺时针方向紧密缠绕2圈，将余下的线芯向右与线芯平行方向扳平。如图1-50（e）所示。

④ 将第二组2股线芯扳成与线芯垂直方向，如图1-50（f）所示。然后按顺时针方向紧压着前两股板平的线芯缠绕2圈，也将余下的线芯向右与线芯平行方向扳平。

⑤ 将第三组的3股线芯扳于线头垂直方向，如图1-50（g）所示。然后按顺时针方向紧压线芯向右缠绕。

⑥ 缠绕3圈后，切去每组多余的线芯，钳平线端如图1-50（h）所示。

⑦ 用同样方法再缠绕另一边线芯。最终如图1-50（i）所示。

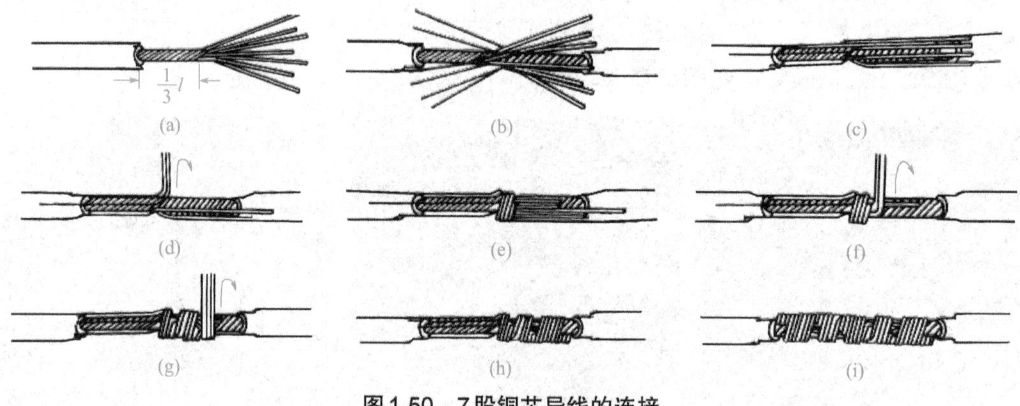

图1-50　7股铜芯导线的连接

4. 7股铜芯线T字分支连接

① 把除去绝缘层及氧化层的分支线芯散开钳直，在距绝缘层1/8线头处将线芯绞紧，把余下部分的线芯分成两组，一组4股，另一组3股，并排齐，如图1-51（a）所示。然后用螺丝刀把已除去绝缘层的干线线芯撬分两组，把支路线芯中4股的一组插入干线两组线芯中间，把支线的3股线芯的一组放在干线线芯的前面，如图1-51（b）所示。

② 把3股线芯的一组往干线一边按顺时针方向紧紧缠绕3～4圈，剪去多余线头，钳平线端，如图1-51（c）所示。

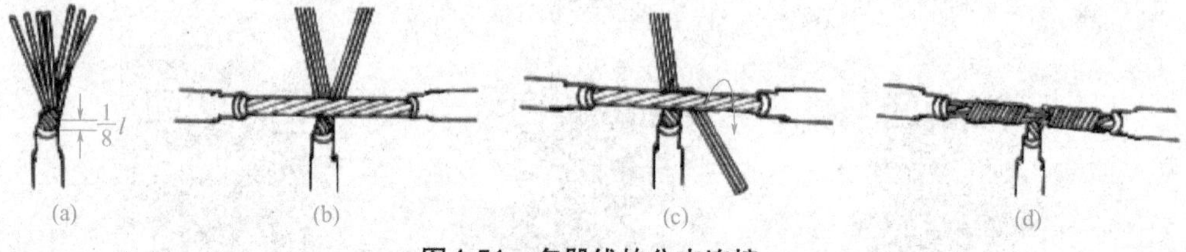

图1-51　多股线的分支连接

③ 把4股线芯的一组按逆时针方向往干线的另一边缠绕4～5圈，剪去多余线头，钳平线端，如图1-51（d）所示。

5. 不同截面导线对接

将细导线在粗导线线头上紧密缠绕5～6圈，弯曲粗导线头的端部，使它压在缠绕层上，再用细线头缠绕3～5圈，切去余线，钳平切口毛刺。如图1-52所示。

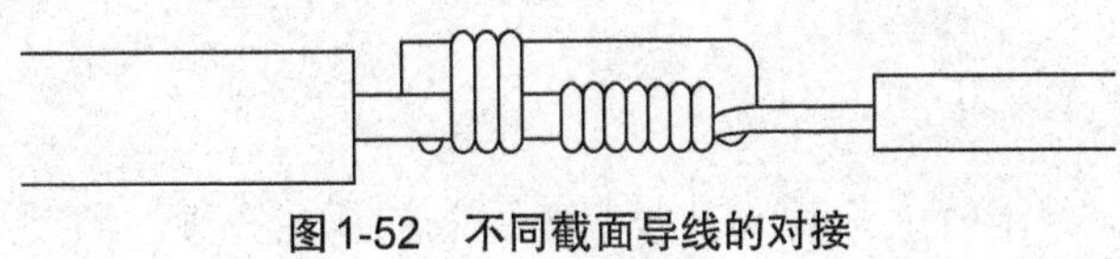

图1-52 不同截面导线的对接

6. 软、硬导线对接

先将软线拧紧。将软线在单股线线头上紧密缠绕5～6圈，弯曲单股线头的端部。使它压在缠绕层上，以防绑线松脱。如图1-53所示。

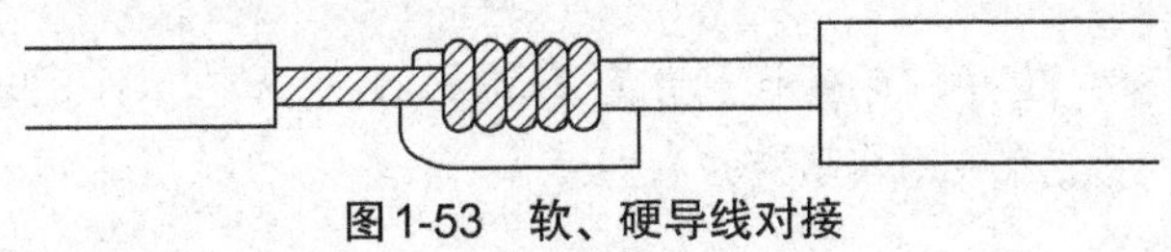

图1-53 软、硬导线对接

7. 单股线与多股线的连接

① 在多股线的一端。用螺丝刀将多股线分成两组。如图1-54（a）所示。

② 将单股线插入多股线芯，但不要插到底，应距绝缘切口留有5mm的距离，便于包扎绝缘。如图1-54（b）所示。

③ 将单股线按顺时针方向紧密缠绕10圈，绕后切断余线，钳平切口毛刺。如图1-54（c）所示。

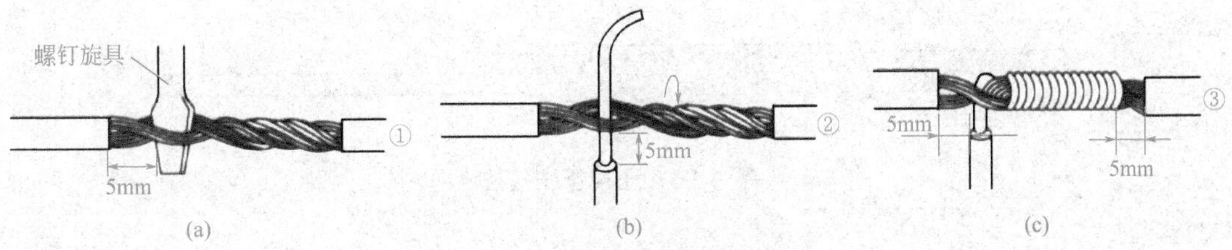

图1-54 单股线与多股线的连接

8. 铝芯导线用螺钉压接

螺钉压接法适用于负荷较小的单股铝芯导线的连接。

① 除去铝芯线的绝缘层，用钢丝刷刷去铝芯线头的陈旧铝氧化膜，并涂上中性凡士林，如图1-55（a）所示。

② 将线头插入瓷接头或熔断器、插座、开关等的接线桩上，然后旋紧压接螺钉，如图1-55（b）（c）所示。

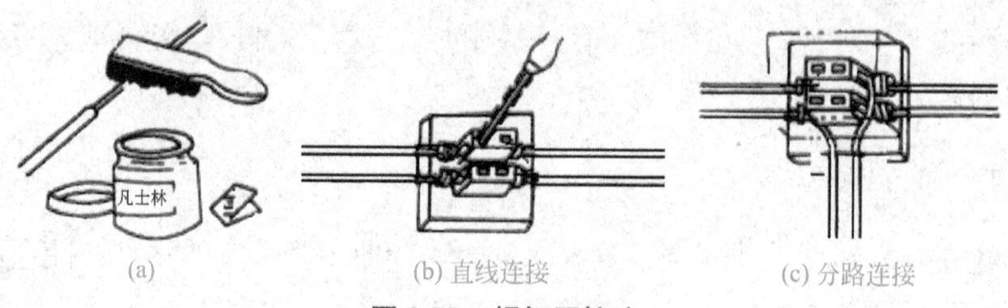

(a)　(b) 直线连接　(c) 分路连接

图1-55　螺钉压接法

9. 导线用压接管压接

压接管压接法适用于较大负荷的多股铝芯导线的直线连接，需要用压接钳和压接管，如图1-56（a）（b）所示。

① 根据多股铝芯线规格选择合适的压接管，除去需连接的两根多股铝芯导线的绝缘层，用钢丝刷清除铝芯线头和压接管内壁的铝氧化层，涂上中性凡士林。

② 将两根铝芯线头相对穿入压接管，并使线端穿出压接管25 ～ 30mm，如图1-56（c）所示。

③ 然后进行压接，压接时第一道压坑应在铝芯线头一侧，不可压反，如图1-56（d）所示。压接完成后的铝芯线如图1-56（e）所示。

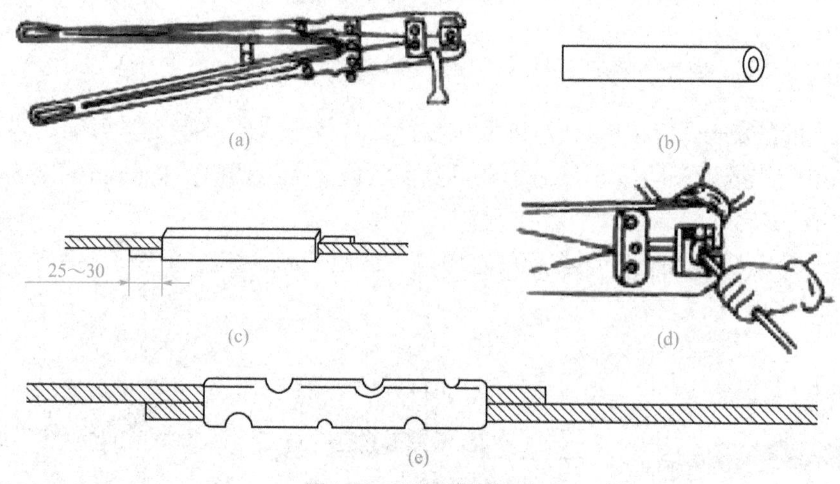

(a)　(b)　(c)　(d)　(e)

图1-56　压接管压接法

10. 导线在接线盒内连接

将剥去绝缘的线头并齐捏紧，用其中一个线芯紧密缠绕另外的线芯5圈，切去线头，再将其余线头弯回压紧在缠绕层上，切断余头，钳平切口毛刺。如图1-57所示。

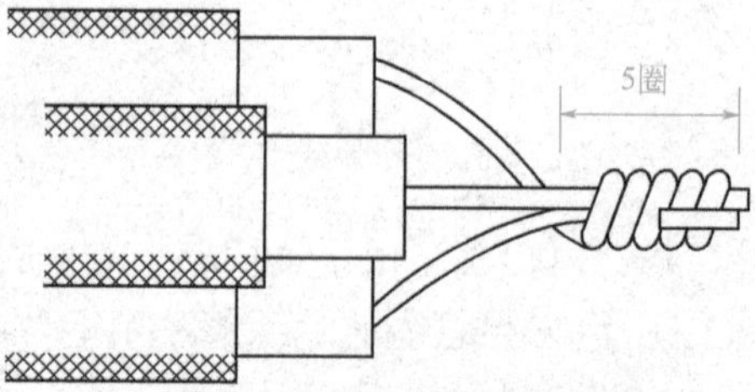

5圈

图1-57　导线在接线盒内的连接

11. 铜芯导线搪锡

搪锡是导线连接中一项重要的工艺，在采用缠绕法连接的导线连接完毕后，应将连

接处加固搪锡。搪锡的目的是加强连接的牢固和防氧化，并有效地增大接触面积，提高接线的可靠性。

$10mm^2$及以下的小截面导线用150W电烙铁搪锡，$16mm^2$及以上的大截面导线搪锡是将线头放入熔化的锡锅内涮锡，或将导线架在锡锅上用熔化的锡液浇淋导线，如图1-58所示。搪锡前应先清除线芯表面的氧化层；搪锡完毕后应将导线表面的助焊剂残液清理干净。

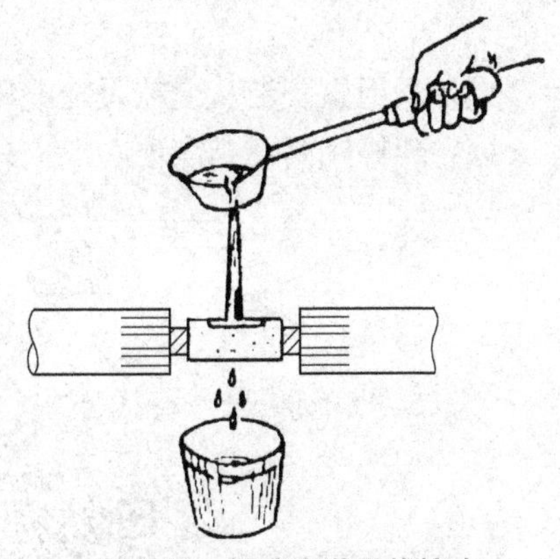
图1-58　锡液浇淋导线接头

四、绝缘的恢复

1. 用绝缘带包缠导线接头

① 先用塑料带（或涤纶带）从离切口两根带宽（约40mm）处的绝缘层上开始包缠，如图1-59（a）所示。缠绕时采用斜叠法，塑料带与导线保持约55°的倾斜角，每圈压叠带宽的1/2，如图1-59（b）所示。

② 包缠一层塑料带后，将黑胶带接于塑料带的尾端，以同样的斜叠法按另一方向包缠一层黑胶带，如图1-59（c）和图1-59（d）所示。

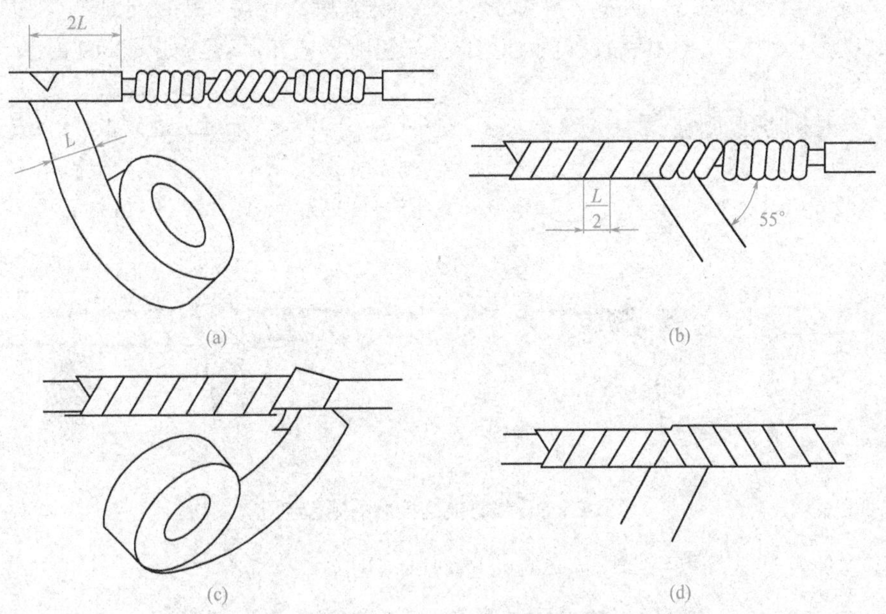

图1-59　绝缘带包缠导线接头

2. 导线直线连接后进行绝缘包扎

① 在距绝缘切口两根带宽处起，先用自粘性橡胶带绕包至另一端，以密封防水。

② 包扎绝缘带时，绝缘带应与导线成45°～55°的倾斜角度，每圈应重叠1/2带宽

缠绕。

③ 再用黑胶带从自粘胶带的尾部向回包扎层，也是要每圈重叠1/2的带宽。

④ 若导线两端高度不同，最外一层绝缘带应由下向上绕包。如图1-60所示。

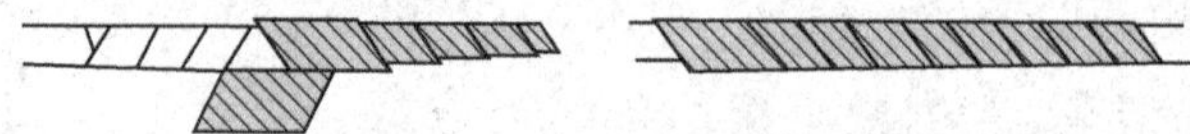

图1-60 直线连接后的绝缘包扎

扫二维码观看导线直线连接后进行绝缘包扎。

3. 导线分支连接后进行绝缘包扎

在主线距绝缘切口两根带宽处开始起头。先用自粘性橡胶带绕包。便于密封防止进水。包扎到分支线处时，用一只手指顶住左边接头的直角处。使胶带贴紧弯角处的导线，并使胶带尽量向右倾斜缠绕，当缠绕右侧时，用手顶住右边接头直角处，胶带向左缠与下边的胶带成X状，然后向右开始在支线上缠绕。方法类同直线应重叠1/2带宽。

在支线上包缠好绝缘，回到主干线接头处。贴紧接头直角处再向导线右侧包扎绝缘。包至主线的另一端后，再用黑胶布按上述的方法包缠黑胶布即可。如图1-61所示。

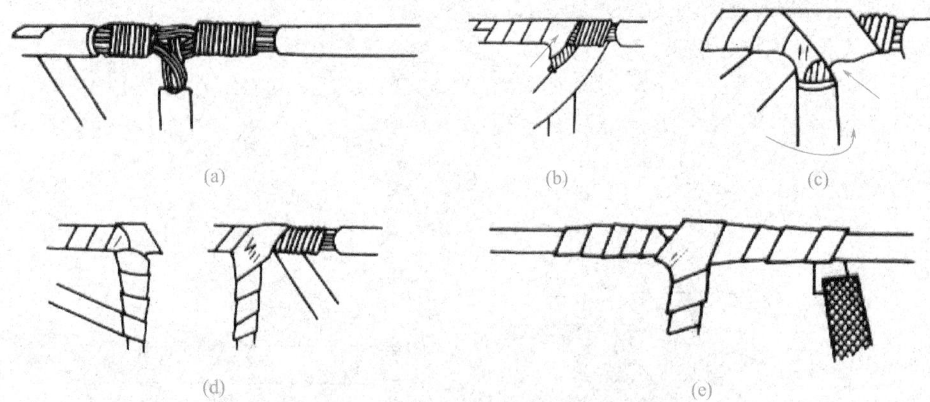

图1-61 导线分支连接后的绝缘包扎

扫二维码观看导线分支连接后进行绝缘包扎。

五、导线与接线端的连接

1. 导线线头与针孔式接线桩的连接

把单股导线除去绝缘层后插入合适的接线桩针孔，旋紧螺钉。如果单股线芯较细，把线芯折成双根，再插入针孔。对于软线芯线，须先把软线的细铜丝都绞紧涮锡后，再插入针孔，孔外不能有铜丝外露，以免发生事故。如图1-62所示。

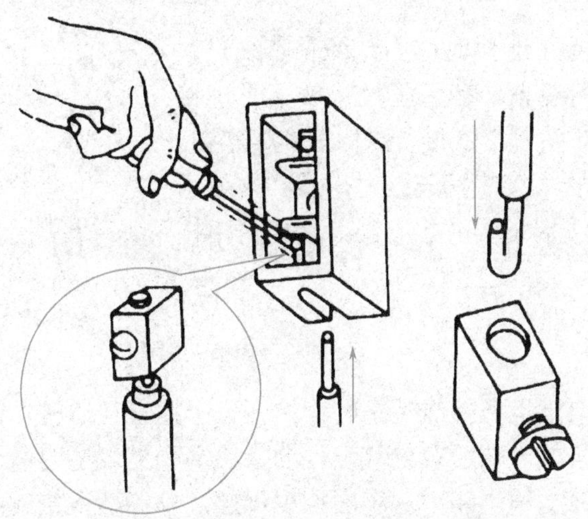

图1-62 导线针型孔接线端的连接

2. 导线线头与螺钉平压式接线桩的连接

先去除导线的绝缘层，把线头按顺时针方向弯成圆环，圆环的圆心应在导线中心线的沿长线上，环的内径d比压接螺钉外径稍大些，环尾部间隙为1～2mm，剪去多余线芯，把环钳平整，不扭曲。然后把制成的圆环放在接线桩上，放上垫片，把螺钉旋紧。如图1-63所示。

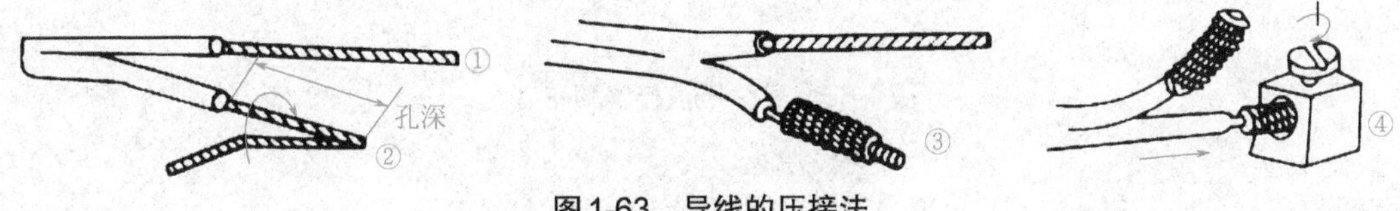

图1-63 导线的压接法

3. 导线用螺钉压接

① 小截面的单股导线用螺钉压接在接线端时，必须把线头盘成圆圈形似羊眼圈再连接，弯曲方向应与螺钉的拧紧方向一致，圆圈的内径不可太大或太小，以防拧紧螺钉时散开，在螺钉帽较小时，应加平垫圈。

② 压接时不可压住绝缘层，有弹簧垫时以弹簧垫压平为度。如图1-64所示。

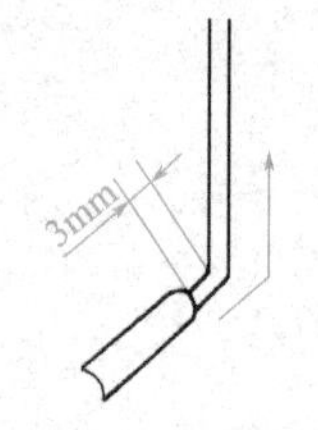

(a) 离绝缘层2～3mm折角

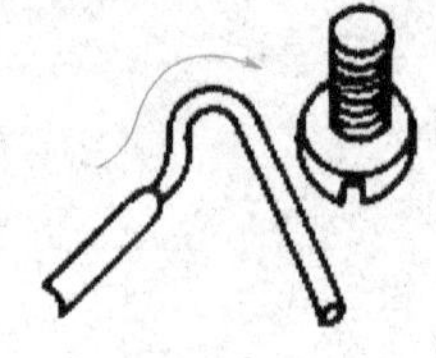
(b) 略大于螺钉直径弯圆弧

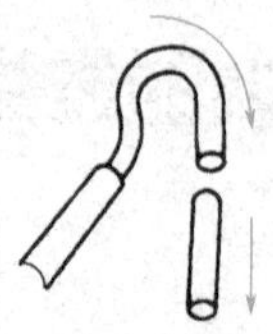
(c) 剪去余线

(d) 修正圆圈呈圆形

图1-64　导线用螺钉的压接

4. 软线用螺钉压接

软线线头与接线端子连接时，不允许有芯线松散（涮锡紧固）和外露的现象。在平压式接线端上连接时，按图1-65所示的方法进行连接，以保证连接牢固。较大截面的导线与平压式接线端连接时，线头须使用接线端子，线头与接线端子要连接紧固，然后再由接线端子与接线端连接。

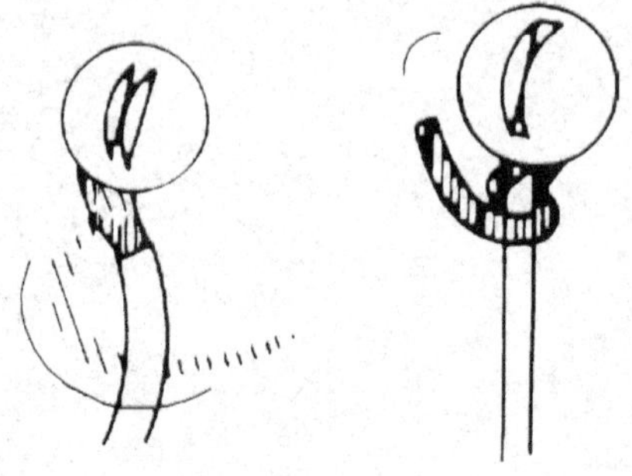
图1-65　软线用螺钉压接法

5. 导线压接接线端子

导线与大容量的电气设备接线端子的连接不宜采用直接压接，需经过先压线端子作为过渡，然后将线端子的一端压在电气设备的接线端子处。这时需选用与导线截面相同的接线端子，清除接线端子内和线头表面的氧化层，导线插入接线端子内，绝缘层与接线端子之间应留有5mm裸线，以便恢复绝缘，然后用压接钳进行压接，压接时应使用同截面的压模。压接后的形状如图1-66所示。压接次序如图中①②所示。

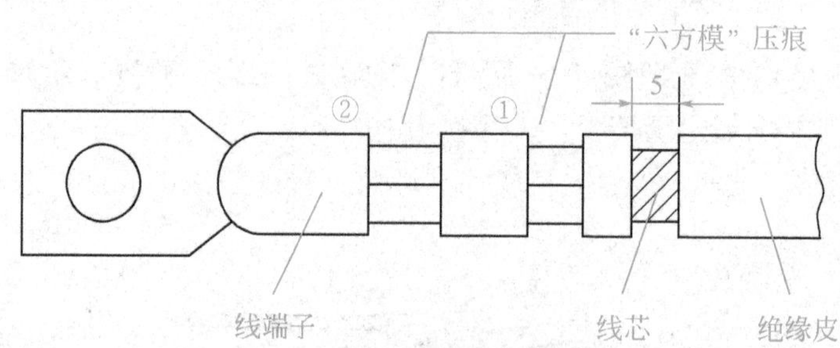

图1-66　导线压接接线端子法

6. 多股软线盘压

① 根据所需的长度剥去绝缘层，将1/2长的线芯重新拧紧涮锡紧固，如图1-67（a）所示；

② 将拧紧的部分，向外弯折，然后弯曲成圆弧，如图1-67（b）所示；

③ 弯成圆弧后［如图1-67（c）所示］，将线头与原线段平行捏紧，如图1-67（d）所示；

④ 将线头散开按2、2、3分成组，扳直一组线垂直与芯缠绕，如图1-67（e）所示；

⑤ 按多股线对接的缠绕法，缠紧导线。加工成型，如图1-67（f）所示。

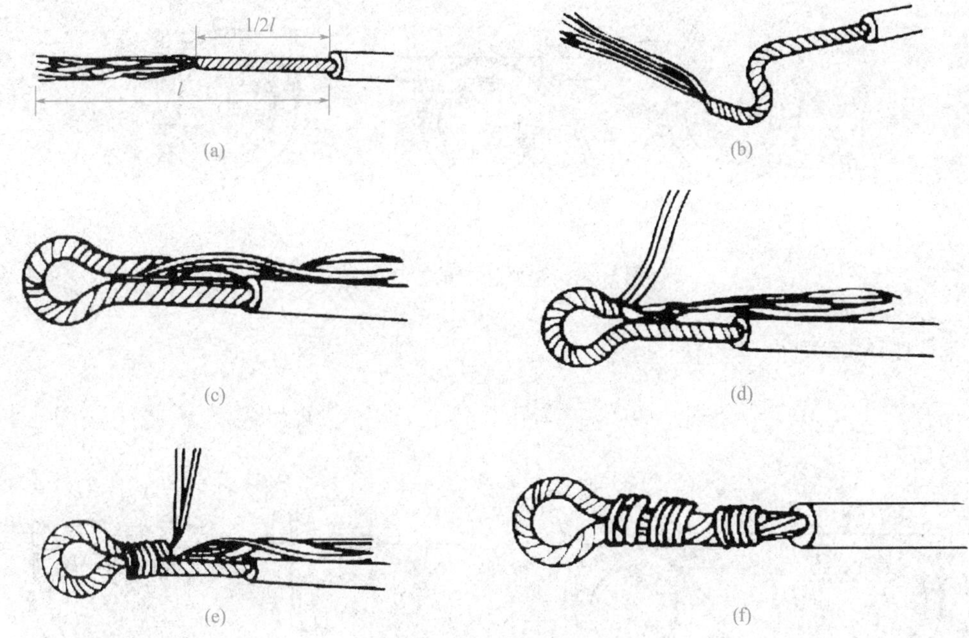

图1-67　多股软线的盘压

7. 瓦形垫的压接

① 将剥去绝缘层的线芯弯成U形，将其卡入瓦形垫进行压接，如果是两个线头，应将两个线头都弯成U形对头重合后卡入瓦形垫内压接；

② 剥去导线端头绝缘层，线芯插入瓦形垫内压紧即可。若为两根导线时，应每侧压接一根。瓦形垫外遗留导线不可过长，也不可将绝缘层压在瓦形垫下。如图1-68所示。

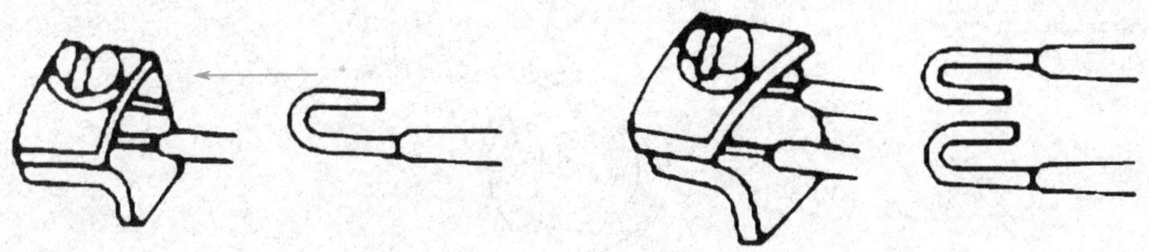

图1-68　瓦形垫的压接

六、架空导线的固定

1. 在瓷瓶上进行“单花”绑扎

① 将绑扎线在导线上缠绕两圈，再自绕两圈，将较长一端绕过绝缘子，从上至下的压绕过导线，如图1-69（a）所示；

② 再绕过绝缘子，从导线的下方向上紧缠两圈，如图1-69（b）所示；

③ 将两个绑扎线头在绝缘子背后相互拧紧5～7圈，如图1-69（c）所示。

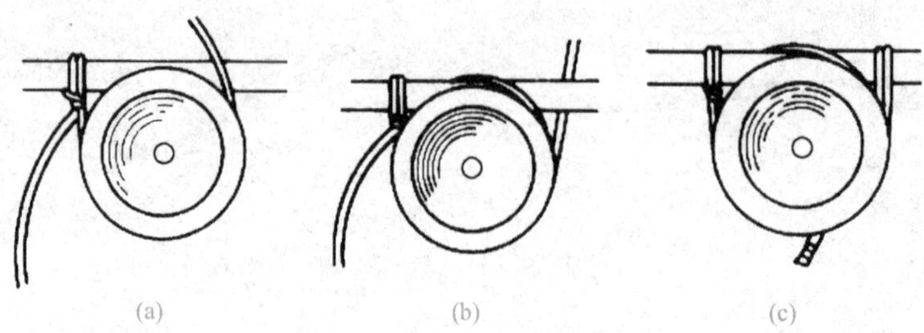

图1-69　瓷瓶的“单花”绑扎

2. 在瓷瓶上进行“双花”绑扎

在瓷珠上“双花”绑扎，类似“单花”绑扎，在导线上“x”压绕两次即可。如图1-70所示。

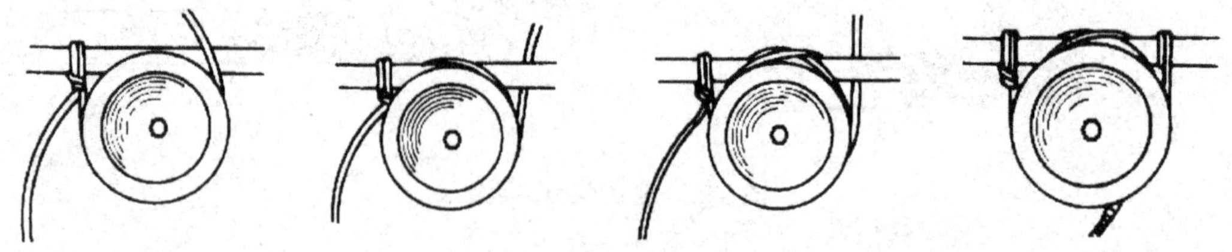

图1-70　瓷瓶的“双花”绑扎

3. 在瓷瓶上绑“回头”

① 将导线绷紧并绕过绝缘子并齐捏紧；

② 用绑扎线将两根导线缠绕在一起，缠绕5 ～ 7圈；

③ 缠完后在被拉紧的导线上缠绕5 ～ 7圈，然后将绑扎线的首尾头拧紧。如图1-71所示。

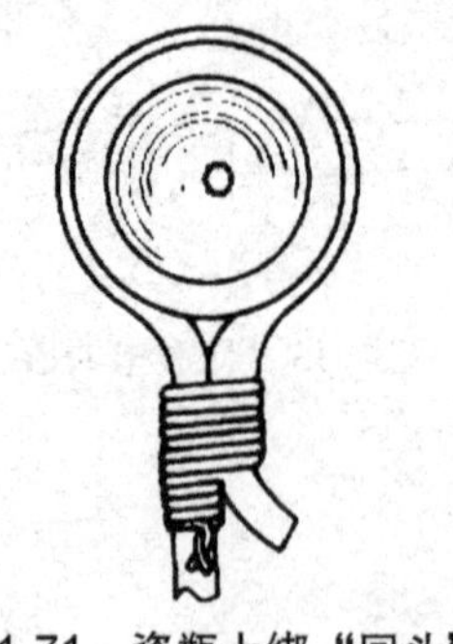

图1-71　瓷瓶上绑“回头”

4. 导线在碟式绝缘子上绑扎

导线在碟式绝缘子上的绑扎方法如图1-72所示。这种绑扎法用于架空线路的终端杆、分支杆、转角杆等采用碟式绝缘子的终端绑法。

① 导线并齐靠紧，用绑扎线在距绝缘子3倍腰径处开始绑扎；

② 绑扎五圈后，将首端绕过导线从两线之间穿出；

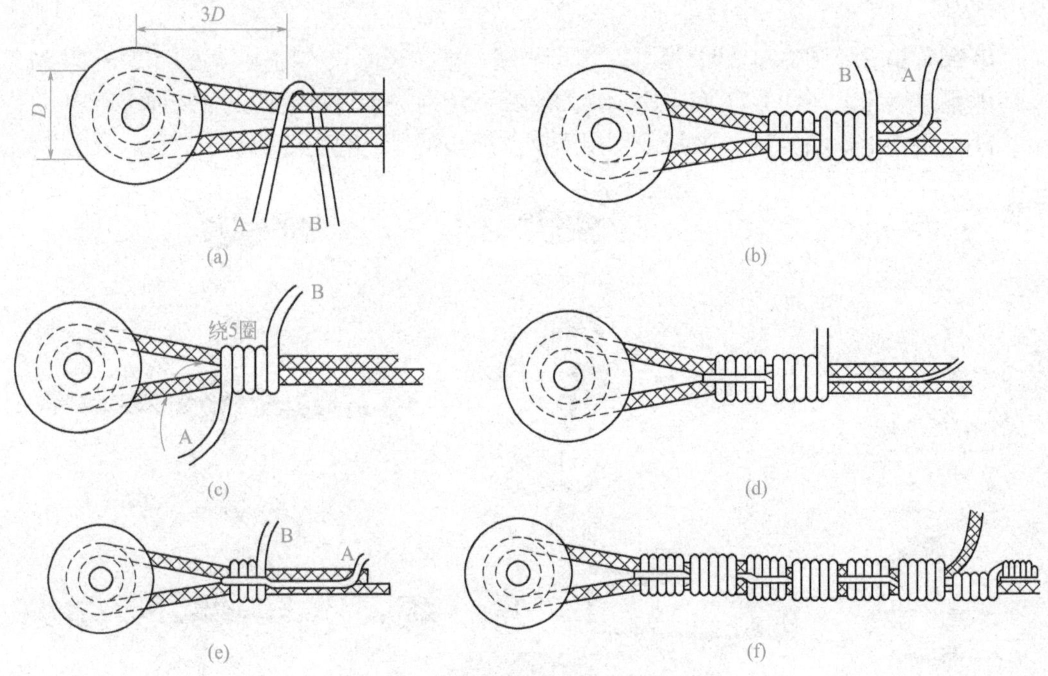

图1-72 导线在碟式绝缘子上的绑扎

③ 将穿出的绑线紧压在绑扎线上，并与导线靠紧；

④ 继续用绑线连同绑线首端的线头一同绑紧；

⑤ 绑扎到规定的长度后，将导线的尾段抬起，绑扎5～6圈后再压住绑扎；

⑥ 绑扎线头反复压缠几次后（绑扎长度不小于150mm），将导线的尾端抬起，在被拉紧的导线上绑5～6圈，将绑扎线的首尾端相互拧紧，切去多余线头即可。

七、电工常用的绳扣

1. 常用的绳扣和用途

麻绳是用来捆绑、拉索、提吊物体的，常用的麻绳有亚麻绳和棕麻绳两种，质量以白棕绳为佳。麻绳的强度较低，易磨损，适于捆绑、拉索、抬、吊物体用，在机械启动的起重机械中严禁使用。

① 直扣：如图1-73（a）所示，用于临时将麻绳结在一起的场合。

② 活扣：如图1-73（b）所示，用途与直扣相同，特别适用于需要迅速解开绳扣的场合。

③ 腰绳扣：如图1-73（c）所示，用于登高作业时的拴腰绳。

④ 猪蹄扣：如图1-73（d）所示，在抱杆顶部等处绑绳时使用。

⑤ 抬扣：如图1-73（e）所示，用于抬起重物，调整和解扣都比较方便。

⑥ 倒扣：如图1-73（f）所示，在抱杆上或电杆起立、拉线往锚桩上固定时使用。

⑦ 背扣：如图1-73（g）所示，在杆上作业时，用背扣将工具或材料结紧，以进行上

下传递。

⑧ 倒背扣：如图1-73（h）所示，用于吊起、拖拉轻而长的物体，可防止物体转动。

⑨ 钢丝绳扣：如图1-73（i）所示，用于将钢丝绳的一端固定在一个物体上。

⑩ 连接扣：如图1-73（j）所示，用于钢丝绳与钢丝绳的连接。

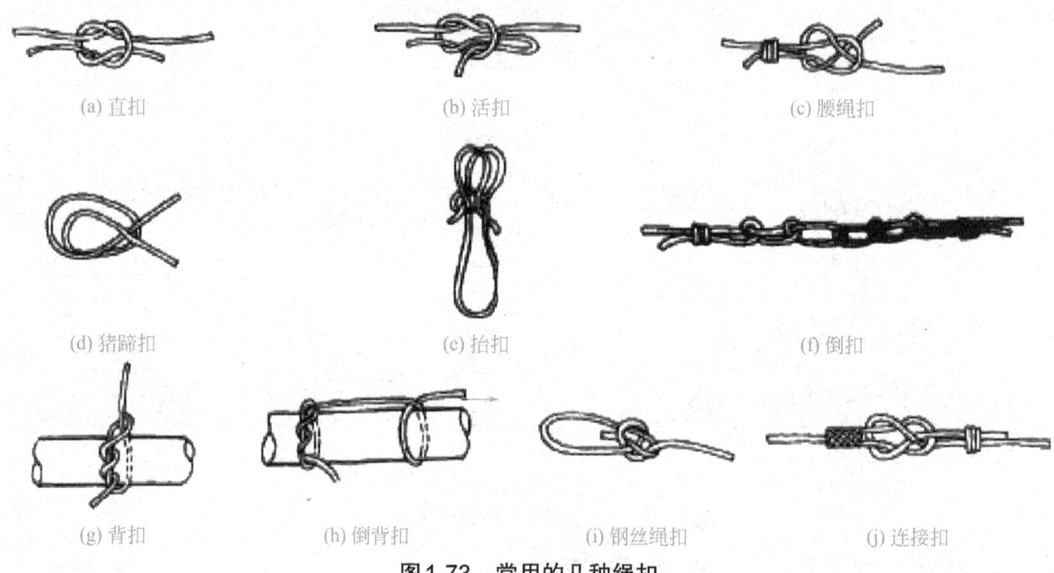

图1-73　常用的几种绳扣

2.“灯头扣”

在灯具安装中，灯具的重量小于1kg时可直接用软导线吊装，应在吊线盒和灯头内应打“灯头扣”。“灯头扣”的打结方法如图1-74所示。

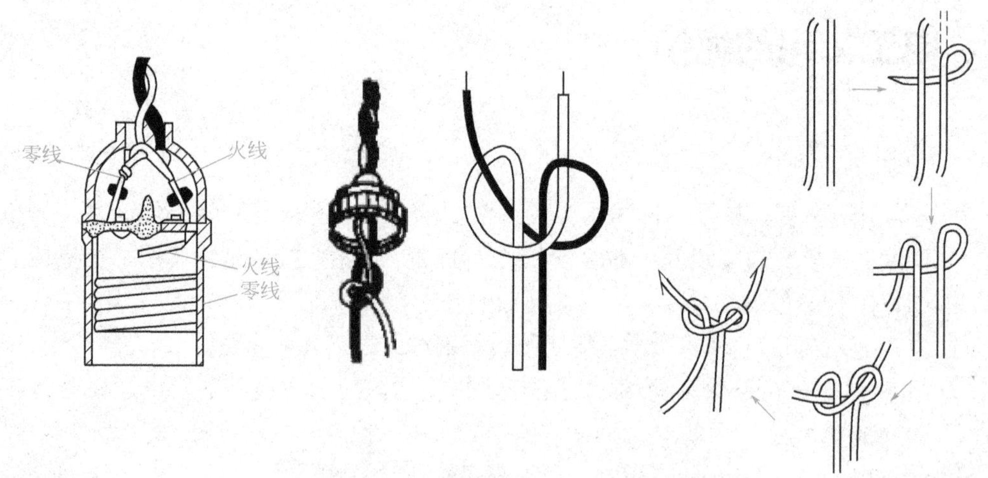

图1-74　“灯头扣”的打结方法

Chapter 02 第二章

常用电工仪表的使用

一、电流表

1. 直流电流的直接测量

测量直流电流时，用磁电系电流表。

测量直流小电流时，要将电流表串联接入被测电路，同时要注意仪表的极性和量程，小电流的测量（一般75A及以下的电流）如图2-1所示。如果电流表错接成并联会造成电路短路，并烧毁电流表。

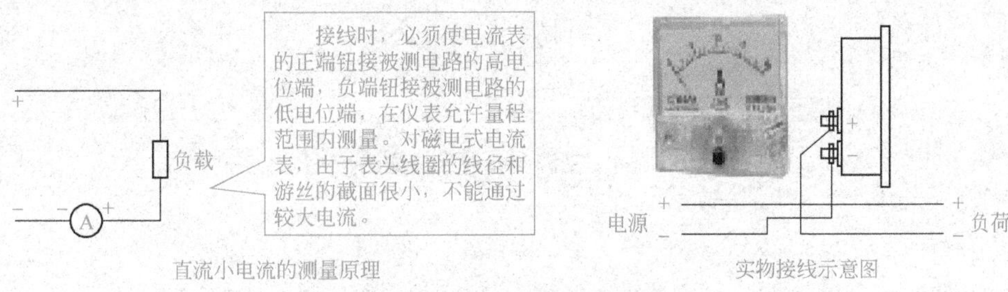

直流小电流的测量原理　　实物接线示意图

图2-1　直流电流的直接测量

2. 直流电流的间接测量

测量直流大电流时，要扩大电流表的量程。扩大量程的方法是在表头上并联一个称为分流器的低值电阻，分流器的阻值为：$R_S=R_C/(n-1)$；分流电阻一般采用电阻率较大、电阻温度系数很小的锰铜制成。当被测电流小于30A时，可采用内附分流器，如图2-2所示。当被测电流大于30A时，可采用外附分流器。外附分流器应将分流器的电流端钮（外侧两个端钮）接入被测电路中；电流表应接在分流器的电位端钮上（内侧两个端钮），

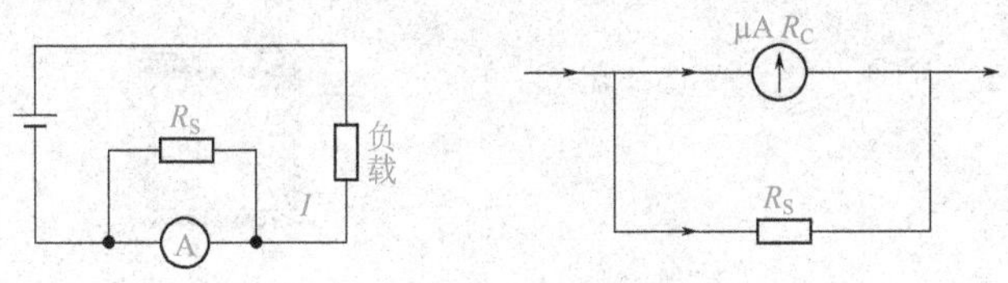

图2-2　直流电流的间接测量

如图2-3所示。

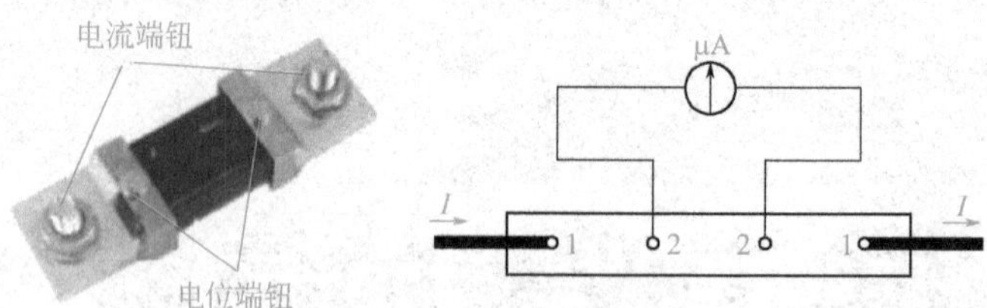

图2-3　外附分流器及其接线

注意：在测量较高电压电路的电流时，电流表应串联在被测电路中的低电位端，以利于操作人员的安全。

3. 交流电流的直接测量

测量交流电流时，用电磁系电流表。

测量交流小电流时，要将电流表串联接入被测电路，如图2-4所示；可以允许通过最大电流为200A。

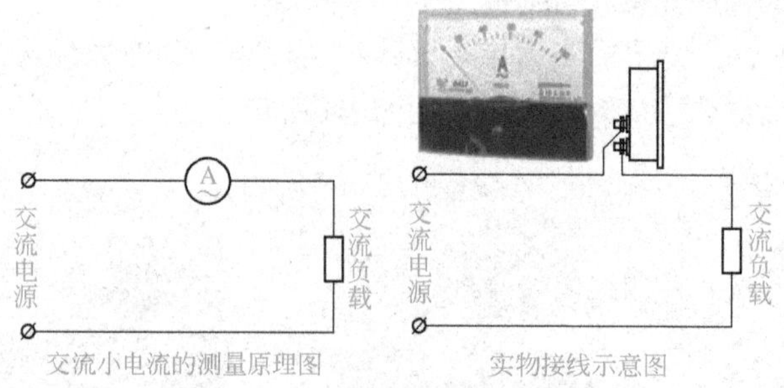

图2-4　交流电流的直接测量

4. 交流电流的间接测量

因交流电流表线圈的线径和游丝截面很小，不能测量较大电流，如需扩大量程，无论是磁电式、电磁式或电动式电流表，均可加接电流互感器TA来扩大量程，可测量几百安培以上的交流大电流，如图2-5所示。

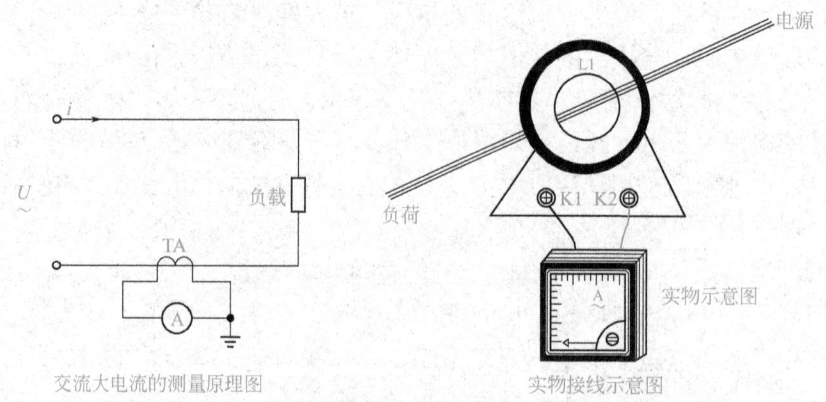

图2-5　交流电流的间接测量

在低压配电系统中，常用三块电流表带电流互感器测量三相线电流，如图2-6所示。

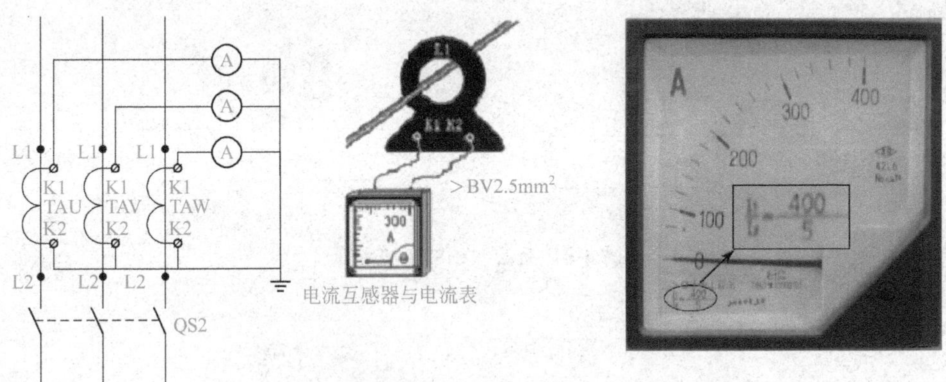

图2-6　三块电流表带电流互感器测量三相线电流

二、电压表

1. 直流电压的直接测量

电压表是用来测量电源、负载或线路电压的仪表。由于电压表一般测量时直接与被测电路并联连接，因此，电压表必须具备较大的内阻，否则通过表头的电流过大，会使仪表烧毁，影响被测电路的正常工作状态，而且仪表的测量误差也会增大。所以，要求电压表的内阻远远大于电流表的内阻，而且电压表内阻越大越准确，可测量的电压越高，表的量程也越大。电压表的接线如图2-7所示。

使用磁电系电压表测量直流电压时，应注意电压表接线端钮上的“+”极性标记接入被测电路的高电位端，将接线端钮上的“−”极性标记接入到被测电路的低电位端，以免指针反向偏转。

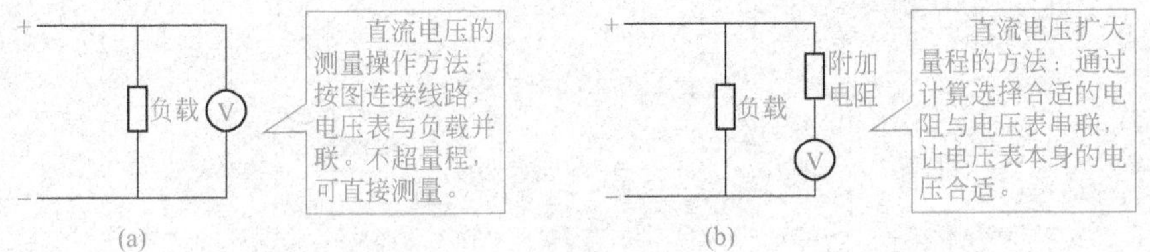

图2-7　直流电压的直接测量

2. 交流电压的直接测量

在测量交流低电压时，主要用电磁系和铁磁系测量仪表。测量低压交流电相电压（220V）时，应选用0～250V的电压表；测量线电压（380V）时，应选用0～450V的电压表。测量时，电压表应与被测电路并联连接，如图2-8所示。在低压配电系统中，常用一个转换开关带一块电压表测量三相交流电压和三块电流表测量三相线电流，如图2-9所示。

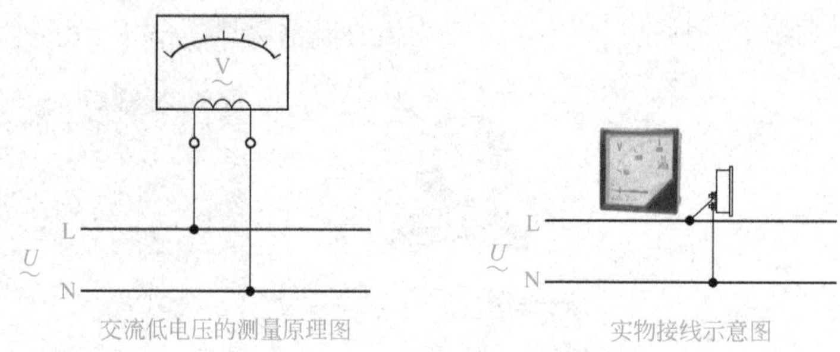

图2-8　交流电压的直接测量

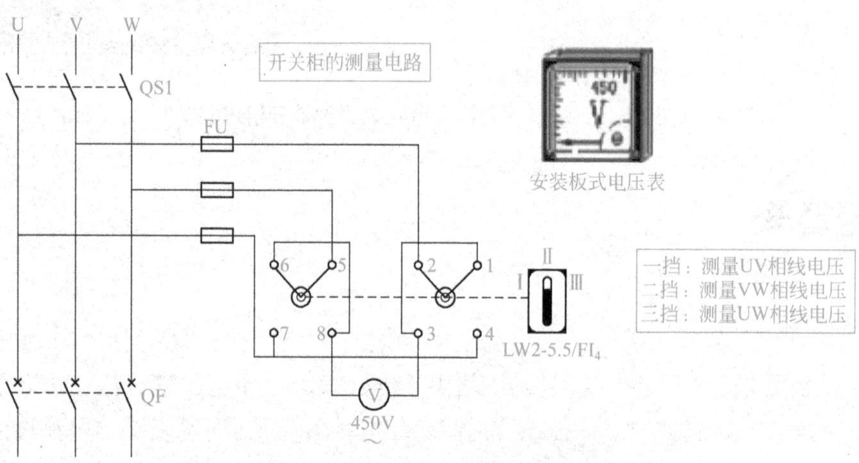

图2-9　一个转换开关带一块电压表测量三相交流电压

3. 交流电压的间接测量

测量高电压时，必须采用电压互感器。电压表的量程应与互感器二次的额定值相符，一般电压为100V，如图2-10所示。

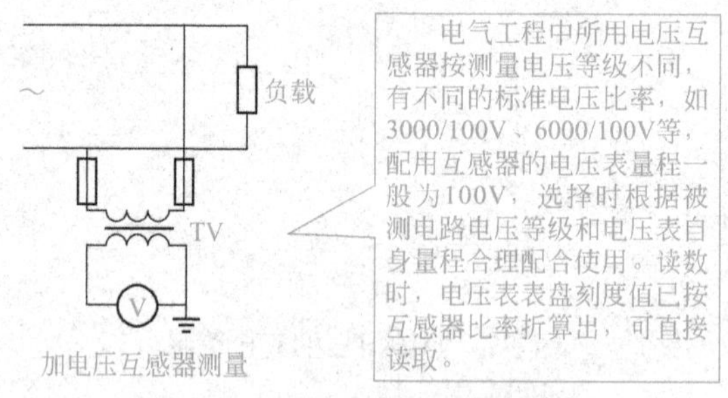

图2-10　交流高电压的测量

三、钳形电流表

1. 钳形电流表的结构

钳形电流表是由电流互感器和电流表组成的，互感器的铁芯有一活动部分同手柄相

连。当握紧手柄时，电流互感器的铁芯便张开，将被测电流的导线卡入钳口中，成为电流互感器的初级线圈。放开手柄，则铁芯的钳口闭合。这时钳口中通过导线的电流，便在次级线圈产生感应电流，其大小取决于导线的工作电流和圈数比。电流表接在次级线圈的两端，它所指示的电流取决于次级线圈中的电流。该电流的大小与导线中的工作电流成正比。因此，将折算好的刻度作为电流表的刻度，当导线中有工作电流流过时，与次级线圈相接的电流表指针便按比例偏转，指示出所测的电流值。钳形电流表的结构如图2-11所示。

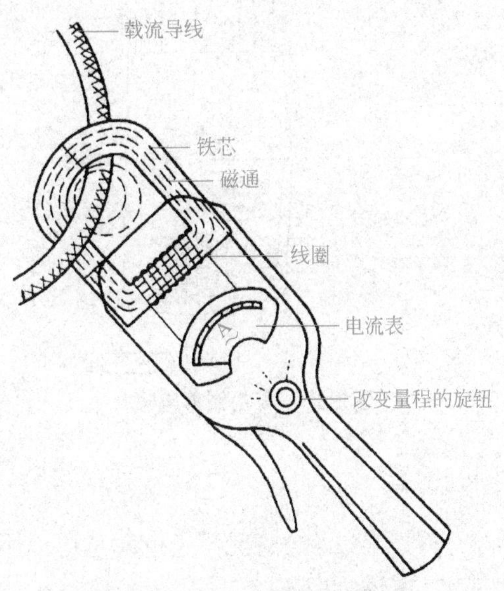

图2-11　钳形电流表的结构图

2. 两用钳形电表

两用钳形电表如图2-12所示。

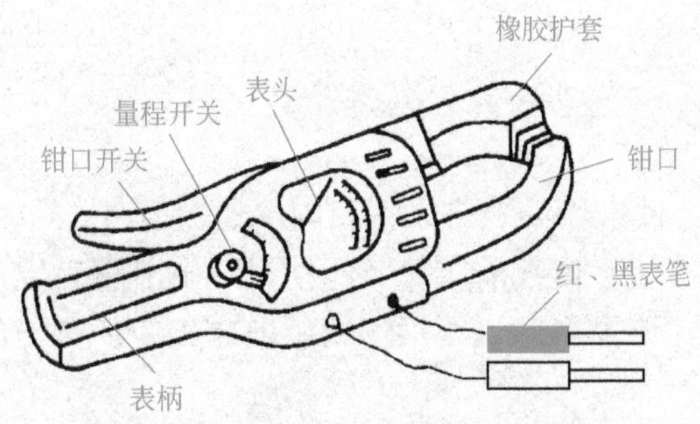

图2-12　两用钳形电表的使用方法

两用钳形电表具有测量电流和电压功能，表头上标有“V-A”字样。它设有挡位开关，电流测量有10A、50A、250A、1000A挡；电压测量有300V、600V挡。当挡位开关拨至“V”，黑表笔置于标“*”插座，红表笔置于“300V”则可测220V单相交流电；红表笔插入“600V”可测量三相电压380V。平时，量程开关置于“1000A”“V”处。测电流时，将表笔卸下。

3. 三用钳形电表

三用钳形电表是一种A-V-Ω产品，它不仅能测量电流，还可测量电压、电阻。它右侧的拨动式量程开关有三挡，即：电流挡、电压挡、欧姆挡，基本能满足电工的一般要求。三用钳形电表的外形结构及使用方法如图2-13所示。三用钳形电表的使用方法是，测交流电流按钳形电流表的测量方法操作，测电阻、电压按万用表的测量方法操作。

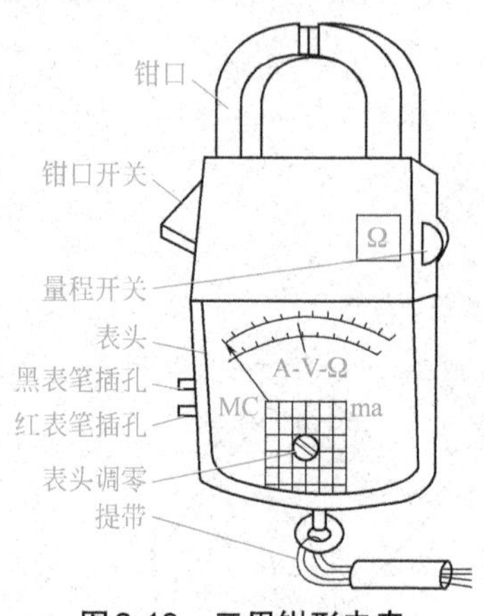

图2-13　三用钳形电表

4. 钳形电流表使用前的检查

钳形电流表可以在不断开被测线路的情况下（也就是可以不中断负载运行）测量线路上的电流。钳形电流表使用前应做如下检查。

① 外观检查：不应有足以影响其正常使用的缺陷。尤其要注意，钳口闭合应严密，其铁芯部分应无锈蚀，无污物。

② 指针式钳形电流表的指针应指“0”，否则应调整至零。

③ 估计被测电流的大小，选用适当的挡位。选挡的原则是：调在大于被测值且又和它接近的那一挡。

5. 钳形电流表的使用

测量时，张开钳口，使被测导线进入钳口内，如图2-14（a）所示。闭合钳口，表针偏转，即可读出被测电流值。读数前应尽可能使钳形电流表表位放平。还应注意，若钳形电流表有两条刻度线，取读数时，要根据挡位值在相应的刻度线上取读数，如图2-14（b）所示。

① 测量三相三线电路的两条线。如果测量三相三线负载（如三相异步电动机）的电流时，同时钳入两条相线，则指示的电流值，应是第三条线的电流，如图2-14（c）所示。

② 测量三相四线电路的三条相线。如果测量三相三线负载（如三相异步电动机）的电流时，同时钳入三条相线，则指示的电流值应近似为零，如图2-14（d）所示。

若是在三相四线系统中，同时钳入三条相线测量，则指示的电流值，应是工作零线上的电流数。

③ 测量小电流，又要减小误差的方法。如果导线上的电流太小，即使置于最小电流挡测量，表针偏转角仍很小（这样读数不准确），可以将导线在钳臂上盘绕数匝［如图2-14（e）所示为三匝］后测量，将读数除以匝数，即是被测导线的实测电流数。

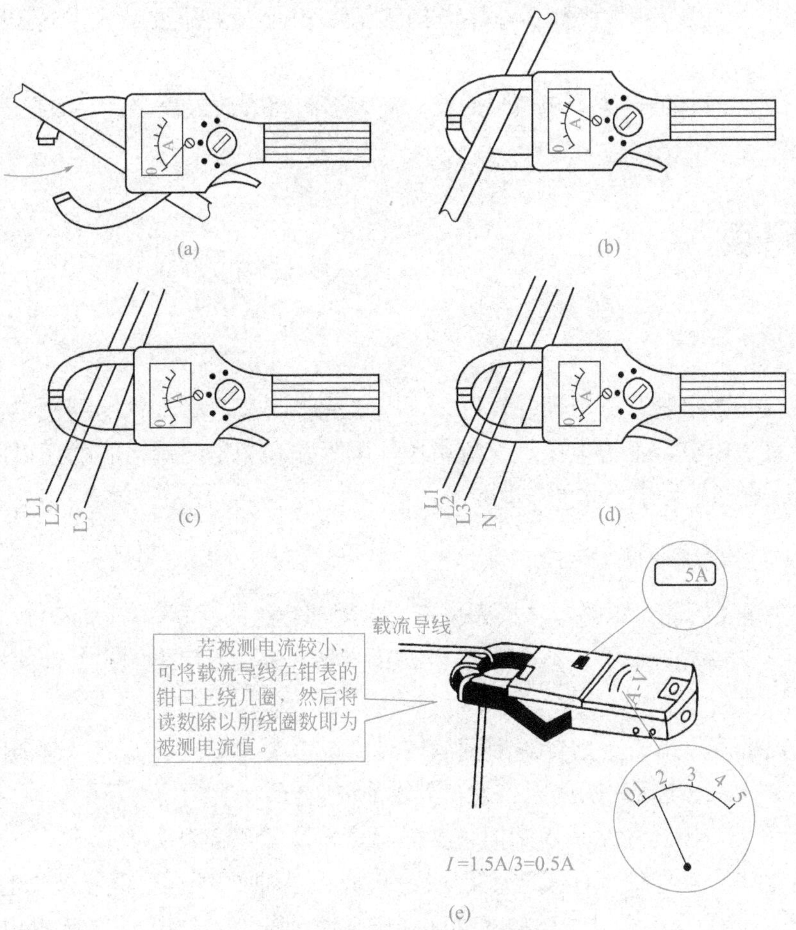

图2-14　钳形电流表的使用

6. 钳形电流表使用的注意事项

① 测量前对表作充分的检查，并正确地选挡，如图2-15所示。

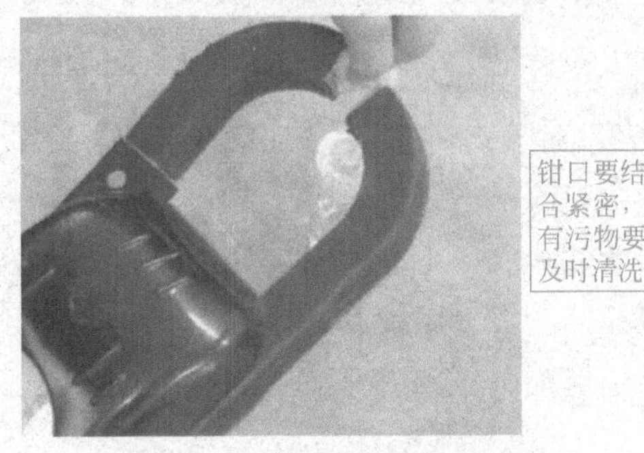

图2-15　钳型电流表用前检查

② 测试时应戴手套（绝缘手套或清洁干燥的线手套），必要时应设监护人。

③ 需换挡测量时，应先将导线自钳口内退出，换挡后再钳入导线测量。

④ 不可测量裸导体上的电流。

⑤ 测量时，注意与附近带电体保持安全距离，并应注意不要造成相间短路和相对地短路。

⑥ 使用后，应将挡位置于电流最高挡，有表套时将其放入表套，存放在干燥、无尘、无腐蚀性气体且不受振动的场所。

四、万用表

1. 指针式万用表

万用表又叫多用表、三用表、复用表，是一种多功能、多量程的测量仪表，一般万用表可测量直流电流、直流电压、交流电压、电阻和音频电平等，有的还可以测交流电流、电容量、电感量及半导体的一些参数。

（1）指针式万用表的结构

万用表由表头、测量电路及转换开关三个主要部分组成。

① 表头。表头是一只高灵敏度的磁电式直流电流表，万用表的主要性能指标基本上取决于表头的性能。

表头的灵敏度是指表头指针满刻度偏转时流过表头的直流电流值，这个值越小，表头的灵敏度愈高。测电压时的内阻越大，其性能就越好。

② 测量线路。测量线路是用来把各种被测量转换到适合表头测量的微小直流电流的电路，它由电阻、半导体元件及电池组成。它能将各种不同的被测量（如电流、电压、电阻等）、不同的量程，经过一系列的处理（如整流、分流、分压等）统一变成一定量限的微小直流电流送入表头进行测量。

③ 转换开关。其作用是用来选择各种不同的测量线路，以满足不同种类和不同量程的测量要求。转换开关一般有两个，分别标有不同的挡位和量程。

（2）指针式万用表上的符号含义

① ∽表示交直流。

② V—2.5kV4000Ω/V表示对于交流电压及2.5kV的直流电压挡，其灵敏度为4000Ω/V。

③ A—V—Ω表示可测量电流、电压及电阻。

④ 45—65—1000Hz表示使用频率范围为1000Hz以下，标准工频范围为45 ～ 65Hz。

⑤ 2000Ω/VDC表示直流挡的灵敏度为2000Ω/V。

钳表和摇表盘上的符号与指针式万用表符号相似。指针式万用表的表盘如图2-16所示。

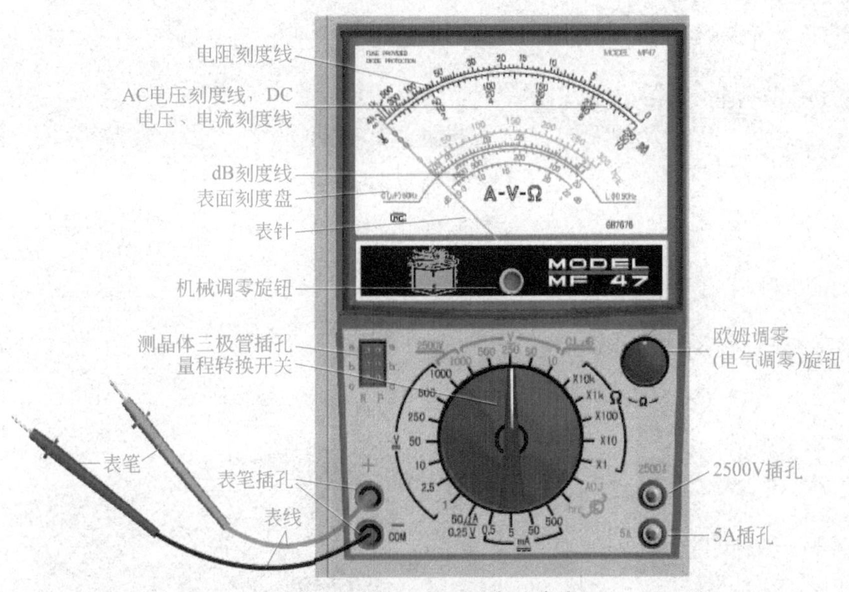

图2-16　指针式万用表的表盘

2. 指针式万用表使用前的检查和调整

① 检查仪表外观应完好无破损，表针应摆动自如，无卡阻现象。

② 功能、量程转换开关应转动灵活，指示挡位应准确。

③ 平放仪表（必要时）进行机械调零，应使表针对准左侧起始0位，如图2-16所示。

④ 测电阻前应进行欧姆调零（电气调零）以检查电池电压容量，表针指不到右侧欧姆0位时应更换电池，如图2-17所示。

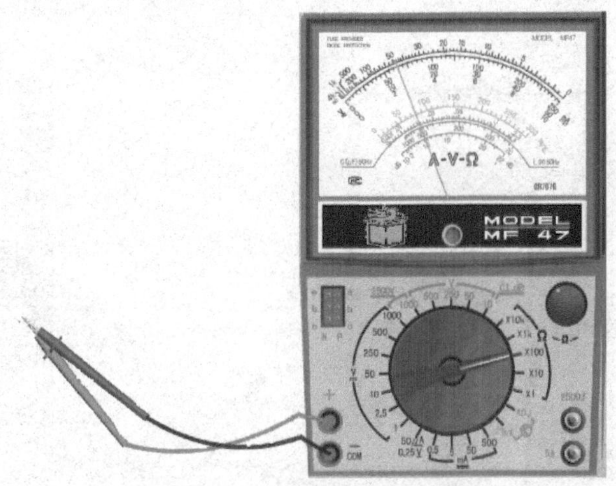

图2-17　欧姆调零（电气调零）

⑤ 表笔测试线绝缘应良好，黑表笔插负极“−”或公用端，红表笔插正极“＋”或相应的测量孔。

⑥ 用欧姆挡检查表笔测试线应完好，无断线或接触不良。

⑦ 测量大电流时红表笔插入5A插孔，测量交流高电压时红表笔插入2500V插孔。

3. 指针万用表测量电阻

指针万用表测量电阻的要领口诀：

测电阻，先调零，
断开电源再测量，
手不宜接触电阻，
再防并接变精度，
读数勿忘乘倍数。

例1：测量图中R_1的电阻值，如图2-18所示。

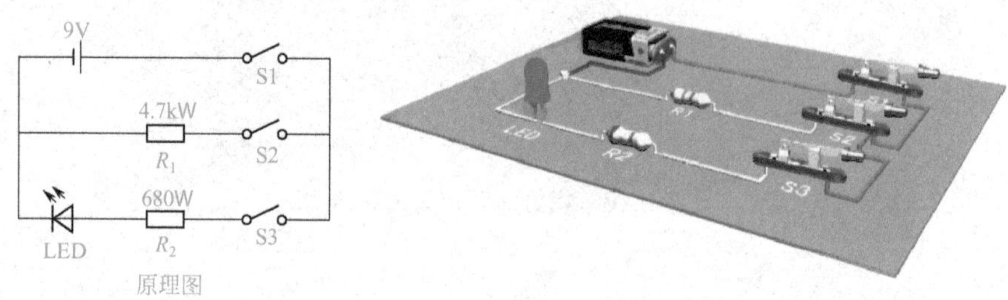

图2-18　被测电阻R_1

① 把转换开关拨到欧姆挡，合理选择量程；尽可能使指针指在量程中间，如图2-19所示。

② 两表笔短接，进行欧姆调零，即转动欧姆调零旋钮，使指针打到电阻刻度右侧的“0”Ω处，如图2-20所示。

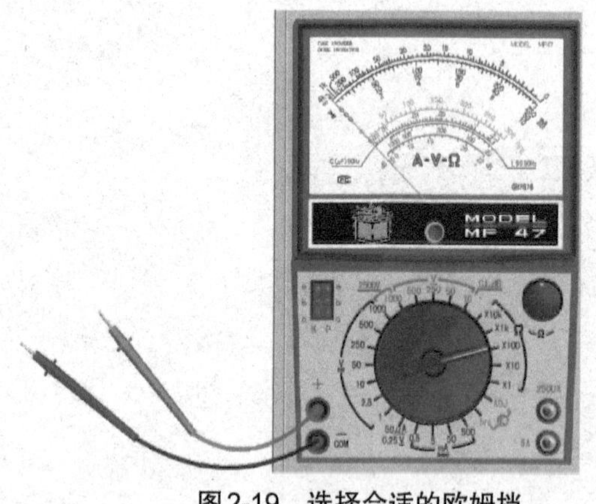

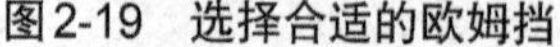

图2-19　选择合适的欧姆挡

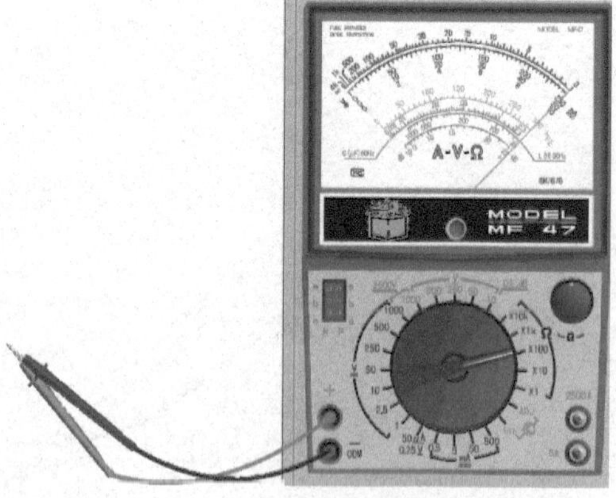

图2-20　欧姆调零

③ 将被测电阻脱离电源，用两表笔接触电阻两端，读取表头指针显示的读数乘以所选量程的倍率数即为所测电阻的阻值。如选用$R\times100$挡测量，指针指示47，则被测电阻值为：$47\times100=4000\Omega=4.7k\Omega$，如图2-21所示。

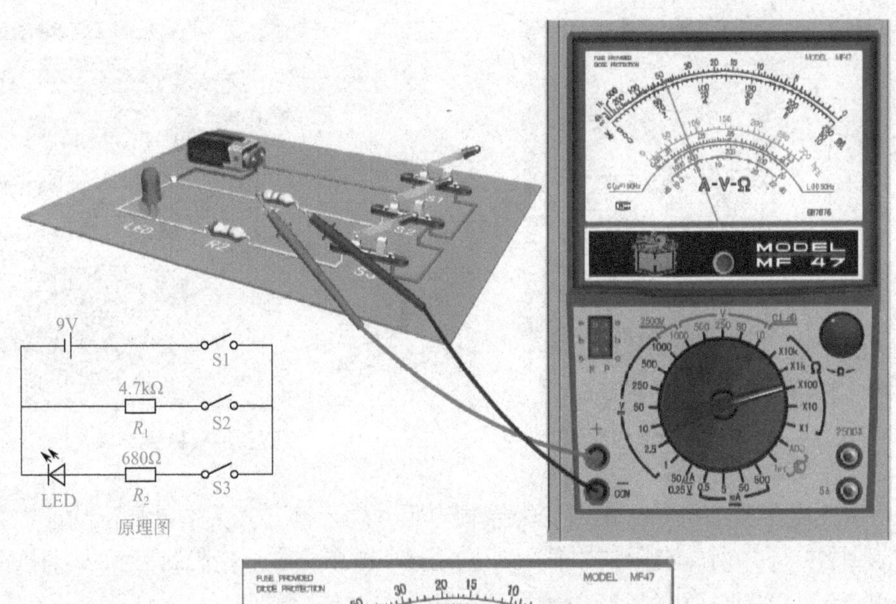

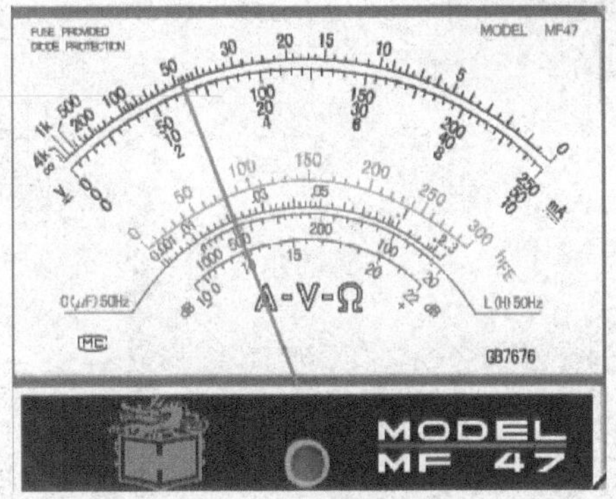

图2-21 实测电阻R_1

例2：测量图中R_2的电阻值，如图2-22所示。

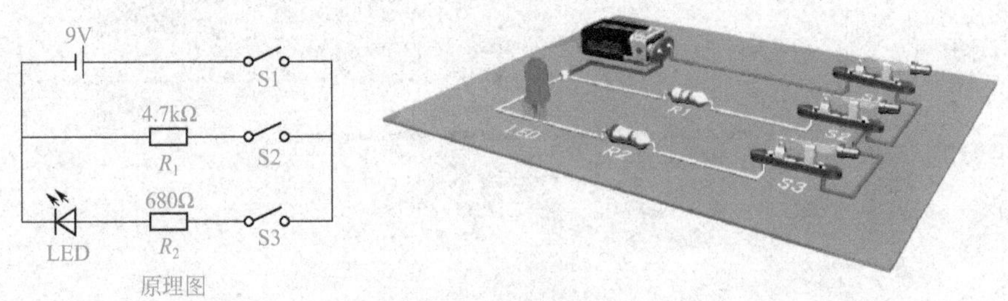

图2-22 被测电阻R_2

① 把转换开关拨到欧姆挡，合理选择量程；尽可能使指针指在量程中间，如图2-23所示。

② 两表笔短接，进行欧姆调零，即转动欧姆调零旋钮，使指针打到电阻刻度右侧的“0”Ω处，如图2-24所示。

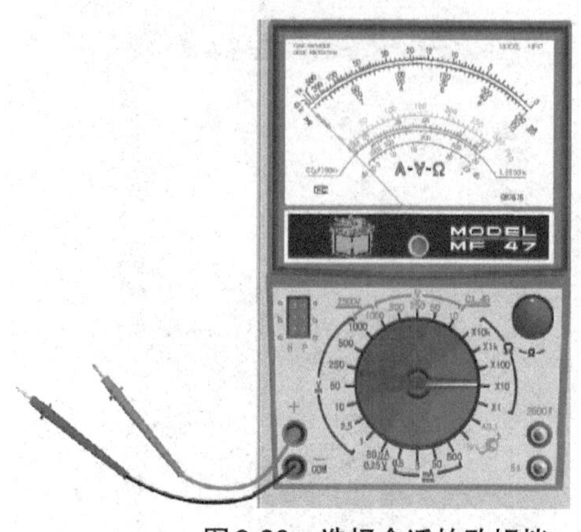

图2-23 选择合适的欧姆挡

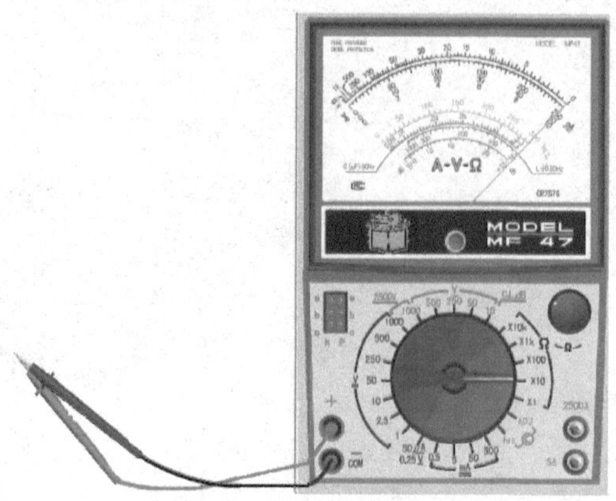

图2-24 欧姆调零

③ 将被测电阻脱离电源，用两表笔接触电阻两端，读取表头指针显示的读数乘以所选量程的倍率数即为所测电阻的阻值。如选用$R\times10$挡测量，指针指示68，则被测电阻值为：68×10＝680Ω，如图2-25所示。

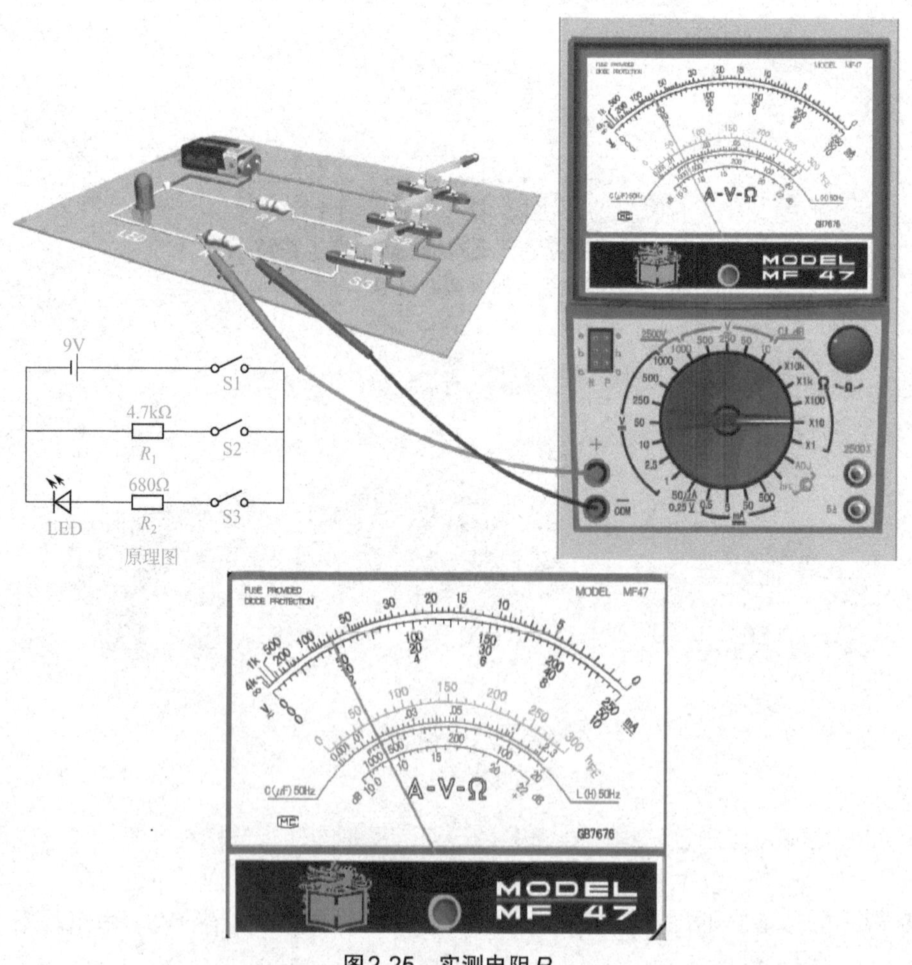

图2-25 实测电阻R_2

4. 指针万用表测量直流电压

指针万用表测量直流电压的要领口诀：

挡位量程先选好，
表笔并接路两端，
红笔要接高电位，
黑笔接在低位端，
换挡之前请断电。

例1：测量图中R_2两端电压，如图2-26所示。

① 把转换开关拨到直流电压挡，并选择合适的量程。当被测电压数值范围不清楚时，可先选用较高的测量范围挡，再逐步选用低挡，测量的读数最好选在满刻度的2/3处附近，如图2-27所示。

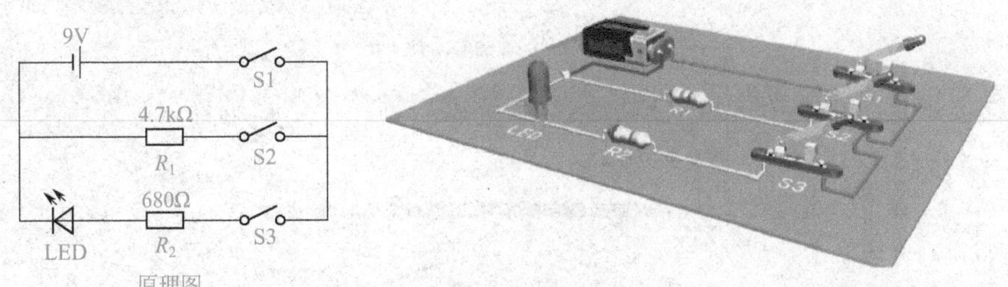

图2-26　被测电压

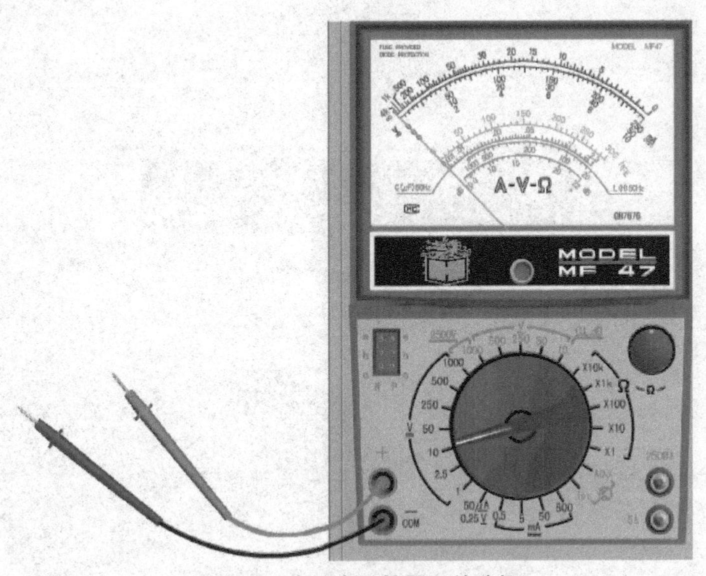

图2-27　直流电压挡量程的选择

② 把万用表并接到被测电路上，如图2-28所示；红表笔接到被测电压的正极，黑表笔接到被测电压的负极，不能接反。

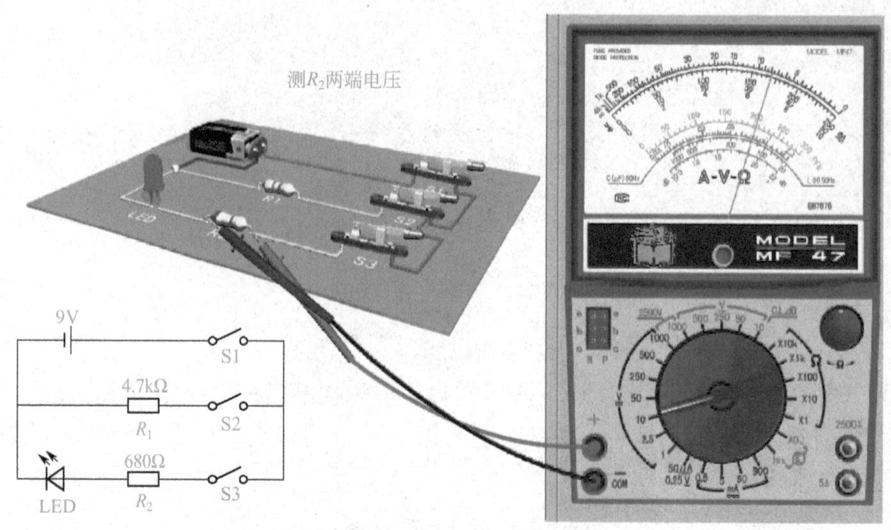

图2-28　直流电压的测量

③ 根据指针稳定时的位置及所选量程和所确定的倍率，正确读数，如图2-29所示；读数为6.8V，即R_2两端电压为6.8V。

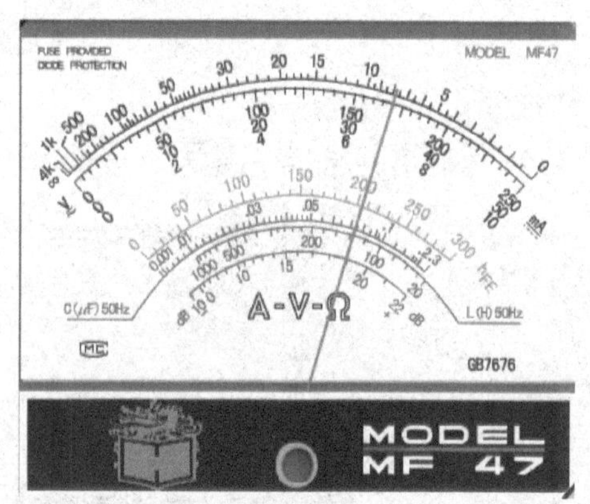

图2-29　电压表读数

例2：测量图中LED两端电压，如图2-30所示。

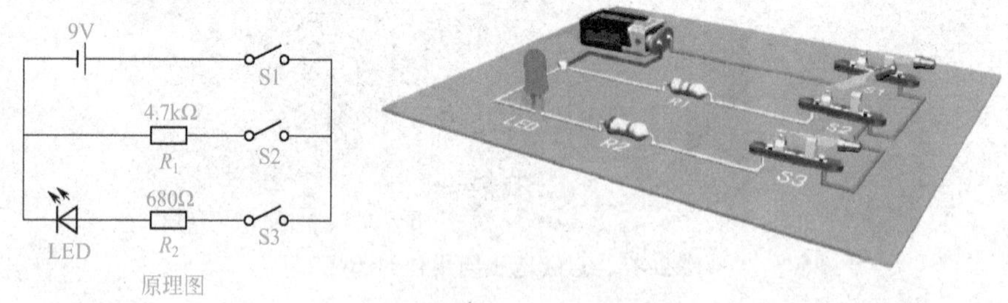

图2-30　测量LED两端的电压

① 把转换开关拨到直流电压挡，并选择合适的量程。当被测电压数值范围不清楚时，可先选用较高的测量范围挡，再逐步选用低挡，测量的读数最好选在满刻度的2/3处附近，如图2-31所示。

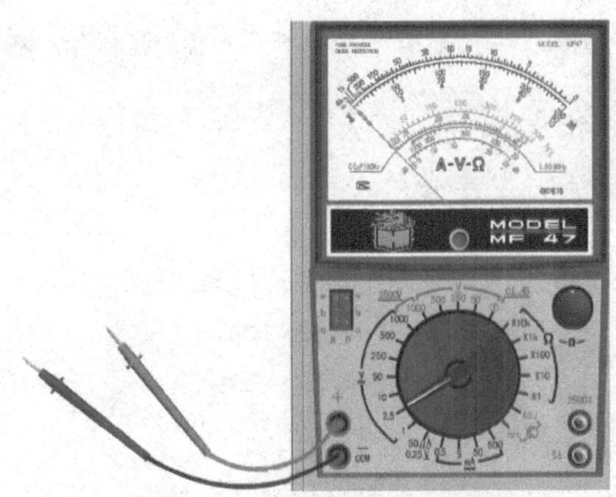

图2-31　选择合适的电压量程

② 把万用表并接到被测电路上，如图2-32所示；红表笔接到被测电压的正极，黑表笔接到被测电压的负极，不能接反。

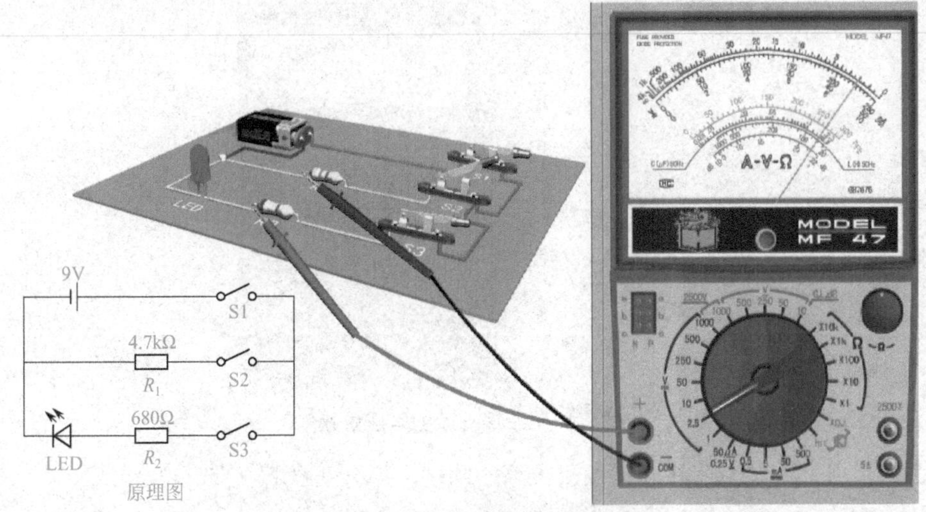

图2-32　LED两端电压的测量

③ 根据指针稳定时的位置及所选量程和所确定的倍率，正确读数，如图2-33所示。

图2-33　电压表的读数

读数=（挡位值/满度值）×指示值=倍率×指示值=2.225V，即R_2两端电压为2.225V。

5. 指针万用表测量交流电压

指针万用表测量交流电压的要领：

量程开关选交流，
挡位大小符要求，
表笔并接路两端，
极性不分正与负，
测出电压有效值，
测量高压要换孔，
勿忘换挡先断电。

例：测量插座两端电压。

① 把转换开关拨到交流电压挡，选择合适的量程，如图2-34所示。

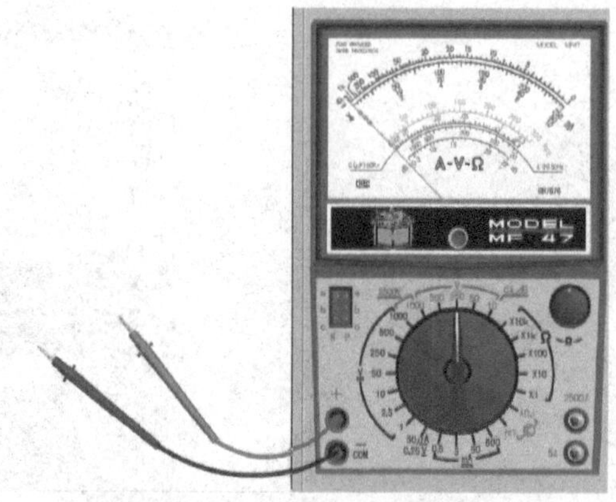

图2-34 选择合适的电压量程

② 将万用表两根表笔并接在被测电路的两端，不分正负极，如图2-35所示。

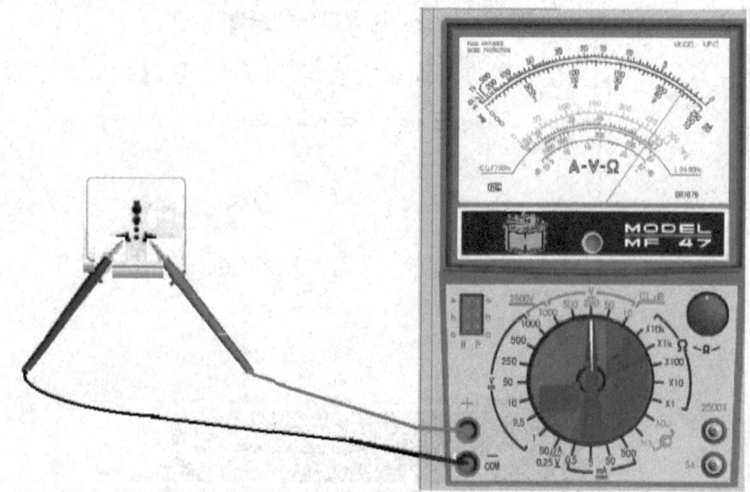

图2-35 插座两端电压的测量

③ 根据指针稳定时的位置及所选量程，正确读数。其读数为交流电压的有效值，如图2-36所示。读数为222.5V，即插座两端电压为222.5V。

图2-36　电压表读数

④ 当交流电压小于10V时，应从专用表度尺读数，如图2-37所示。

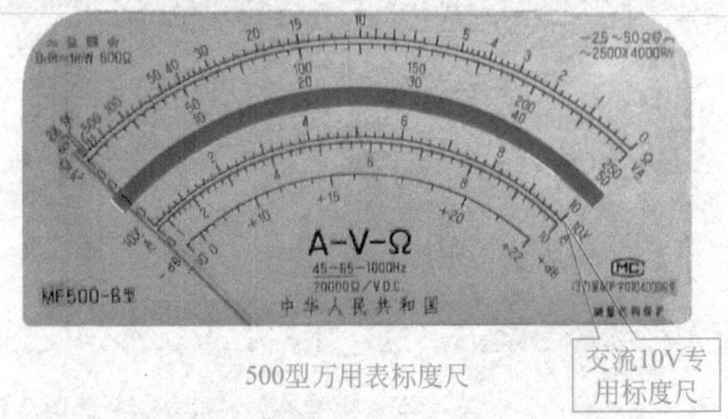

图2-37　交流电压10V专用表度尺

表头上有四条刻度线，它们的功能如下：

第一条（从上到下）标有R或Ω，指示的是电阻值，转换开关在欧姆挡时，即读此条刻度线；

第二条标有~和VA，指示的是交、直流电压和直流电流值，当转换开关在交、直流电压或直流电流挡，量程在除交流10V以外的其他位置时，即读此条刻度线；

第三条标有10V，指示的是10V的交流电压值，当转换开关在交、直流电压挡，量程在交流10V时，即读此条刻度线；

第四条标有dB，指示的是音频电平。

⑤ 当被测电压大与500V时，红表笔应插在2500V交直流插孔内，必须带绝缘手套。

6. 指针万用表测量直流电流

指针万用表测量直流电流的要领：

量程开关拨电流，
表笔串接电路中，
正负极性要正确，

挡位由大换到小，
换好挡后再测量。

例：测量R_2支路电流，如图2-38所示。

① 断开被测量R_2支路，如图2-38（b）所示。

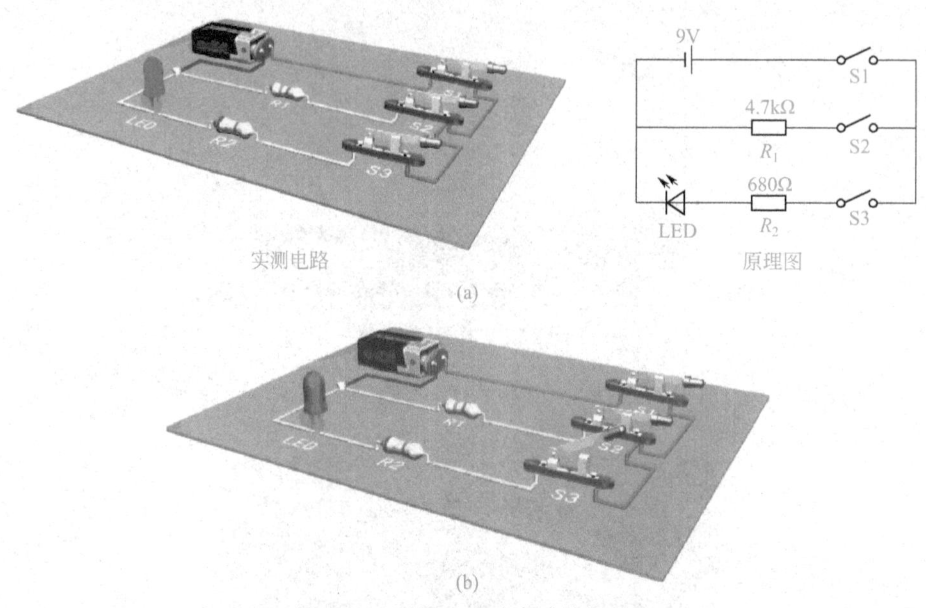

图2-38　测量R_2支路电流的准备

② 根据被测量电流大小选择合适的挡位，如图2-39所示。

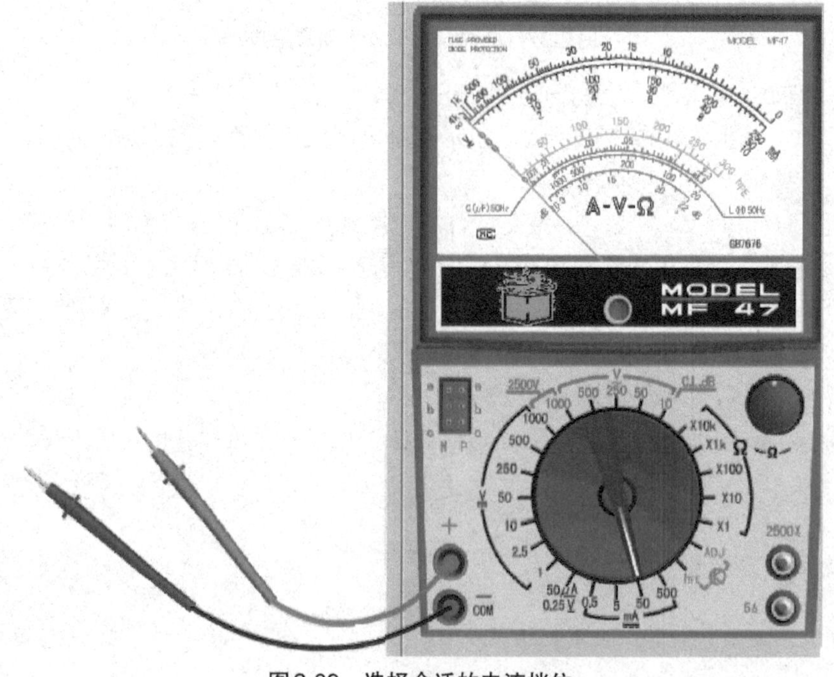

图2-39　选择合适的电流挡位

③ 将万用表串入被测电路，红表笔接电流流入端，黑表笔接电流流出端，指针稳定后读数，如图2-40所示，读数为10mA。

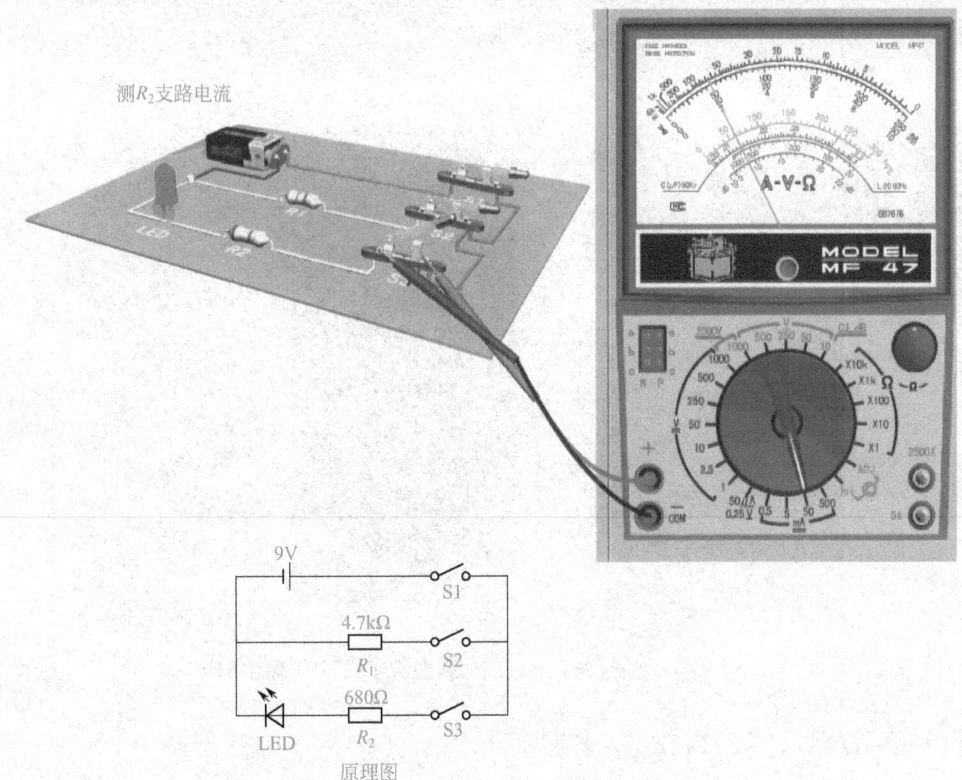

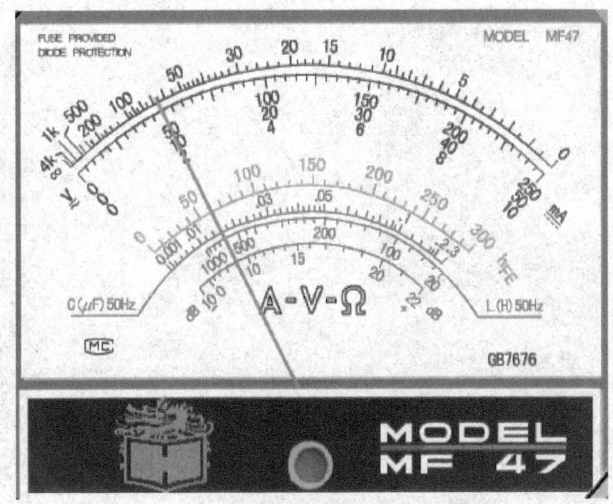

图2-40 电流表的读数

7. 数字式万用表的结构

DT9205A型数字式万用表的结构如图2-41所示。

扫码观看数字式万用表使用前的检查视频。

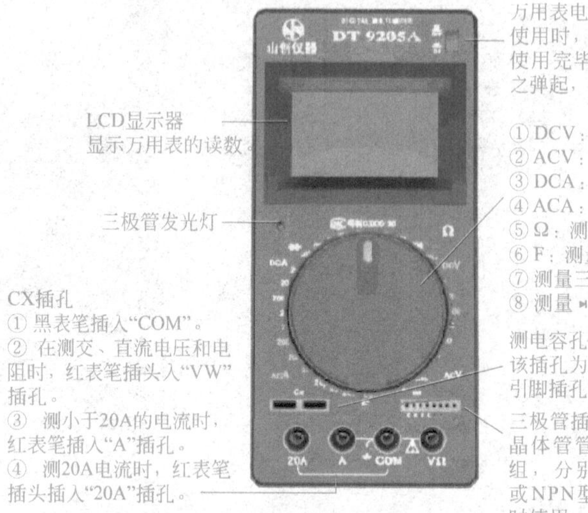

图2-41　DT9205A型数字式万用表的结构

8. 数字万用表测交流电压

① 将红表笔插入VΩ插口，黑表笔插入COM插孔，如图2-42所示。

② 打开万用表电源开关。如图2-43所示。

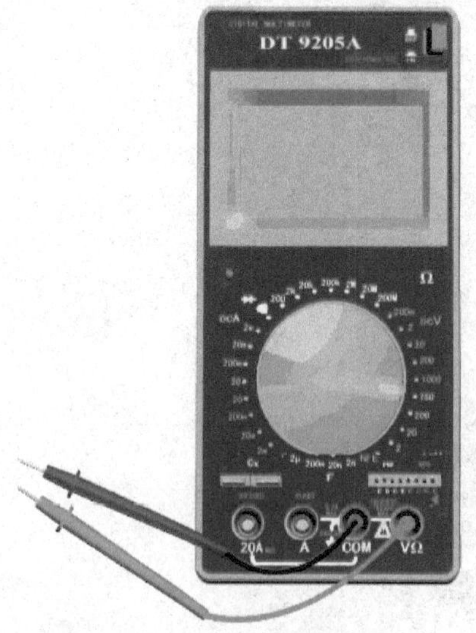

图2-42　表笔接线

图2-43　打开万用表电源开关

③ 将功能量程开关置于交流电压挡，如图2-44所示，当不知电压范围时，应从最大量程选起。表要并联在所测电路或元器件的两端。

④ 接通被测电路，如图2-45所示。

图2-44　转换开关挡位选择

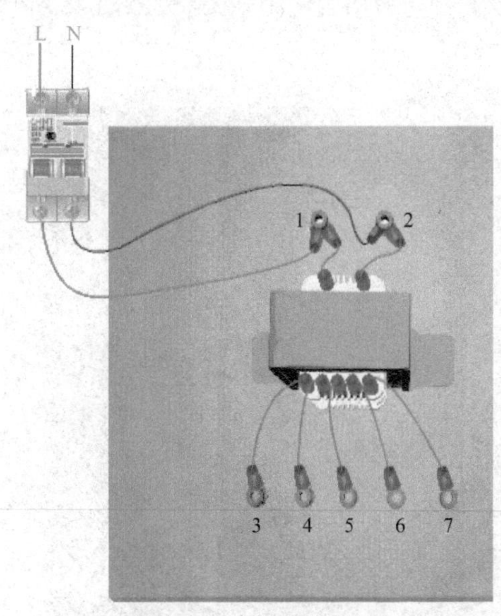

图2-45　接通被测电路

⑤ 将表笔并联到待测电源或负载上，从显示器上直接读取电压值；交流电压量显示的为有效值；3、4端子两端的电压为10.00V，如图2-46（a）所示；6、7端子两端的电压为6.20V，如图2-46（b）所示。

扫码可观看数字式万用表测量交流电压视频。

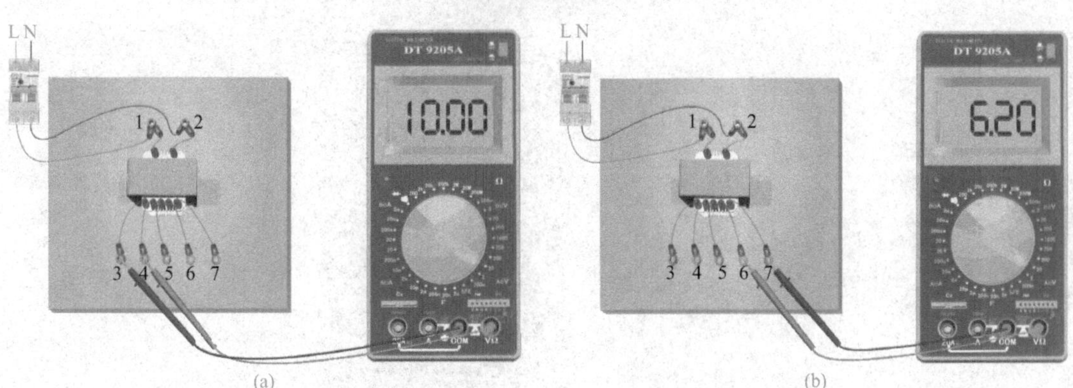

图2-46　实际测量交流电压

9. 数字万用表测直流电压

① 将红表笔插入V插口，黑表笔插入COM插孔，如图2-47所示。

② 打开万用表电源开关，如图2-48所示。

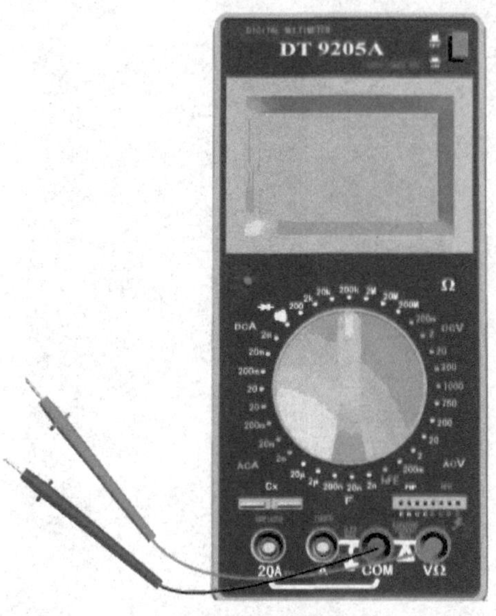

图2-47　表笔接线

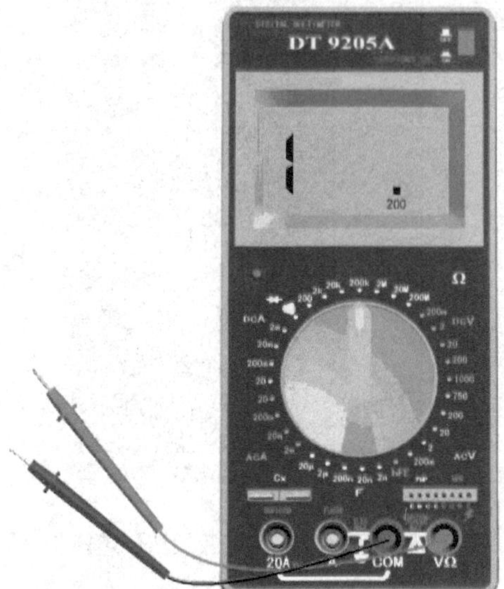

图2-48　打开万用表电源开关

③ 将功能量程开关置于直流电压挡，如图2-49所示。

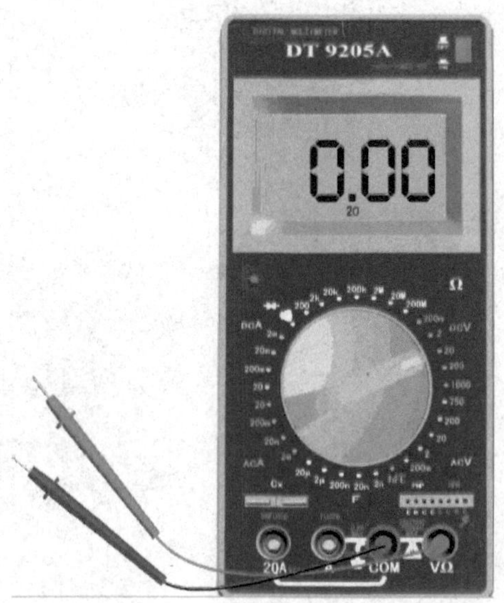

图2-49　转换开关挡位选择

④ 接通被测电路，将表笔并联到待测电源或负载上，从显示器上直接读取电压值，电源电压为6.00V，如图2-50（a）所示；小灯泡两端电压为2.20V，如图2-50（b）所示。

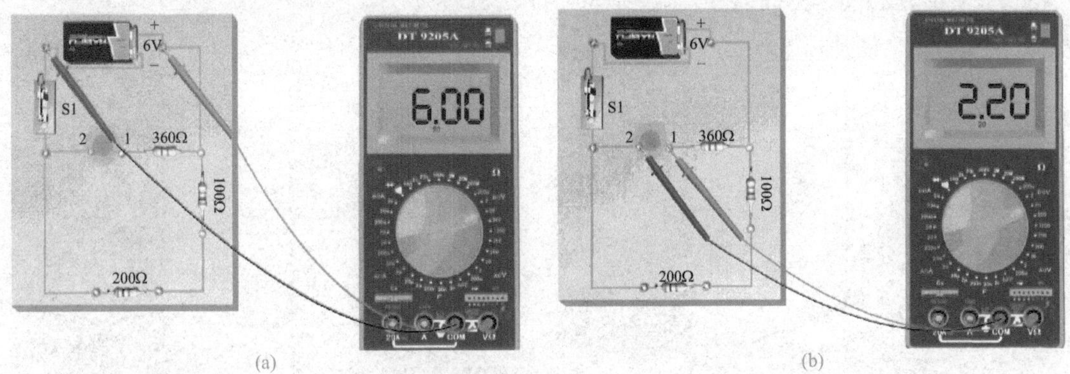

图2-50　实际测量直流电压

扫码观看数字式万用表测量直流电压。

10. 数字万用表测直流电流

① 将红表笔插入A或20A插口，黑表笔插入COM插孔，如图2-51所示。

② 打开万用表电源开关，将功能量程开关置于合适的直流电流挡，如图2-52所示。

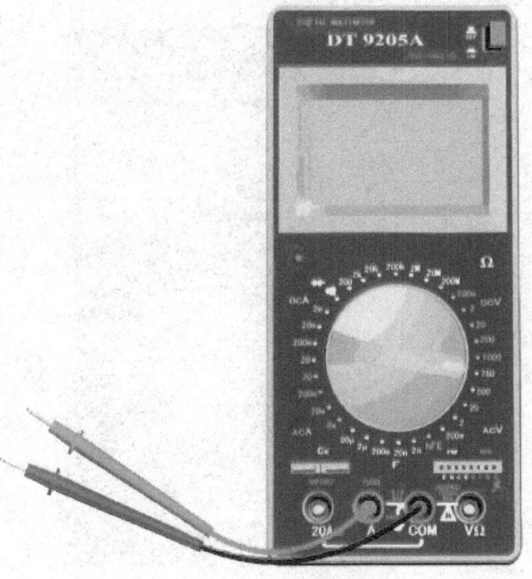

图2-51　表笔接线

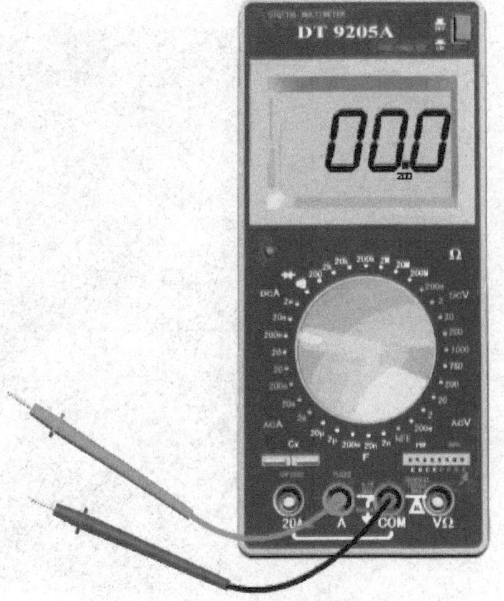

图2-52　挡位开关的选择

③ 将表笔串联到待测回路中，从显示器上直接读取电流值；若显示值为负值，如图2-53（a）所示的读数为“−20.0”，说明红、黑表笔接反；对调红、黑表笔即可，读数显示为“20”，如图2-53（b）所示。

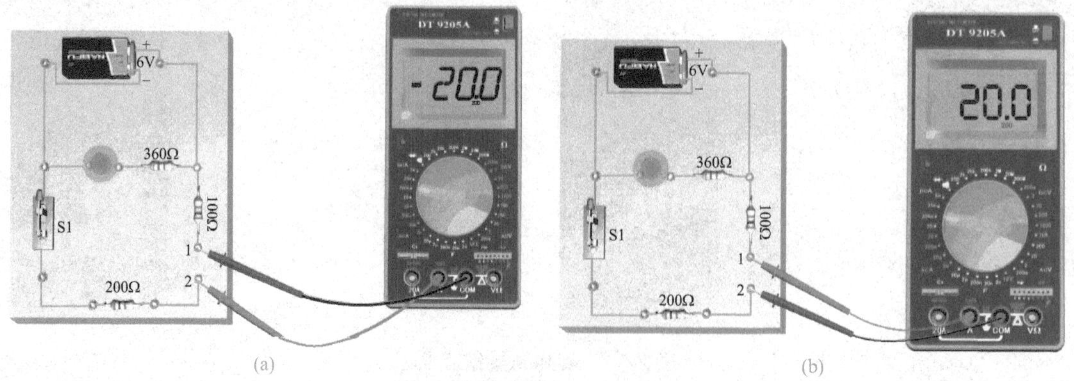

图2-53 实际测量直流电流

扫码可观看数字式万用表测量直流电流视频。

11. 数字万用表测电阻

① 将红表笔插入VΩ插口，黑表笔插入COM插孔，如图2-54所示。
② 打开万用表电源开关，将功能量程开关置于合适的电阻挡，如图2-55所示。

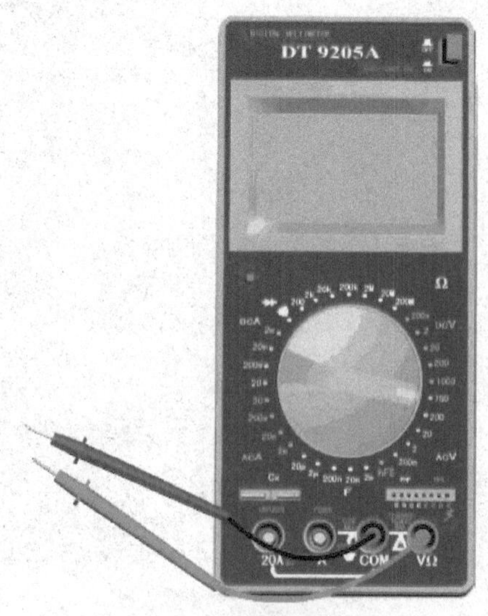

图2-54 表笔接线

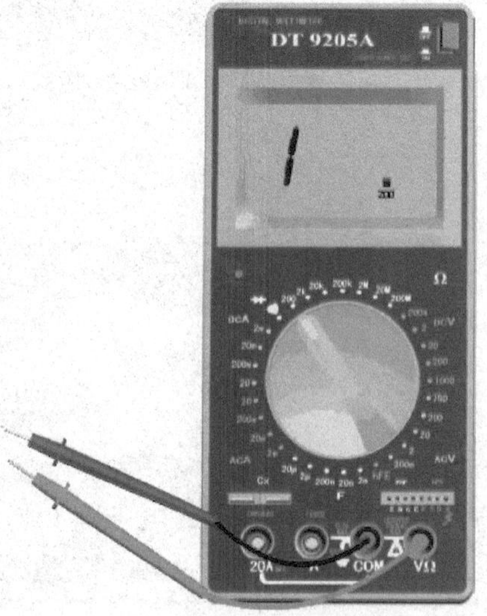

图2-55 挡位选择

③ 将表笔并联接到被测电阻上，从显示器上直接读取被测电阻值，R_1的电阻值为100Ω，如图2-56所示。

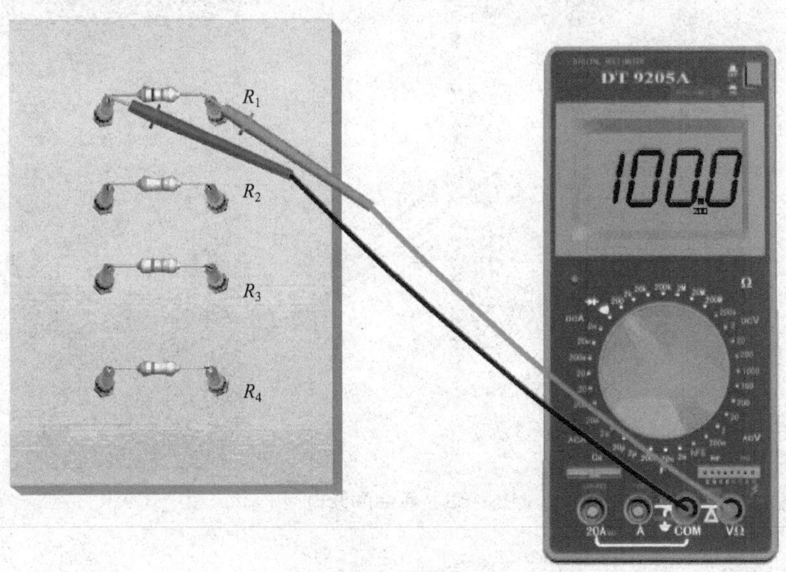

图2-56　实际测量电阻

④ 测量不同的电阻，应选择不同的挡位，如图2-57所示；实际测量R_2的电阻值为3.9kΩ，如图2-58所示。

扫码可观看数字式万用表测量电阻视频。

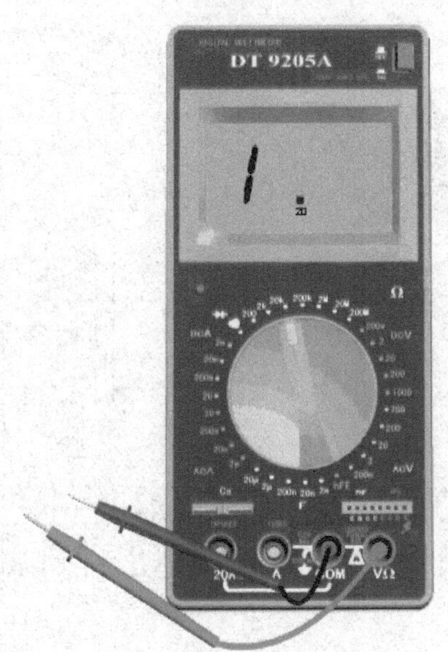

图2-57　挡位选择

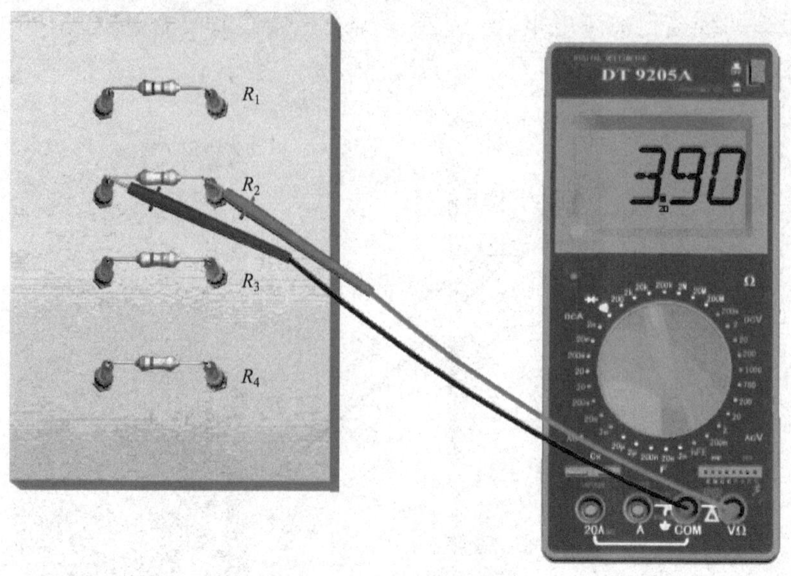

图2-58　实际测量电阻

五、电能表

1. 感应式电能表的结构

感应式电能表的结构如图2-59所示。

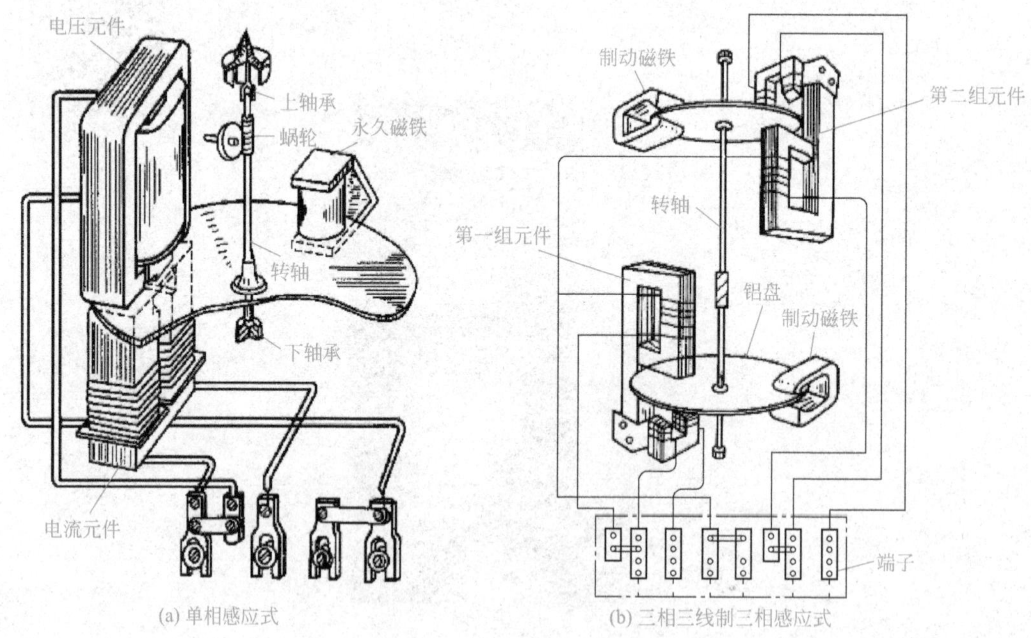

图2-59　感应式电能表的结构

2. 直入式单相有功电能表跳入式的接线

直接将电能表直接连接在单相电路中，对单相负载消耗的电能进行测量，这种接线方式称为直入式接线。单相有功电能表直入式接线一般采用跳入式。

单相有功电能表跳入式接线原理图如图2-60（a）所示。接线特点是，电能表的1、3号端子为电源进线，2、4号端子为电源的出线，并且与开关、熔断器、负载连接。实物接线如图2-60（b）所示。

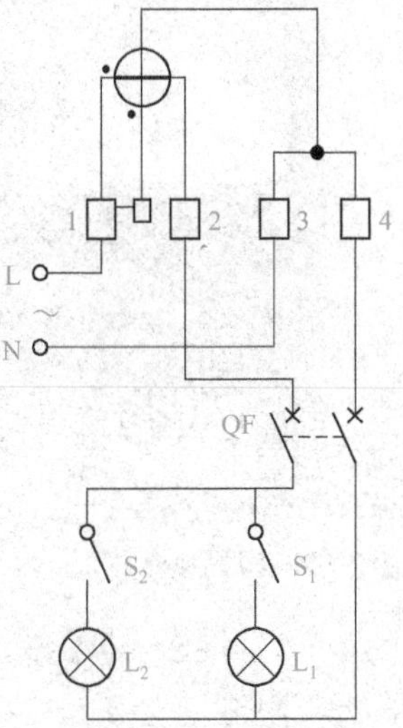

(a) 接线原理图

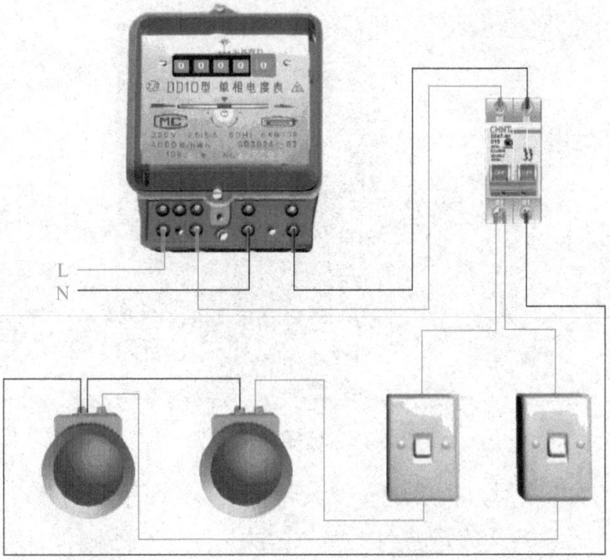

(b) 实物接线图

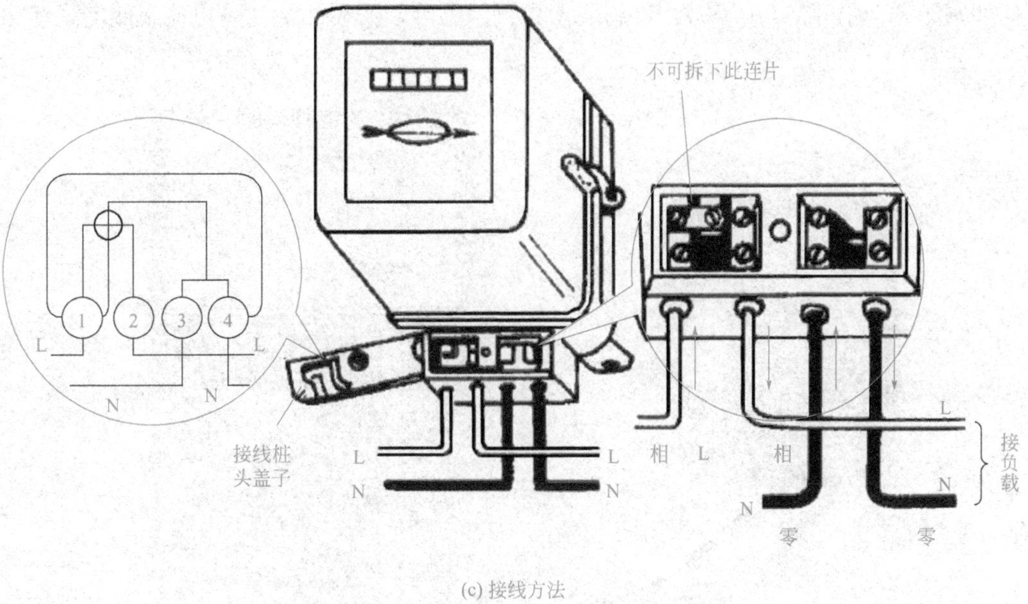

(c) 接线方法

图2-60　单相有功电能表跳入式接线图

3. 用万用表判断单相有功电能表的接线方法

单相电能表内部有一个电压线圈和一个电流线圈，根据电压线圈电阻值大、电流线圈电阻值小的特点，可以用万用表的电阻挡测量两个线圈的阻值大小，找出线圈的接线端子来判断电能表的接线方式。步骤如下。

① 使用万用表$R\times100$挡或$R\times10$挡，如图2-61所示。

② 对万用表进行欧姆调零，如图2-62所示。

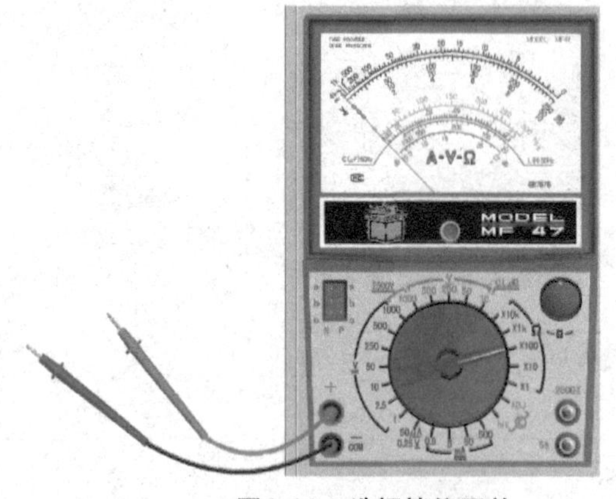

图2-61　选择挡位开关

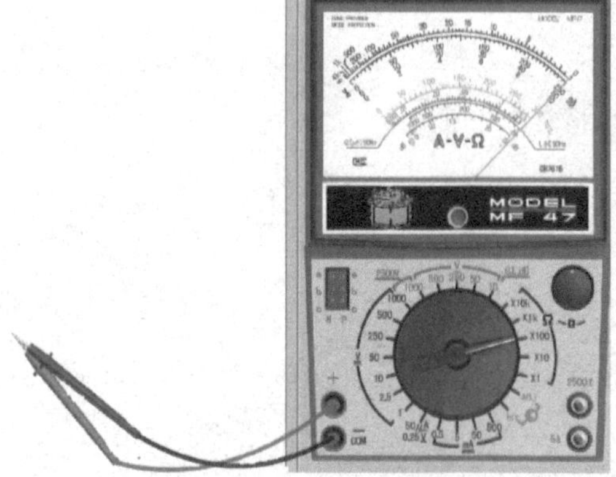

图2-62　欧姆调零

③ 用万用表的一只表笔接触1号端子，另外一只表笔分别接触2号端子、3号端子和4号端子。测定哪两个端子接的是同一个线圈，且测出线圈的直流电阻值。

④ 判断测量结果：

如果测量1号和2号端子时，万用表读数近似为零，说明测量的是电流线圈的直流电阻值，如图2-63所示。

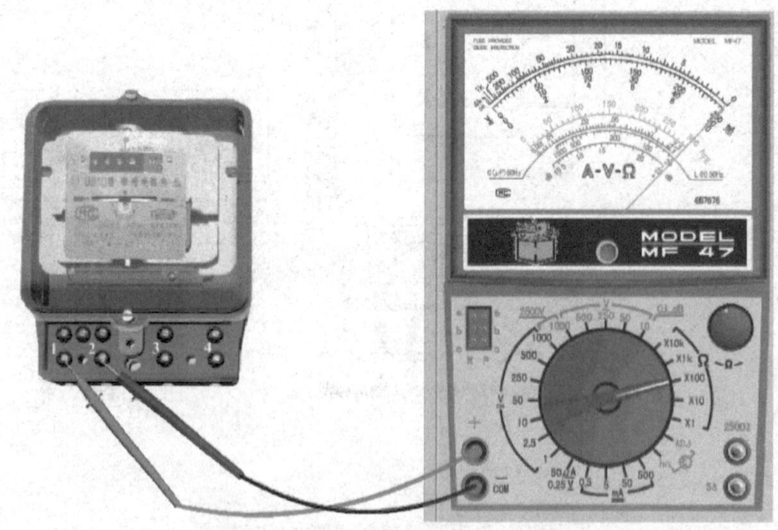

图2-63　万用表测量单相电能表接线

测量1号和3号端子，万用表显示值近似为1000Ω，如图2-64所示。

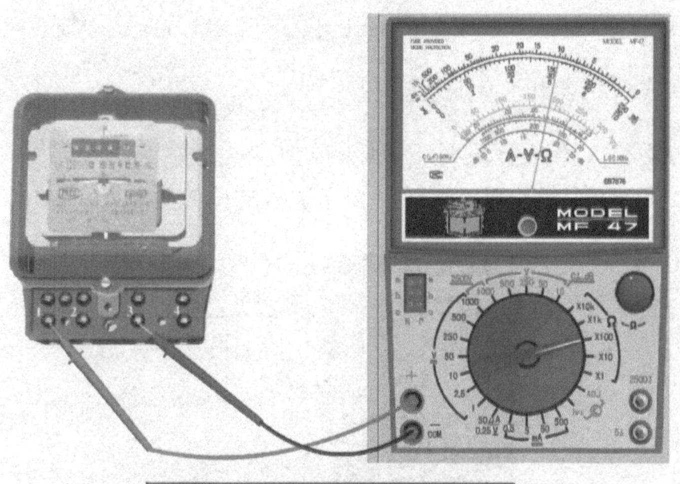

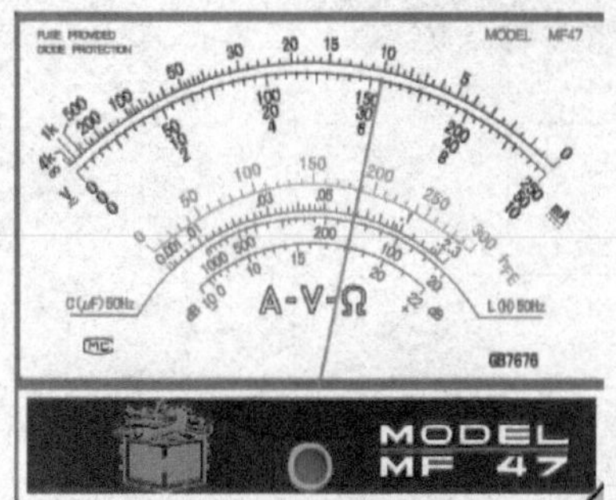

图2-64　电度表读数（一）

测量1号和4号端子，万用表显示值近似为1000Ω，如图2-65所示。

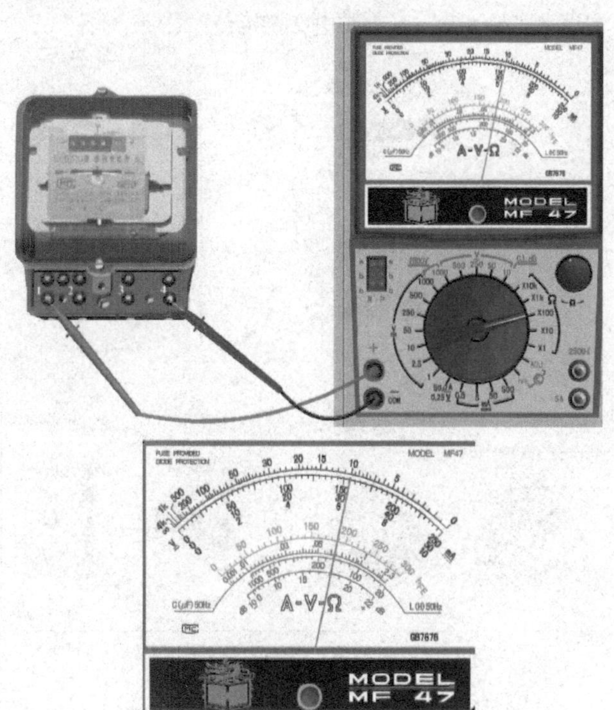

图2-65　电度表读数（二）

注意：由此可以判断，这块单相电能表的接线方式是跳入式接线。

4. 单相直入式有功电能表的读数方法

有功电能表是积算式仪表，某月所消耗的电能为表数之差。

例：某用户的单相有功电能表，6月1日电能表的读数为1kW·h，如图2-66所示；

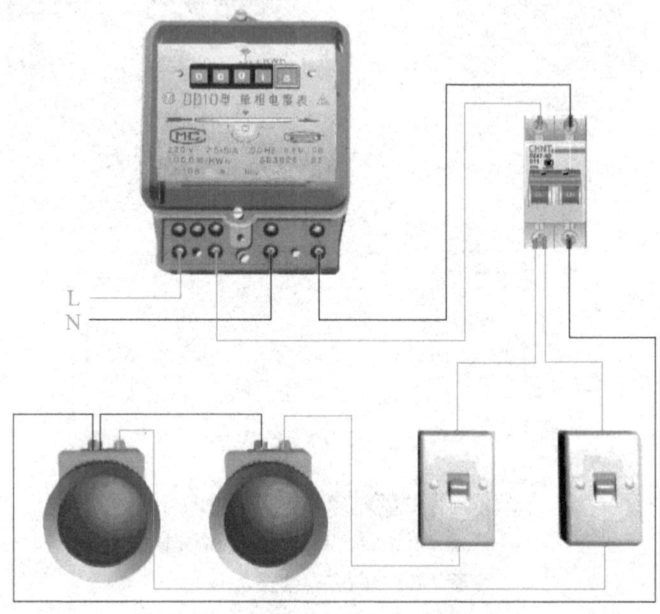

图2-66　电能表的读数1（6月1日）

7月1日电能表的读数为20kW·h，如图2-67所示。

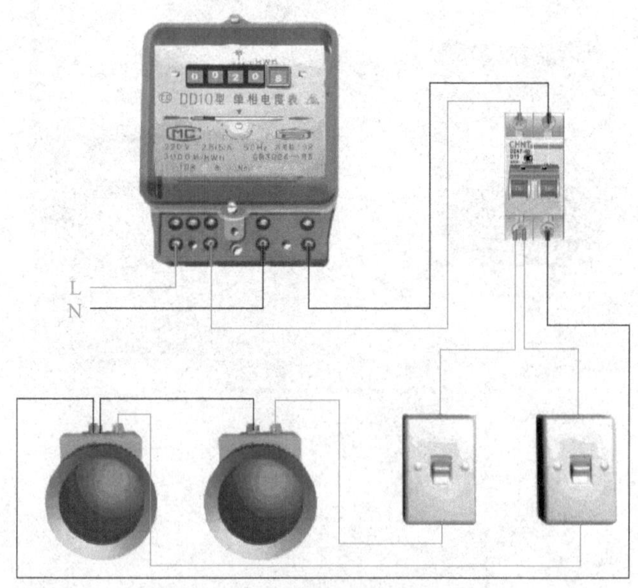

图2-67　电能表的读数2（7月1日）

本月消耗电能=（本月电能表读数－上月电能表读数）=20－1=19（kW·h）

5. 单相经电流互感器有功电能表的接线

单相有功电能表配电流互感器测量电能的接线原理图如图2-68（a）所示；实物接线如图2-68（b）所示。

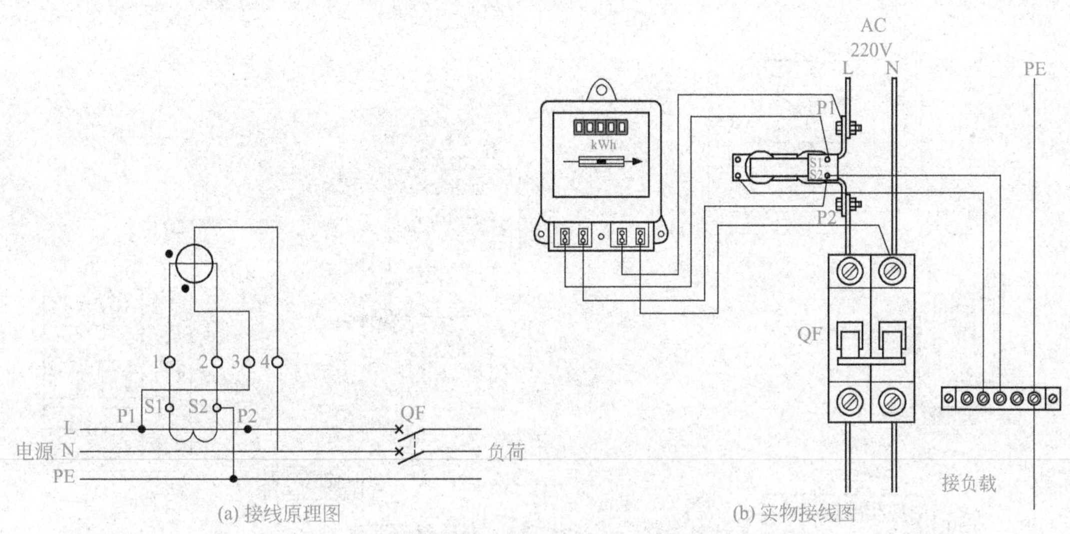

(a) 接线原理图　　(b) 实物接线图

图2-68　单相有功电能表配电流互感器接线图

6. 直入式三相三线有功电能表的接线

直入式三相三线（三相两元件）有功电能表测量电能的接线原理图如图2-69（a）所示，实物接线如图2-69（b）所示。

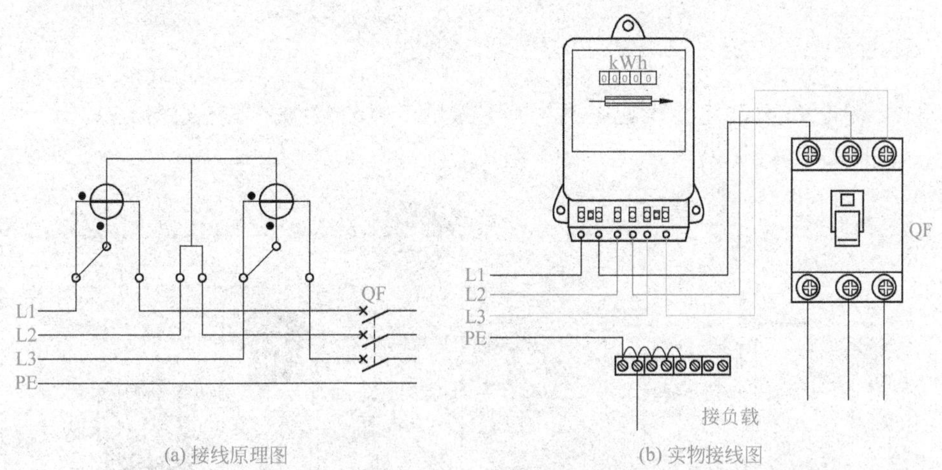

(a) 接线原理图　　(b) 实物接线图

图2-69　直入式三相三线（三相两元件）有功电能表接线图

7. 直入式三相四线有功电能表的接线

直入式三相四线（三相三元件）有功电能表测量电能的接线原理图如图2-70（a）所示；实物接线如图2-70（b）所示；三相四线有功电能表配电能表接线端子如图2-70（c）所示。

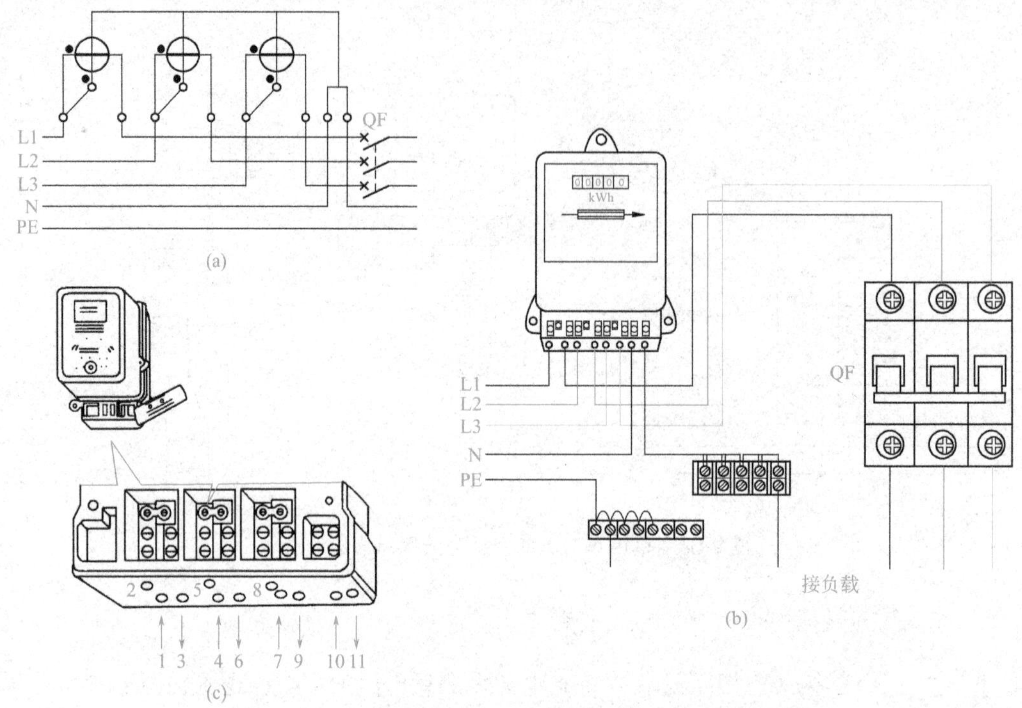

图2-70　直入式三相四线（三相三元件）有功电能表接线图

8. 三相三线经电流互感器有功电能表的接线

DS型三相三线有功电能表配电流互感器测量电能的接线原理图如图2-71（a）所示；实物接线如图2-71（b）所示。

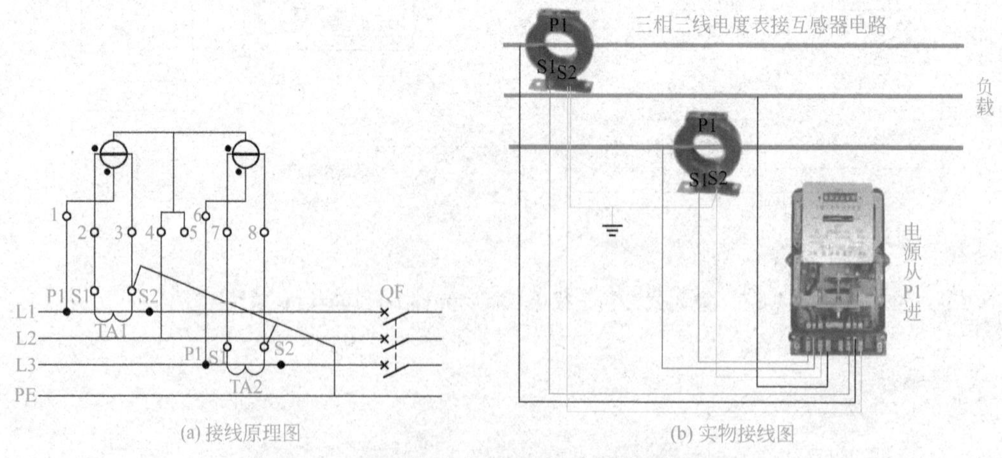

图2-71　三相三线有功电能表经电流互感器接线图

9. 三相四线经电流互感器有功电能表的接线

三相四线（三相三元件）有功电能表配电流互感器测量电能的接线原理图如图2-72（a）所示；实物接线如图2-72（b）所示。

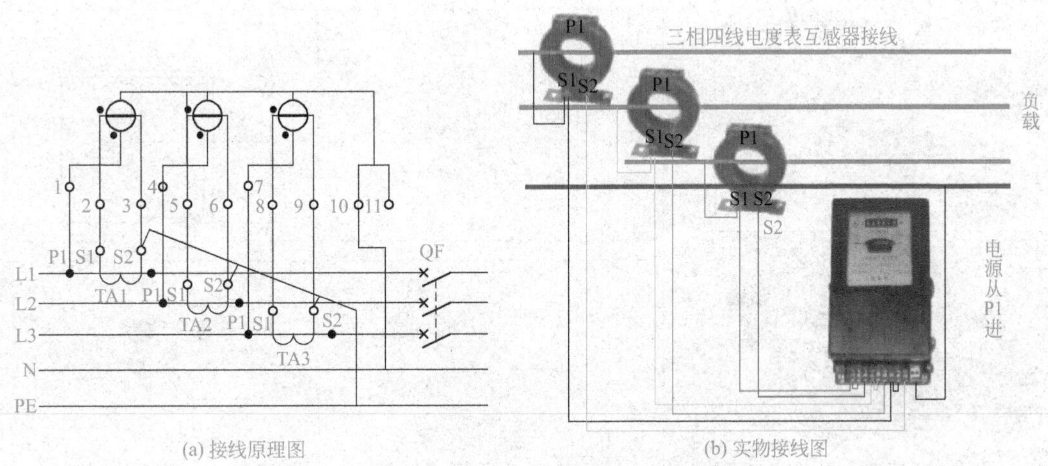

(a) 接线原理图　(b) 实物接线图

图2-72　三相三元件有功电能表配电流互感器接线图

10. 电子式预付费IC卡单相有功电能表的接线

电子式预付费IC卡单相有功电能表接线原理图如图2-73（a）所示。其中c、e是校准电度表时接至标准表的端子，正常使用时不用接线；实物如图2-73（b）所示。

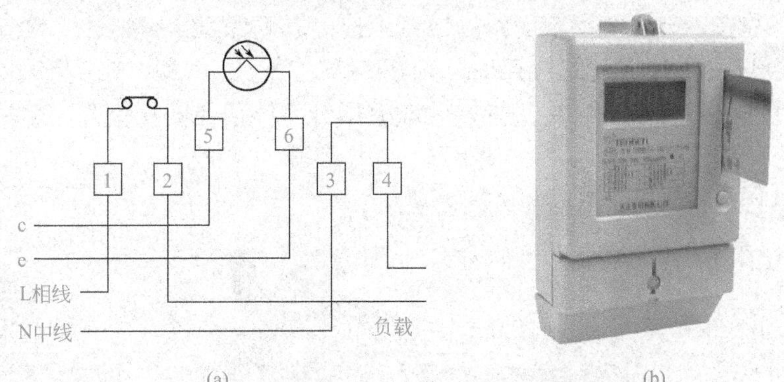

(a)　(b)

图2-73　电子式预付费IC卡单相有功电能表接线原理图

六、兆欧表

1. 兆欧表的结构

兆欧表结构如图2-74所示。

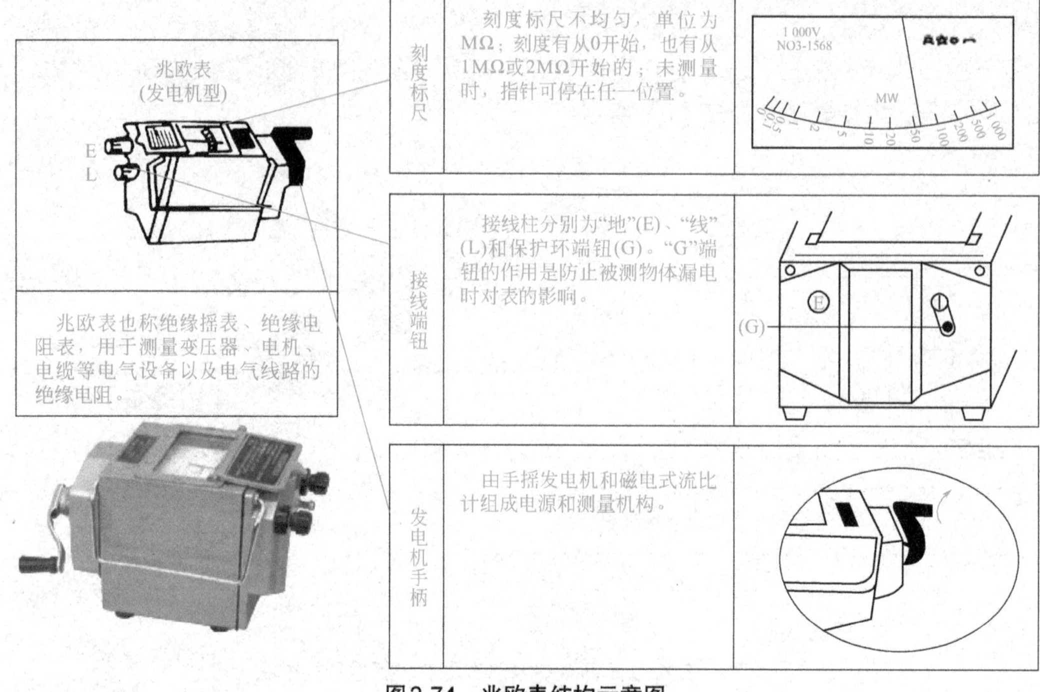

图2-74　兆欧表结构示意图

2. 兆欧表使用前的检查

（1）外观检查

兆欧表（见图2-75）使用前应做好检查工作，以确保安全操作。先检查表外观，兆欧表的外观检查主要包括表的外壳是否完好；接线端子、摇柄、表头等状态是否完好。配件即测试用导线是否完好。使用前，兆欧表指针可停留在任意位置，这并不影响最后的测量结果。

扫二维码可观看兆欧表使用前的检查视频。

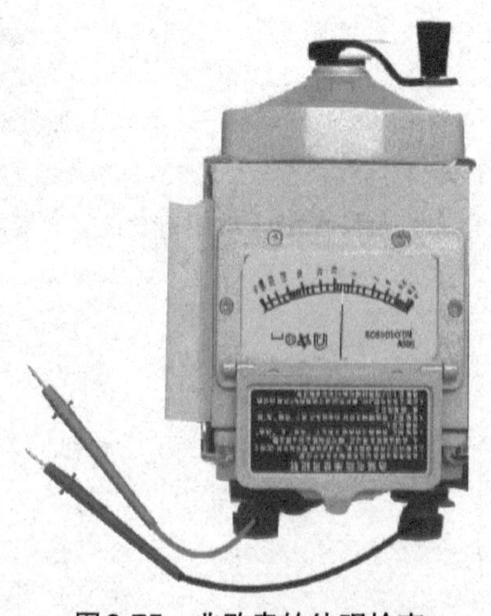

图2-75　兆欧表的外观检查

(2) 开路试验

将兆欧表平稳放置于绝缘物上，将一条表线接在兆欧表“E”端，另一条接在“L”端。表位放平稳，摇动手柄，使发电机转速达到额定转速120r/min，这时指针应指向标尺的“∞”位置（有的兆欧表上有“∞”调节器，可调节使指针指在“∞”位置）。如图2-76所示。

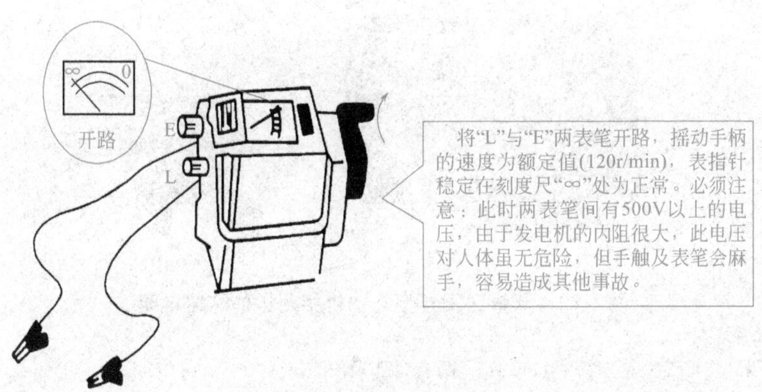

图2-76　开路试验

(3) 短路试验

将“L”“E”两端子短接，由慢到快摇动手柄，指针应指在标尺的零刻度处，否则，说明兆欧表有故障，需要检修。如图2-77所示。

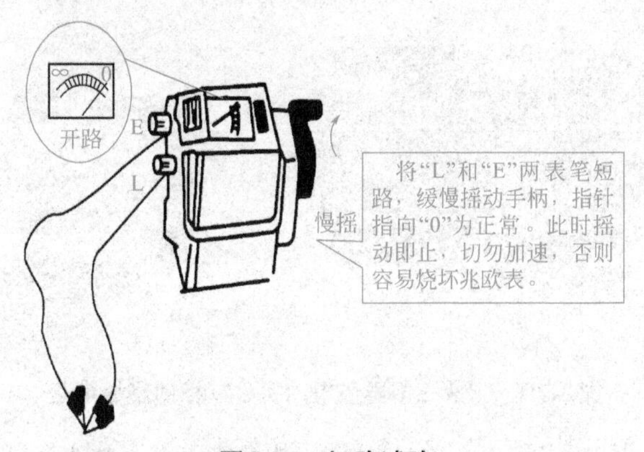

图2-77　短路试验

3. 兆欧表测量三相异步电动机的绝缘电阻

(1) 选用兆欧表

一般测量额定电压500V以下的运行过的电动机，选择500V兆欧表；测量额定电压为500～3000V的电动机选1000V兆欧表；测量额定电压在3000V以上电动机选2500V兆欧表；额定电压在500V以下的新电动机在使用前应使用1000V兆欧表进行测量。

(2) 测量三相异步电动机相对地的绝缘电阻

测量时，应先拆除电动机与电源的连线，不拆除电动机的封星或封角的连接片，将兆欧表上用来接地（E）端与电动机的接地端（外壳）相接；线路（L）端接在电动机六个接线柱的任意一端，然后均匀摇动摇柄，转速以120r/min为宜，待指针稳定，所读取的兆欧表数值即为绕组对地绝缘电阻。如图2-78所示，读数为38MΩ。

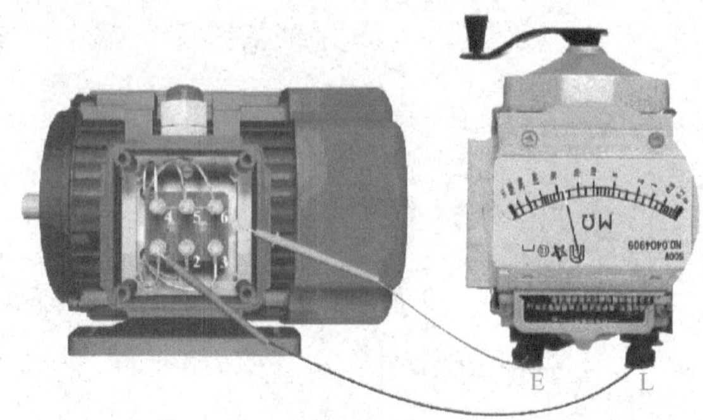

图2-78　测量三相异步电动机相对地的绝缘电阻

（3）用兆欧表测量三相异步电动机的相间绝缘电阻

相间绝缘电阻是指三相绕组彼此之间的绝缘电阻。测量相间绝缘时，先将电动机三相绕组的封接点断开，兆欧表的L与E两端子，分别接电动机的U、V两相绕组，然后均匀摇动摇柄达到120r/min，待指针稳定，所读取的兆欧表数值即为电动机的U、V两相绕组之间的绝缘电阻。如图2-79所示，读数为500MΩ。

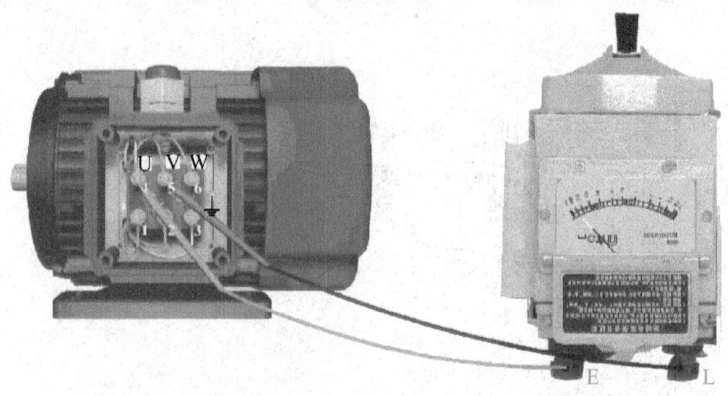

图2-79　测量三相异步电动机U-V相间绝缘电阻

① 同理测量V、W两相绕组之间的绝缘电阻，读数为500MΩ，如图2-80所示。

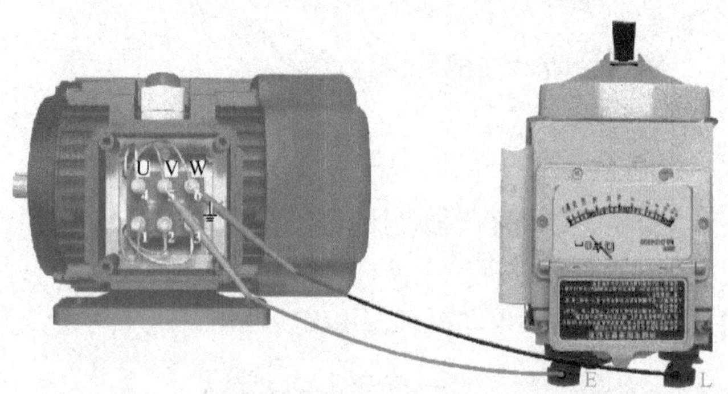

图2-80　测量三相异步电动机V-W相间绝缘电阻

② 测量U、W两相绕组之间的绝缘电阻，读数为500MΩ，如图2-81所示。

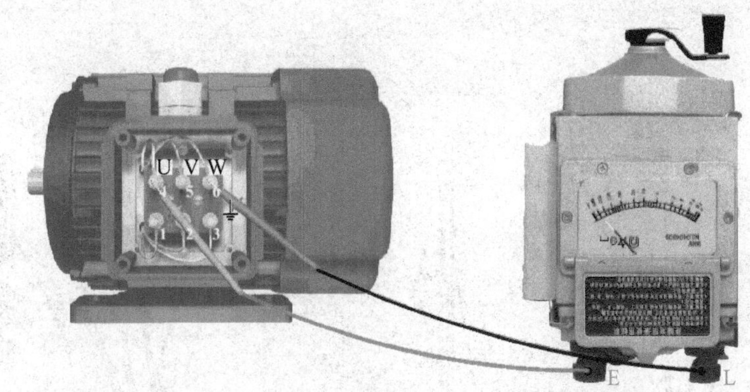

图2-81 测量三相异步电动机W-U相间绝缘电阻

(4) 用兆欧表测量三相异步电动机的绝缘合格的判定标准

额定电压在500V以下运行过的电动机其最低合格值均为0.5MΩ。新安装的电动机绝缘电阻合格值不得低于1MΩ。

由此可知，测量的电动机绝缘电阻值大于最低合格值，该电动机的绝缘电阻满足运行要求，可以使用。

扫二维码观看兆欧表测量三相异步电动机的绝缘电阻。

4. 用兆欧表测量电缆的绝缘

(1) 正确选用兆欧表

测量电缆时应按额定工作电压选择兆欧表，额定工作电压在1kV以下的电缆应选用1000V兆欧表，额定工作电压在6000V以上的电缆选用2500V的兆欧表。

(2) 用兆欧表测量电缆的绝缘电阻

电力电缆各缆芯及与外皮间均有较大的电容。因此，对电力电缆绝缘电阻的测量，应首先断开电缆的电源及负荷，并经充分放电之后方可进行，而且一般应在干燥的气候条件下进行测量。

(3) 正确连接兆欧表的接线

现在以1kV以下的电力电缆为例，说明使用兆欧表对其测量的方法和步骤。

① 对运行中的电缆要先停电，然后对停电电源验电，防止错拉闸。

② 对已退出运行的电缆放电，先将各缆芯对地放电，然后相间放电，电缆越长，放

电时间也要越长，直到看不出火花或听不到放电声为止。如图2-82所示，在实际工作中通常用临时接地线代替放电棒进行放电。

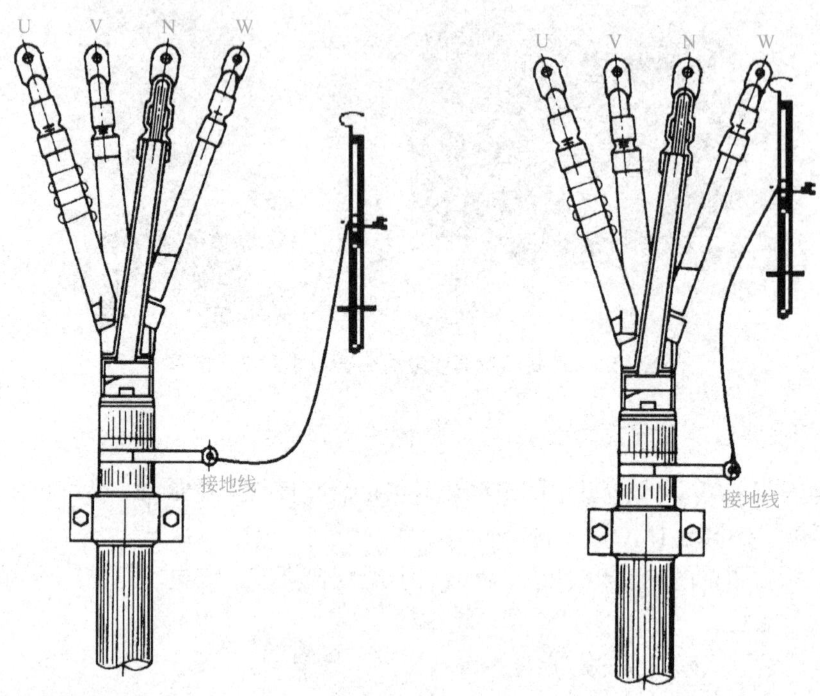

图2-82　电缆的放电

③ 拆除电缆两端与设备或线路的接线。

④ 测量项目如下：

a.测量电缆U相对V相、W相、N线及外皮的绝缘，其实际接线图如图2-83所示；

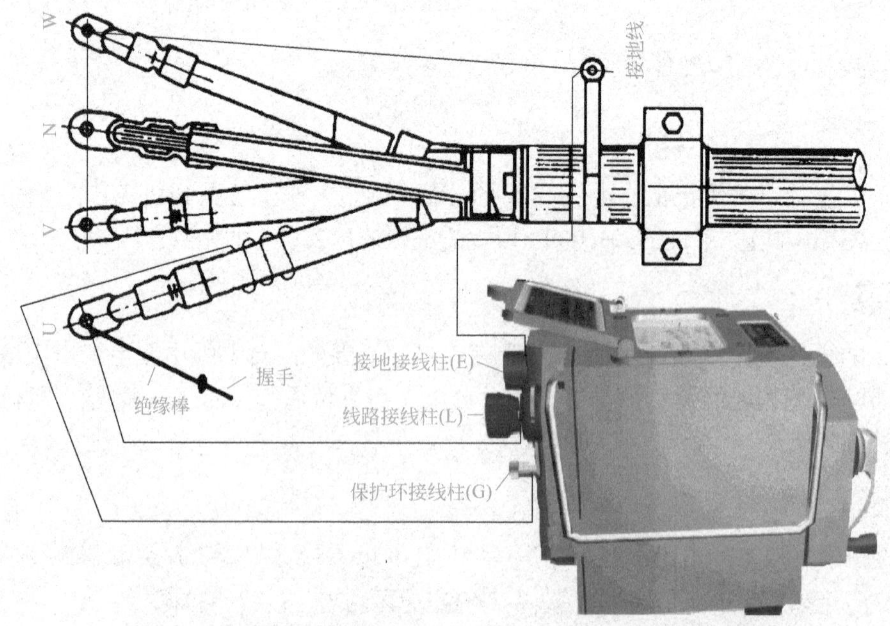

图2-83　测量电缆U相对V相、W相、N线及外皮的实际接线图

b.测量V相对U相、W相、N线及外皮的绝缘，其实际接线图如图2-84所示；

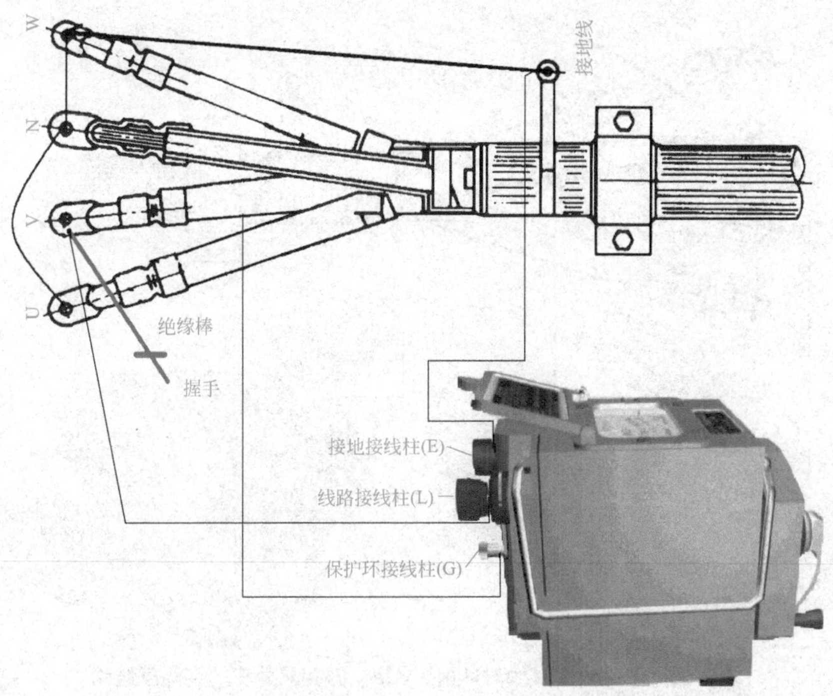

图2-84 测量电缆V相对U相、W相、N线及外皮的实际接线图

c.测量W相对U相、V相、N线及外皮的绝缘，其实际接线图如图2-85所示；

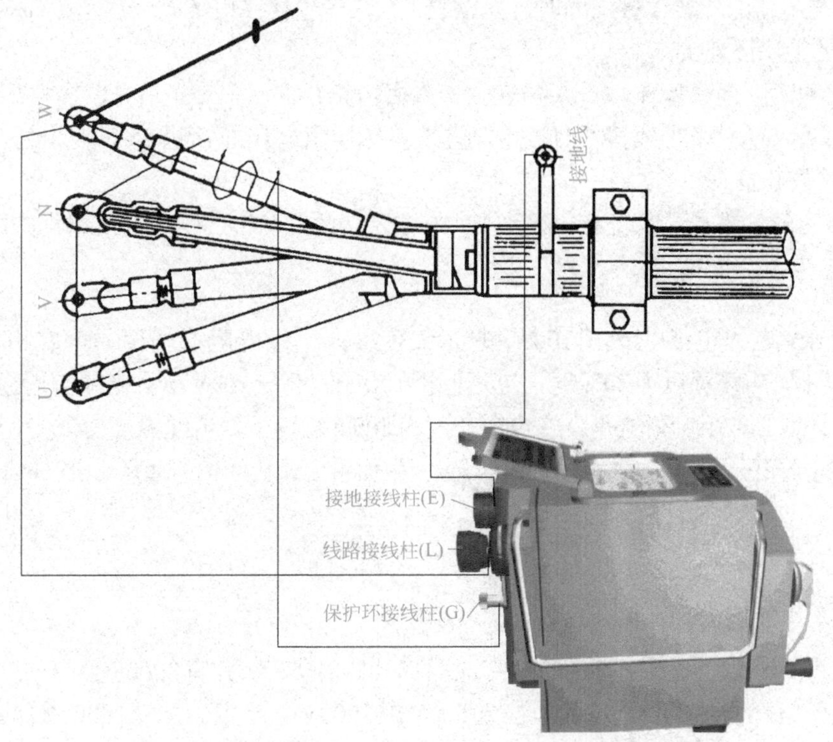

图2-85 测量电缆W相对U相、V相、N线及外皮的实际接线图

d.测量N线对U相、V相、W相及外皮的绝缘，其实际接线图如图2-86所示；

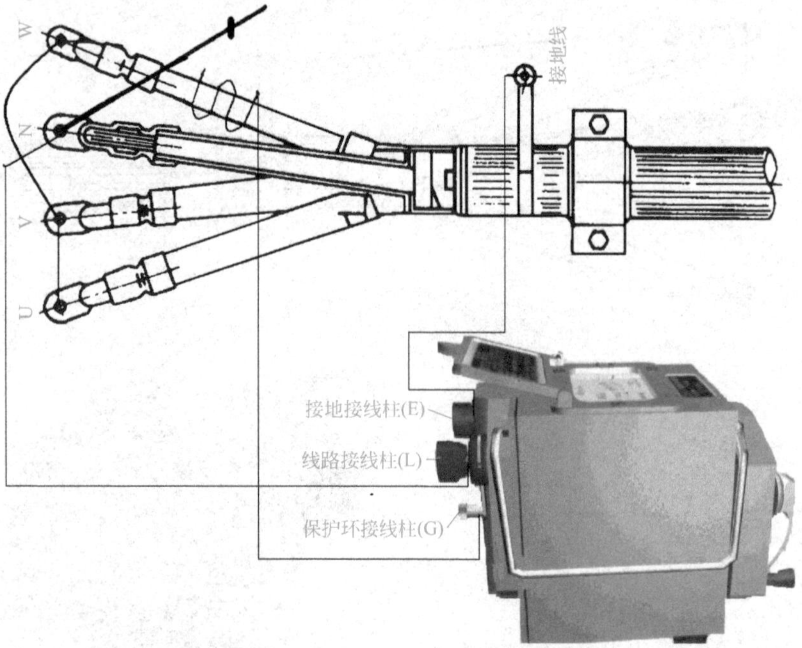

图2-86　测量电缆N线对U相、V相、W相及外皮的实际接线图

⑤ 摇测U相对V相、W相、N线及外皮的绝缘电阻时，兆欧表的L端子应与U相导体连接（注意摇测前先不接，而是用绝缘杆将L线挑起待接）；V相、W相与N线用裸导线封接后与电缆的外层连接。同时，兆欧表的E端子也接在电缆的外层上，G端子与包敷U相导体的绝缘层连接。

⑥ 摇测时要两人操作，一人摇表，一人去搭接L线。一人先将兆欧表摇到额定转速120r/min，另一人去将L线接在U相上，兆欧表指针稳定1min后指针稳定读数，然后先将L线撤下再停止摇表。

⑦ 停摇后U相要对地放电，然后按此方法步骤测量V相、W相、N线对地的绝缘电阻。

（4）用兆欧表测量电缆的绝缘合格的判定标准

测量1kV电力电缆应选用1000V的兆欧表，其绝缘电阻合格值是，在电缆长度为500m及以下、电缆温度为20℃时，应不低于10MΩ。测量10kV电力电缆应选用2500V的兆欧表，其绝缘电阻合格值是，在电缆长度为500m及以下、电缆温度为20℃时，应不低于400MΩ；三相不平衡系数不大于2.5；与上次测量值相比下降程度不超过30%。

5. 用兆欧表测量电容器的绝缘电阻

（1）正确选用兆欧表

测量新低压电容器（交接试验）应选用1000V兆欧表，并有2000MΩ的刻度；测量运行中的低压电容器（预防性试验）应选500V或1000V兆欧表，并有1000MΩ的刻度；测量高压电容器时，选2500V兆欧表。

(2) 用兆欧表测量电容器的绝缘(以运行中的三相电力电容器为例)

测量应按以下顺序进行：测量电容器前首先需要停电→静候3min（使其在自动放电装置上放电）→人工放电［先各极对地放电、再极间放电，如图2-87（a）所示］→拆除电容器上原接线［如图2-87（b）所示］→擦拭电容器瓷套管→将电容器3个接线端用裸导线短接［如图2-87（c）所示］→将兆欧表的E端子接线与电容器的外壳（电容器已在架构上，可以接在架构上）连接→将兆欧表“G”端线接于电容器瓷套管→将兆欧表的L端子接线固定在绝缘杆端部的金属部分→一人手持绝缘杆，将L端子接线挑起悬空→另一人摇动兆欧表（应达到120r/min）→持杆人使L线接触被测电容器的电极［如图2-87（d）所示］→摇表人应维持摇速稳定→1min后指针稳定，读取读数→读数完毕，L端线撤离被测端→再停止摇表（听持杆人的指挥）→放电。

注意：

① 只测极对地绝缘，禁测极间绝缘；

② 擦拭电容器瓷套管，应使用清洁的棉布，如瓷套管严重脏污，可用无水酒精擦拭。

③ 人工放电，以看不出放电火花或听不到放电声为止。

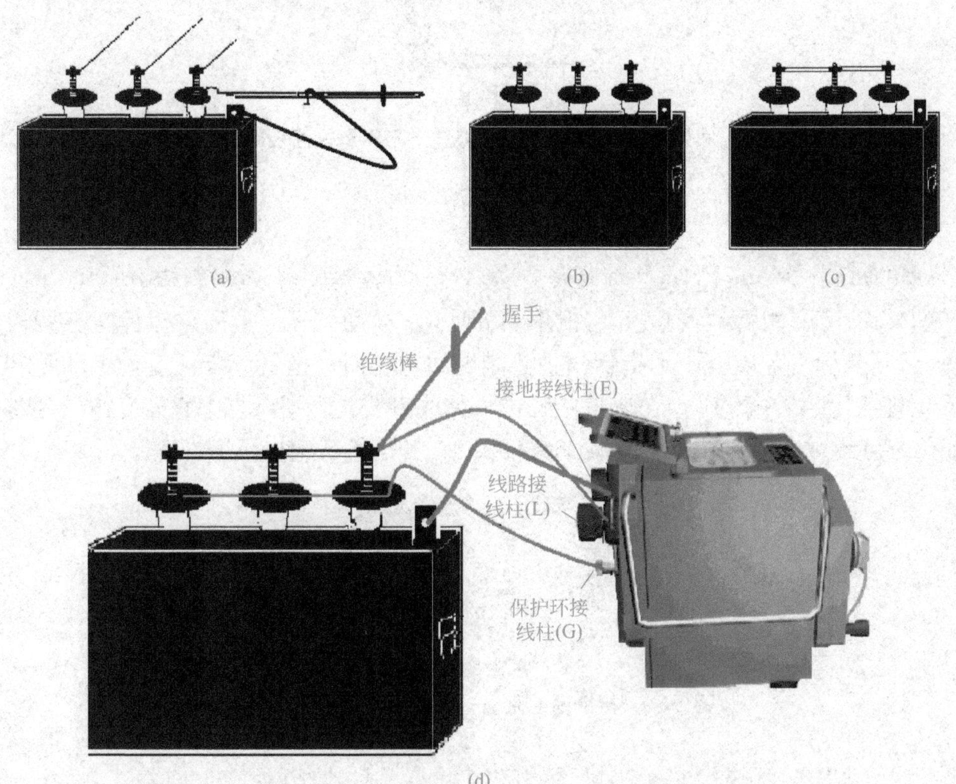

图2-87 电力电容器绝缘电阻测量接线图

(3) 用兆欧表测量电容器的绝缘合格的判定标准

额定电压0.4kV新电力电容器的绝缘电阻值应不小于2000MΩ，运行过的绝缘电阻值应不小于1000MΩ。

七、接地电阻测试仪

1. ZC-8型接地电阻测量仪的面板结构

ZC-8型接地电阻测量仪有3端钮（C、P、E）和4端钮（C1、P1、P2、C2）两种。其中3端钮接地电阻测量仪的量程规格为10Ω-100Ω-1000Ω；它有×1、×10、×100共3个倍率挡位可供选择。ZC-8型4端钮接地电阻测量仪面板如图2-88所示。

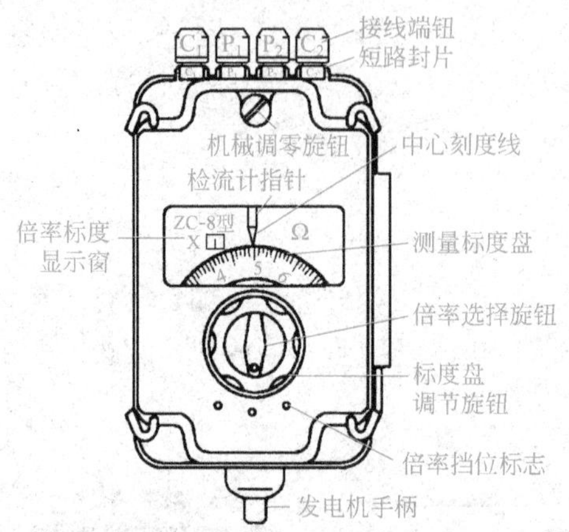

图2-88　ZC-8型4端钮接地电阻测量仪面板图

2. 接地电阻测试仪使用前做短路试验

仪表的短路试验，目的是检查仪表的准确度，方法是将仪表的接线端钮C1、P1、P2、C2（或C、P、E）用裸铜线短接，如图2-89所示，摇动仪表摇把后，指针向左偏转，此时边摇边调整标度盘旋钮，当指针与中心刻度线重合时，指针应指标度盘上的“0”，即指针、中心刻度线和标度盘上0刻度线三位一体成直线。若指针与中心刻度线重合时未指0，如差一点或过一点则说明仪表本身就不准确，测出的数值也不会准确。

图2-89　接接地电阻测试仪使用前的短路试验

3. 用接地电阻测试仪测量接地装置的电阻值

（1）测量前的准备工作

① 将被测量的电气设备停电，被测的接地装置应退出使用；

② 断开接地装置的干线与支线的分接点（断接卡子），如果测量接线处有氧化膜或锈蚀，要用砂纸打磨干净；

③ 在距被测接地体20m和40m处，分别向大地打入两根金属棒作为辅助电极，并保证这两根辅助电极与接地体在一条直线上。

(2) 正确接线方法

先将3根测试线（5m、20m、40m线）分别与接地体E′、两个辅助电极C′、P′连接好，再分别按下列要求与表的端钮连接。

① 3端钮的接地电阻测量仪，其E、P、C 3端分别与连接接地体E′（5m线），电位电极P′（20m线），电流电极C′（40m线）相接。如图2-90所示。

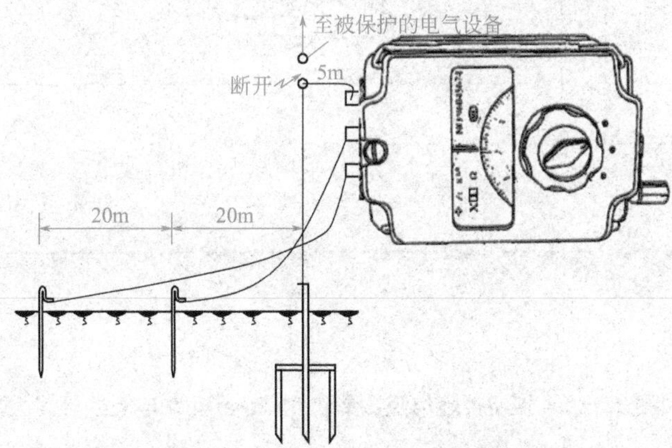

图2-90　3端钮接地电阻测量仪接线

② 4端钮的接地电阻测量仪，先将仪表端P2与C2用短接片短接起来，当做E端钮使用，然后将5m测试线一端接在该端子上，导线另一端接接地体E′；将20m线接在P1端子上，导线的另一端与电位电极P′连接；将40m线接在C1端子上，导线另一端与电流电极C′连接；如图2-91所示。

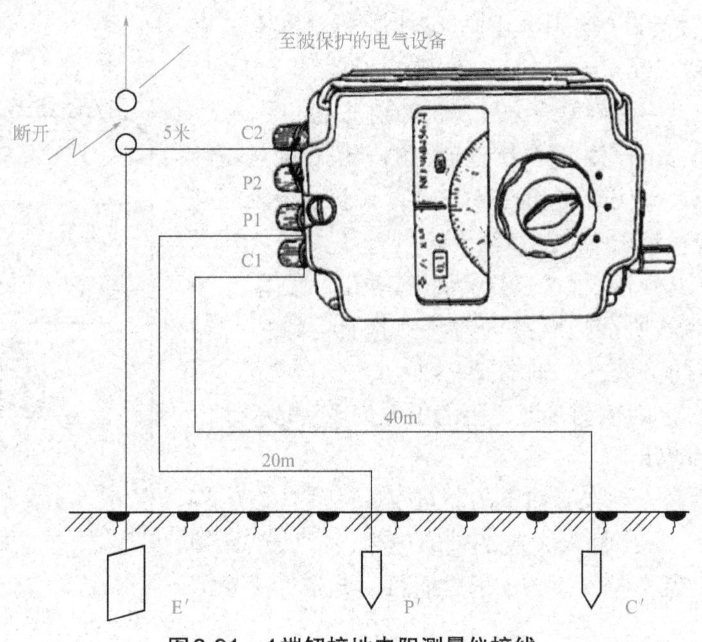

图2-91　4端钮接地电阻测量仪接线

③ 若测量小于1Ω的接地电阻，先将接地电阻测量仪接线端P2与C1、P1、P2、C2分别用导线接到被测接地体上，其他两端子接线同前所述，其接线方法如图2-92所示。

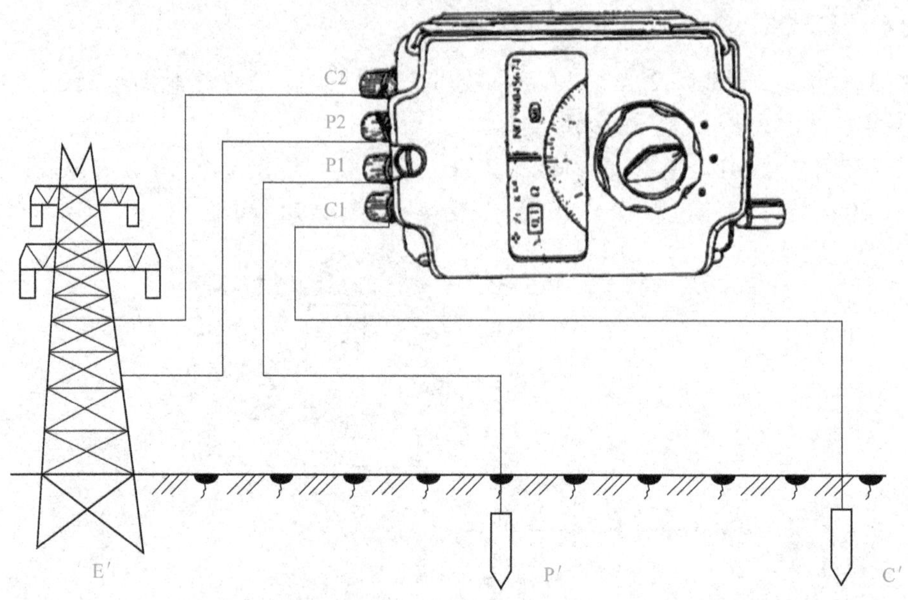

图2-92　4端钮接地电阻测量仪测量小于1Ω电阻的接线

（3）正确测量

① 慢慢转动发电机手柄，同时调节接地电阻测量仪标度盘调节旋钮，使检流计的指针指向中心刻度线。如果指针向中心刻度线左侧偏转，应向右旋转标度盘调节旋钮；如果检流计的指针向中心刻度线右侧偏转，应向左旋转标度盘调节旋钮。随着不断调整，检流计的指针应逐渐指向中心刻度线。

② 当检流计指针接近中心时，应加快转动发电机手柄，使转速达到120r/min，并仔细调整标度盘调节旋钮，检流计的指针对准中心刻度线之后停止转动发电机手柄。

③ 若调节仪表刻度盘时，接地电阻测量仪标度盘显示的电阻值小于1Ω，应重新选择倍率，并重新调节仪表标度盘调节旋钮，以得到正确的测量结果。

④ 读取数据时，应根据所选择的倍率和标度盘上指示数来共同确定。所谓指示数为检流计指针对准中心刻度线时标度盘指示的数字，如图2-93所示，倍率为1，图中指示数字为3.2，则被测接地电阻的阻值为R_x=指示数×倍率=1×3.2Ω=3.2Ω。

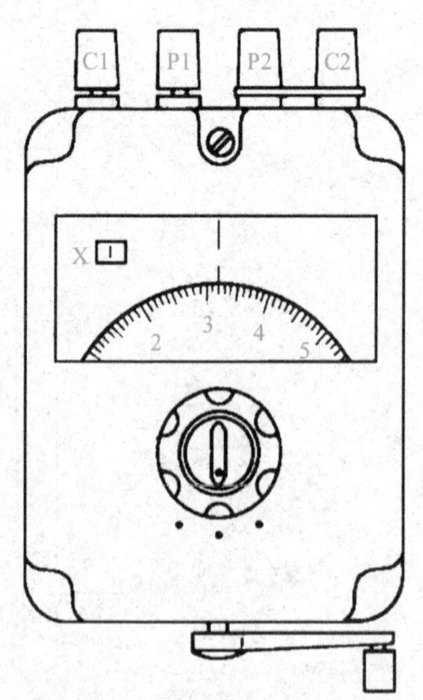

图2-93　接地电阻测量仪读数

测量完毕后，先拆去接地电阻测量仪的接线，然后将3条测试线收回，拔出插入大地的辅助电极，放入工具袋里。应将接地电阻测量仪存放于干燥通风、无尘、无腐蚀性气体的场所。

八、直流单臂电桥

1. 常用直流电桥的型号

常用的直流电阻电桥有两大类，一类称为单臂电桥，又称为惠斯登电桥，如图2-94（a）所示；另一类称为双臂电桥，又称为凯尔文电桥，如图2-94（b）和（c）所示。这里的“臂”是指电桥与被测电阻的连线，单臂是每端一条连线，双臂是每端两条连线。单臂电桥用于测量1Ω以上的电阻；双臂电桥则用于测量较小的电阻（例如1Ω及以下的电阻）。双臂电桥和单臂电桥相比，其优点是可以基本消除引接线电阻对测量值产生的误差。

数显电子式直流电阻测量仪已被广泛使用，其外形规格很多，见图2-94（d）。

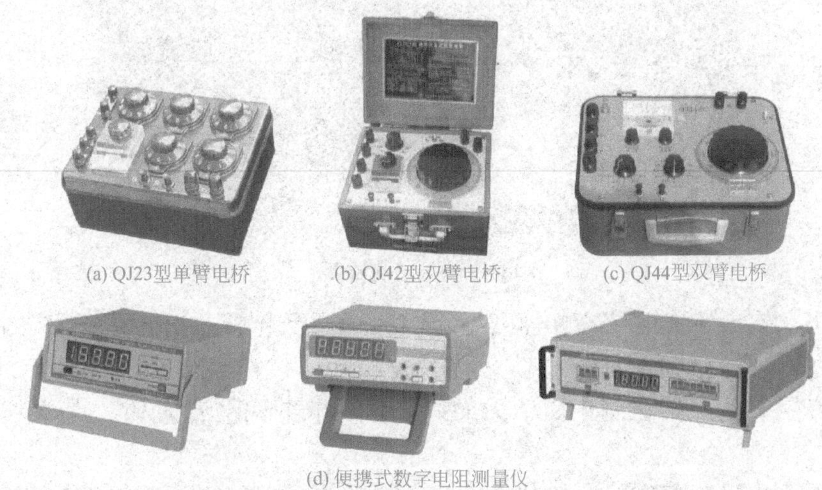

(a) QJ23型单臂电桥　(b) QJ42型双臂电桥　(c) QJ44型双臂电桥

(d) 便携式数字电阻测量仪

图2-94　测量电机绕组直流电阻用的仪器仪表

2. QJ23型直流单臂电桥的面板图

QJ23型直流单臂电桥的面板如图如图2-95所示。

图2-95　QJ23型直流单臂电桥的面板

3. QJ23型直流单臂电桥的使用

① 把电桥放平稳，断开电源和检流计按钮，进行机械调零，使检流计指针和零线重合，如图2-96所示。

图2-96　用前检查

② 用万用表电流挡粗测被测电阻值，选取合理的比例臂，使电桥比较臂的四个读数盘都利用起来，以得到4个有效数值，保证测量精度。

如用万用表电阻挡粗测电阻值为34980Ω，选取的比例臂为10，调好比较臂电阻3498Ω。

③ 将被测电阻R_X接入X_1、X_2接线柱，先按下电源按钮B，再按检流计按钮G，若检流计指针摆向"+"端，需增大比较臂电阻，若指针摆向"−"端，如图2-97所示，需减小比较臂电阻；反复调节，直到指针指到零位为止，如图2-98所示。

图2-97　测量

图2-98 调整

④ 读出比较臂的电阻值再乘以倍率，即3488×10=34880Ω为被测电阻值。

⑤ 测量完毕后，先断开G钮，再断开B钮，拆除测量接线。

4. QJ44型直流双臂电桥的面板图

QJ44型直流双臂电桥的面板如图2-99所示。

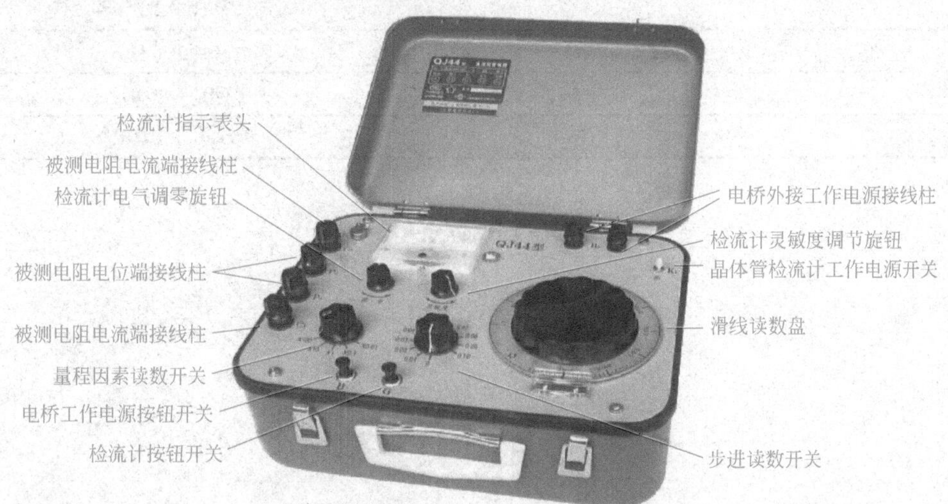

图2-99 QJ44型直流双臂电桥的面板图

5. QJ44型直流双臂电桥的使用

(1) 在电池盒内，装入1.5V1号电池4～6节，此时电桥就能正常工作。如用外接直流电源1.5～2V时，电池盒内的1.5V电池，应预先全部取出。

(2)“B1”开关扳到通位置，等稳定后（约5min），调节检流计指针在零位。

（3）灵敏度旋钮放在最低位置。

（4）将被测电阻，按四端连接法，接在电桥相应的C1、P1、P2、C2、的接线柱上。如图2-100所示，A、B之间为被测电阻。

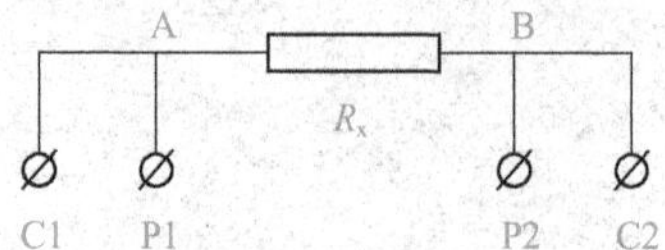

图2-100　被测电阻接线图

（5）估计被测电阻值大小，选择适当倍率位置，先按“G”按钮，再按“B”按钮，调节步进读数和滑线读数，使检流计指针在零位上。如发现检流计灵敏度不够，应增加其灵敏度，移动滑线盘4小格，检流计指针偏离零位约1格，就能满足测量要求。在改变灵敏度时，会引起检流计指针偏离零位，在测量之前，随时都可以调节检流计零位。

被测电阻值=倍率读数×（步进读数+滑线读数）

被测电阻范围与倍率位置选择如表2-1所示。

表2-1　被测电阻范围与倍率位置选择表

序号	倍率	被测电阻范围/Ω
1	×100	1.1～11
2	×10	0.11～1.1
3	×1	0.011～0.11
4	×0.1	0.0011～0.011
5	×0.01	0.00001～0.0011

Chapter 03

第三章

低压电器

一、低压断路器

1. 低压断路器的作用

断路器曾称自动开关，是指能接通、承载以及分断正常电路条件下的电流，也能在规定的非正常电路条件（例如短路）下接通、承载一定时间和分断电流的一种机械开关电器。按规定条件，对配电电路、电动机或其他用电设备实行通断操作并起保护作用，即当电路内出现过载、短路或欠电压等情况时能自动分断电路的开关电器。

通俗地讲，断路器是一种可以自动切断故障线路的保护开关，它既可用来接通和分断正常的负载电流，也可用来接通和分断短路电流，在正常情况下还可以用于不频繁地接通和断开电路。

断路器具有动作值可调整、兼具控制和保护两种功能、安装方便、分断能力强，特别是在分断故障电流后一般不需要更换零部件，因此应用非常广泛。断路器的外形如图3-1所示。

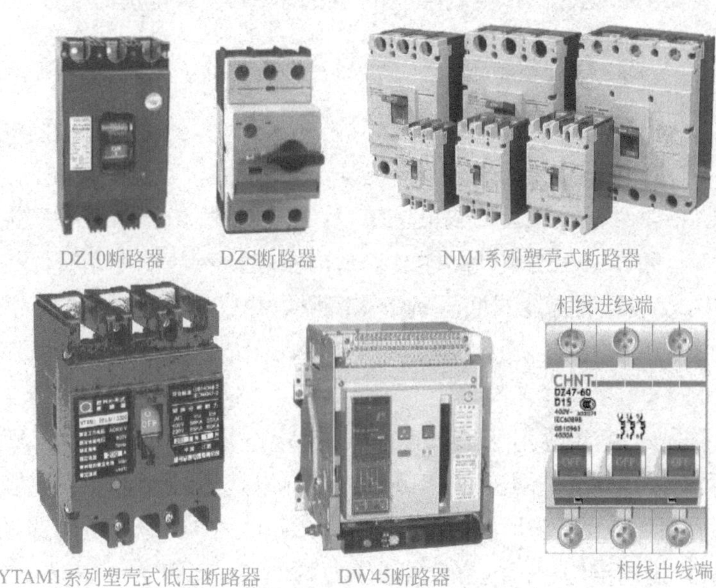

图3-1 断路器外形

2. 常用低压断路器的图形符号和文字符号

常用低压断路器的图形符号和文字符号如图3-2所示。

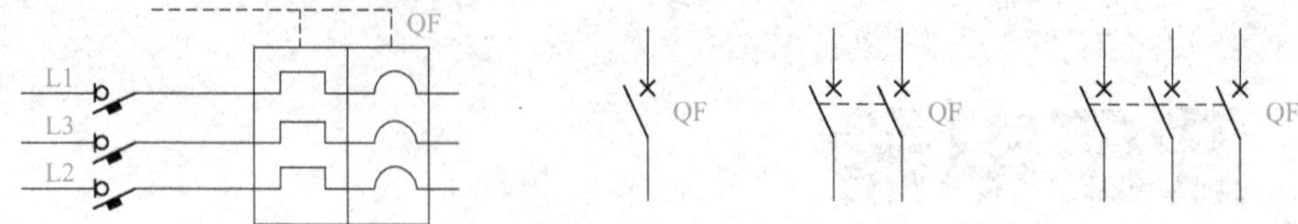

图3-2　常用低压断路器的图形符号和文字符号

3. 低压断路器的选用原则

① 根据线路对保护的要求确定低压断路器的类型和保护形式。

a.低压断路器的类型：万能式低压断路器、塑壳式低压断路器、微型断路器。

b.低压断路器保护形式：两段保护（过载长延时、短路短延时）；三段保护（过载长延时、短路短延时、严重短路瞬动）；四段保护（过载长延时、短路瞬时和短延时、单相接地）。

② 低压断路器的额定电压应等于或大于被保护线路的额定电压。

③ 低压断路器欠压脱扣器额定电压应等于被保护线路的额定电压。

④ 低压断路器的额定电流及过流脱扣器的额定电流应大于或等于被保护线路的计算电流。

⑤ 低压断路器的极限分断能力应大于线路的最大短路电流的有效值。

⑥ 配电线路中的上、下级低压断路器的保护特性应协调配合，下级的保护特性应位于上级保护特性的下方且不相交。

⑦ 低压断路器的长延时脱扣电流应小于导线允许的持续电流。

4. 万能式低压断路器

万能式低压断路器有固定式、抽屉式两种安装方式；手动和电动两种操作方式；具有多段式保护特性，主要用于配电回路的总开关和保护。万能式低压断路器容量较大，可装设较多的脱扣器，辅助触头的数量也较多。不同的脱扣器组合可产生不同的保护特性，有选择型或非选择型配电用断路器及有反时限动作特性的电动机保护用断路器。容量较小（如600A以下）的万能式低压断路器多用电磁机构传动；容量较大（如1000A以上）的万能式低压断路器则多用电动机机构传动。图3-3是DW15HH型多功能式断路器的结构图。

DW15HH系列断路器适用于交流50Hz、额定电压400V（690V）额定电流630～4000A的配电网络中，用于分配电能和保护线路，以及电源设备免受过载、欠电压、短路、单相接地等故障的危害。该断路器具有多种智能保护功能，做到选择性保护，可避免不必要的停电，提高电网运行的安全性、可靠性。

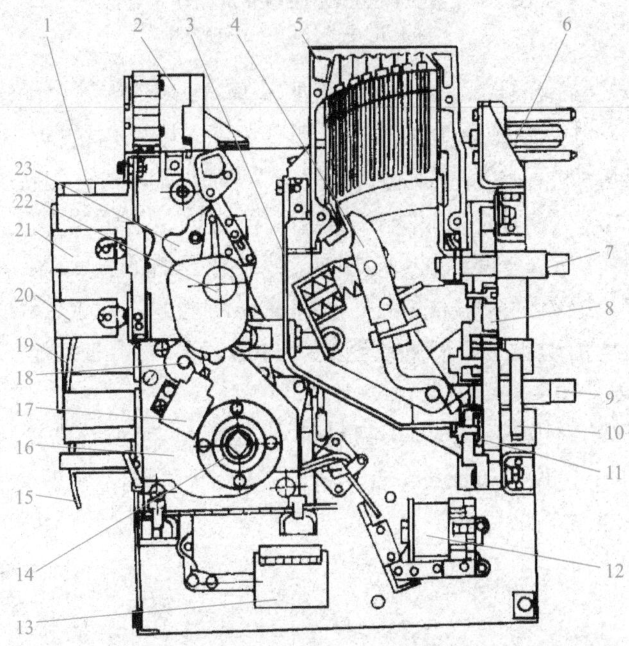

图3-3 DW15HH-2000系列多功能断路器结构示意图

1—手柄；2—辅助触头；3—罩；4—动触头；5—灭弧室；6—辅助电路动隔离触头；7—上母线；8—基座；9—下母线；10—速饱和互感器；11—空心互感器；12—分励脱扣器；13—释能电磁铁；14—机构方轴；15—储能指标牌；16—机构；17—磁通变换器；18—脱扣半轴；19—分合闸指示牌；20—断开按钮；21—闭合按钮；22—主轴；23—反回弹机构

5. 塑壳式低压断路器

塑壳式低压断路器的主要特征是有一个采用聚酯绝缘材料模压而成的外壳，所有部件都装在这个封闭型外壳中。接线方式分为板前接线和板后接线两种。大容量产品的操作机构采用储能式，小容量（50A以下）常采用非储能式闭合，操作方式多为手柄扳动式。塑壳式低压断路器多为非选择型，根据断路器在电路中的不同用途，分为配电用断路器、电动机保护用断路器和其他负载（如照明）用断路器等。常用于低压配电开关柜（箱）中，作配电线路、电动机、照明电路及电热器等设备的电源控制开关及保护。在正常情况下，断路器可分别作为线路的不频繁转换及电动机的不频繁启动之用。几种塑壳式低压断路器外形如图3-4所示。

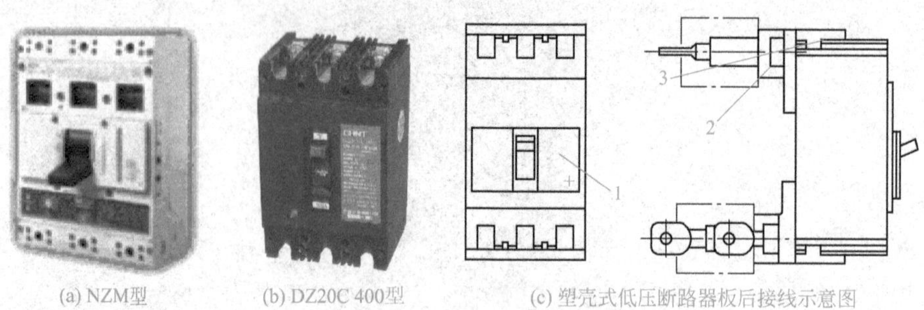

图3-4　塑壳式低压断路器外形结构示意图

1—断路器；2—接线座；3—绝缘罩

以DZ20系列塑壳式低压断路器为例，说明其基本结构特点。断路器由绝缘外壳、操作机构、灭弧系统、触头系统和脱扣器四个部分组成。断路器的操作机构采用传统的四连杆结构方式，具有弹簧储能，快速“合”“分”的功能。具有使触头快速合闸和分断的功能，其“合”“分”“再扣”和“自由脱扣”位置以手柄位置来区分。灭弧系统是由灭弧室和其周围绝缘封板、绝缘夹板所组成。绝缘外壳由绝缘底座、绝缘盖、进出线端的绝缘封板所组成。绝缘底座和盖是断路器提高通断能力、缩小体积、增加额定容量的重要部件。触头系统由动触头、静触头组成。630A及以下的断路器，其触头为单点式。1250A断路器的动触头由主触头及弧触头组成。

DZ2O型断路器的脱扣器分过载（长延时）脱扣器、短路（瞬时）脱扣器两种。过载脱扣器如图3-5所示，为双金属片式，受热弯曲推动牵引杆有反时限动作特性。短路脱扣器如图3-6所示，采用电磁式结构。

（1）热脱扣器（过载长延时保护）

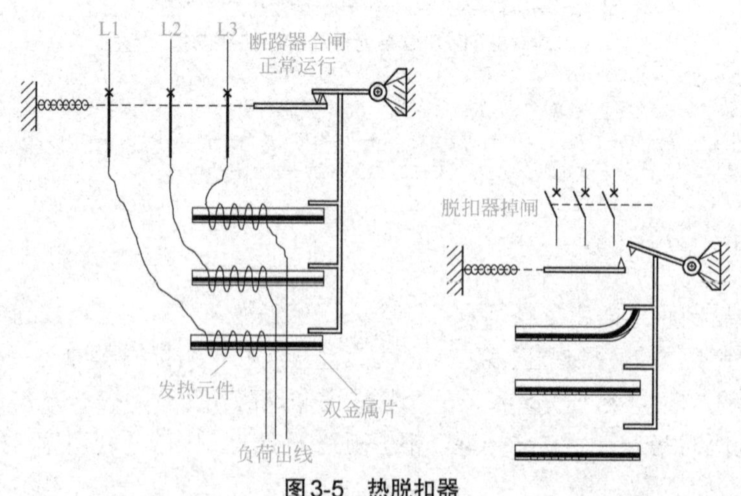

图3-5　热脱扣器

（2）电磁脱扣器（短路瞬时保护）

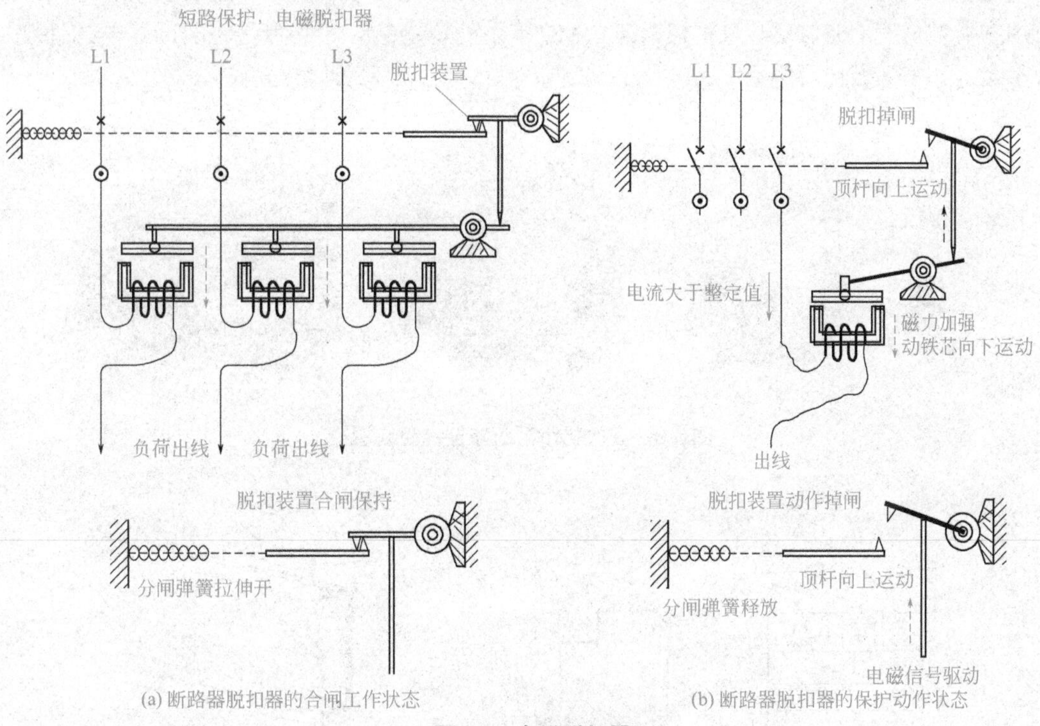

(a) 断路器脱扣器的合闸工作状态　　(b) 断路器脱扣器的保护动作状态

图3-6　电磁脱扣器

6. 微型断路器

模数化微型断路器是终端电器中的一大类，是组成终端组合电器的主要部件之一，终端电器是指装于线路末端的电器，该处的电器对有关电路和用电设备进行配电、控制和保护等。模数化小型断路器如图3-7所示。图3-7中，断路器的短路保护由电磁脱扣器

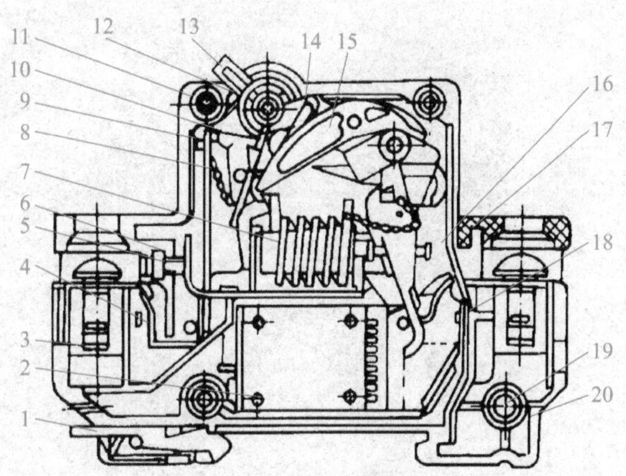

图3-7　模数化小型断路器内部结构示意图

1—安装卡子；2—灭弧罩；3—接线端子；4—连接排；5—热脱扣调节螺栓；6—嵌入螺母；7—电磁脱扣器；8—热脱扣器；9—锁扣；10、11—复位弹簧；12—手柄轴；13—手柄；14—U型连杆；15—脱钩；16—盖；17—防护罩；18—触头；19—铆钉；20—底座

完成，过载保护采用双金属片式热脱扣器完成，该系列断路器可作为线路和交流电动机等的电源控制开关及过载、短路等保护之用，广泛应用于工矿企业、建筑及家庭等场所。常用主要型号有C65、DZ47、DZ187、XA、MC等系列。图3-8、图3-9是该类断路器的外观、外形尺寸和安装尺寸示意图。

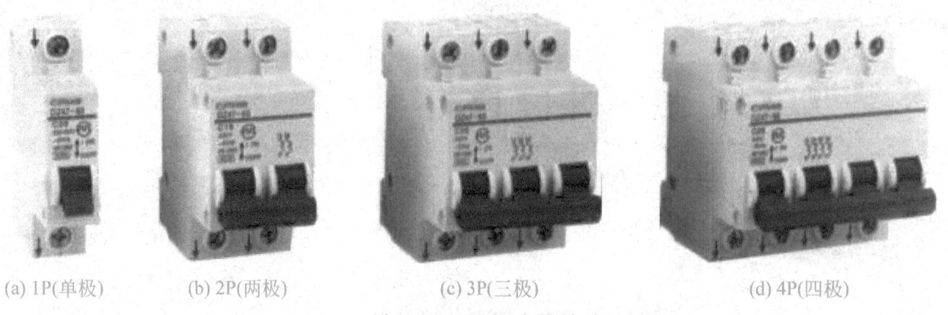

(a) 1P(单极)　(b) 2P(两极)　(c) 3P(三极)　(d) 4P(四极)

图3-8　模数化小型断路器的外貌图

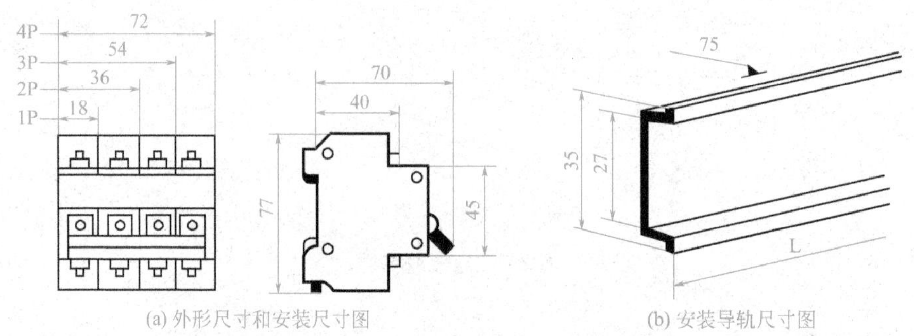

(a) 外形尺寸和安装尺寸图　(b) 安装导轨尺寸图

图3-9　模数化小型断路器外形艮寸和安装导轨示意图

7. AE智能断路器的外形结构

AE智能断路器的外形结构如图3-10所示。

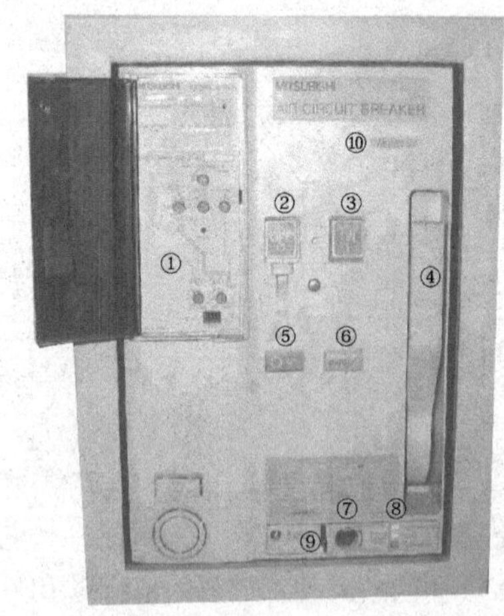

图3-10　AE智能断路器的外形结构图

1—智能控制器；2—分闸开关；3—合闸开关；4—手动储能手把；5—分闸/合闸状态显示；6—操作机构蓄能/释能状态显示；7—摇入/摇出操作孔；8—断路器位置显示；9—断路器联锁装置；10—型号与规格

8. ME型断路器的外形结构

ME型断路器的外形结构如图3-11所示。

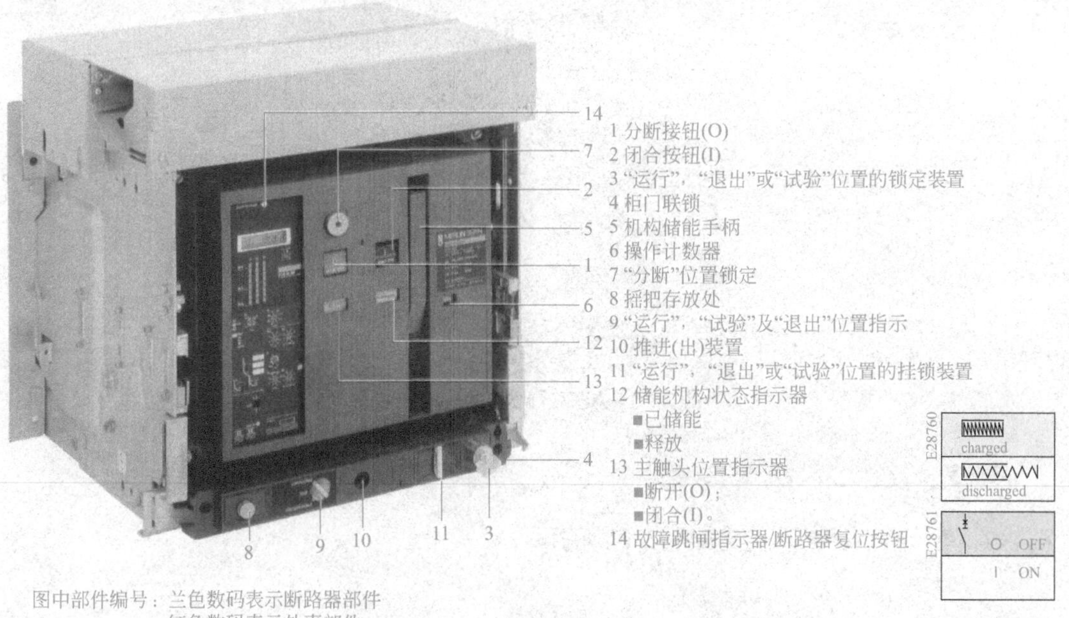

图3-11 ME型断路器的外形结构图

9. ABB断路器的结构

ABB断路器的内部结构如图3-12所示。

图3-12 ABB断路器的内部结构

ABB断路器的外形结构如图3-13所示。

图3-13　ABB断路器的外形结构

10. PR1智能控制器外形结构

PR1智能控制器外形结构如图3-14所示。

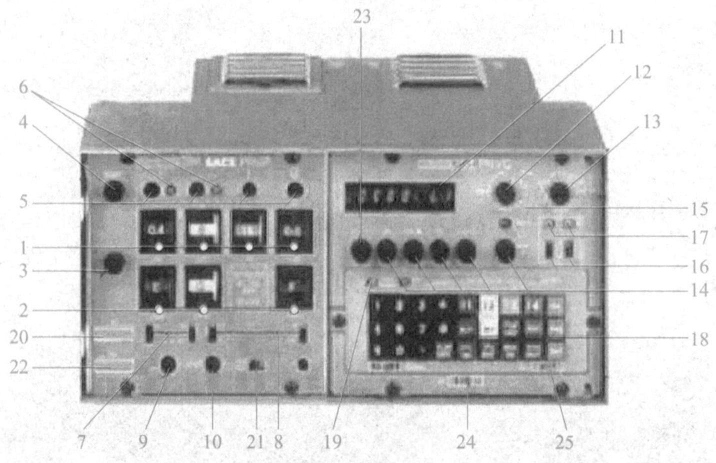

图3-14　PR1智能控制器外形结构

1—跳闸电流阀值设定选择开关；2—跳闸时间设定选择开关；3—分断试验按钮；4—跳闸复位、微处理机故障和温度上升指示复位按钮；5—电磁跳闸指示灯；6—指示过电流的预报警和报警信号灯；7—热记忆装置接通和断开的选择开关（L-S保护）；8—选择时间电流曲线的选择开关（S-G保护）；9—极限温升电磁指示器（可发信号或跳闸并发信号），当温度下降到70℃以下时，它自动地复位；10—微处理机故障电磁指示器（可发信号或跳闸并发信号）；11—LED显示被测参数；12—电流测量按钮（三相、中性和对地电流）；13—用于显示相电压和线电压测量的按钮；14—用于测量Cosφ-kW-Hz-操作次数和百分比触头磨损度的按钮；15—在断路器主触头需要维修时发出报警的信号灯；16—区域选择联锁接入的选择开关；17—区域选择联锁被接入指示灯；18—电子现场保护编程用和被编程的参数读数用键盘；19—现场/远距离编程选择指示；20—1th=1n脱扣器的额定电流（对应予电流互感器的额定初级电流）；21—对项目9或10的故障作报警或断路器跳闸的选择开关（备注：如果只有PR1/P保护装置，那就不能使用“脱开”位置。不过，该位置可用于PR1/PA-PR1/PC-PR1/PCD）配置中；22—PR1/P脱扣器的序号；23—控制装置复位按钮；24—PR1/C控制装置的序号；25—PR1/D对话装置序号

11. 新一代智能型万能式断路器——NA8系列

（1）使用范围

NA8系列主要用于配电网络中，用来分配电能，保护线路和电源设备，使其免受过载、短路、接地等故障危害。如图3-15所示。

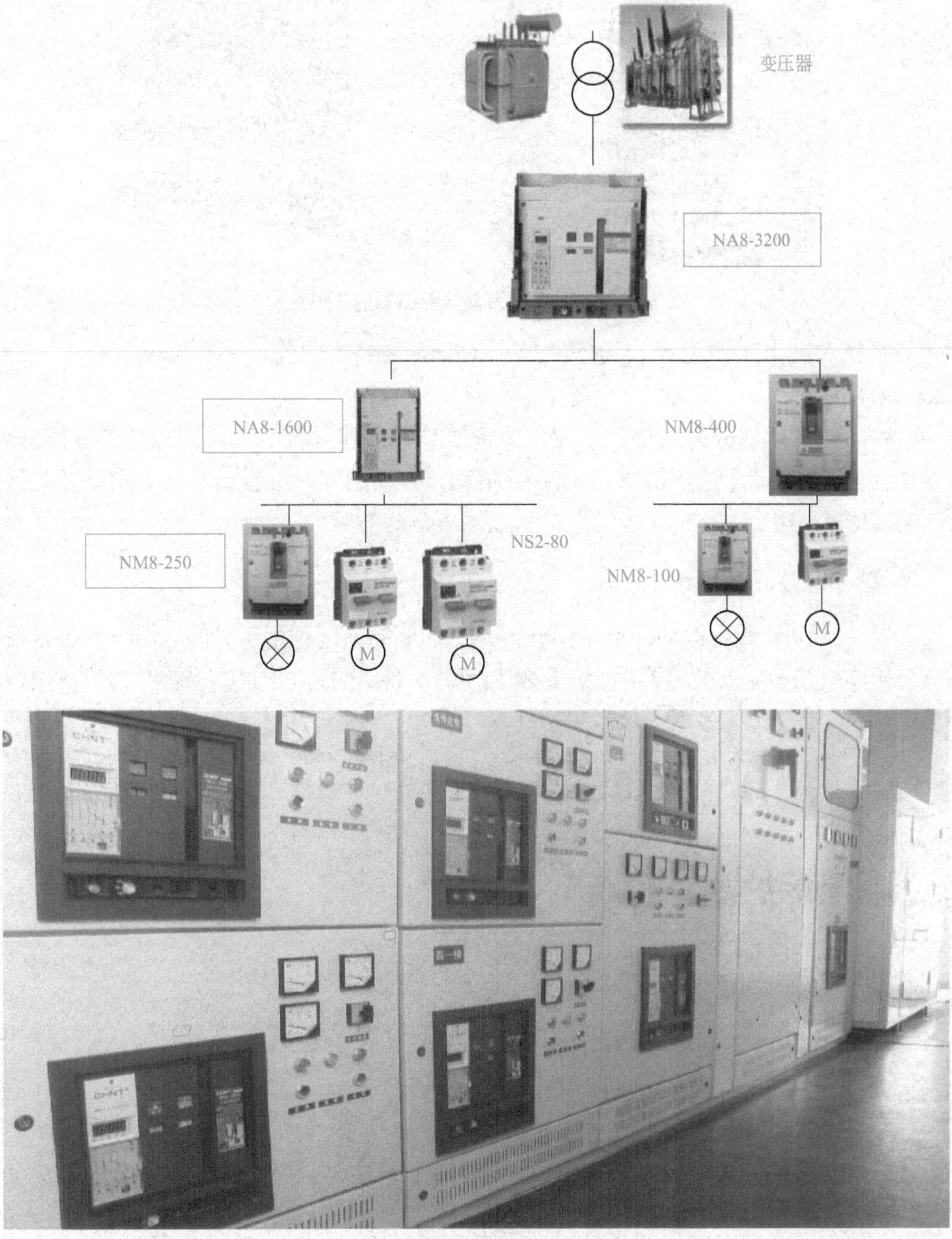

变压器

NA8-3200

NA8-1600

NM8-400

NM8-250

NS2-80

NM8-100

图3-15　NA8系列万能式断路器的使用范围

（2）外形结构图

NA8系列万能式断路器的外形结构如图3-16所示。

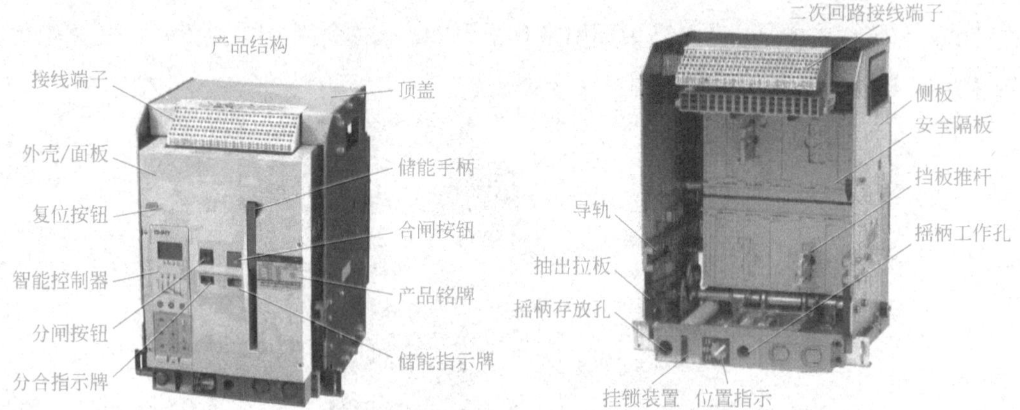

图3-16　NA8系列万能式断路器的外形结构

抽屉座有三个工作位置："连接"——Connected；"试验"——Test；"分离"——Disconnected。

断路器的本体部分必须放入抽屉座才能工作。操作步骤：本体部分放到抽屉座后，从摇柄存放孔取出手柄插到摇柄工作孔并摇动，摇动的同时位置指示杆会自动转，当其指向连接位置时就到本体的工作位置，可以停止摇动手柄。

（3）断路器使用方法

① 手动合闸步骤：扳动储能手柄→操作机构储能→标牌指示"储能"→按下合闸按钮→→操作机构释能→断路器闭合→标牌指示"释能"，标牌由"0"转向"1"→电力线路通电。

② 手动分闸步骤：断路器在闭合状态下，标牌指示"1"→按下分闸按钮→断路器分开→标牌由"1"转向"0"→电力线路断电。

二、漏电保护器

1. 漏电保护器的工作原理

漏电保护器的工作原理如图3-17所示。

2. 漏电保护器的结构

漏电保护器的种类繁多、形式各异。漏电保护器主要包括检测元件（零序电流互感器）、中间环节（包括放大器、比较器、脱扣器等）、执行元件（主开关）以及试验元件等几个部分，其组成方框图如图3-18所示。

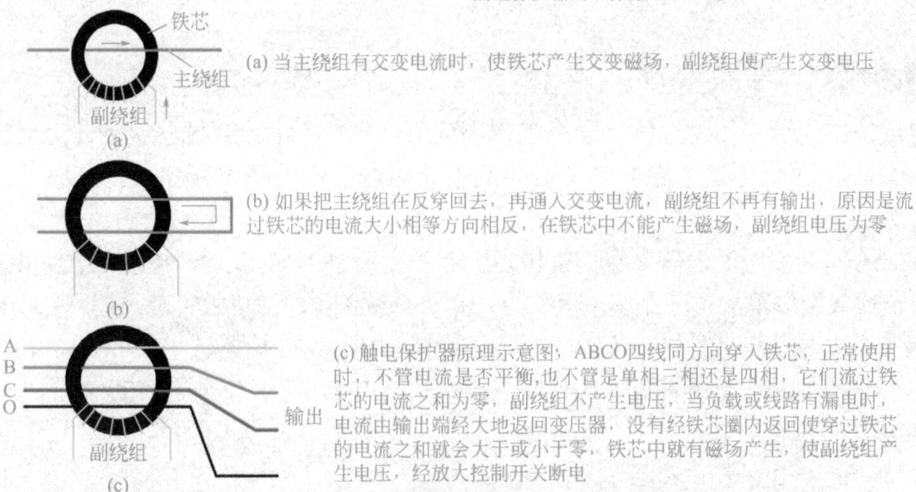

图 3-17　漏电保护器的工作原理

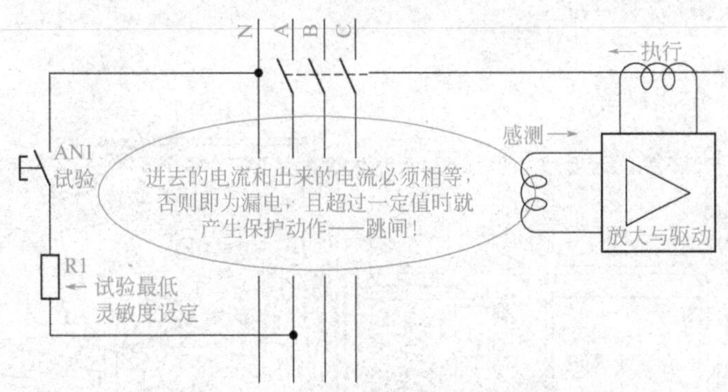

图 3-18　漏电保护器的组成方框图

(1) 检测元件

检测元件为零序电流互感器（又称漏电电流互感器），它由封闭的环形铁芯和一次、二次绕组构成，一次绕组中有被保护电路的相、线电流流过，二次绕组由漆包线均匀绕制而成。互感器的作用是把检测到的漏电电流信号（包括触电电流信号，下同）变换为中间环节可以接收的电压或功率信号。

(2) 中间环节

中间环节的功能主要是对漏电信号进行处理，包括变换和比较，有时还需要放大。因此，中间环节通常包括放大器、比较器及脱扣器（或继电器）等，某一具体形式的漏电保护器的中间环节是不同的。

(3) 执行机构

执行机构为一触头系统，多为带有分励脱扣器的低压断路器或交流接触器。其功能是受中间环节的指令控制，用以切断被保护电路的电源。

3. 常用漏电保护器的主要型号及规格

(1) 电磁式漏电断路器

电磁式漏电断路器是一种无须经过中间环节，直接用电流互感器检测漏电电流所获取的能量去推动纯电磁结构的脱扣器而使主断路器动作的漏电断路器。其典型产品有DZ15L系列等。

DZ15L系列漏电断路器（见图3-19）适用于交流380V及以下，频率50（或60）Hz，额定电流63A及以下的电路作漏电保护用，并兼有线路和电动机的过载与短路保护功能。

DZ15L型漏电断路器与其他型式的漏电保护器相比有如下特点。

① 抗电源电压波动性能好。即使在三相电源缺相情况下，仍能可靠动作。

② 绝缘耐压性能好。

③ 能承受严重的漏电短路电流的冲击。

④ 具有良好的平衡性。瞬时通以6倍额定电流时，不发生误动作。

⑤ 使用寿命长，损坏率低。

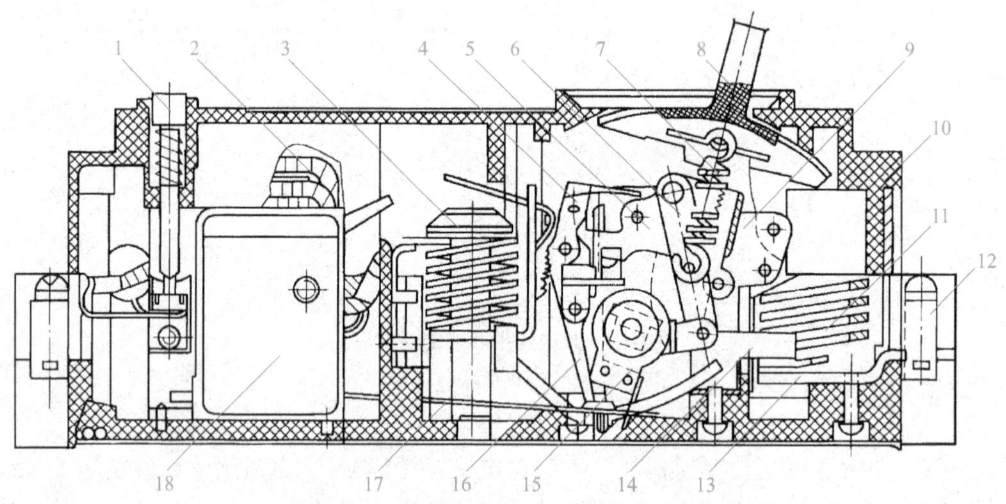

图3-19　DZl5L系列漏电断路器的结构图

1—试验按钮部分；2—零序电流互感器；3—过电流脱扣器；4—锁扣及再扣；5—跳扣；6—连杆部分；7—拉簧；8—手柄；9—摇臂；10—塑料外壳；11—灭弧室；12—接线端；13—静触头；14—动触头；15—与转轴相连的复位推摆；16—推动杆；17—脱扣复位杆；18—漏电脱扣器

DZl5L系列漏电断路器的缺点是体积较大、加工工艺要求偏高、售价偏高。

(2) 电子式漏电断路器

电子式漏电断路器是一种用电子电路作中间能量放大环节的漏电保护器，其内部电路种类较多，功能也不尽相同，故电子式漏电断路器类型很多。DZL18-20系列漏电断路器是使用最广泛的一种漏电保护器。

DZL18-20系列漏电断路器由零序电流互感器、专用集成电路、漏电脱扣器和主开关等几个主要部分组成。其电路原理图如图3-20所示。

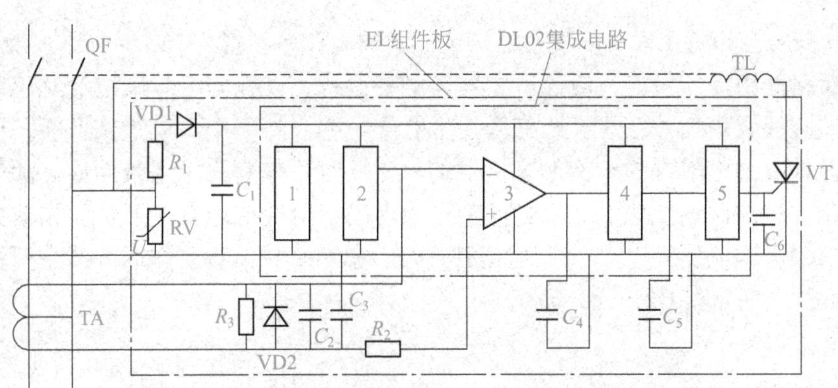

图3-20 DZL18-20系列集成电路漏电断路器电子线路原理图

4. 剩余电流动作（漏电）保护装置

剩余电流动作保护装置俗称漏电保护装置，用于按TN、TT、IT要求接地的系统中。当配电回路对地泄漏电流过大、用电设备发生漏电故障及人体触电的情况下，防止事故进一步扩大的一种防护装置。它分为有剩余电流动作保护开关和剩余电流动作保护继电器两类。剩余电流俗称为漏电电流，一般地，人体触电表现为一个突变量，配电回路对地泄漏电流表现为一个缓变量。剩余电流的大小是指通过剩余电流保护器主回路的AC、50Hz交流电流瞬时值的复数量有效值。对漏电流信号的检测通常采用零序电流互感器，将其一次侧漏电电流变换为其二次侧的交流电压，这一电压表现为一个突变量或缓变量，由电子电路将这一突变量或缓变量进行检波、放大等，再由执行电路控制执行电器（断路器或交流接触器）接通或分断线路，实现漏电保护器的基本功能，检测部分有电磁式和电子式两种，其原理如图3-21（a）所示。

零序电流互感器是漏电保护器的关键部件，通常用软磁材料坡莫合金制作，它具有很好的伏安特性，能正确反映突变漏电和缓变漏电，并且温度稳定性好、抗过载能力强，动作值范围在10～500mA之间线性度较好，可不失真地进行变换。

用电设备漏电容易引起火灾，人体触电会造成人身伤亡事故。漏电故障包括配电回路对地泄漏电流过大、电气设备因绝缘损坏而使金属外壳或与之连接的金属构件带电，及人体触及电气设备的带电部位的电击等。因此，剩余电流动作保护器的正常工作状态应当是，当用电设备工作时没有发生漏电故障，漏电保护部分不动作；一旦发生漏电故障，漏电保护部分应迅速动作切断电路，以保护人体及设备的安全，并避免因漏电而造成火灾。反之，如果没有发生漏电故障，剩余电流动作保护器由于本身动作特性的改变或由于各种干扰信号而发生误动作而将电路切断，将导致用电电路不应有的停电事故或用电设备不必要的停运。这将降低供电可靠性，造成一定的经济损失。显然，漏电故障是不应频繁发生的，因此，剩余电流动作保护装置在较长的工作时间内都不会动作，一旦动作应当是准确可靠地动作，所以剩余电流动作保护装置属不频繁动作的保护电器，通常与低压断路器组合，构成漏电断路器。

漏电断路器在正常情况下的功能、作用与低压断路器相同，作为不频繁操作的开关电器。当电路泄漏电流超过规定值时或有人被电击时，它能在安全时间内自动切断电源起到保障人身安全和防止设备因发生泄漏电流造成火灾等事故。

漏电断路器由操作机构、电磁脱扣器、触头系统、灭弧室、零序电流互感器、漏电脱扣器、试验装置等部件组成，所有部件都置于一绝缘外壳中。模数化型断路器的漏电保护功能，是以漏电附件的结构形式提供的，需要时可与断路器组合而成。漏电脱扣器分电磁式和电子式两种，他们之间的区别是前者的漏电电流能直接通过脱扣器分断主开关，后者的漏电电流要经过电子放大线路放大后才能使脱扣器动作以分断主开关。漏电断路器的工作原理如图3-21（b）所示。

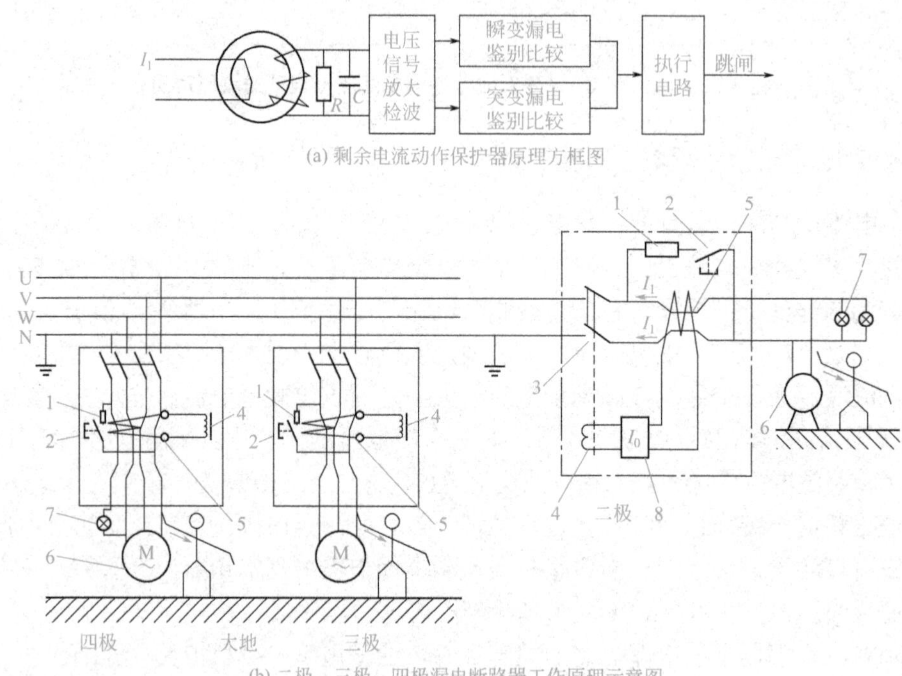

图3-21　剩余电流动作保护装置原理图

1—试验电阻；2—试验按钮；3—断路器；4—漏电脱扣器；5—零序电流互感器；6—电动机；7—电灯负载

5. 使用漏电保护器的要求

（1）安装前的检查

① 根据电源电压、负荷电流及负载要求，选用RCD的额定电压，额定电流和极数。

② 根据保护的要求，选用RCD的额定漏电动作电流（$I_{\Delta N}$）和额定漏电动作时间（Δt）。

③ 检查漏电保护器的外壳是否完好，接线端子是否齐全，手动操作机构是否灵活有效等。

（2）安装与接线注意事项

① 应按规定位置进行安装，以免影响动作性能。在安装带有短路保护的漏电保护器时，必须保证在电弧喷出方向有足够的飞弧距离。

② 注意漏电保护器的工作条件，在高温、低温、高湿、多尘以及有腐蚀性气体的环

境中使用时，应采取必要的辅助保护措施，以防漏电保护器不能正常工作或损坏。

③ 注意漏电保护器的负载侧与电源侧。漏电保护器上标有负载侧和电源侧时，应按此规定接线，切忌接反。

④ 注意分清主电路与辅助电路的接线端子。对带有辅助电源的漏电保护器，在接线时要注意哪些是主电路的接线端子，哪些是辅助电路的接线端子，不能接错。

⑤ 注意区分工作中性线和保护线。对具有保护线的供电线路，应严格区分工作中性线和保护线。在进行接线时，所有工作相线及工作中性线必须接入漏电保护器，否则，漏电保护器将会产生误动作。而所有保护线绝对不能接入漏电保护器，否则，漏电保护器将会出现拒动现象。因此，通过漏电保护器的工作中性线和保护线不能合用。

⑥ 漏电保护器的漏电、过载和短路保护特性均由制造厂调整好，用户不允许自行调节。

⑦ 使用之前，应操作试验按钮，检验漏电保护器的动作功能，只有能正常动作方可投入使用。

⑧ 漏电保护器的接线如图3-22所示。

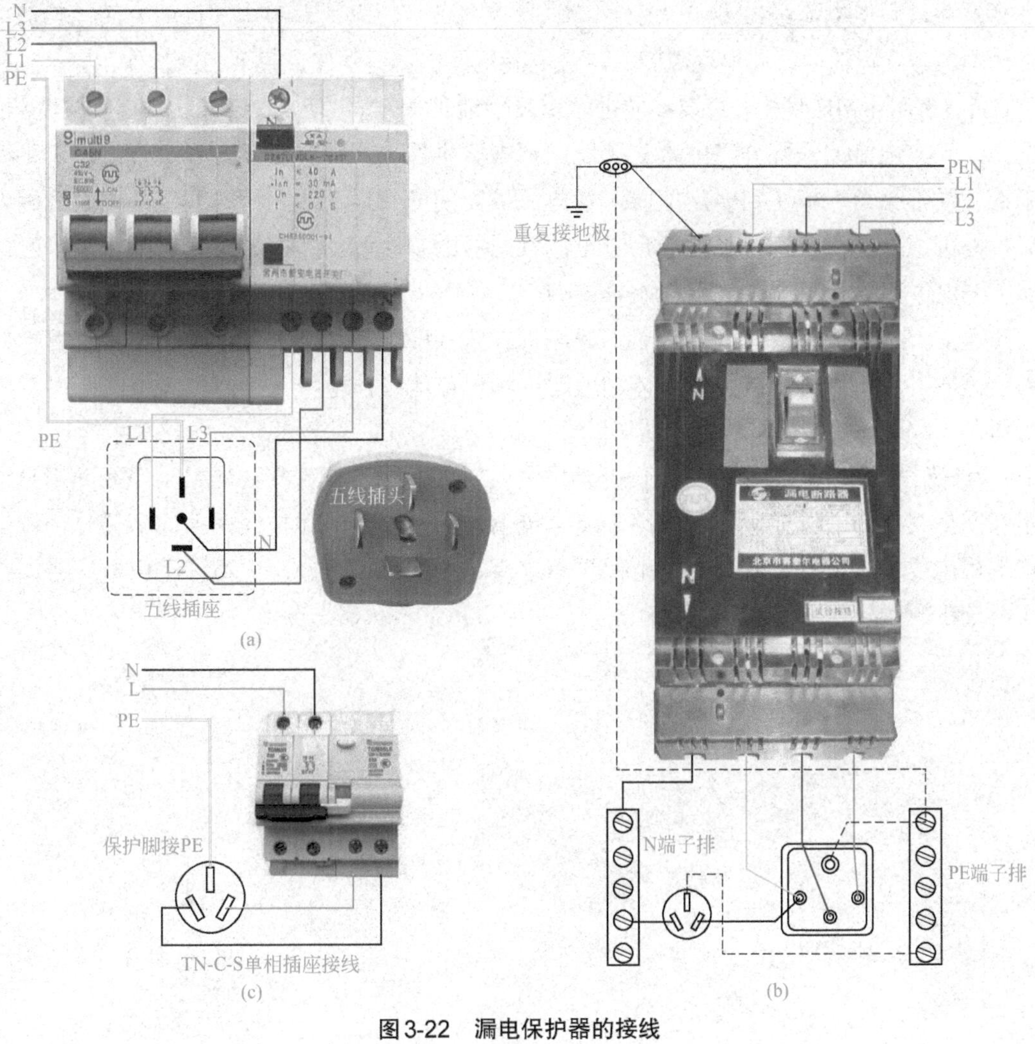

(a)　(b)　(c)

图3-22　漏电保护器的接线

6. 漏电保护器使用时应注意的事项

① 漏电保护器适用于电源中性点直接接地（TN-C系统、TN-S系统、TN-C-S系统、TT系统）或经过电阻、电抗接地的低压配电系统，如图3-23所示。对于电源中性点不接地的系统，则不宜采用漏电保护器。因为后者不能构成泄漏电气回路，即使发生了接地故障，产生了大于或等于漏电保护器的额定动作电流，该保护器也不能及时动作切断电源回路；或者依靠人体接触故障点去构成泄漏电气回路，促使漏电保护器动作，切断电源回路。但是，这对人体仍不安全。显而易见，必须具备接地装置的条件，电气设备发生漏电，且漏电电流达到动作电流时，就能在0.1s内立即跳闸，切断了电源主回路。

② 漏电保护器保护线路的工作中性线N要通过零序电流互感器。否则，在接通后，就会有一个不平衡电流使漏电保护器产生误动作。

③ 接零保护线（PE）不准通过零序电流互感器。因为保护线路（PE）通过零序电流互感器时，漏电电流经PE保护线又回穿过零序电流互感器，导致电流抵消，而互感器上检测不出漏电电流值。在出现故障时，造成漏电保护器不动作，起不到保护作用。

④ 控制回路的工作中性线不能进行重复接地。一方面，重复接地时，在正常工作情况下，工作电流的一部分经由重复接地回到电源中性点，在电流互感器中会出现不平衡电流。当不平衡电流达到一定值时，漏电保护器便产生误动作；另一方面，因故障漏电时，保护线上的漏电电流也可能穿过电流互感器的中性线回到电源中性点，抵消了互感器的漏电电流，而使保护器拒绝动作。

⑤ 漏电保护器后面的工作中性线N与保护线（PE）不能合并为一体。如果二者合并为一体时，当出现漏电故障或人体触电时，漏电电流经由电流互感器回流，结果又雷同于情况③，造成漏电保护器拒绝动作。

⑥ 被保护的用电设备与漏电保护器之间的各线互相不能碰接。如果出现线间相碰或零线间相交接，会立刻破坏了零序平衡电流值，而引起漏电保护器误动作；另外，被保护的用电设备只能并联安装在漏电保护器之后，接线保证正确，也不许将用电设备接在实验按钮的接线处。

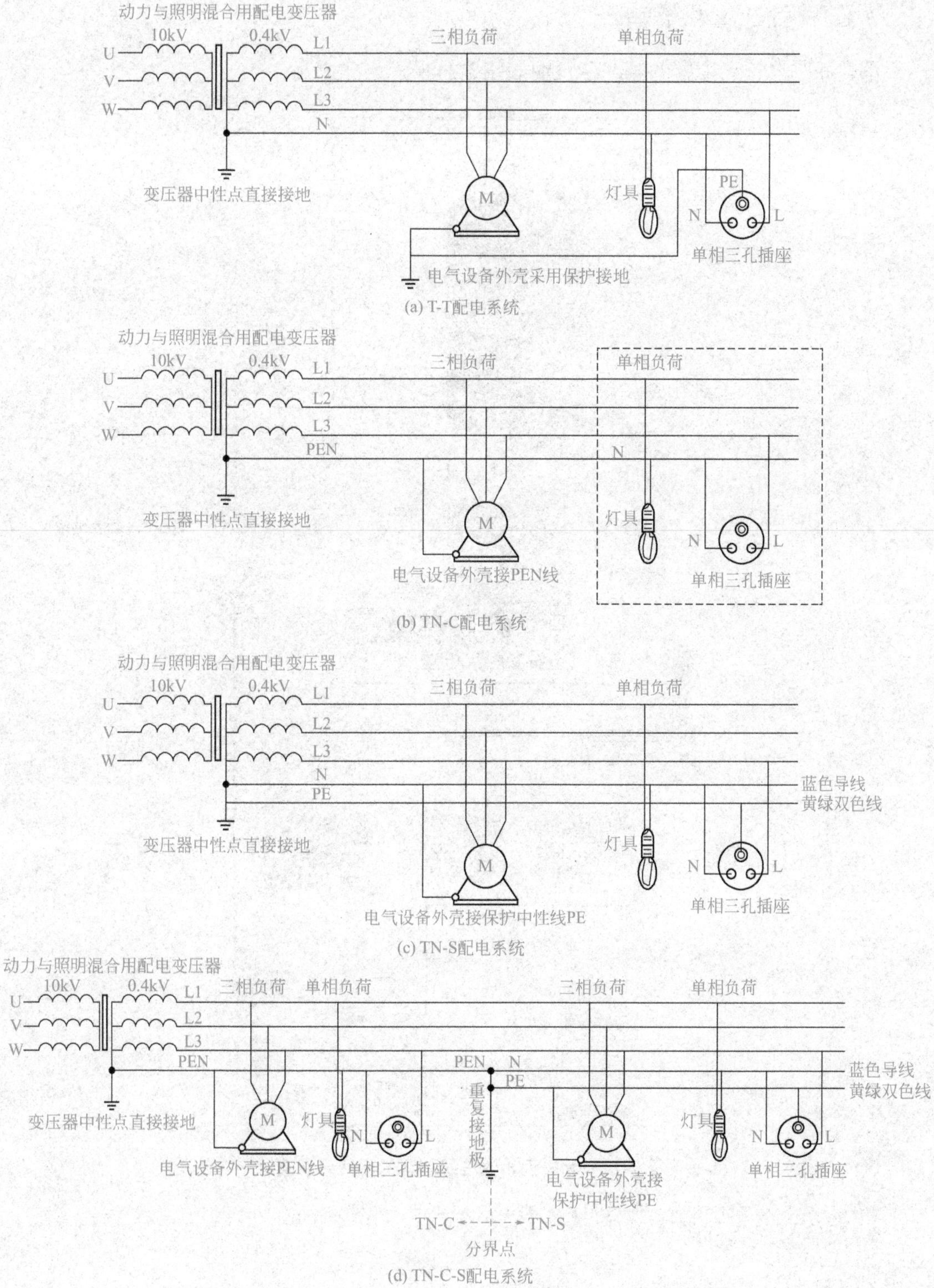

(a) T-T配电系统

(b) TN-C配电系统

(c) TN-S配电系统

(d) TN-C-S配电系统

图 3-23　低压配电系统

7. 漏电保护器三级配置的接线

漏电保护器三级配置的接线示意图如图3-24所示。

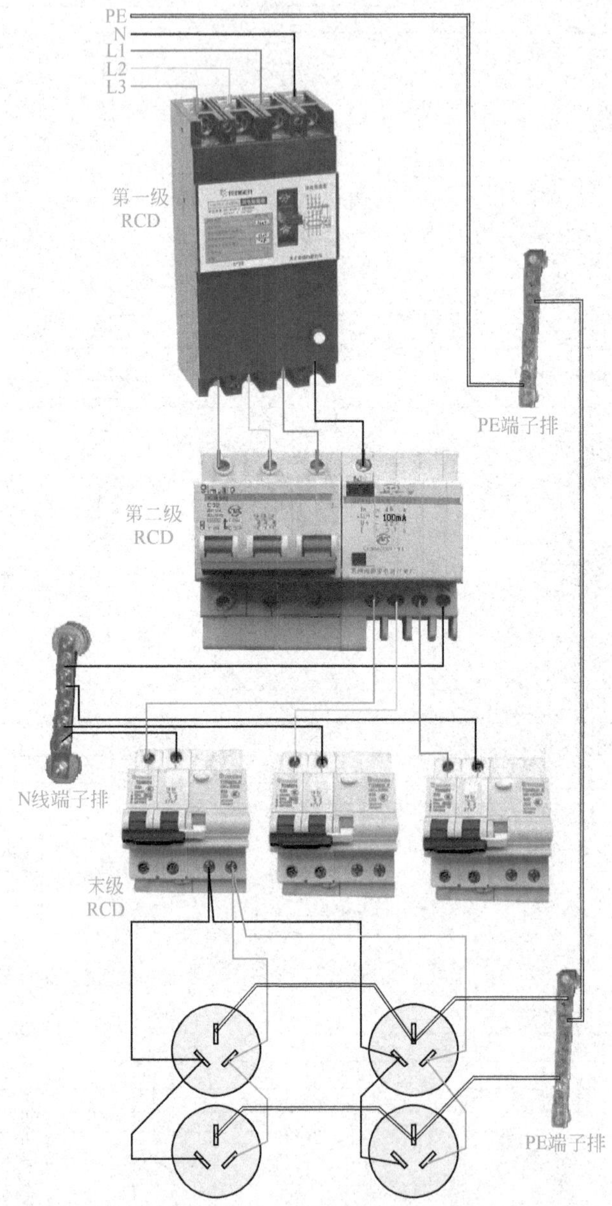

图3-24　漏电保护器三级配置的接线示意图

8. 空气开关与漏电开关共性与区别

空气开关与漏电开关共性：都是开关。

空气开关与漏电开关差别：空气开关是发生短路事故或故障才动作跳闸，而漏电保护开关是人身发生触电时才动作跳闸；空气开关容量可大可小，而漏电保护开关容量不易做大，一般单相居多。

空气开关与漏电开关原理不一样，结构更不一样，绝对不能替代。

① 漏电即火线与大地之间有电流通过（零线是与大地相接的），一般漏电保护开关的动作电流为30mA。

② 火线和零线两条线一起绕在电磁铁上，正常使用时，两条线上都有电流通过，且大小相等方向相反，故电磁铁不产生磁力；当漏电或人触电时（人同时接触火线和大地而不是接触火线和零线，触电保护器只能保护这种情况），只有接火线的这条线有电流通过，故电磁铁产生磁力，克服弹簧或其他阻力而将开关断开，起保护作用。

③ 电磁铁上只有一组线圈，正常使用时也有电磁力产生，当通过的电流超过额定电流时，产生的电磁力将超过弹簧或其他阻力，将开关断开，起保护作用。

④ 漏电保护开关只是用于防止人触电和漏电，而电路过载（短路）时根本不会起保护作用；空气开关用于防止电路过载（有的还有电压过低保护功能，原理可想而知），不能保护触电，只是起保险丝的作用，两者不能混用。

⑤ 漏电开关也可以说是空气开关的一种，机械动作、灭弧方式都类似。但由于漏电开关保护的主要是人身，一般动作值都是毫安级。

⑥ 另外，动作检测方式不同：漏电开关用的是剩余电流保护装置，它所检测的是剩余电流，即被保护回路内相线和中性线电流瞬时值的代数和（其中包括中性线中的三相不平衡电流和谐波电流）。为此其额定动作电流只需躲开正常泄漏电流值即可（毫安级），所以能十分灵敏地切断接地故障，和防直接接触电击。而空气开关就是纯粹的过电流跳闸（安级）。

⑦ 空气开关是因为电路中电流过大（电路短路或者用电器总功率过大都可能引起电流过大）而自动关掉开关，切断电路；漏电保护器是通过检测电路中地线和火线中电流大小差异来控制开关的，当火线有漏电时（单线触电）通过进户火线的电流大，而通过进户地线的电流小，引起绕在漏电保护器铁芯上磁通变化，而自动关掉开关，切断电路。

9. 漏电开关不能代替空气开关

① 空气开关是我们平常的熟称，它正确的名称叫做空气断路器。空气断路器一般为低压的，即额定工作电压为1kV。空气断路器是具有多种保护功能的、能够在额定电压和额定工作电流状况下切断和接通电路的开关装置。它的保护功能的类型及保护方式由用户根据需要选定。如短路保护、过电流保护、分励控制、欠压保护等。其中前两种保护为空气断路器的基本配置，后两种为选配功能。所以空气断路器还能在故障状态（负载短路、负载过电流、低电压等）下切断电气回路。

② 漏电开关的正确称呼为剩余电流保护装置（以下简称RCD），是一种具有特殊保护功能（漏电保护）的空气断路器。它所检测的是剩余电流，即被保护回路内相线和中性线电流瞬时值的代数和（其中包括中性线中的三相不平衡电流和谐波电流）。为此，RCD的整定值，也即其额动作电流$I\Delta n$，只需躲开正常泄漏电流值即可，此值以毫安计，所以RCD能十分灵敏地切断保护回路的接地故障，还可用作防直接接触电击的后备保护。

漏电保护器是一种利用检测被保护电网内所发生的相线对地漏电或触电电流的大小，而作为发出动作跳闸信号，并完成动作跳闸任务的保护电器。在装设漏电保护器的低压电网中，正常情况下，电网相线对地泄漏电流（对于三相电网中则是不平衡泄漏电流）较小，达不到漏电保护器的动作电流值，因此漏电保护器不动作。当被保护电网内发生漏电或人身触电等故障后，通过漏电保护器检测元件的电流达到其漏电或触电动作电流值时，则漏电保护器就会发生动作跳闸的指令，使其所控制的主电路开关动作跳闸，切断电源，从而完成漏电或触电保护的任务。它除了空气断路器的基本功能外，还能在负载回路出现漏电（其泄漏电流达到设定值）时能迅速分断开关，以避免在负载回路出现漏电时对人员的伤害和对电气设备的不利影响。

③ 漏电开关不能代替空气开关。虽然漏电开关比空气开关多了一项保护功能，但在运行过程中因漏电的可能性经常存在而会出现经常跳闸的现象，导致负载会经常出现停电，影响电气设备的持续、正常的运行。所以，一般只在施工现场临时用电或工业与民用建筑的插座回路中采用。

漏电开关也可以说是空气开关的一种，机械动作、灭弧方式都类似。但由于漏电开关保护的主要是人，一般动作值都是毫安级。

另外，动作检测方式不同：漏电开关用的是剩余电流保护装置，它所检测的是剩余电流，即被保护回路内相线和中性线电流瞬时值的代数和（其中包括中性线中的三相不平衡电流和谐波电流）。为此其额定动作电流只需躲开正常泄漏电流值即可（毫安级），所以能十分灵敏地切断接地故障，预防直接接触电击。而空气开关就是纯粹的过电流跳闸（安培级）。

10. 漏电开关跳闸故障现象的原因及解决方法

（1）漏电开关的额定电流小于线路实际工作电流，发生过载保护跳闸

故障现象：用电负荷较大时，漏电开关跳闸。

故障原因：经分析线路接线正确无误，①负荷计算错误导致漏电开关选错，开关的额定电流小于线路实际工作电流，导致漏电开关过载故障跳闸；②负荷计算正确，漏电开关使用正确，人为使用大功率电器设备，导致漏电开关过载保护跳闸。

解决方法：①更换最大允许工作电流较大的漏电开关；②告知电器用户禁止使用大功率电器设备。

（2）用电设备本身绝缘损坏而漏电（即设备中的N线与PE线短接）

故障现象：插座回路用电时，插座回路漏电开关跳闸。

故障原因：经分析线路接线正确无误，负荷计算与漏电开关匹配，故判断为用电设备本身绝缘损坏而漏电（即设备中的N线与PE线短接）。

解决方法：更换或维修用电设备，保证用电设备具有良好的绝缘。

（3）线路潮湿导致绝缘强度降低或线路短路引起漏电开关故障跳闸

故障现象：不用电时，插座回路漏电开关跳闸。

故障原因：①线路潮湿绝缘强度降低，导致泄漏电流超过了漏电开关允许泄漏电流值；②因线路短路所致。

解决方法：①烘干线路，提高绝缘强度；②检查线路若是短路所致，排除短路故障。

（4）接线不正确，照明回路中将N线接到了PE线

故障现象：插座回路能正常用电，照明回路用电时，AL1中的总漏电开关跳闸。

故障原因：经分析，线路接线不正确，将照明回路中的N线误接到PE线上了。

解决方法：进行改线，将照明回路中的PE线改接到N线上。

（5）接线不正确，插座盒中的N线与PE线接错

故障现象：照明回路能正常用电，插座回路用电时，ALY中的插座漏电开关跳闸，有时AL1中的总漏电开关也跳闸。

故障原因：经分析，线路接线不正确，将插座盒中的N线与PE线接错了。

解决方法：进行改线，将插座盒中的N线与PE线对调。

（6）接线不正确，在AL1箱中N线与PE线用混了

故障现象：插座回路或照明回路用电时，AL1中的总漏电开关都跳闸。

故障原因：经分析，线路接线不正确，将AL1箱中N线与PE线用混了。

解决方法：在AL1箱的总漏电开关负荷端，将N线与PE线对调。

11. 巧用万用表快速查漏电点

① 先断开用户电源进线的总隔离开关，关闭用户的所有用电负荷，如拔下冰箱插头、断开水泵开关等。

② 把数字型万用表的挡位放在欧姆挡的200MΩ挡上，一只表笔放在负荷侧两根出线其中的一根上，另一只表笔碰触墙壁，最好是碰触接地线或者临时接地线。等万用表上显示的数字稳定后，读出的是主线路的绝缘电阻数值，如果绝缘电阻数值小于0.5MΩ，那么是主线路出了问题，如果绝缘电阻在0.5MΩ以上，那就可以排除是主线路出了问题。用同样的办法测量另外一根导线，也查看数值，看是否是主线路出了问题。

③ 查看分路及各用电电器的绝缘电阻值，也是用同样的方法逐个检测，直到找到故障点为止。

④ 操作注意事项

a. 使用万用表欧姆挡的200MΩ挡时，注意在测量的时候不能用手触及表笔的金属部位，那样会使读数不准确。

b. 在测量各个用电设备的时候注意要先放电，以防用电设备中的容性电流伤人。

这个方法是在无电的状态下查找故障点的比较安全的方法。此方法也适用于动力用户和厂房漏电的查找，不过在查找时，不仅要断开电源进线，还应该断开零线，避免发生触电事故。

三、交流接触器

1. 交流接触器的作用

接触器是一种遥控电器，在机床电气自动控制中常用它来频繁地接通和切断交直流电路。它具有低电压释放保护功能，控制容量大，能实现远距离控制等优点，因此在自动控制系统中，它的应用非常广泛。如图3-25所示。

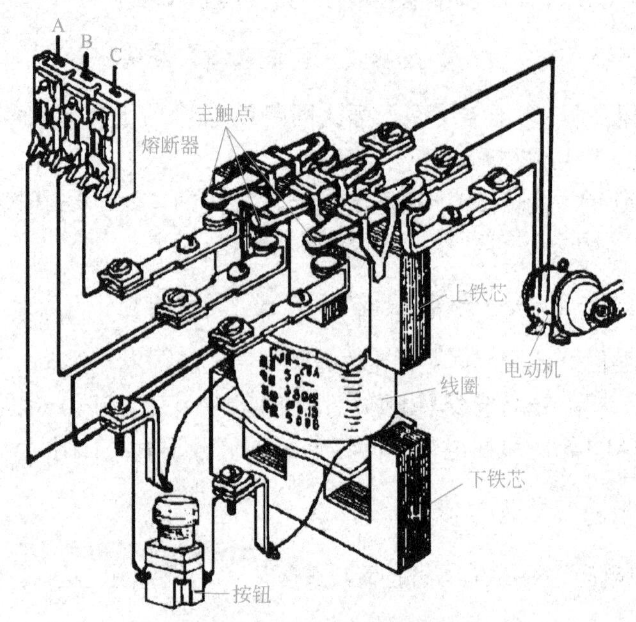

图3-25　交流接触器的作用

2. 交流接触器的结构

交流接触器主要由电磁系统、触头系统、灭弧装置等部分组成。如图3-26所示。

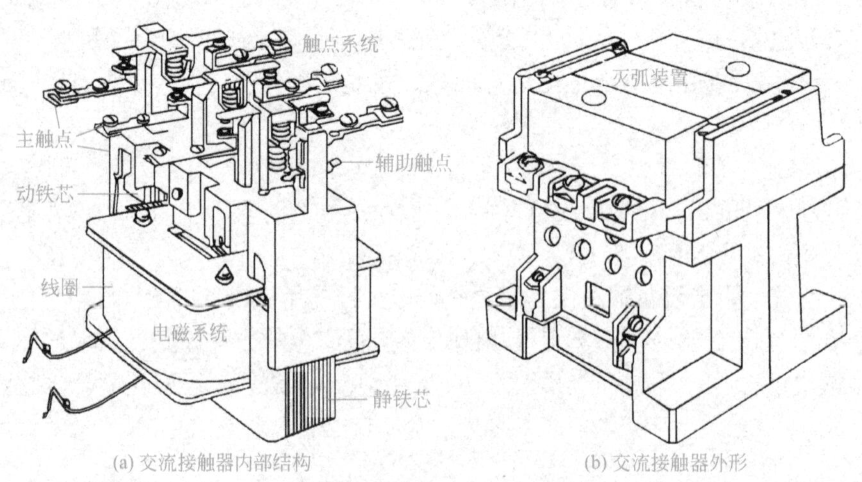

(a) 交流接触器内部结构　　(b) 交流接触器外形

图3-26　交流接触器结构图

（1）电磁系统

电磁系统是用来控制触头闭合与断开的，包括线圈、动铁芯和静铁芯。如图3-27所示。

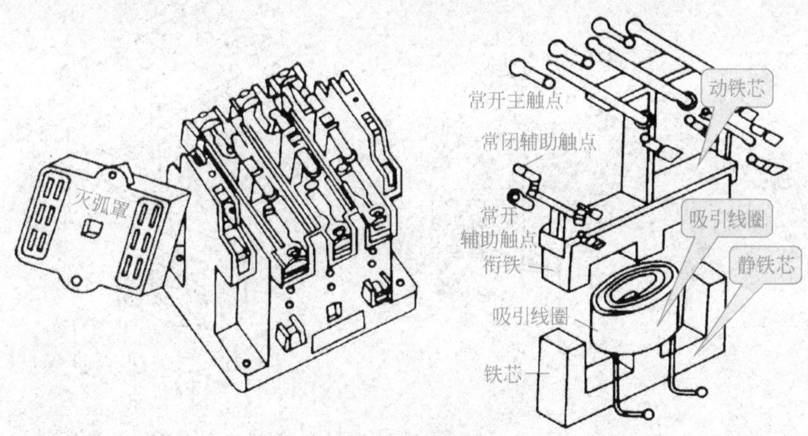

图3-27　电磁系统

（2）触点系统

交流接触器的触点起断开或闭合电路的作用，因此，要求触点的导电性能良好，所以触点通常用纯铜制成。铜的表面容易氧化而生成氧化铜，使之接触不良。而银的接触电阻小，且银的黑色氧化层对接触电阻影响不大，故在触点的上半部分镶嵌银块。触点系统可分为主触点和辅助触点两种，主触点用以通断电流较大的主电路，体积较大，一般由三对动合触点组成；辅助触点用以通断小电流的控制线路，体积较小，它有动合和动断两种触点。所谓动合、动断是指电磁系统未通电动作前触点的状态。动合和动断触点是一起动作的，当线圈通电时，动断触点先断开，动合触点随即闭合，如图3-28所示。

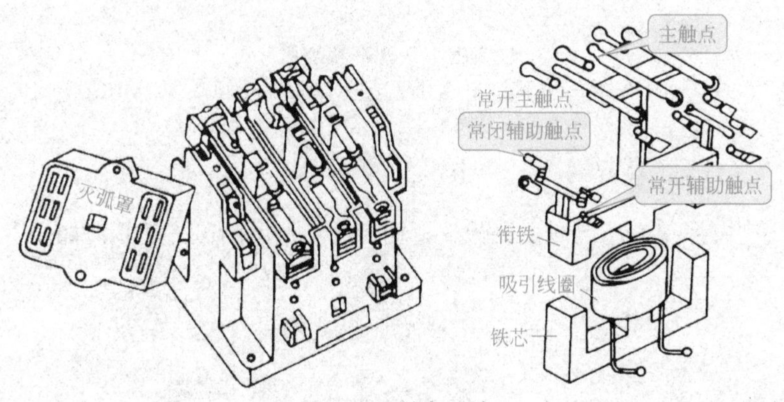

图3-28　触点系统

（3）灭弧装置

交流接触器在断开大电流电路或高电压电路时，在动、静触点之间会产生很大的电弧。电弧是触点间气体在强电场作用下产生的放电现象，会发光发热，灼伤触点并使电路切断时间延长，甚至会引起其他事故，因此，为电弧能迅速熄灭，应设灭弧装置，如图 3-29 所示。灭弧装置内有灭弧栅片，灭弧栅片装置的结构如图 3-30 所示。

扫二维码观看接触器的组装操作视频。

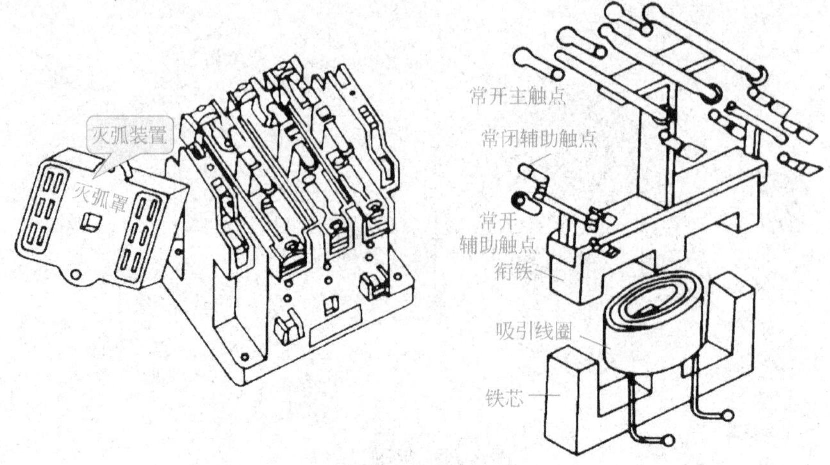

图 3-29　灭弧装置

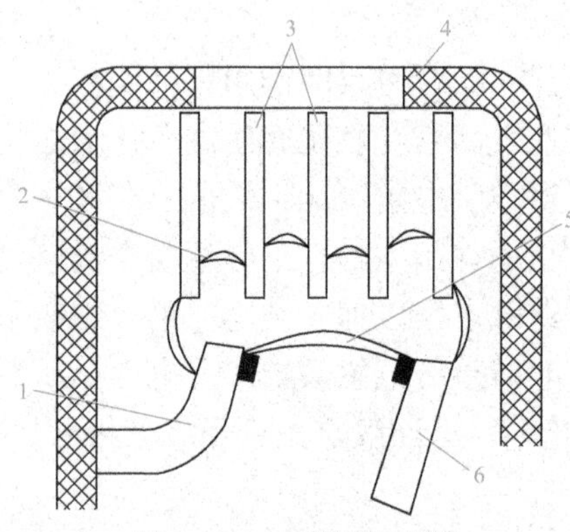

图 3-30　灭弧栅片装置

1—静触点；2—短电弧；3—灭弧栅片；4—灭弧罩；5—电弧；6—动触点

3. 接触器的工作原理

接触器的电磁系统未通电时，主触点、动合触点和动断触点的状态如图 3-31 所示。

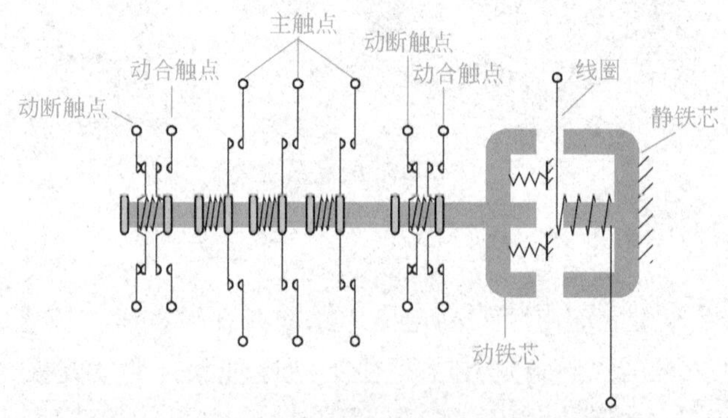

图 3-31　接触器的电磁系统未通电

当线圈通电时，动静铁芯吸合，主触点、动合触点和动断触点的状态如图3-32所示；主触点、动合触点和动断触点是一起动作的，动断触点先断开，动合触点随即闭合。

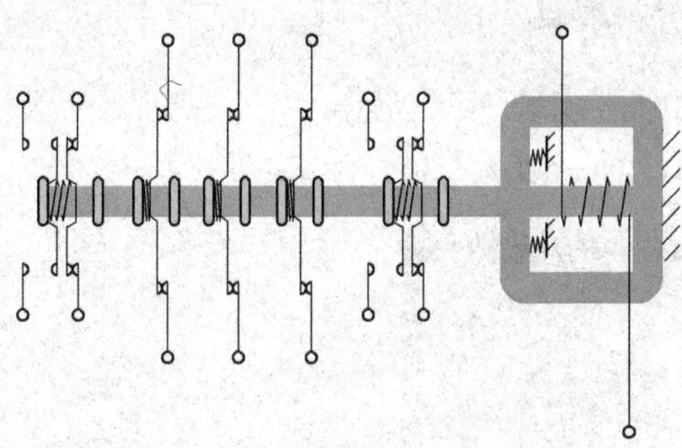

图3-32　接触器的电磁系统通电

当线圈断电时，动合触点先恢复到断开状态，随即主触点、动断触点恢复原来的闭合状态。

4. 常用交流接触器

常用交流接触器的外形如图3-33所示。

(a) NCK2系列交流接触器　(b) 真空接触器CKJ-160/380-1　(c) 交流接触器CJ12系列-3

图3-33　常用交流接触器外形图

常用交流接触器的图形符号和文字符号如图3-34所示。

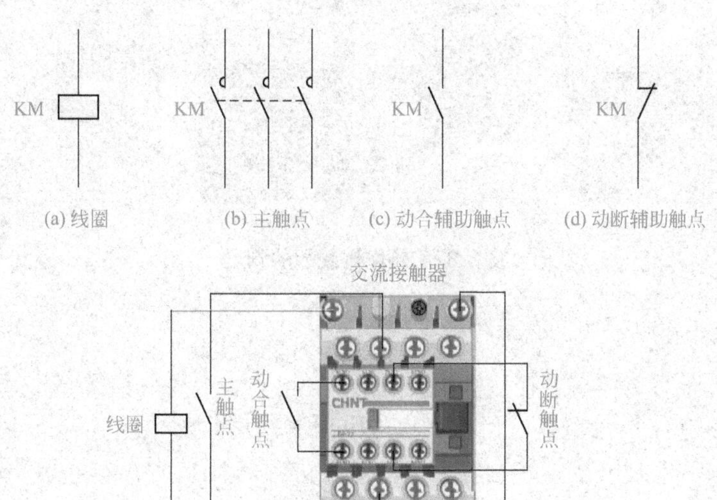

(a) 线圈　(b) 主触点　(c) 动合辅助触点　(d) 动断辅助触点

图3-34　交流接触器的图形符号和文字符号

5. 判断交流接触器的好坏

（1）用万用表电阻挡判断接触器线圈

① 使用万用表$R\times100$挡；如图3-35所示。

② 对万用表进行欧姆调零；如图3-36所示。

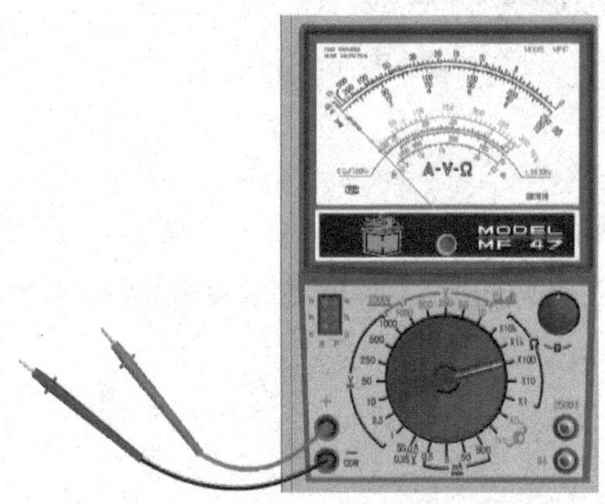

图3-35　电阻挡的选择

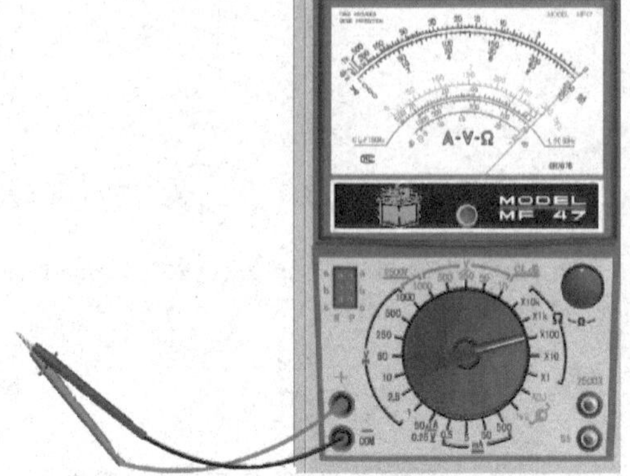

图3-36　欧姆调零

③ 用万用表的一只表笔接触接触器线圈的A1触点，另外一只表笔接触接触器线圈的A2触点。测定A1、A2两个触点接的是电压线圈，且测出线圈的直流电阻值如图3-37（a）所示。线圈的直流电阻值读数≈4.6×100=460Ω，说明接触器线圈完好。

若测出线圈的直流电阻值如图3-37（b）所示，线圈的直流电阻值读数趋于∞，说明接触器线圈断路、接触不良、连接导线断线或脱落，需要进一步检查。

若测出线圈的直流电阻值如图3-37（c）所示，线圈的直流电阻值读数为0，说明接触器线圈短路或被短接，需要进一步检查。

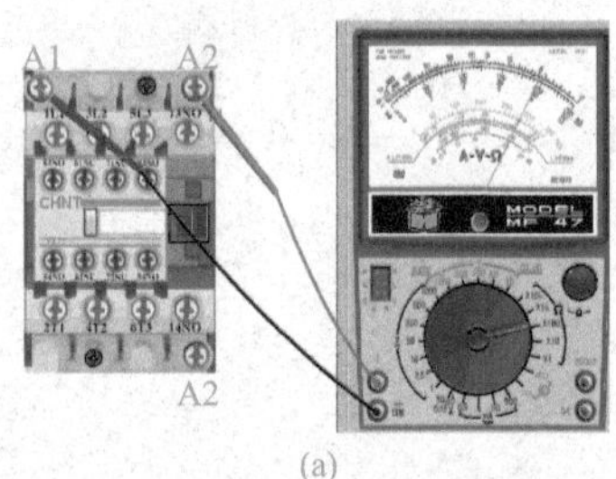

(a)

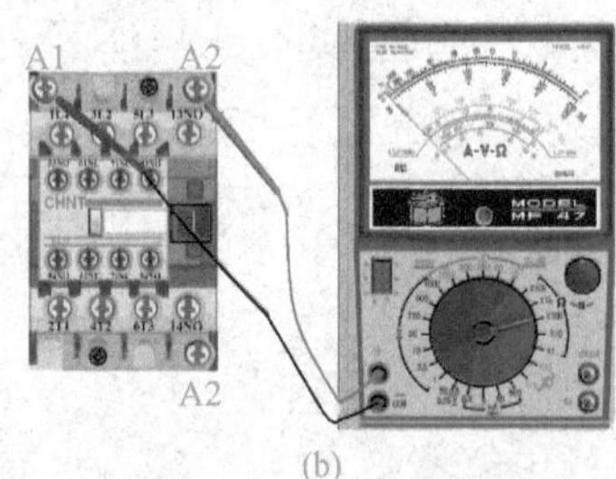

(b)

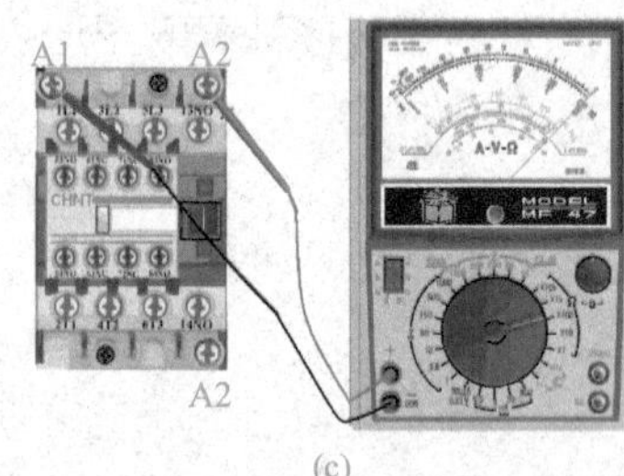

(c)

图3-37　接触器线圈的测量

（2）用万用表电阻挡判断接触器主触点

用万用表的一只表笔接触接触器主触点的1L1触点，另外一只表笔接触接触器主触点的2T1触点。测定1L1、2T1两个触点的直流电阻值如图3-38（a）所示。主触点的直流电阻值读数趋于∞；用改锥按下接触器触点，此时接触器1L1、2T1两个触点直流电阻值读数约为0，如图3-38（b）所示。说明接触器这对主触点完好。同理，用此办法测定3L2、4T2和5L3、6T3两对触点。

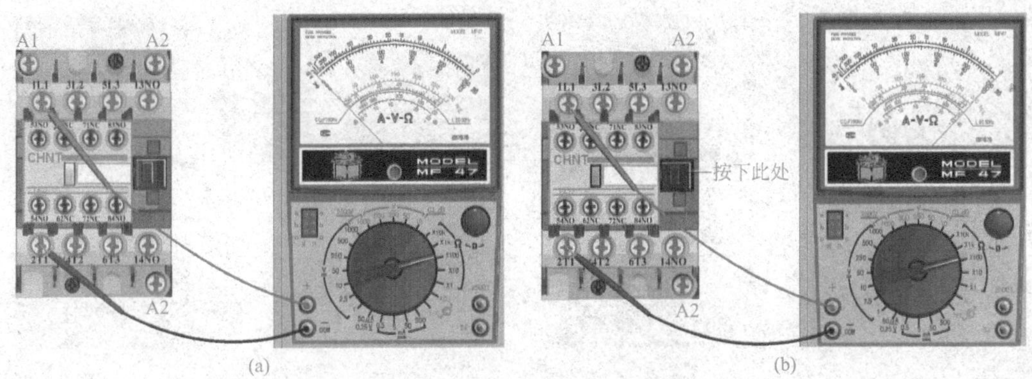

图3-38 接触器主触点的测量

(3) 用万用表电阻挡判断接触器动合触点

用万用表的一只表笔接触接触器辅助触点53NO触点，另外一只表笔接触接触器主触点54NO触点。测定53NO、54NO两个触点的直流电阻值如图3-39（a）所示。主触头的直流电阻值读数趋于∞；用改锥按下接触器触点，此时接触器53NO、54NO两个触点直流电阻值读数约为0，如图3-39（b）所示。说明接触器这对触点完好，且该对触点为动合辅助触点。同理，用此办法测定83NO、84NO触点。

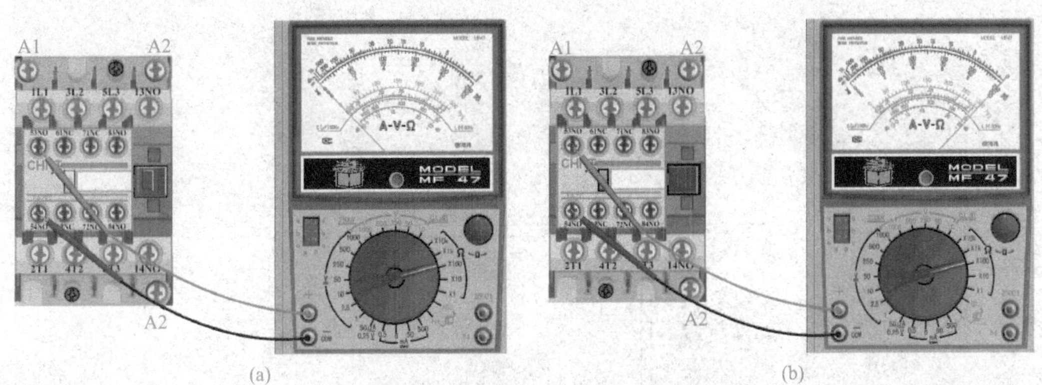

图3-39 接触器动合触点的测量

(4) 用万用表电阻挡判断接触器动断触点

用万用表的一只表笔接触接触器辅助触点63NC触点，另外一只表笔接触接触器主触点64NC触点。测定63NC、64NC两个触点的直流电阻值如图3-40（a）所示。主触点的直流电阻值读数约为0；用改锥按下接触器触点，此时接触器63NC、64NC两个触点直流电阻值读数趋于∞，如图3-40（b）所示。说明接触器这对触点完好，且该对触点为动断辅助触点。同理，用此办法测定73NC、74NC触点。

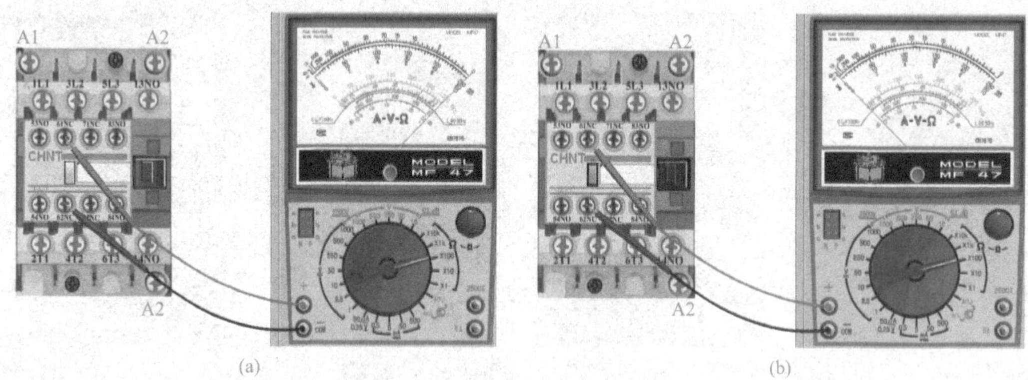

图3-40　接触器动断触点的测量

四、低压熔断器

1. 低压熔断器的作用

熔断器是一种起保护作用的电器，它串联在被保护的电路中，当线路或电气设备的电流超过规定值足够长的时间后，其自身产生的热量能够熔断一个或几个特殊设计的部件，断开其所接入的电路，切断电源，从而起到保护作用。如图3-41所示。

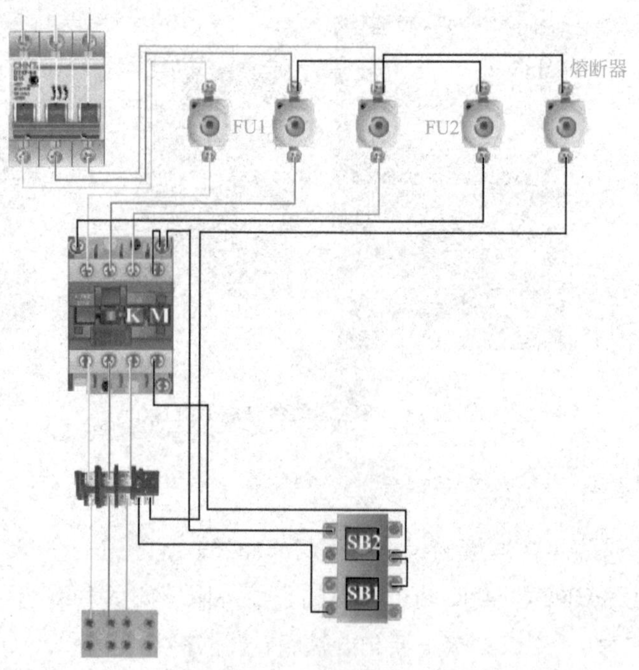

图3-41　低压熔断器的作用

2. 常用低压熔断器的结构

熔断器的产品系列、种类很多，常用产品系列有RC系列瓷插式熔断器，RL系列螺旋式熔断器，R系列玻璃管式熔断器，RT系列有填料密封管式熔断器，NT（RT）系列高分断能力熔断器，RLS、RST、RS系列半导体器件保护用快速熔断器，HG系列熔断器式隔离器和特殊熔断器（如具有断相自动显示熔断器、自复式熔断器）等。

（1）瓷插式熔断器

瓷插式熔断器，如图3-42所示。常用为RC1A系列瓷插式熔断器，这种熔断器一般用于民用交流50Hz、额定电压至380V、额定电流至200A的低压照明线路末端或分支电路中，作为短路保护及高倍过电流保护。RCIA系列熔断器由瓷盖1、瓷座2、动触头、熔体3、瓷插件4和静触头5组成。

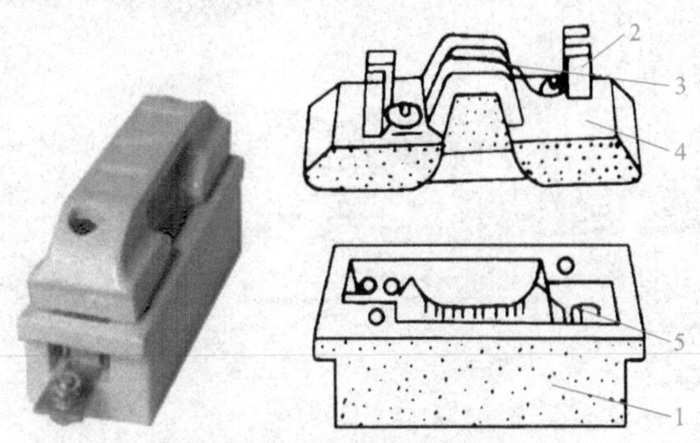

图3-42　瓷插式熔断器

1—瓷底座；2—动触头；3—熔体；4—瓷插件；5—静触头

（2）螺旋式熔断器

螺旋式熔断器广泛应用于工矿企业低压配电设备、机械设备的电气控制系统中作短路和过电流保护。常用产品系列有RL5、RL6系列螺旋式熔断器，如图3-43所示。螺旋式熔断器由瓷帽、熔管、瓷套、上接线端、下接线端、底座组成。熔体是一个瓷管，内装有石英砂和熔丝，熔丝的两端焊在熔体两端的导电金属端盖上，其上端盖中有一个染有漆色的熔断指示器，当熔体熔断时，熔断指示器弹出脱落，透过瓷帽上的玻璃孔可以看见。

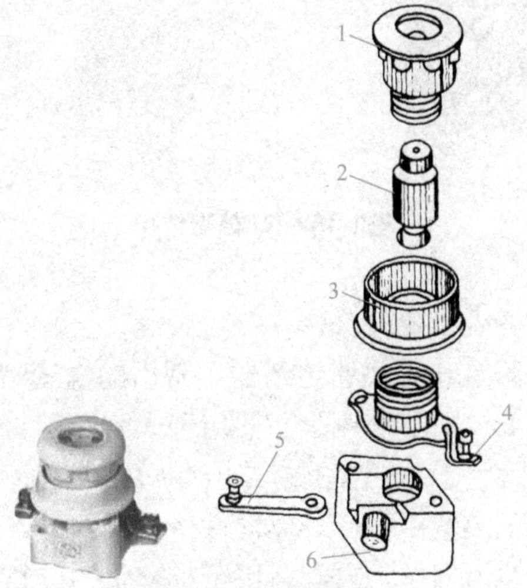

图3-43　螺旋式熔断器

1—瓷帽；2—熔管；3—瓷套；4—上接线端；5—下接线端；6—底座

（3）有填料高分断能力熔断器

有填料高分断能力熔断器广泛应用于各种低压电气线路和设备中作为短路和过电流保护。其结构一般为封闭管式，由瓷底座1、弹簧片2、管体3、绝缘手柄4、熔体5组成，并有撞击器等附件，其结构如图3-44所示。

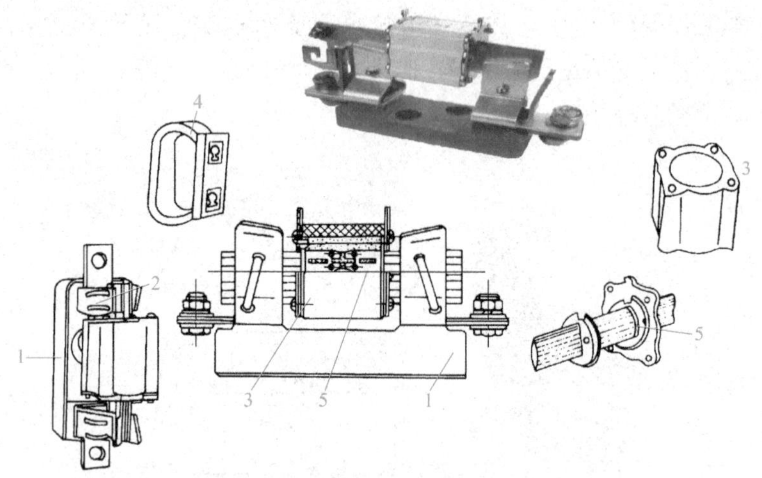

图3-44　有填料封闭管式熔断器

1—瓷底座；2—弹簧片；3—管体；4—绝缘手柄；5—熔体

RT14、RT18、RT19、HG30系列圆筒帽形熔断路器适用于交流50Hz，额定电压至交流380V（500V），额定电流至125A的配电线路中，作输送配电设备、电缆、导线过载和短路保护。RT19中AM系列可作为电动机启动保护，其外形结构如图3-45所示。

图3-45　RT外型结构

（4）半导体器件保护熔断器

半导体器件保护熔断器是一种快速熔断器。常用的快速熔断器有RS、NGT和CS系列等，RS0系列，［见图3-46（a)］快速熔断器用于大容量硅整流元件的过电流和短路保护，而RS3系列快速熔断器用于晶闸管的过电流和短路保护，RS77［见图3-46（b)］是引进国外技术生产，常用于装置中做半导体器件保护。此外，还有RLS1和RLS2系列的螺旋式快速熔断器，其熔体为银丝，它们适用于小容量的硅整流元件和晶闸管的短路或过电流保护。NGT系列［见图3-46（c)］熔断器的结构也是有填料封闭管式，在管体两端装有连接板，用螺栓与母线排相接。该系列熔断器功率损耗小，特性稳定，分断能力高，可达100kA，可带熔断指示器或微动开关。快速熔断器的外形如图3-46所示。

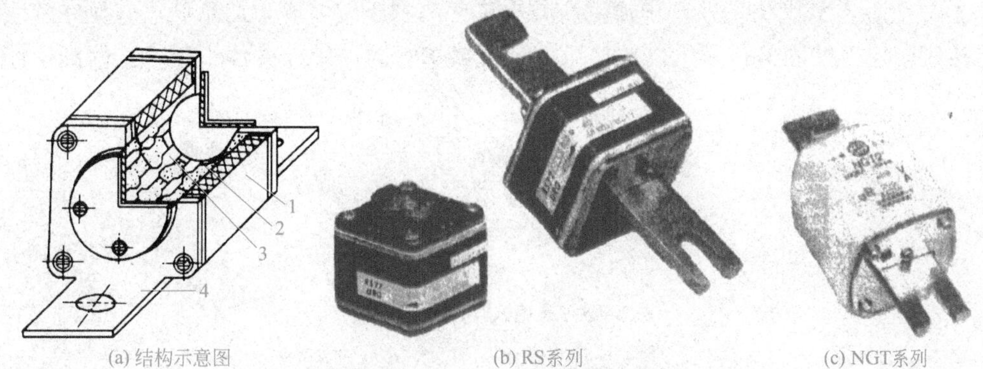

(a) 结构示意图　(b) RS系列　(c) NGT系列

图3-46　半导体器件保护熔断器

1—熔管；2—石英砂填料；3—熔体；4—接线端子

(5) 自恢复熔断器

自恢复熔断器是一种过流电子保护元件，自恢复熔丝采用高分子有机聚合物在高压、高温、硫化反应的条件下，掺加导电粒子材料后，经过特殊的工艺加工而成。常用于镇流器、变压器、喇叭、电池的保护，自复熔断器在断开状态（呈高阻态）时相当于一个软开关，在故障消除时，会自动恢复到低阻通路的状态。自恢复熔断器外形如图3-47所示。

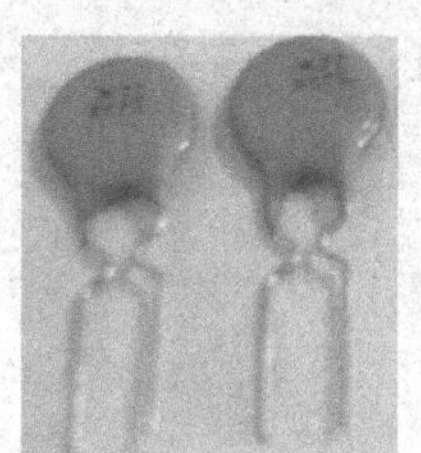

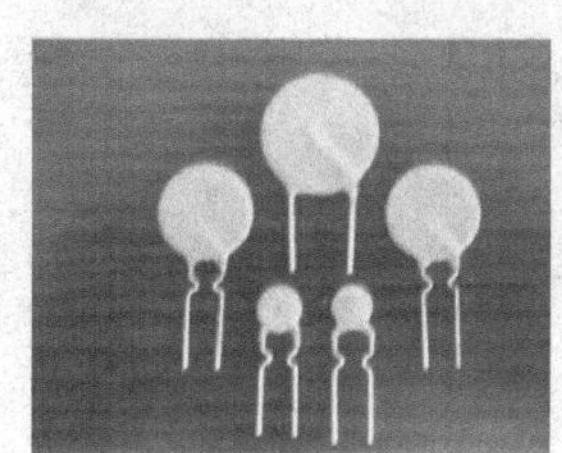

图3-47　自恢复熔断器

3. 低压熔断器的图形符号及文字符号

低压熔断器的图形符号和文字符号如图3-48所示。

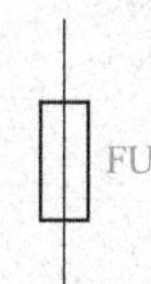

图3-48　常用低压熔断器的图形符号和文字符号

4. 熔断器使用维护注意事项

① 熔断器的插座和插片的接触应保持良好。

② 熔体烧断后，应首先查明原因，排除故障。更换熔体时，应使新熔体的规格与换

下来的一致。

③ 更换熔体或熔管时，必须将电源断开，防触电。

④ 安装螺旋式熔断器时，电源线应接在瓷底座的下接线座上，负载线应接在瓷底座的上接线座上，如图3-49所示。这样可保证更换熔管时，螺纹壳体不带电，保证操作者人身安全。

图3-49　螺旋式熔断器的安装

五、控制按钮

1. 控制按钮的作用

控制按钮又称按钮开关，是一种短时间接通或断开小电流电路的手动控制器，一般用于电路中发出启动或停止指令，以控制电磁启动器、接触器、继电器等电器线圈电流的接通或断开，再由它们去控制主电路。按钮也可用于信号装置的控制，如图3-50所示。

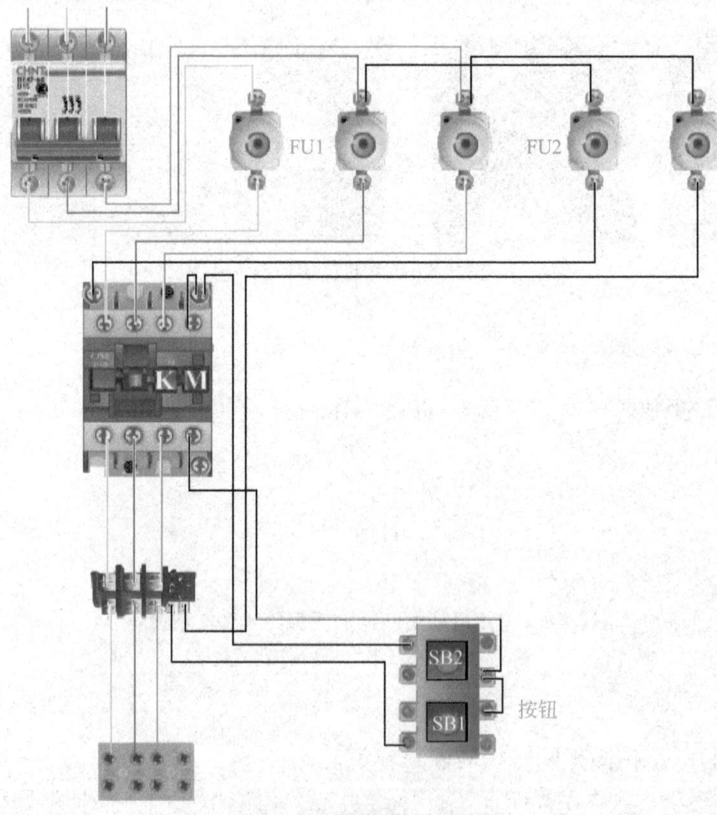

图3-50　控制按钮的作用

2. 控制按钮的结构

控制按钮的外形及结构如图3-51所示，它主要由按钮帽、复位弹簧、触点、接线柱和外壳等组成。

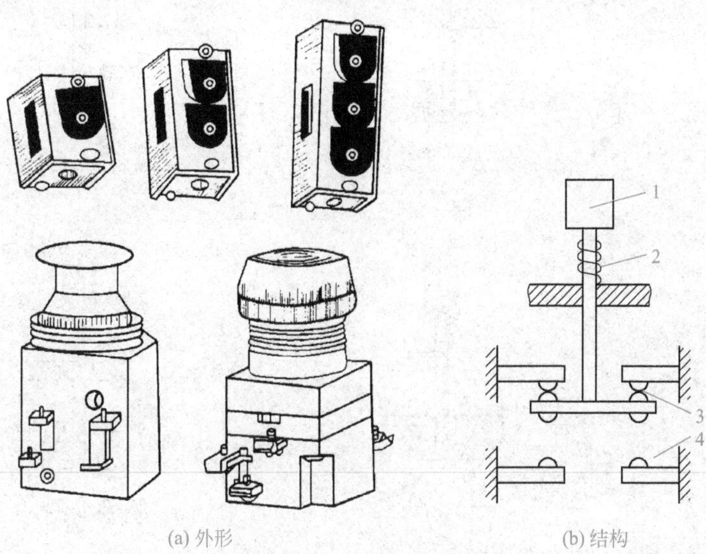

图3-51　控制按钮的外形及结构

1—按钮帽；2—复位弹簧；3—动断触头的静触点；4—动合触头的静触点

3. 常用控制按钮的图形符号及文字符号

常用控制按钮的图形符号和文字符号如图3-52所示。

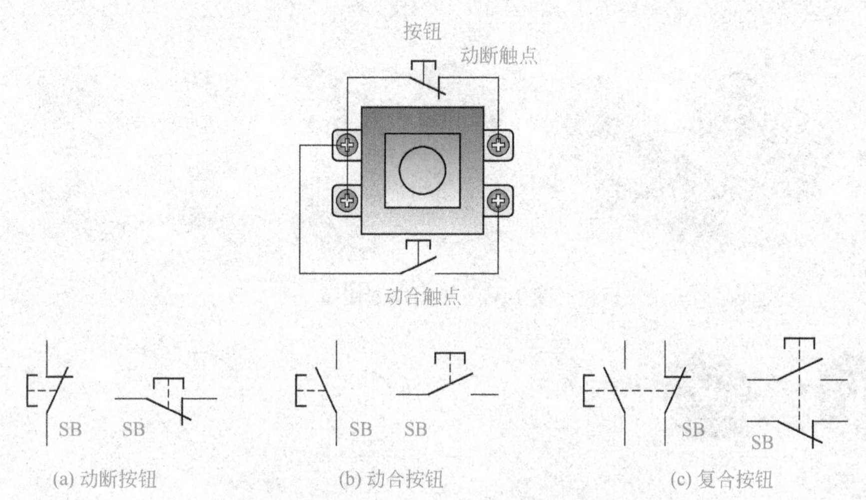

图3-52　常用控制按钮的图形符号和文字符号

4. 控制按钮的工作原理

当用手按下按钮帽时，动断触点断开之后，动合触点再接通，如图3-53所示；而当手松开后，复位弹簧便将按钮的触点恢复原位，此时动合触点先断开，动断触点再闭合，如图3-54所示。

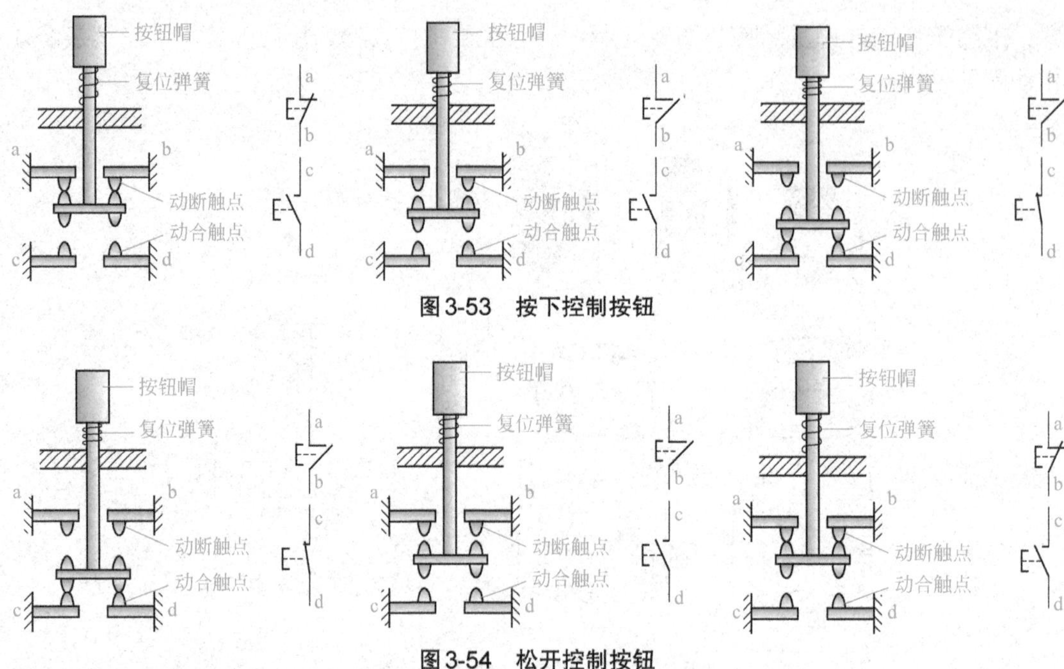

图3-53　按下控制按钮

图3-54　松开控制按钮

5. 常用控制按钮

为了标明各个按钮的作用，避免误操作，通常将按钮帽做成不同的颜色，以示区别，其颜色有红、绿、黑、黄、蓝、白等。如，红色表示停止按钮，绿色表示启动按钮，如图3-55所示。另外还有形象化图形符号可供选用，如图3-56所示。

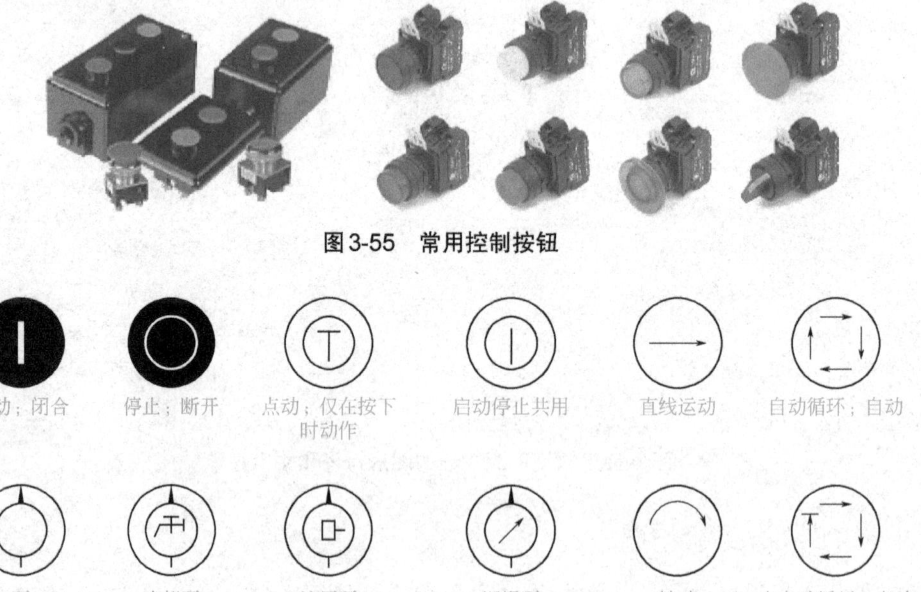

图3-55　常用控制按钮

图3-56　常用控制按钮符号

6. 判断控制按钮的好坏

（1）使用万用表$R\times1$或$R\times10$挡；如图3-57所示。

（2）对万用表进行欧姆调零；如图3-58所示。

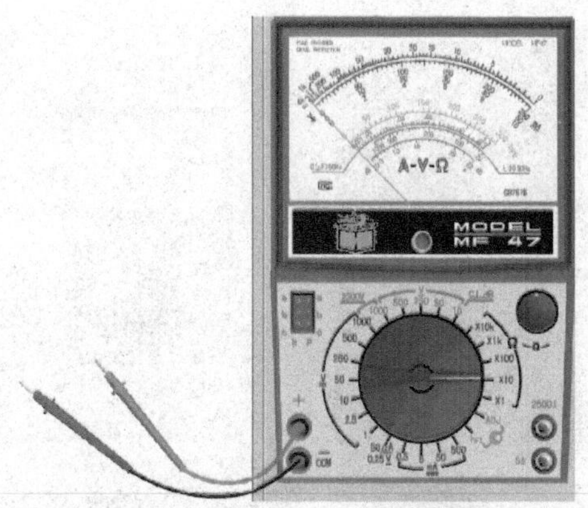

图3-57 电阻挡的选择

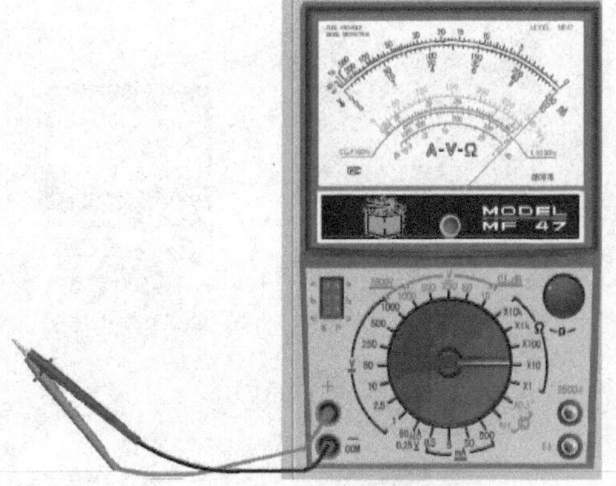

图3-58 欧姆调零

（3）控制按钮动断触点的检测

用万用表的一只表笔接触控制按钮的一个触点，另外一只表笔接触控制按钮的另一触点，如图3-59（a）所示。测定两个触点的直流电阻值为0，用手按下控制按钮，两个触点的直流电阻值趋于∞，如图3-59（b）所示，说明该对触点是控制按钮的动断触点，且该控制按钮的动断触点完好。若两次测量的直流电阻值均趋于∞，说明测试的两个触点不是一对触点，需要换其中一个触点再次测试或者该控制按钮的动断触点接触不良，需要修复。

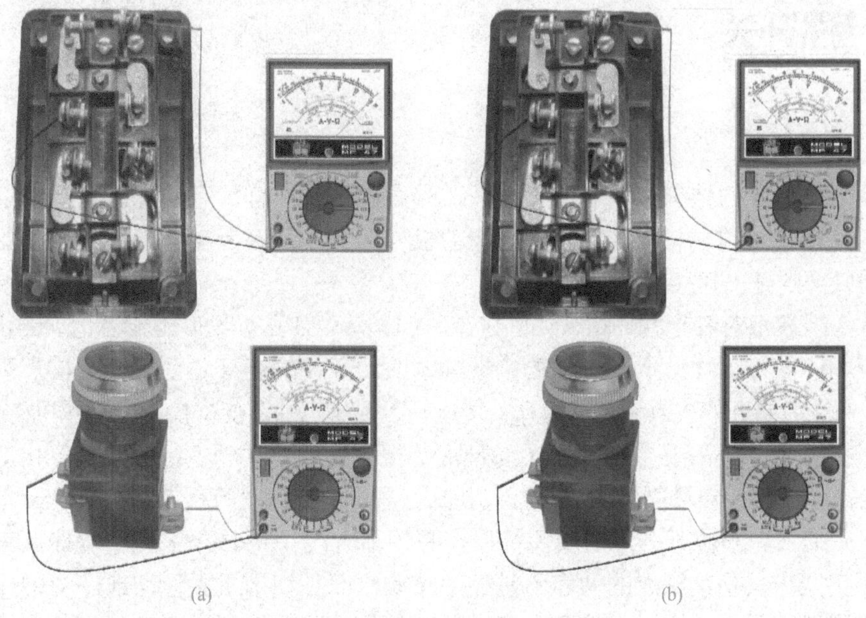

(a) (b)

图3-59 控制按钮的动断触点的检测

（4）控制按钮的动合触点的检测

用万用表的一只表笔接触控制按钮的一个触点，另外一只表笔接触控制按钮的另一触点，如图3-60（a）所示。测定两个触点的直流电阻值趋于∞，用手按下控制按钮，两个触点的直流电阻值为0，如图3-60（b）所示说明该对触点是控制按钮的动合触点，且该控制按钮的动合触点完好。

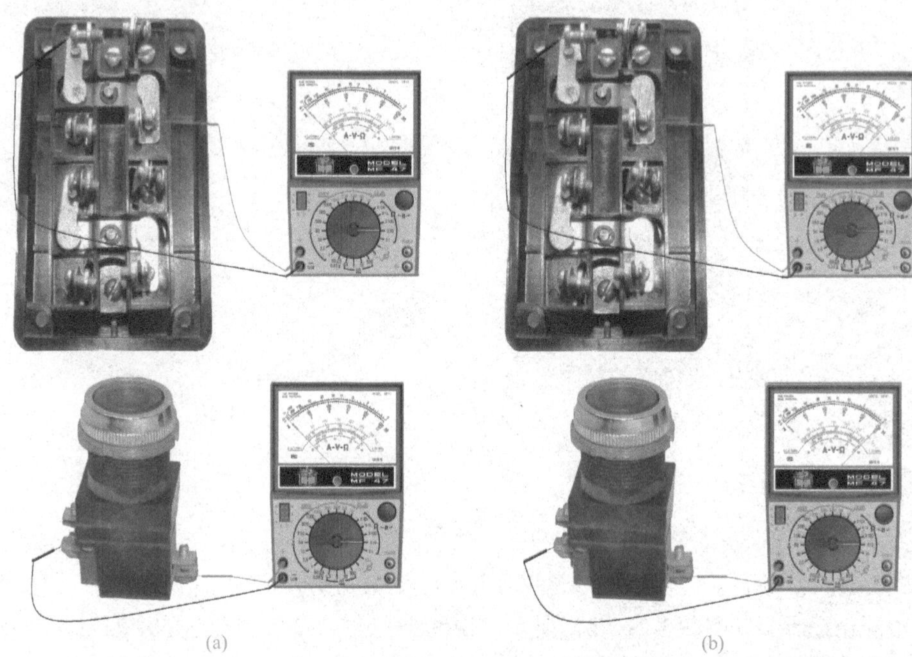

(a) (b)

图3-60　控制按钮的动合触点的检测

六、行程开关

1. 行程开关的作用

行程开关里面的结构和普通的手动按钮和脚踏按钮一样，只是外面的操作机构形式不一样，有旋转式的，有顶推式的，当运动机构运行到位时，触碰到行程开关的操作机构，带动内部的开关触头开和关。

可以安装在相对静止的物体（如固定架、门框等，简称静物）上或者运动的物体（如行车、门等，简称动物）上。当动物接近静物时，开关的连杆驱动开关的接点引起闭合的接点分断或者断开的接点闭合。由开关接点开、合状态的改变去控制电路和机构的动作。

生产机械中，常需要控制某些运动部件的行程，或运动一定行程使其停止，或在一定行程内自动返回或自动循环。这种控制机械行程的方式叫“行程控制”或“限位控制”。

行程开关又叫限位开关，是实现行程控制的小电流（5A以下）主令电器，其作用与控制按钮相同，只是其触点的动作不是靠手按动，而是利用机械运动部件的碰撞使触点动作，即将机械信号转换为电信号，通过控制其他电器来控制运动部件的行程大小、运

动方向或进行限位保护，如图3-61所示。行程开关广泛用于各类机床和起重机械，用以控制其行程、进行终端限位保护。在电梯的控制电路中，还利用行程开关来控制开关轿门的速度、自动开关门的限位、轿厢的上/下限位保护。

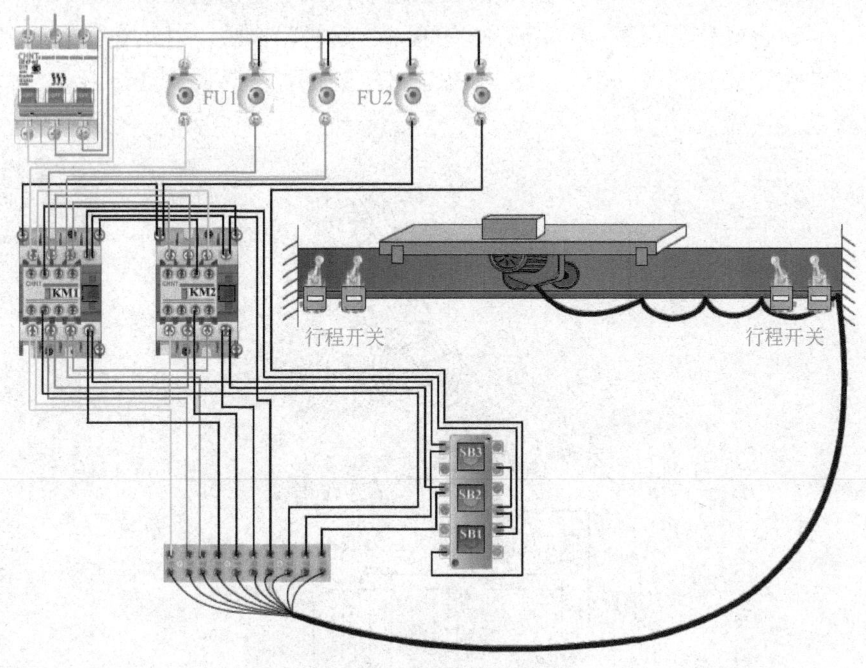

图3-61　行程开关的作用

2. 行程开关的结构

行程开关按其结构可分为直动式、滚轮式、微动式和组合式。

（1）直动式行程开关

如图3-62所示，其动作原理与按钮开关相同，但其触点的分合速度取决于生产机械的运行速度，不宜用于速度低于0.4m/min的场所。直动式又分金属直动式、钢滚直动式和热塑滚轮直动式等。

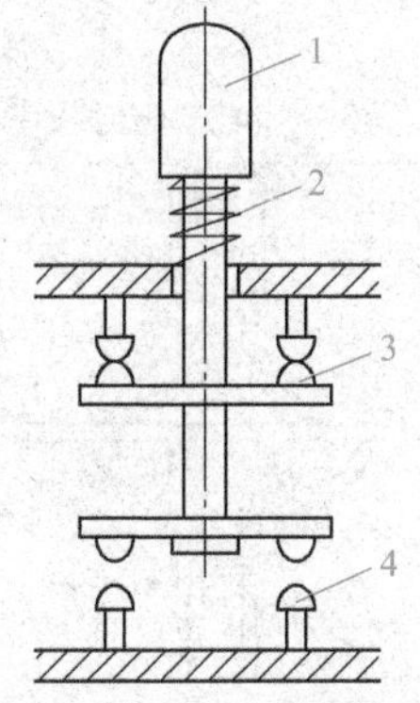

图3-62　直动式行程开关

1—推杆；2—弹簧；3—动断触点；4—动合触点

（2）滚轮式行程开关

如图3-63所示，当被控机械上的撞块撞击带有滚轮的撞杆时，撞杆转向右边，带动凸轮转动，顶下推杆，使微动开关中的触点迅速动作。当运动机械返回时，在复位弹簧的作用下，各部分动作部件复位。滚轮又有单轮、双轮等形式。触点类型有一常开一常闭、一常开二常闭、二常开一常闭、二常开二常闭等形式。动作方式可分为，瞬动、蠕动、交叉从动式三种。

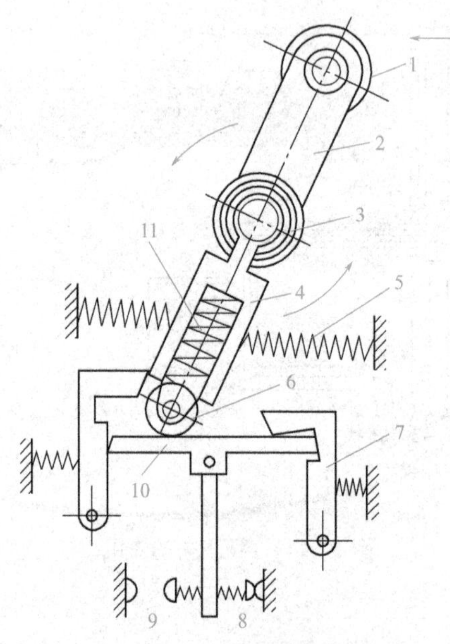

图3-63　滚轮式行程开关

1—滚轮；2—上转臂；3、5、11—弹簧；4—套架；6—滑轮；7—压板；8、9—触点；10—横板

滚轮式行程开关又分为单滚轮自动复位和双滚轮（羊角式）非自动复位式，双滚轮行移开关具有两个稳态位置，有“记忆”作用，在某些情况下可以简化线路。

（3）微动式行程开关

微动式行程开关结构如图3-64所示。常用的为LXW-11系列产品。

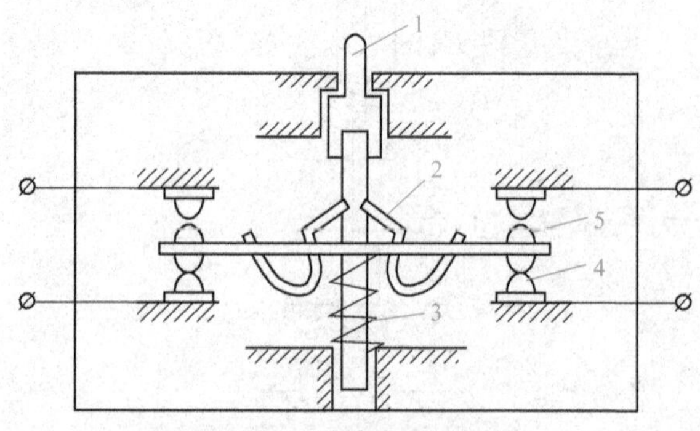

图3-64　微动式行程开关

1—推杆；2—弹簧；3—压缩弹簧；4—动断触点；5—动合触点

行程开关接线图如图3-65所示。

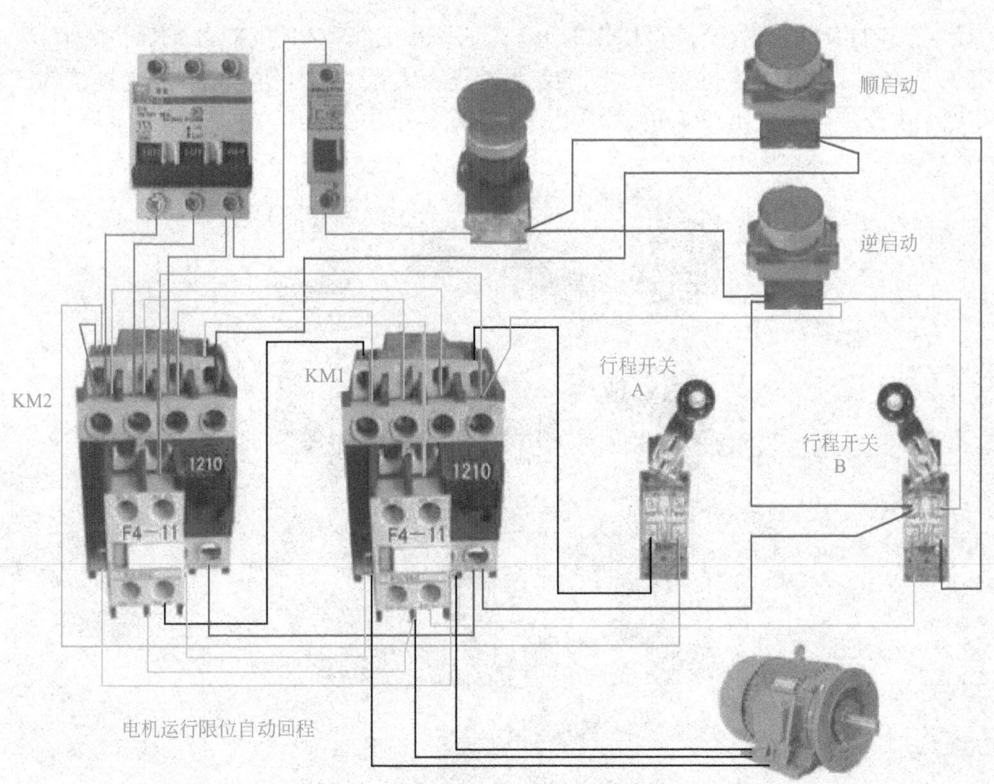

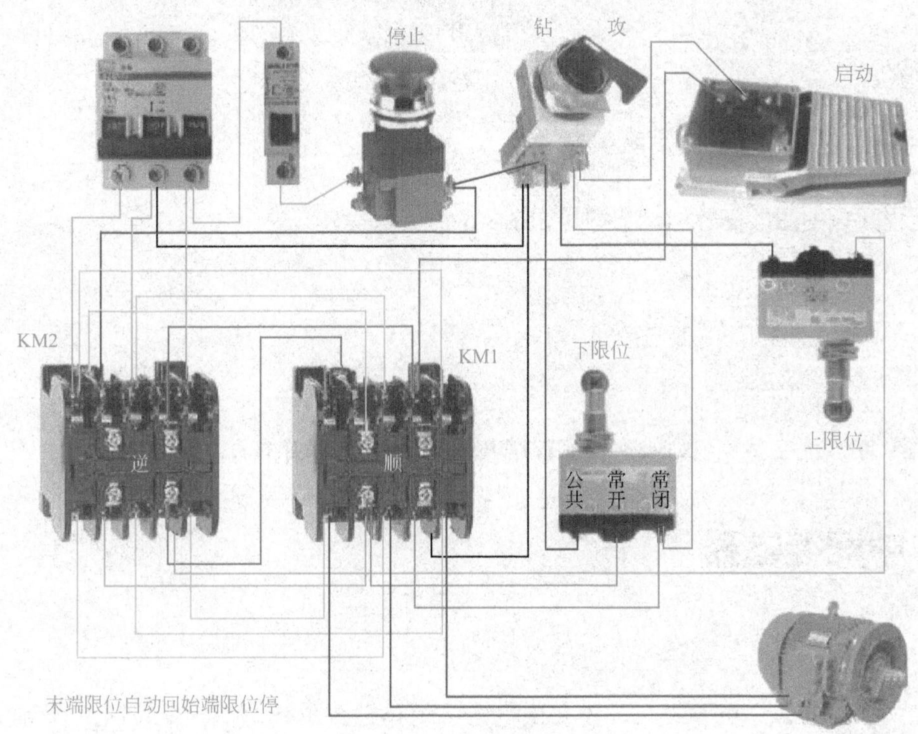

图3-65 行程开关接线图

3. 常用行程开关

目前国内生产的行程开关有LXK3、3SE3、LX19、LXW、WL、LX、JLXK等系列。其中，35E3系列为引进西门子公司技术生产的。另外还有大量的国外进口及港、台地区的产品，也得到了广泛应用。常用行程开关如图3-66所示。

图3-66 常用行程开关

4. 行程开关的图形符号及文字符号

行程开关的图形符号和文字符号如图3-67所示。

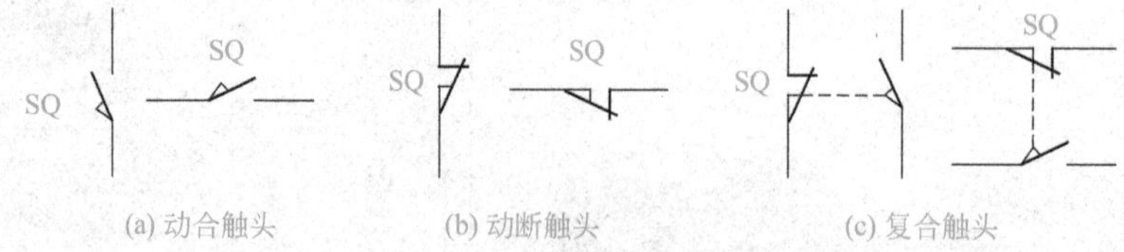

图3-67 常用行程开关的图形符号和文字符号

七、中间继电器

1. 中间继电器的结构

中间继电器采用电磁结构，主要由电磁系统和触头系统组成。从本质上来看，中间继电器也是电压继电器，仅触点数量较多、触点容量较大而已。中间继电器种类很多，

而且除专门的中间继电器外，额定电流较小的接触器（5A）也常被用作中间继电器。

图3-68为JZ7系列中间继电器的结构图，其结构与工作原理与小型直动式接触器基本相同，只是它的触点系统中没有主、辅之分，各对触点所允许通过的电流大小是相等的。由于中间继电器触点接通和分断的是交、直流控制电路，电流很小，所以一般中间继电器不需要灭弧装置。

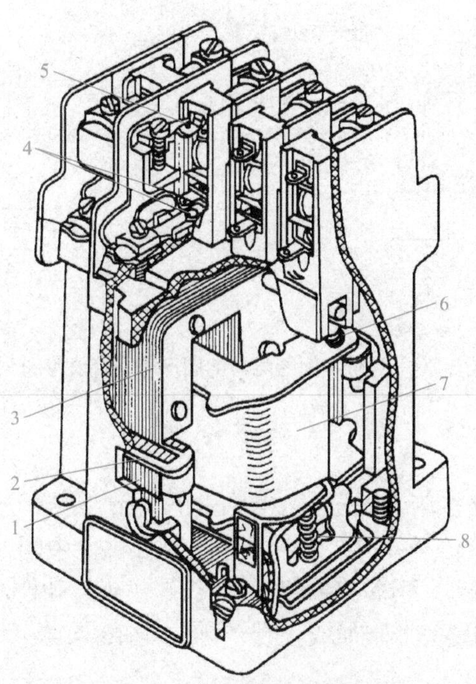

图3-68 JZ7系列中间继电器

1—静铁芯；2—短路环；3—动铁芯；4—动合触点；5—动断触点；6—复位弹簧；7—线圈；8—反作用弹簧

2. 常用中间继电器

常用的中间继电器主要有JZ15、JZ17、JZ18等系列产品，如图3-69所示，其中，JZ15系列中间继电器的电磁系统为直动式螺管铁芯，交直流两用。交流的铁芯极面开了槽，并嵌有分磁环（短路环），而直流的磁极端部为圆锥形的。其触点在电磁系统两侧。

(a) JZ15中间继电器

(b) JZ17中间继电器

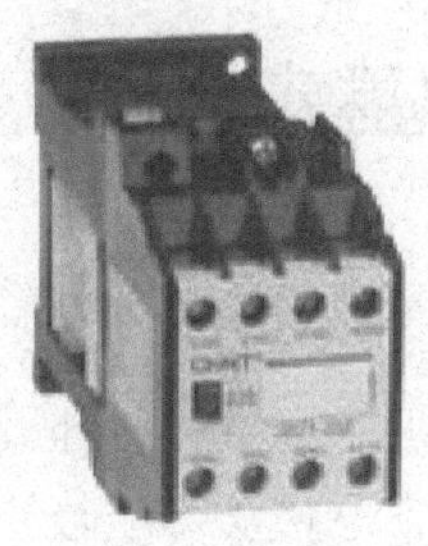

(c) JZ18中间继电器

图3-69 中间继电器

常用中间继电器大都可以采用卡轨安装，安装和拆卸方便；触点闭合过程中，动、静触点间有一段滑擦、滚压过程，可以有效地清除触点表面的各种生成膜及尘埃，减小了接触电阻，提高了接触的可靠性（如JZ18等系列）。输出触点的组合型式多样，有的还可加装辅助触点组（如JZ18等系列）。插座型式多样，方便用户选择，有的还装有防尘罩，或采用密封结构，提高了可靠性。

3. 中间继电器的图形符号及文字符号

常用中间继电器的图形符号和文字符号如图3-70所示。

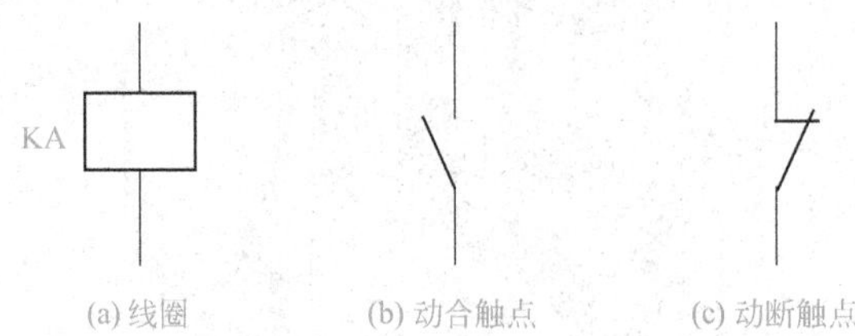

图3-70　常用中间继电器的图形符号和文字符号

4. 中间继电器的作用

中间继电器一般用来控制各种电磁线圈使信号得到保持、放大、记忆或保持等，进行电路的逻辑控制或者将信号同时传递给几个控制元件。中间继电器根据输入量（如电压或电流），利用电磁原理，通过电磁机构使衔铁产生吸合动作，从而带动触点动作，实现触点状态的改变，使电路完成接通或分断控制。如图3-71所示。

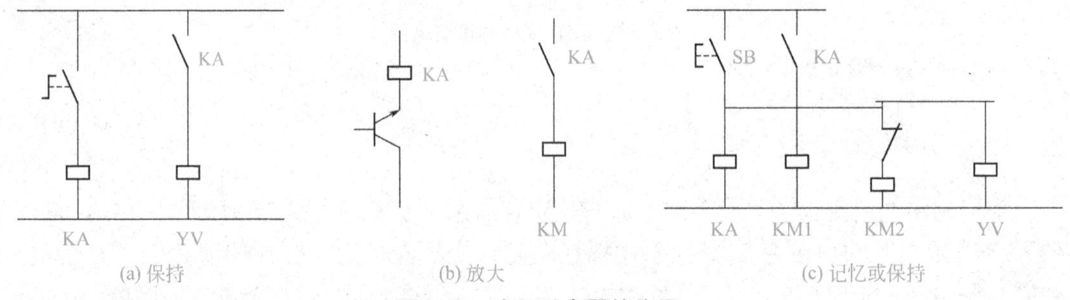

图3-71　中间继电器的作用

八、热继电器

1. 热继电器的作用

热继电器是热过载继电器的简称，它是一种利用电流的热效应来切断电路的一种保护电器，常与接触器配合使用，热继电器具有结构简单、体积小、价格低和保护性能好等优点，主要用于电动机的过载保护、断相及电流不平衡运行的保护及其他电气设备发热状态的控制。热继电器的作用如图3-72所示。

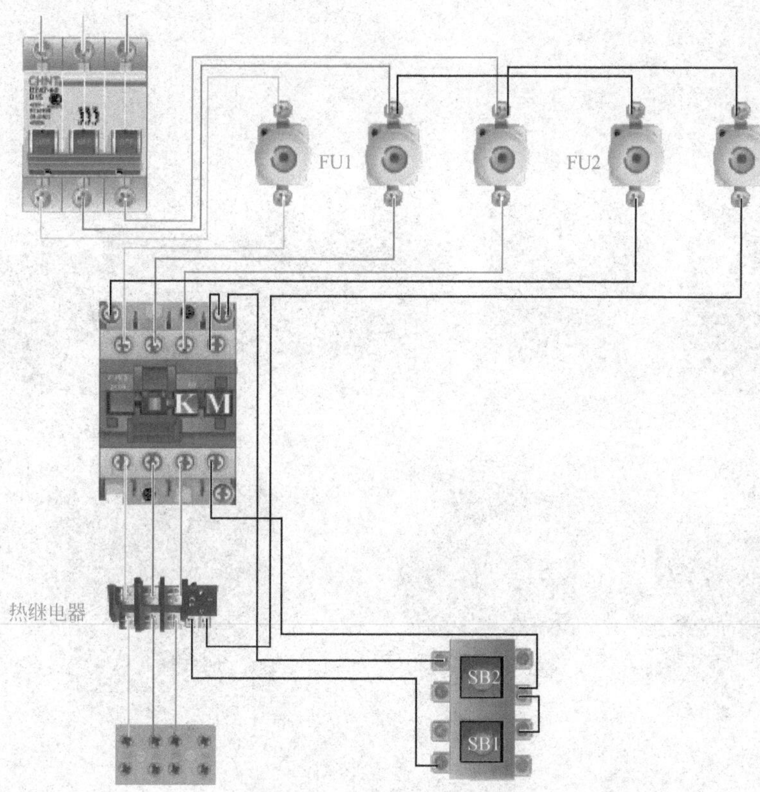

图3-72 热继电器的作用

2. 热继电器的结构

双金属片式热继电器的结构如图3-73所示。

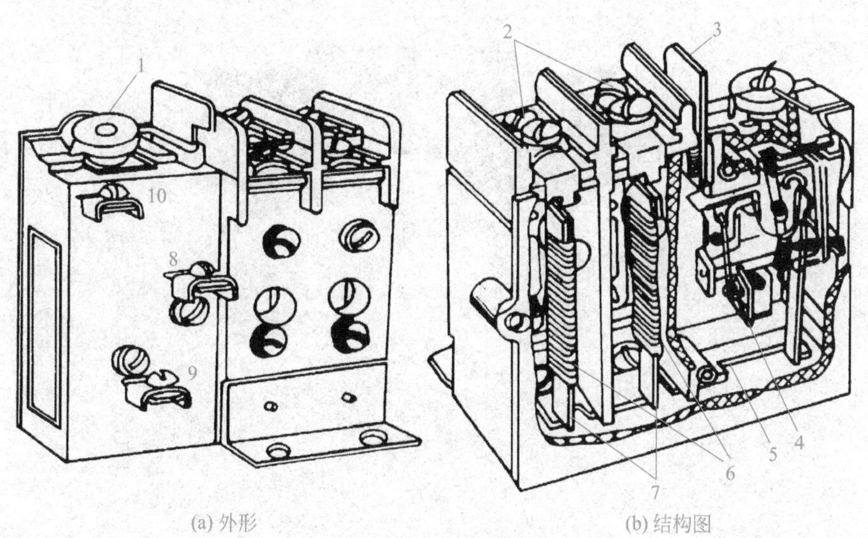

图3-73 热继电器的结构

1—电流整定装置；2—主电路接线柱；3—复位按钮；4—动合触点；5—动作机构；6—热元件；7—双金属片；8—动合触点接线柱；9—公共动触点接线柱；10—动断触点接线柱

3. 常用热继电器

常用热继电器如图3-74所示。

图3-74　常用热继电器

4. 热继电器的图形符号及文字符号

常用热继电器的图形符号和文字符号如图3-75所示。

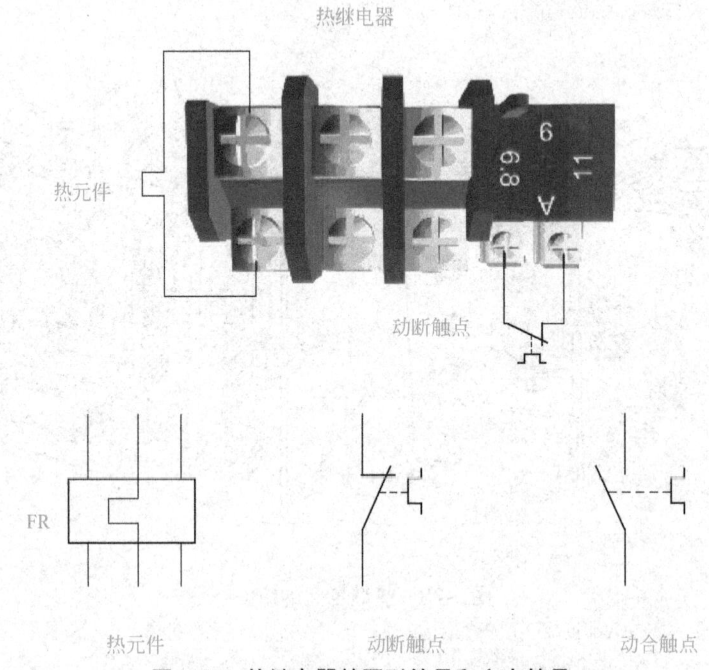

图3-75　热继电器的图形符号和文字符号

5. 热继电器的工作原理

热继电器工作时有电流通过热元件，如图3-76（a）所示。由于热继电器两种双金属片线膨胀系数的不同，双金属片金属紧密地贴合在一起，当产生热效应时，使得双金属片向膨胀系数小的一侧弯曲，由弯曲产生的位移带动触点动作。

热元件串接于电机的定子电路中，通过热元件的电流就是电动机的工作电流（大容量的热继电器装有速饱和互感器，热元件串接在其二次回路中）。当电动机正常运行时，其工作电流通过热元件产生的热量不足以使双金属片因受热而产生变形，热继电器不会动作，如图3-76（b）所示。当电动机发生过电流且超过整定值时，双金属片获得了超过整定值的热量而发生弯曲，使其自由端上翘。经过一定时间后，双金属片的自由端推动导板移动。导板将动断触点顶开，如图3-76（c）所示。若双金属片受热弯曲位移较大能将动合触点顶闭合，如图3-76（d）所示。动断触点通常串接在电动机控制电路中的相应接触器线圈回路中，断开接触器的线圈电源，从而切断电动机的工作电源。同时，热元件也因失电而逐渐降温，热量减少，经过一段时间的冷却，双金属片恢复到原来状态。若经自动或手动复位，双金属片的自由端返回到原来状态，为下次动作做好了准备。

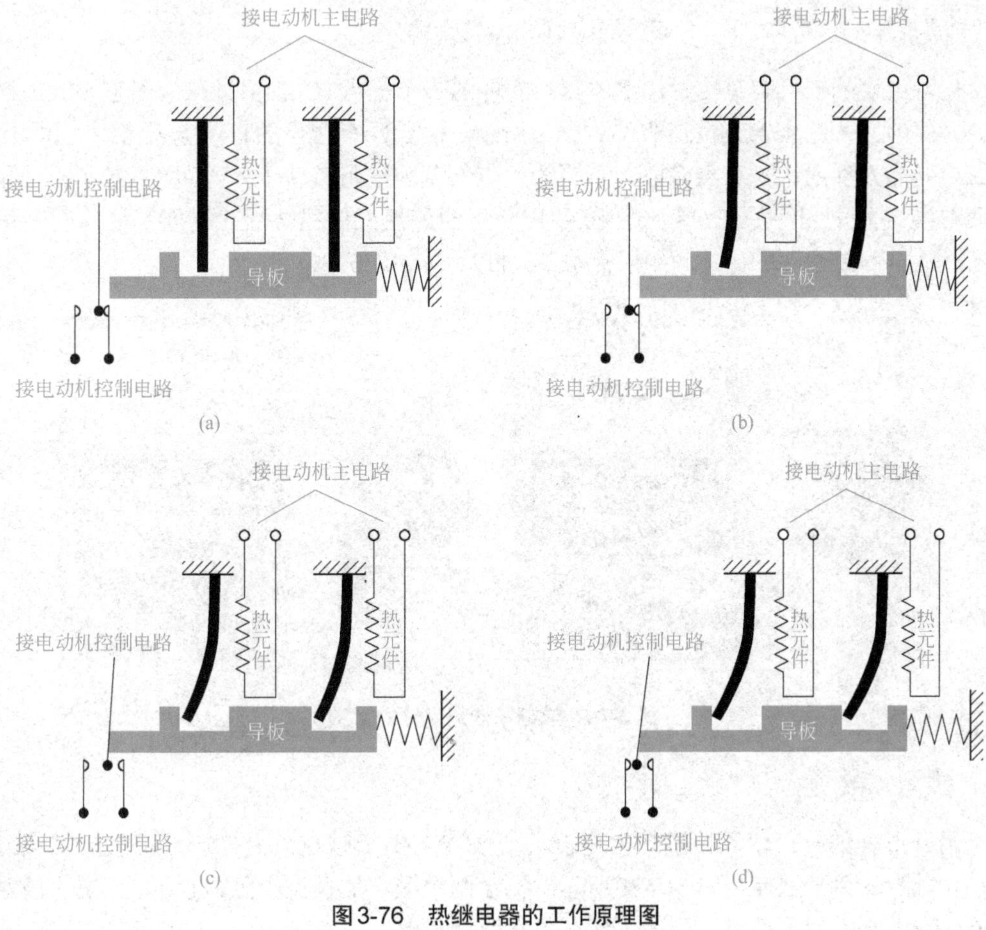

(a)　(b)

(c)　(d)

图3-76　热继电器的工作原理图

6. 判断热继电器的好坏

（1）使用万用表$R\times1$或$R\times10$挡，如图3-77所示。

（2）对万用表进行欧姆调零，如图3-78所示。

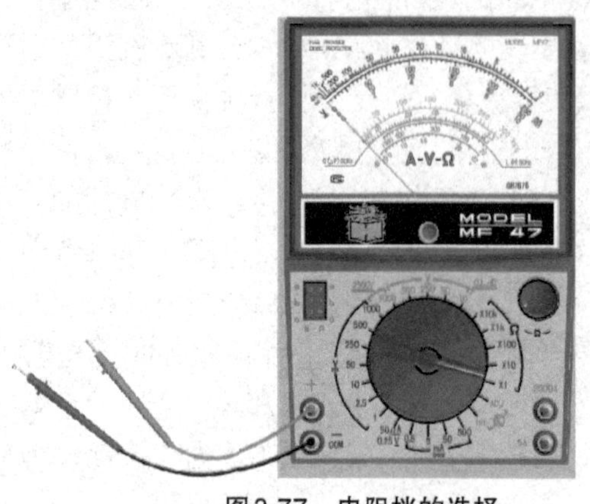

图3-77　电阻挡的选择

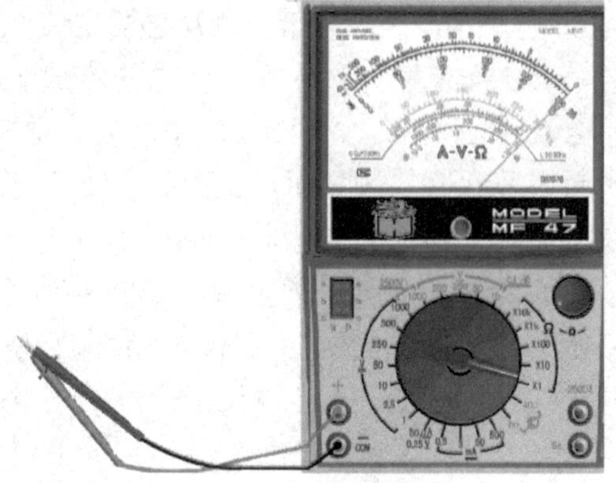

图3-78　欧姆调零

（3）用万用表电阻挡判断热继电器的热元件

用万用表的一只表笔接触热继电器热元件的一个触点1L1，另外一只表笔接触热继电器热元件的另一触点2T1，如图3-79（a）所示。测定两个触点的直流电阻值约为0，说明热继电器热元件的该对触点完好，若两个触点的直流电阻值趋于∞，如图3-79（b）所示，说明热继电器热元件的该对触点不能使用，可能该热元件已烧毁，需要修复。同理可以判断热继电器热元件的另外两组触点4L2、4T2和6L3、6T3。

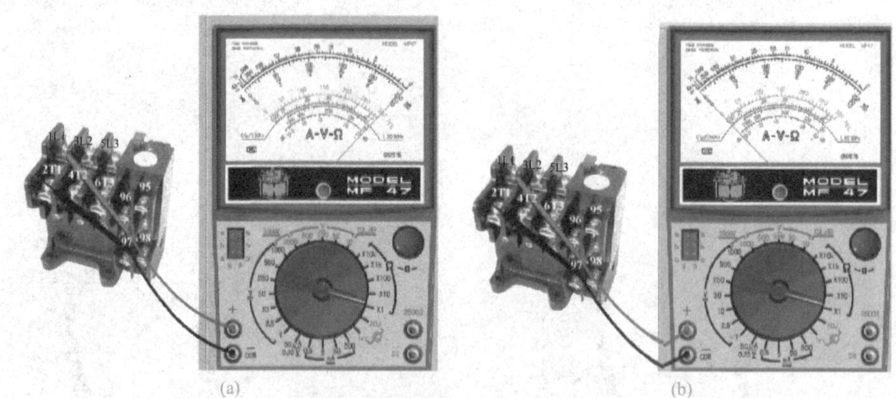

图3-79　热继电器热元件的检测

（4）热继电器动合触点的检测

用万用表的一只表笔接触热继电器动合触点的一个触点，另外一只表笔接触热继电器动合触点的另一触点，如图3-80所示。测定两个触点的直流电阻值趋于∞，说明该对触点是热继电器的动合触点，且该热继电器的动合触点可能完好。

（5）热继电器动断触点的检测

用万用表的一只表笔接触热继电器动断触点的一个触点，另外一只表笔接触热继电器动断触点的另一触点，如图3-81所示。测定两个触点的直流电阻值约为0，说明该对触点是热继电器的动断触点，且该热继电器的动断触点可能完好。

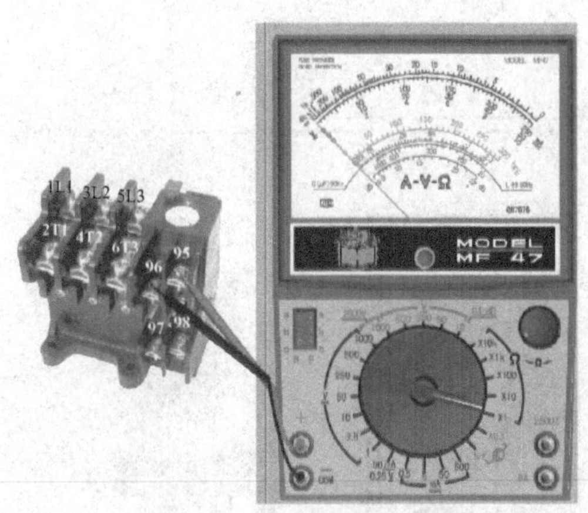

图3-80 热继电器动合触点的检测

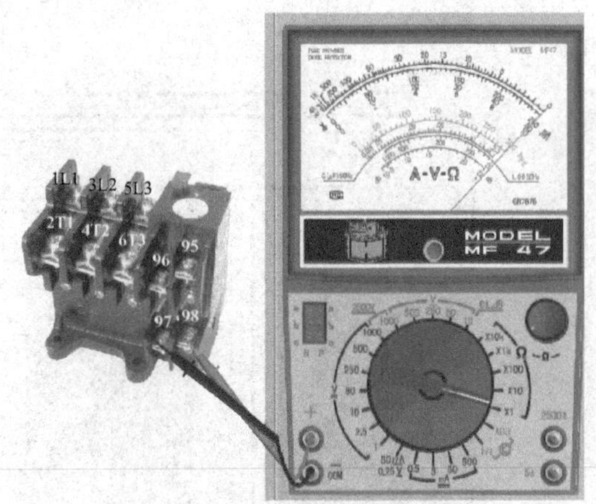

图3-81 热继电器动断触点的检测

九、时间继电器

1. 时间继电器的作用

时间继电器是一种自得到动作信号起至触点动作或输出电路产生跳跃式改变有一定延时、该延时又符合其准确度要求的继电器，即从得到输入信号（线圈的通电或断电）开始，经过一定的延时后才输出信号（触头的闭合或断开）的继电器。时间继电器被广泛应用于电动机的启动控制和各种自动控制系统。常用时间继电器的外形如图3-82所示。

2. 时间继电器的分类

（1）按动作原理分类

时间继电器按动作原理为有电磁式、同步电动机式、空气阻尼式、晶体管式（又称电子式）等。

① 空气阻尼式时间继电器又称气囊式时间继电器，其结构简单、价格低廉，延时范围较大（0.4 ～ 180s），有通电延时和断电延时两种，但延时准确度较低。如图3-83所示。

② 晶体管式时间继电器又称电子式时间继电器，其体积小、精度高、可靠性好。晶体管式时间继电器的延时可达几分钟到几十分钟，比空气阻尼式长，比电动机式短；延时精确度比空气阻尼式高，比同步电动机式略低。随着电子技术的发展，其应用越来越广泛。如图3-84所示。

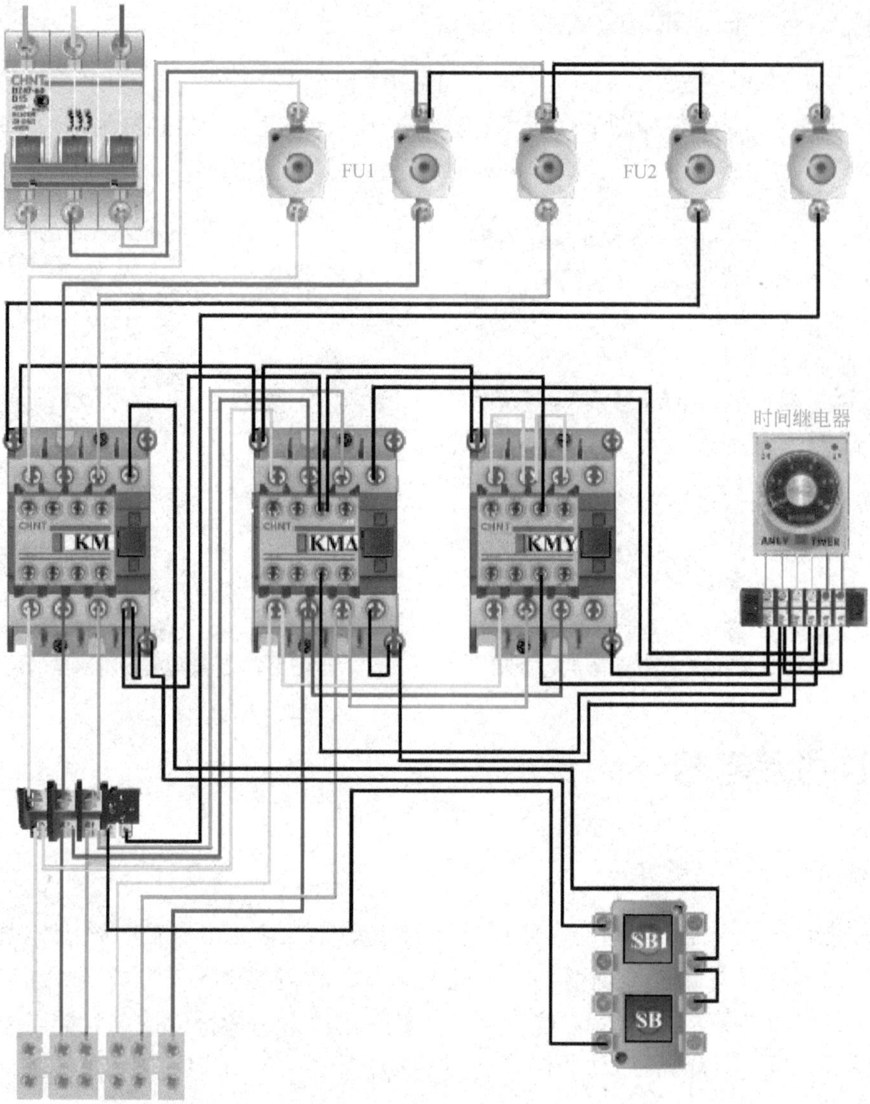

图3-82 时间继电器的作用

③ 同步电动机式时间继电器（又称电动机式或电动式时间继电器）的延时精确度高、延时范围大（有的可达几十小时），但价格较昂贵。如图3-85所示。

图3-83 JS7系列空气阻尼式

图3-84 JS20系列晶体管式

图3-85 JS11系列电动机式

（2）按延时方式分类

① 时间继电器接受输入信号后延迟一定的时间，输出信号才发生变化；当输入信号消失后，输出瞬时复原。如图3-86（a）所示。

② 断电延时时间继电器接受输人信号时，瞬时产生相应的输出信号；当输入信号消失后，延迟一定时间，输出才复原。如图3-86（b）所示。

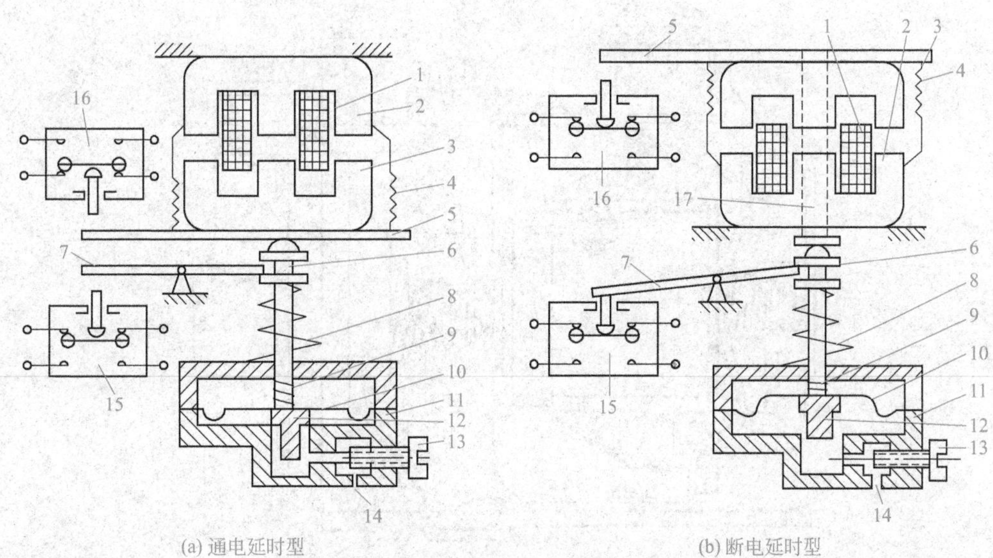

图3-86　按延时方式分类的时间继电器

1—线圈；2—静铁芯；3—动铁芯；4—反力弹簧；5—推板；6—活塞；7—杠杆；8—塔形弹簧；9—弱弹簧；10—橡皮膜；11—空气室壁；12—活塞；13—调节螺钉；14—进气孔；15、16—微动开关；17—推杆

3. 时间继电器的图形符号及文字符号

常用时间继电器的图形符号和文字符号如图3-87所示。

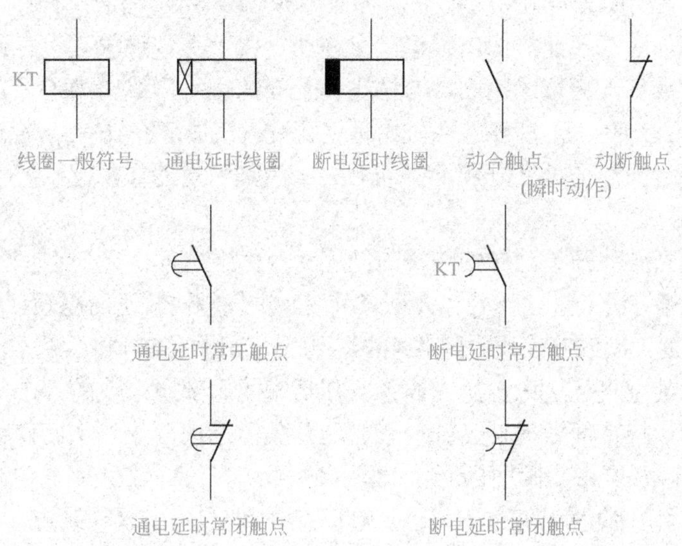

图3-87　常用时间继电器的图形符号和文字符号

4. 空气阻尼式时间继电器的结构

空气阻尼式时间继电器的结构主要由电磁系统、延时机构和触点系统三部分组成。它是利用空气的阻尼作用进行延时的，图3-88为JS7-A系列空气阻尼式时间继电器的结构图。其电磁系统为直动式双E型，触点系统是借用微动开关，延时机构采用气囊式阻尼器。

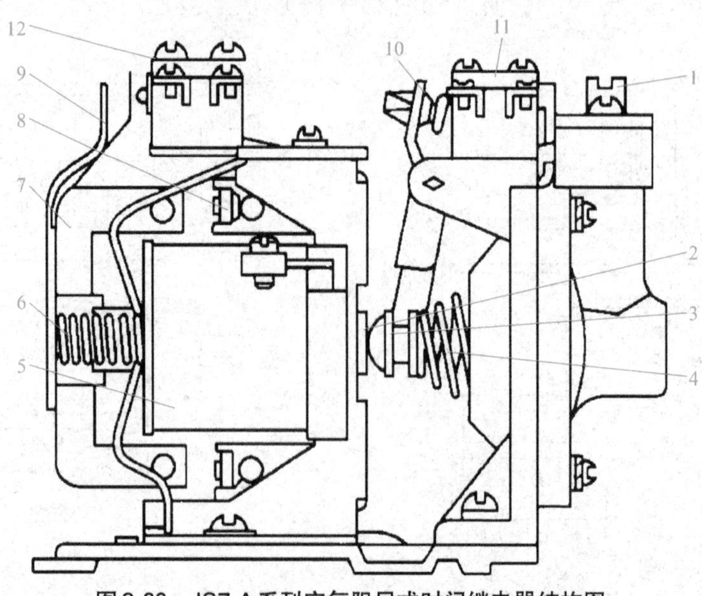

图3-88　JS7-A系列空气阻尼式时间继电器结构图

1—调节螺钉；2—推板；3—推杆；4—宝塔弹簧；5—线圈；6—反力弹簧；7—衔铁；8—铁芯；9—弹簧片；10—杠杆；11—延时触点；12—瞬时触点

5. JS7-A系列空气阻尼式通电延时型时间继电器的工作原理

JS7-A系列时间继电器通电延时的工作原理如图3-89（a）所示。当线圈得电后，动铁芯克服反力弹簧的阻力与静铁芯吸合，如图3-89（b）所示。活塞杆在塔形弹簧的作用下向上移动，使与活塞相连的橡皮膜也向上移动，由于受到进气孔进气速度的限制，这时橡皮膜下面形成空气稀薄的空间，与橡皮膜上面的空气形成压力差，对活塞的移动产生阻尼作用，如图3-89（c）所示。空气由进气孔进入气囊（空气室），经过一段时间，活塞才能完成全部行程而通过杠杆压动微动开关，使其触点动作，起到通电延时作用，如图3-89（d）所示。

从线圈得电到微动开关动作的一段时间即为时间继电器的延时时间，其延时时间长短可以通过调节螺钉调节进气孔气隙大小来改变，进气越快，延时越短。

当线圈断电时，动铁芯在反力弹簧4的作用下，通过活塞杆将活塞推向下端，这时橡皮膜下方气室内的空气通过橡皮膜、弱弹簧和活塞的局部所形成的单向阀迅速从橡皮膜上方气室缝隙中排掉，使活塞杆、杠杆和微动开关等迅速复位。从而使得微动开关的动断触点瞬时闭合，动合触点瞬时断开，如图3-89（a）所示。在线圈通电和断电时，微动开关在推板的作用下都能瞬时动作，其触点即为时间继电器的瞬动触点。

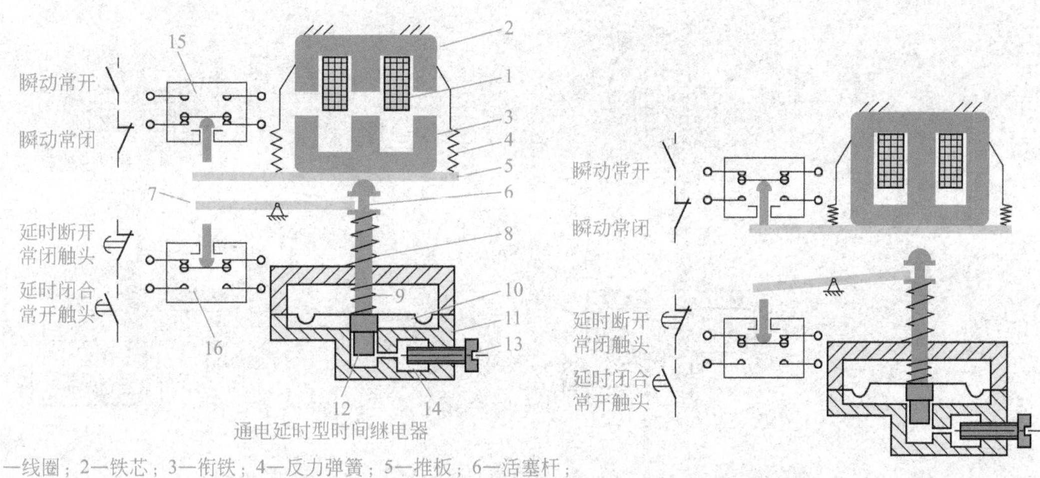

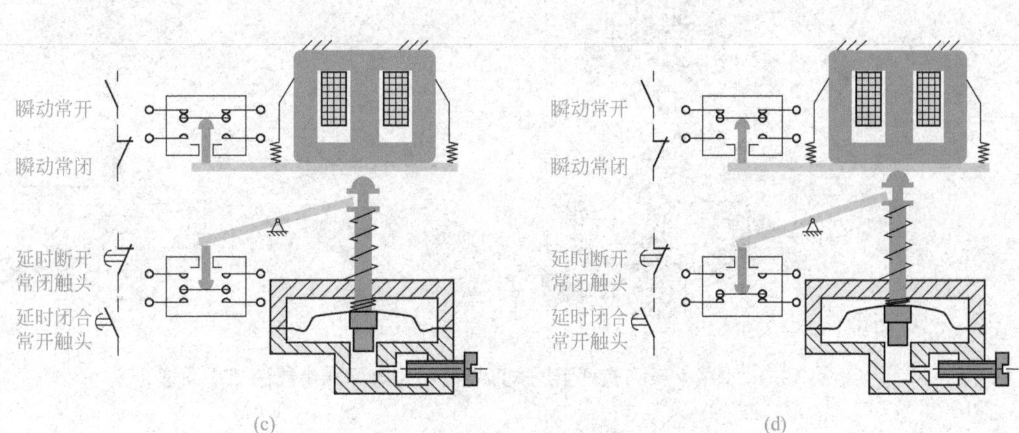

图3-89 通电延时型时间继电器的工作原理图

6. JS7-A系列空气阻尼式断电延时型时间继电器的工作原理

图3-90（a）所示为JS7-A系列空气阻尼式断电延时型时间继电器的工作原理（可将通电延时型的电磁铁翻转180°安装而成）。当线圈通电时，动铁芯被吸合，带动推板压合微动开关，使其动断触点瞬时断开，动合触点瞬时闭合；与此同时，动铁芯压动推杆，使活塞杆克服塔形弹簧的阻力向下移动，通过杠杆使微动开关也瞬时动作，其动断触点断开，动合触点闭合，没有延时作用，如图3-90（b）所示。

当线圈断电时，衔铁在反力弹簧的作用下瞬时释放，通过推板使微动开关的触点瞬时复位，如图3-90（c）所示。与此同时，活塞杆在塔形弹簧及气室各部分元件作用下延时复位，使微动开关各触点延时动作，如图3-90（d）所示。

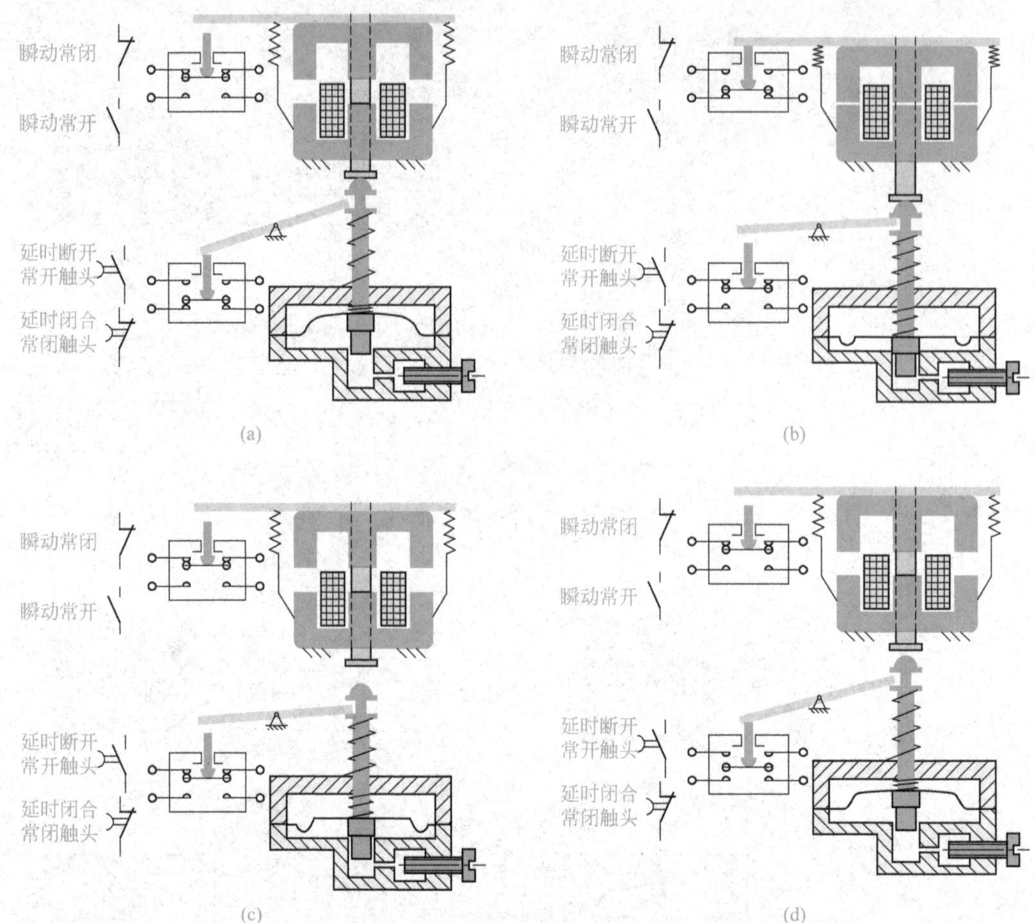

图3-90　JS7-A系列空气阻尼式断电延时型时间继电器的工作原理

十、速度继电器

1. 速度继电器的作用

速度继电器是当转速达到规定值时动作的继电器。它常被用于电动机反接制动的控制电路中，当反接制动的转速下降到接近零时，它能自动地及时切断电源，如图3-91所示。

2. JFZ0系列速度继电器的结构

图3-92为JFZ0系列速度继电器的结构示意图，其结构主要由转子、定子和触点三部分组成。转子是一个圆柱形永久磁铁。定子是一个笼型空心圆环，由硅钢片叠压而成，并装有笼型绕组。

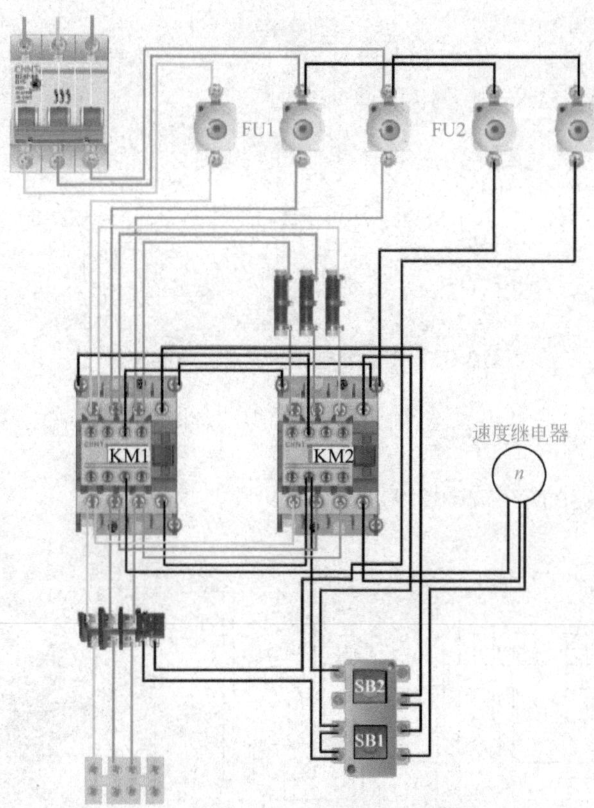

图3-91　速度继电器的作用

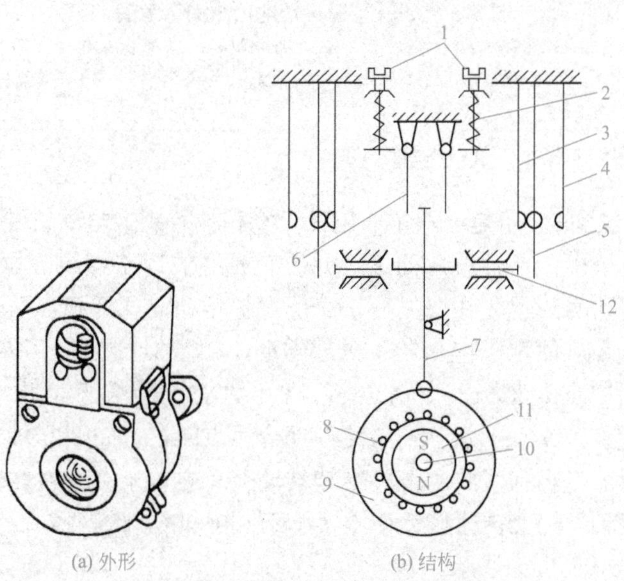

图3-92　JFZ0系列速度继电器的外形及结构

1—螺钉；2—反力弹簧；3—动断触点；4—动合触点；5—静触点；6—返回杠杆；7—杠杆；8—定子导体；9—定子；10—转轴；11—转子；12—推杆

3. 速度继电器的图形符号及文字符号

速度继电器的图形及文字符号如图3-93所示。

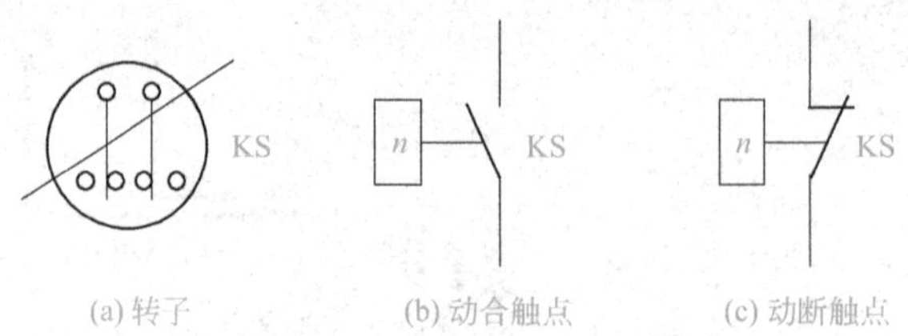

图3-93　速度继电器的图形及文字符号

4. JY1型速度继电器的结构

JY1型速度继电器的结构如图3-94所示。

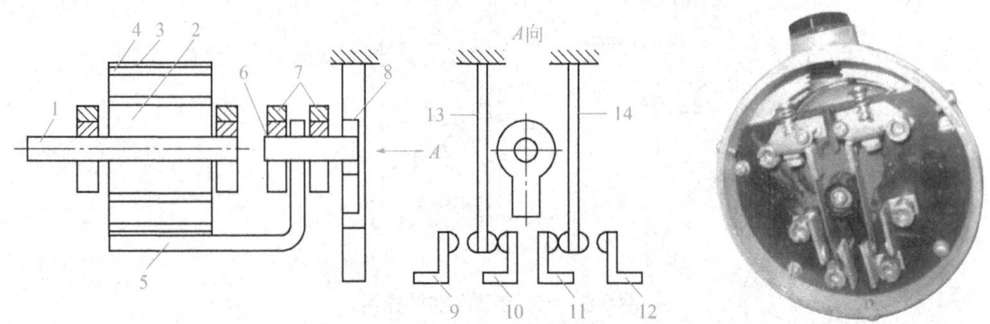

图3-94　JY1型速度继电器结构示意图

1，6—轴；2—永久磁铁；3—笼型定子；4—短路绕组；5—支架；7—轴承；8—顶块；9-13、12-14—动合触点；10-13、11-14—动断触点；13、14—动触头弹簧片

5. JY1型速度继电器的工作原理

JY1型速度继电器的转子是一块永久磁铁，它和被控制的电动机轴连接在一起，定子固定在支架上。定子由硅钢片叠压而成，并装有笼型的短路绕组，如图3-95（a）所示。当电动机轴正向转动时，永久磁块（转子）也一起转动，这样相当于一个旋转磁场，在绕组里感应出电流来，使定子也和转子一起转动，如图3-95（b）所示；转速逐渐加快，如图3-95（c）所示；当转速大于120r/min时，如图3-95（d）所示；胶木摆杆也跟着转动，动断触点断开，如图3-95（e）所示；最终使动合触点闭合，如图3-95（f）所示。静触头又作为挡块来使用，它限制了胶木摆杆继续转动。总之，永久磁铁转动时，定子只能转过一个不大的角度，当轴上转速接近于零（小于100r/min）时，胶木摆杆回复原来状态，触头又分断，如图3-95（a）所示。

JY1型速度继电器的转速在3000r/min以下时能可靠地工作，当转速小于100r/min时，触点就回复原状。这种速度继电器在机床中用得较广泛。速度继电器的动作转速一般不低于300r/min，复位转速约在100r/min以下。使用速度继电器时，应将其转子安装在被控制电动机的同一轴上，而将其动合触点串联在控制电路中，通过接触器就能实现反接制动。

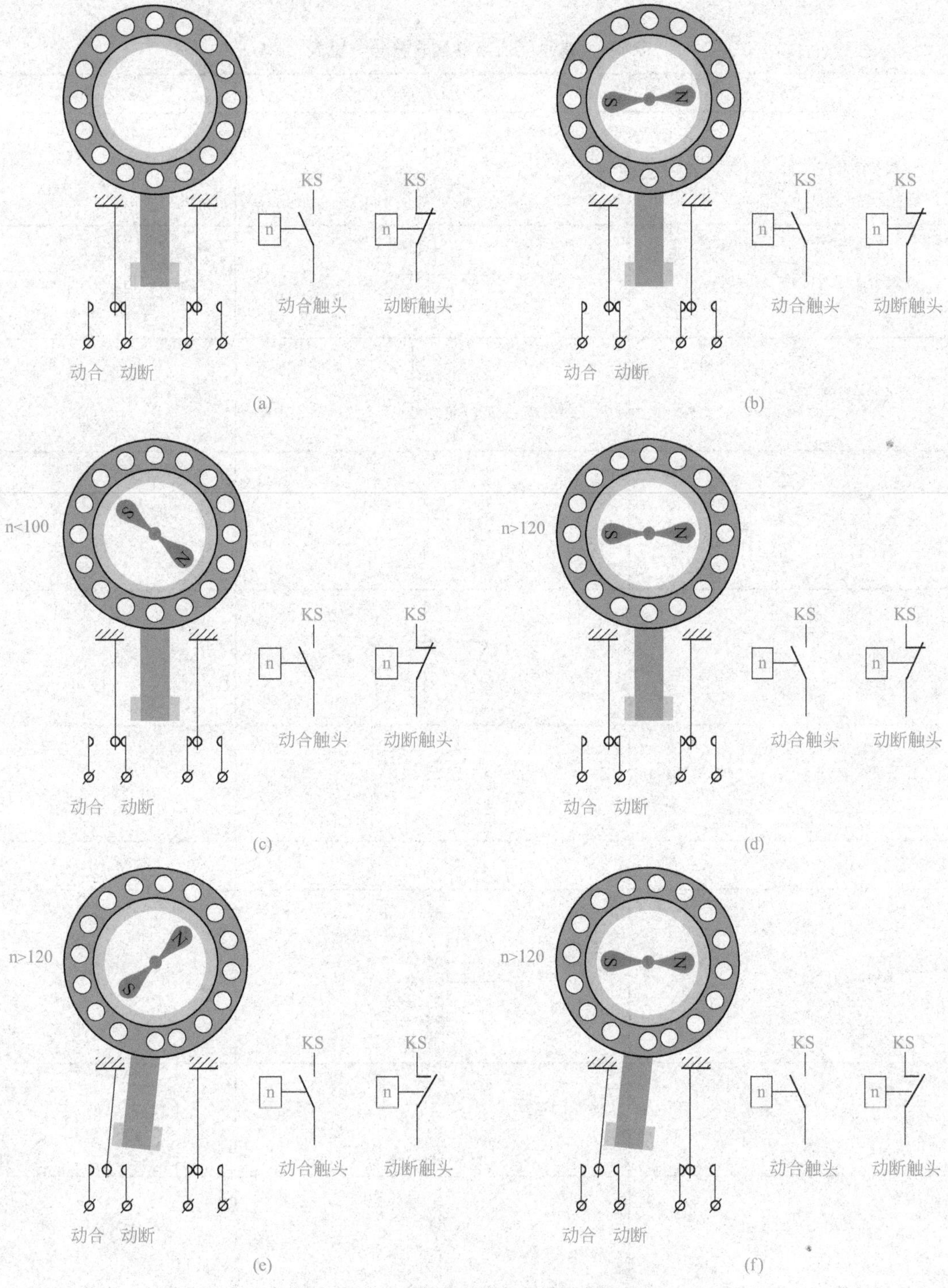

(a)　(b)

(c)　(d)

(e)　(f)

图3-95　JY1型速度继电器的工作原理图

十一、常用低压电器代表符号一览表（表3-1）

表3-1　常用低压电器代表符号一览表

名称	图形符号	文字符号
单极控制开关		SA
手动开关一般符号		SA
三极控制开关		QS
三极隔离开关		QS
三极负荷开关		QS
组合旋钮开关		QS
低压断路器		QF
控制器或操作开关	后 前 2 1 0 1 2 1 2 3 4	SA
动合触点		SQ
动断触点		SQ
复合触点		SQ

续表

名称	图形符号	文字符号
动合按钮	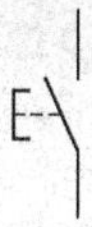	SB
动断按钮	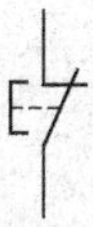	SB
复合按钮	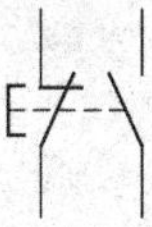	SB
急停按钮	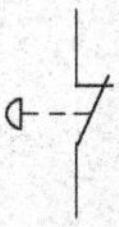	SB
钥匙操作式按钮	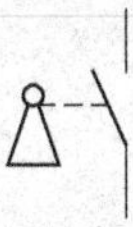	SB
吸引线圈	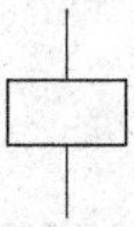	KM
动合主触点	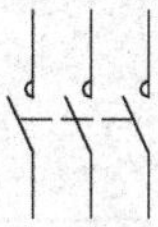	KM
热元件	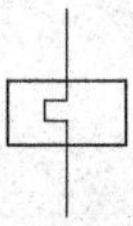	FR
动断触点	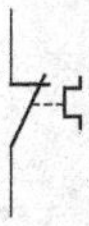	FR
通电延时（缓吸）线圈	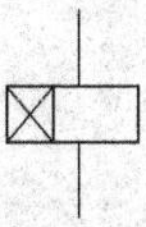	KT
断电延时（缓吸）线圈	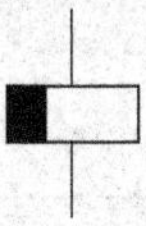	KT
瞬时闭合的动合触点		KT

续表

名称	图形符号	文字符号
瞬时断开的动断触点		KT
延时闭合的动合触点	或	KT
延时断开的动断触点	或	KT
延时闭合的动断触点	或	KT
延时断开的动断触点	或	KT
中间继电器线圈		KA
过电流线圈	$I>$	KA
欠电流线圈	$I<$	KA
过电压线圈	$U>$	KV
欠电压线圈	$U<$	KV
动合触点		
动断触点		

第四章 04 Chapter

三相异步电动机的控制线路的安装与调试

一、电动机单方向运行控制线路的安装与调试

1. 电动机单方向运行控制线路的接线原理图

电动机单方向运行控制线路的接线原理图如图4-1所示。

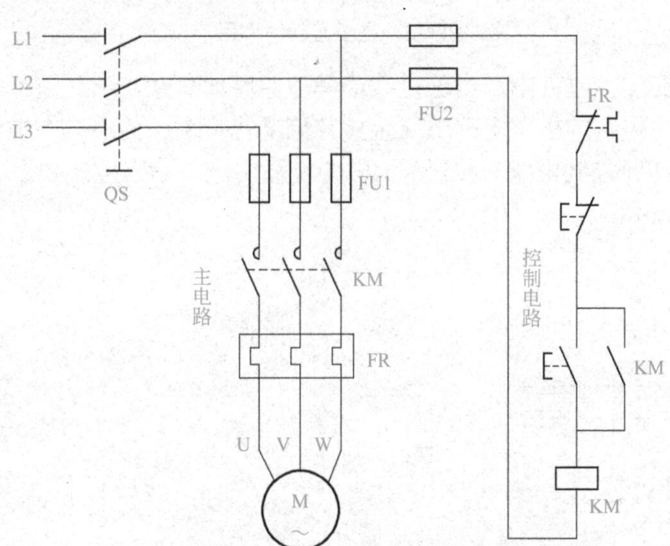

图4-1 电动机单方向运行控制线路的接线原理图

2. 电动机单方向运行的控制过程

（1）特点

电动机单方向运行控制线路能使电动机连续运转，具有短路、欠电压和失电压保护，但这样还不够，因为电动机在运转过程中，如在长期负载过大、操作频繁、断相运行等

情况下时，都可能使电动机的电流超过它的额定值。而在这种情况下，熔断器往往并不会熔断，这将引起绕组过热，若温度超过允许温升就会使绝缘损坏，影响电动机的使用寿命，严重的甚至烧坏电动机，因此，对电动机必须采取过载保护。一般采用热继电器作为过载保护元件。

如图4-2所示，FR为热继电器，它的热元件串接在电动机的主电路中，动断触点则串联在控制电路中。

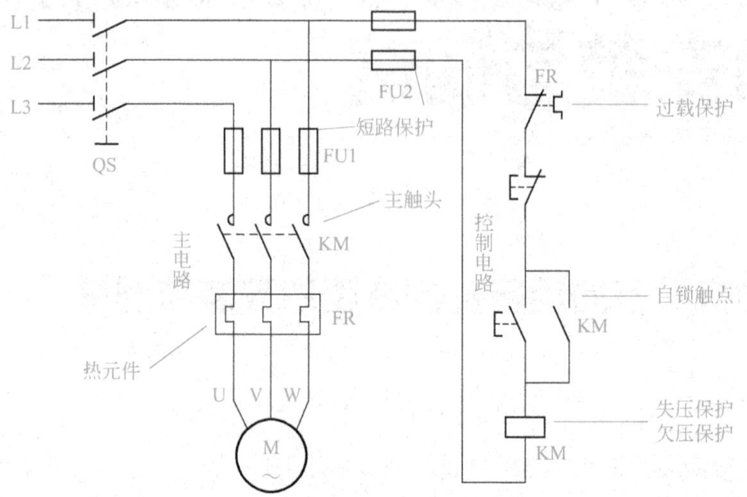

图4-2　主要元件的作用

如果电动机在运行过程中，由于过载或其他原因使负载电流超过额定值时，经过一定时间，串接在主电路的热继电器的双金属片因受热弯曲，使串接在控制电路中的动断触点分断，从而切断控制电路，接触器KM的线圈失电，动合主触点断开，电动机M停转，达到了过载保护的目的。

（2）工作原理

① 先合上电源开关QS，如图4-3（a）、（b）所示。

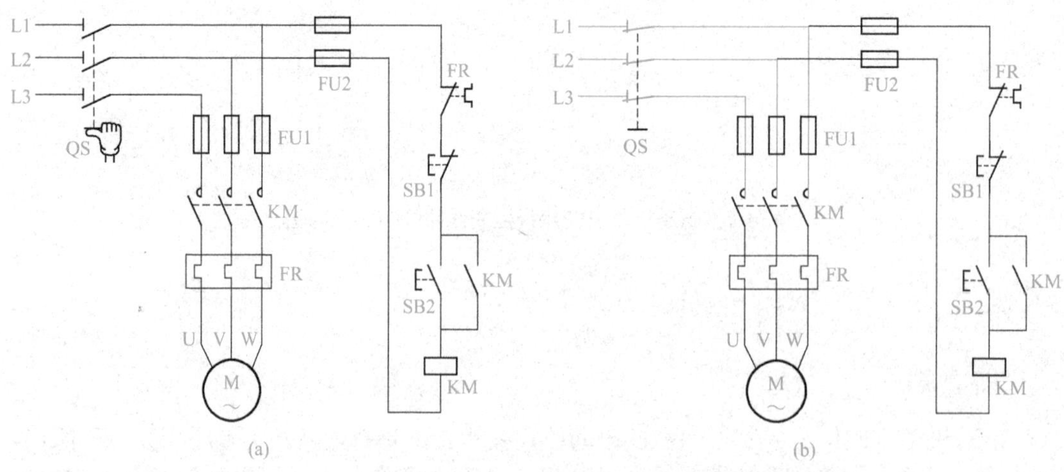

图4-3　合闸

② 按下启动按钮SB2，KM线圈得电，KM的动合辅助触点闭合自锁，KM的动合主触点闭合，电动机M启动运转。松开启动按钮SB2，其动合辅助触点恢复分断，由于接触器KM的动合辅助触点闭合时已将SB2短接，控制电路仍保持接通，KM线圈继续得电，电动机M继续运转。通常将这种用接触器本身的触点来使其线圈保持得电的作用叫自锁（或自保）。与启动按钮SB2并联的KM的这一对动合辅助触点叫自锁（或自保）触点；如图4-4（a）～（f）所示。

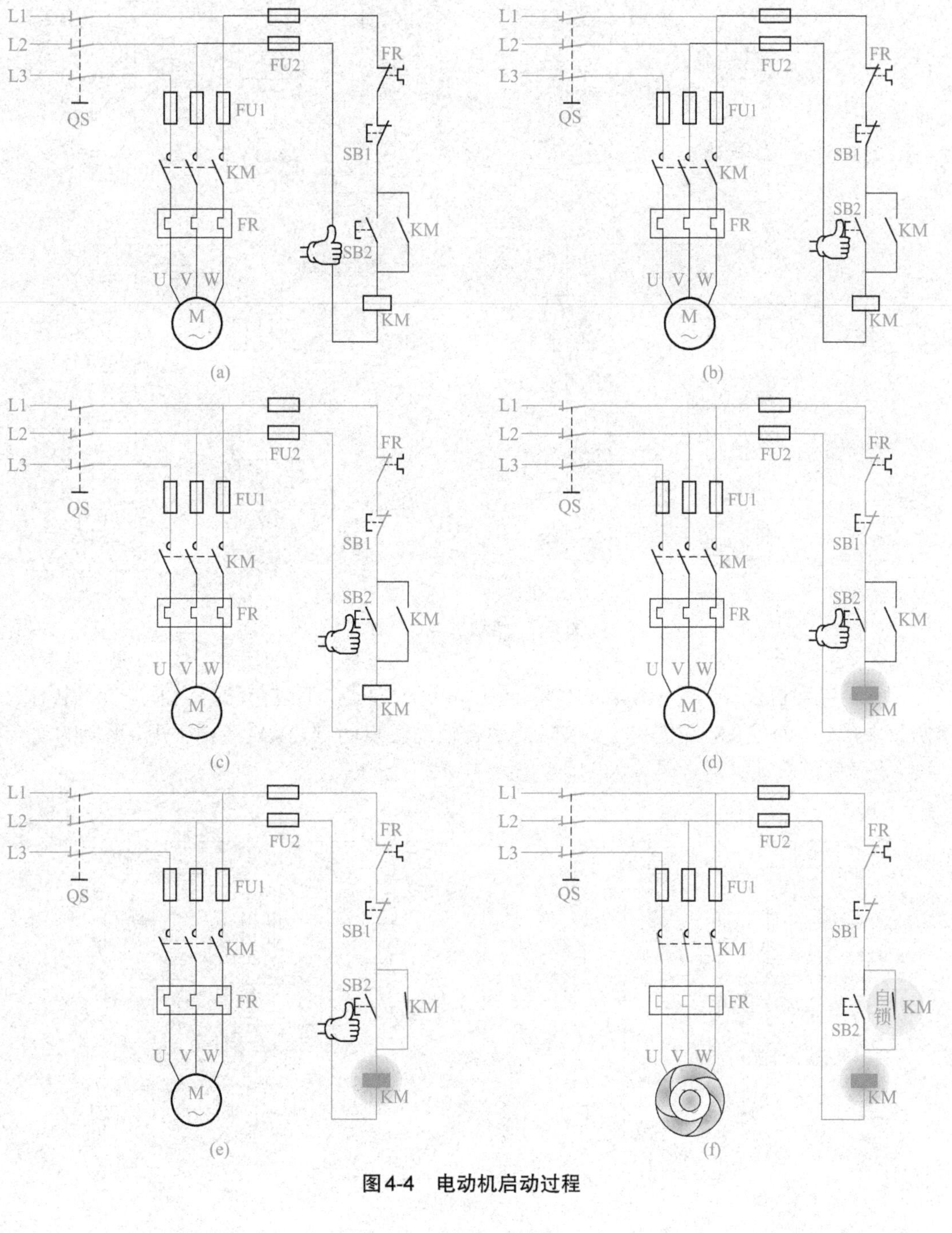

(a)　(b)　(c)　(d)　(e)　(f)

图4-4　电动机启动过程

③ 停止：按下停止按钮SB1，KM线圈失电，KM的动合辅助触点断开，KM线圈失电KM的动合主触点断开，电动机M停转，如图4-5（a）～（d）所示。

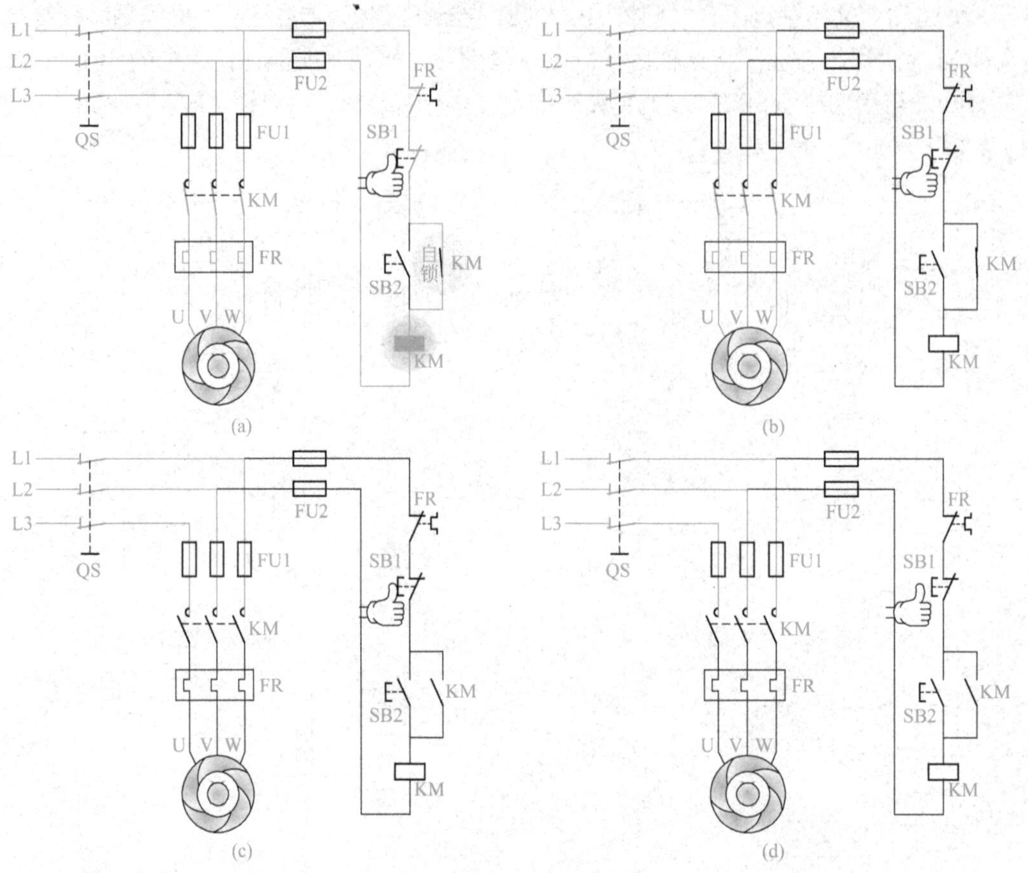

图4-5　电动机停止过程

④ 若电动机过载，热继电器FR的双金属片过热弯曲，通过传动装置顶开热继电器的常闭触头，从而使KM线圈失电，KM的动合辅助触点断开，KM线圈失电，KM的动合主触点断开，电动机M停转。如图4-6（a）～（d）所示。

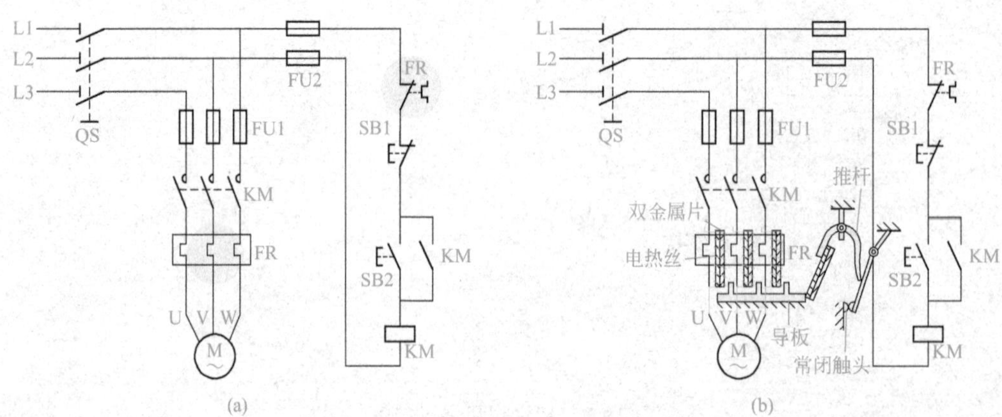

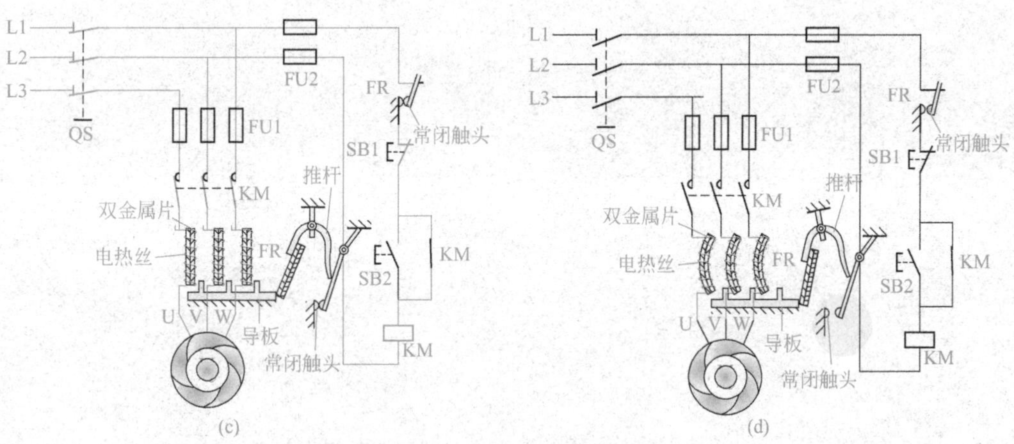

图4-6 电动机过载保护过程

3. 电动机单方向运行控制线路的实物接线

① 主电路实物接线示意图如图4-7所示。

扫二维码观看电动机单方向运行控制线路的接线视频。

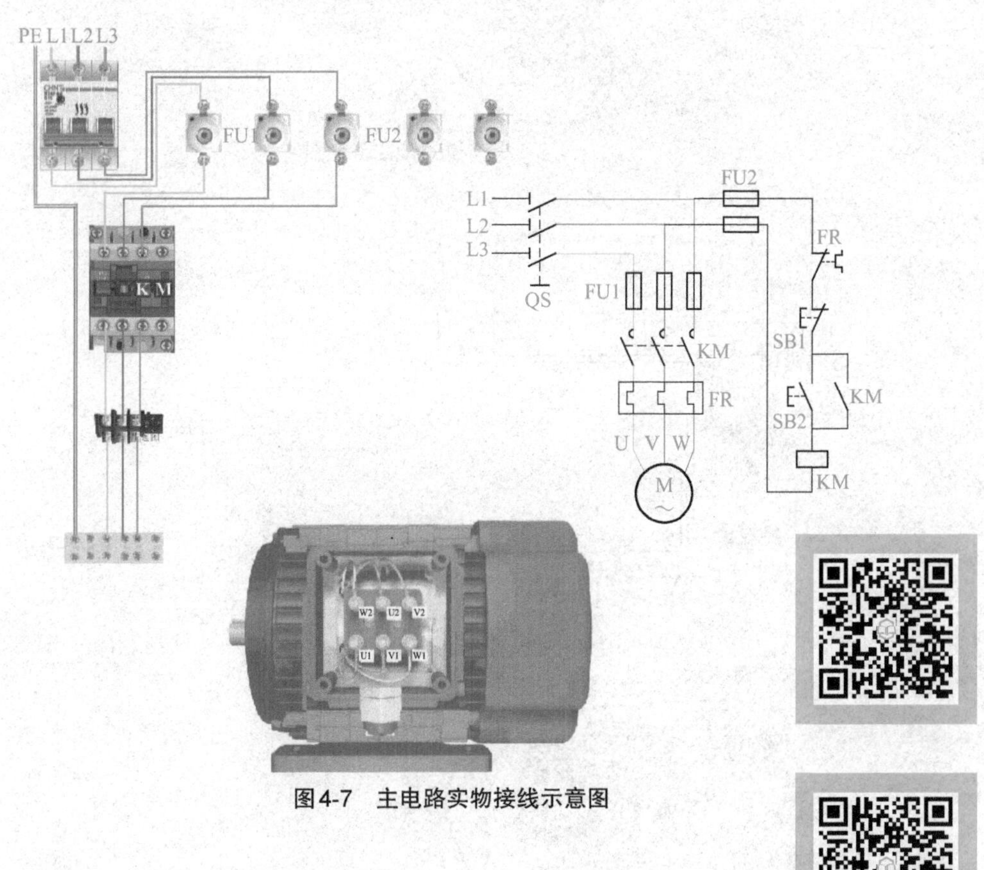

图4-7 主电路实物接线示意图

② 电动机的接线示意图如图4-8所示。

③ 控制线路实物接线示意图如图4-9所示。

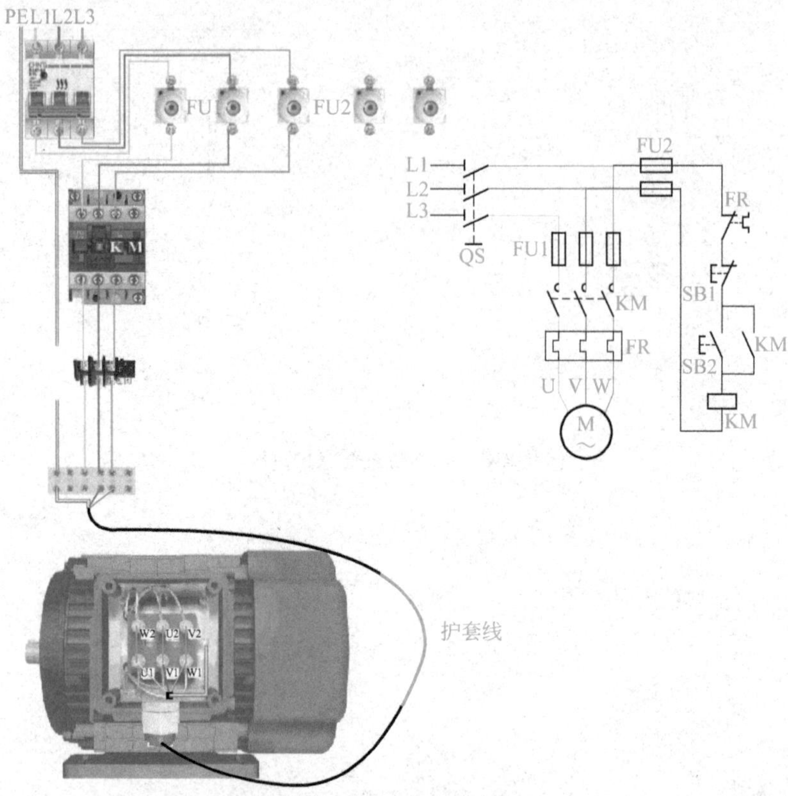

图4-8　电动机的接线示意图

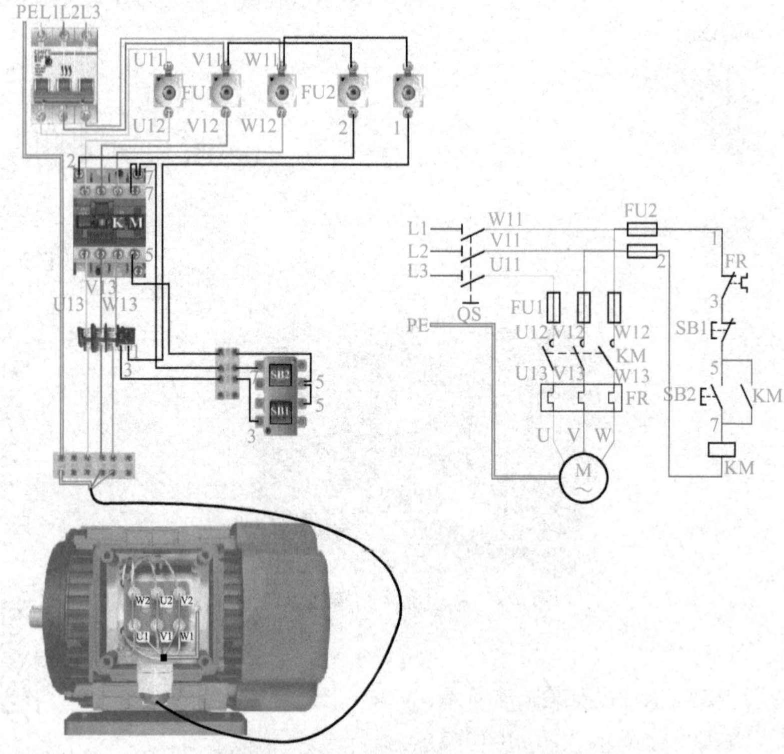

图4-9　控制线路实物接线示意图

4. 电动机单方向运行控制线路的检修

（1）不通电，用万用表欧姆挡检测主电路故障

如图如图4-10所示，不通电，将万用表挡位开关放置欧姆*R*×10Ω挡检测U11—U12、V11—V12、W11—W12的电阻值，若阻值为∞，则说明存在相应熔断器内的熔体熔断或连接导线松动、脱落等断路故障。进一步查找断路点，排除后更换熔体或紧固压线螺钉即可。

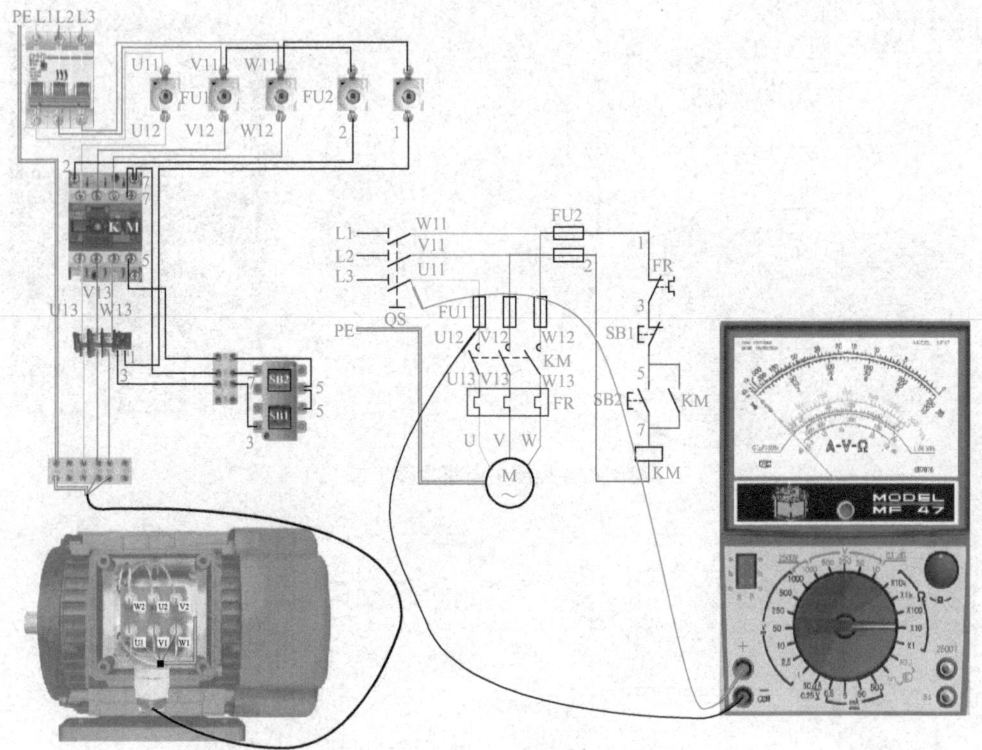

图4-10　检测主电路故障（一）

若检测U11—U12、V11—V12、W11—W12的电阻值均为零，如图4-11所示，则说明相应熔断器内的熔体完好，连接导线无松动、无脱落等故障。

则继续检测U13—U、V13—V、W13—W的电阻值，如图4-12所示；若阻值为∞，则说明存在相应热继电器的热元件损坏或连接导线松动、脱落等断路故障。进一步查找断路点，更换热继电器或紧固压线螺钉即可。

若检测U13—U、V13—V、W13—W的电阻值为零，如图4-13所示，则说明相应热继电器的热元件完好，无连接导线松动、脱落等故障。

继续检测U13—U12、V13—V12、W13—W12的电阻值，用改锥按下接触器KM的同时，用万用表*R*×10Ω挡检测U13—U12、V13—V12、W13—W12的电阻值，如图4-14所示，若阻值为∞，则说明相应接触器KM主动合触头的触点存在接触不良或连接导线松动、脱落等断路故障。更换接触器、修复接触器触点或紧固压线螺钉即可。

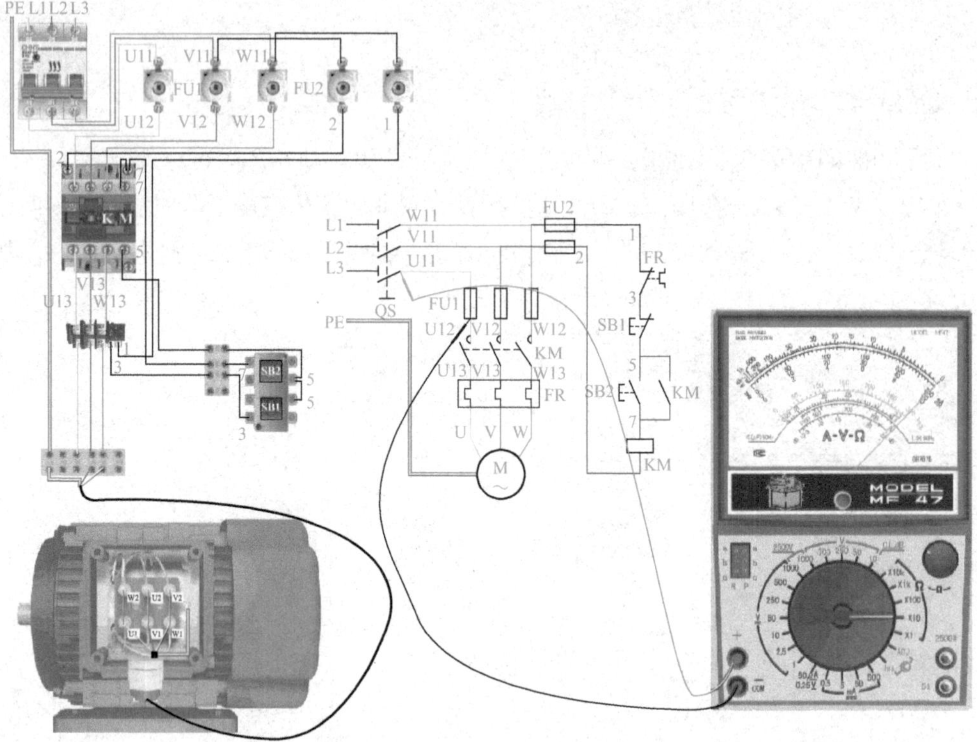

图4-11　检测主电路故障（二）

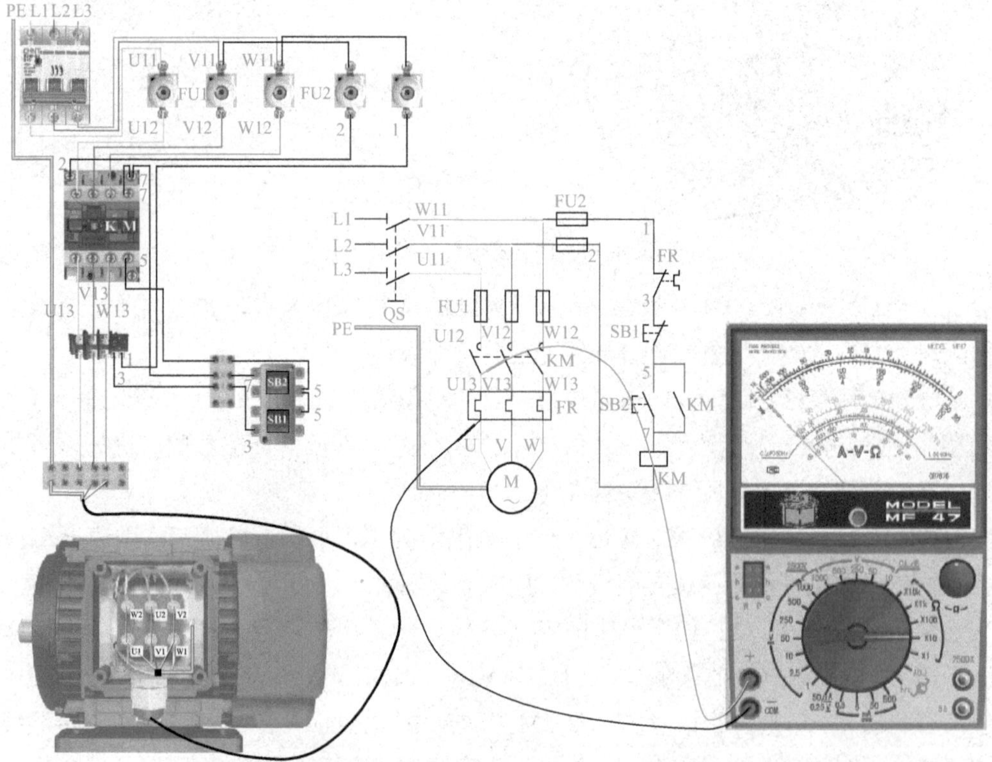

图4-12　检测主电路故障（三）

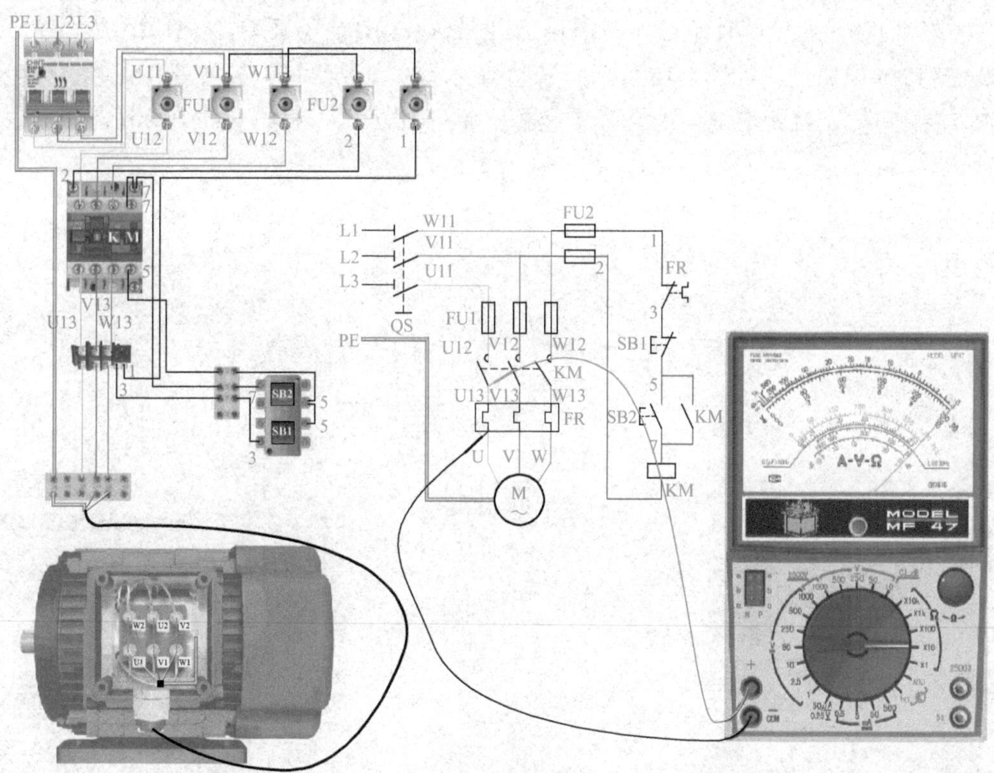

图4-13　检测主电路故障（四）

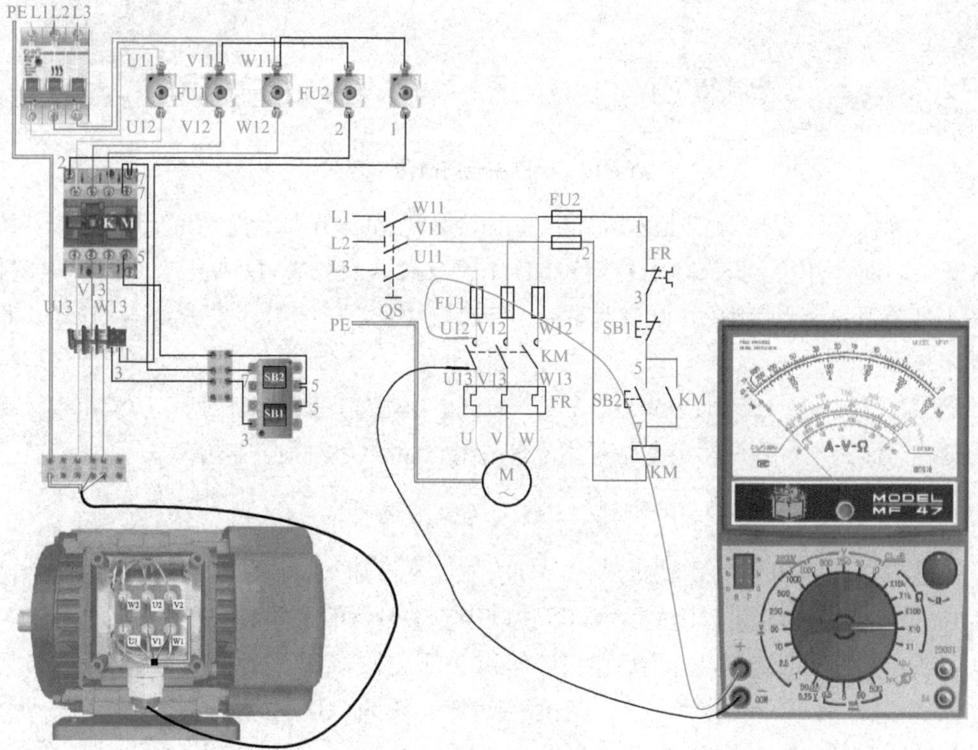

图4-14　检测主电路故障（五）

用改锥按下接触器KM的同时，用万用表R×10Ω挡检测U13—U12、V13—V12、W13—W12的电阻值，如图4-15所示，若阻值为零，则说明相应接触器KM主动合触头的触点接触良好，且无连接导线松动、无脱落等断路故障。

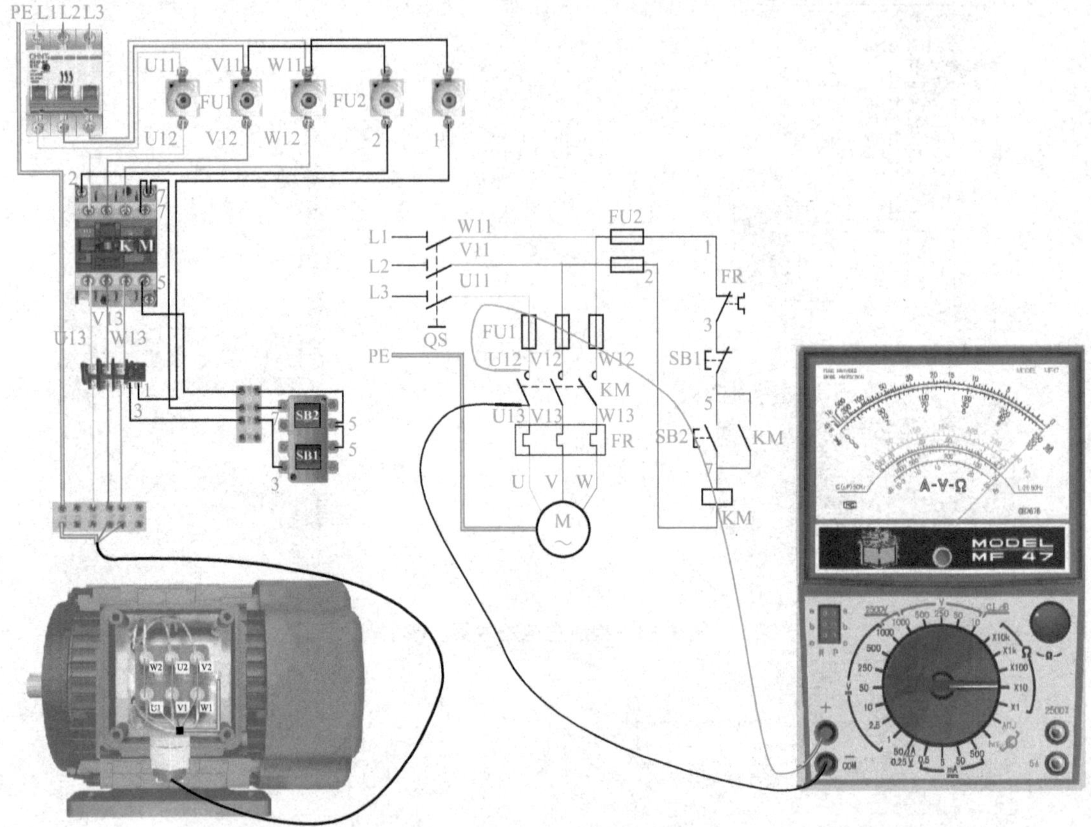

图4-15　检测主电路故障（六）

在实际检修过程中，若上述用万用表R×10Ω检测结果均为零，可用改锥按下接触器KM的同时，用万用表R×1Ω挡检测U11—V11、V11—W11、W11—U11的电阻值，如图4-16所示，若阻值为∞，则说明对应相存在电动机定子绕组、或连接导线松动、脱落等断路故障。

若检测U11—V11、V11—W11、W11—U11的电阻值，如图4-17所示，若每次检测的电阻值均近似为零，则说明主电路可能没有故障，应继续检修控制电路。

（2）不通电，用万用表欧姆挡检测控制电路故障

不通电，将万用表放置欧姆R×100Ω挡，首先检测W11—1、V11—2的电阻值，如图4-18（a）、（b）所示，若阻值为∞，则说明相应熔断器的熔体熔断或连接导线松动、脱落等，进一步查找断路点，排除后更换熔体或紧固压线螺钉即可。

如图4-19（a）、（b）所示，若电阻值接近零，说明FU2完好，连接导线无松动、无脱落等故障。

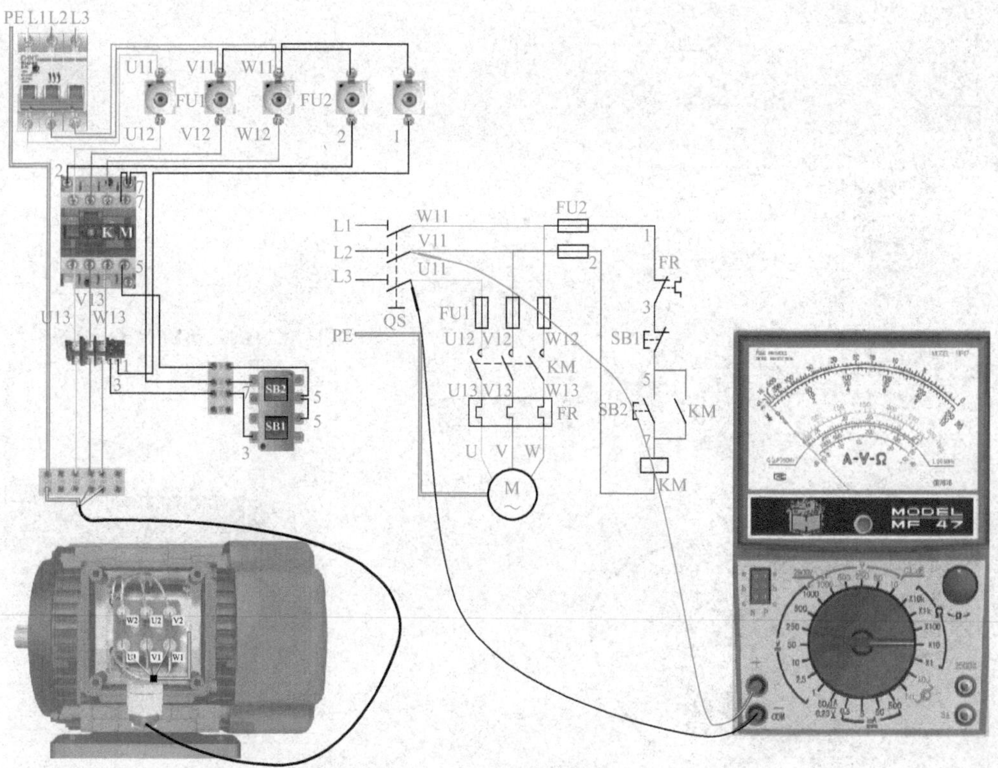

图4-16　检测主电路故障（七）

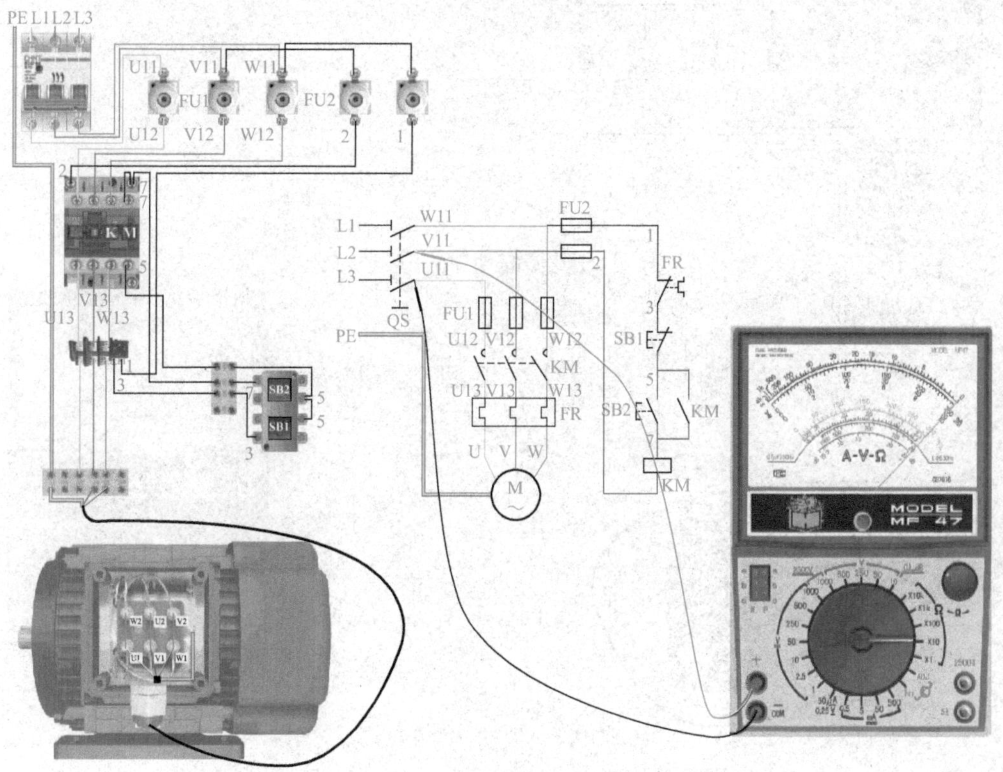

图4-17　检测主电路故障（八）

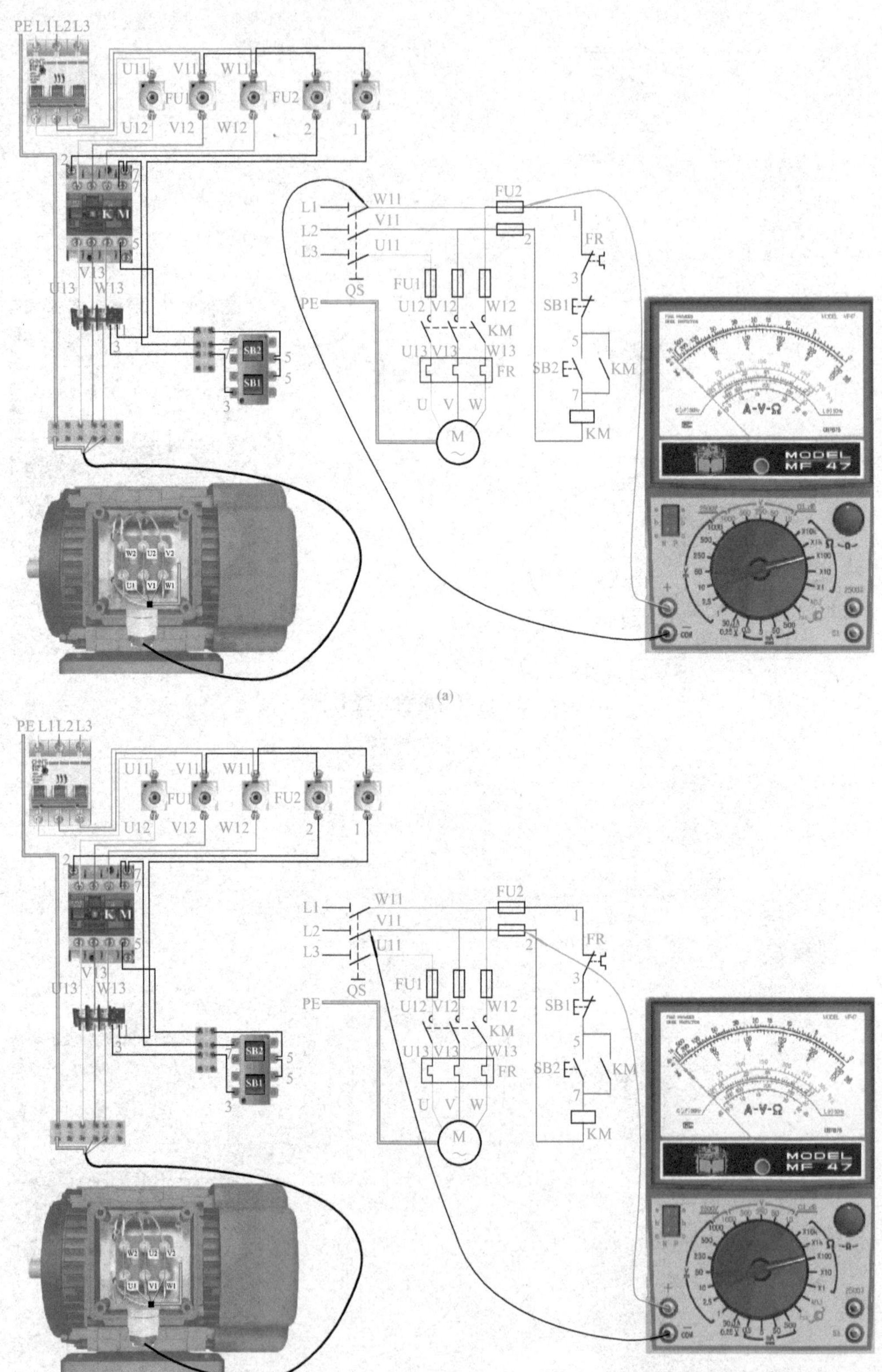

图4-18　检测控制电路故障（一）

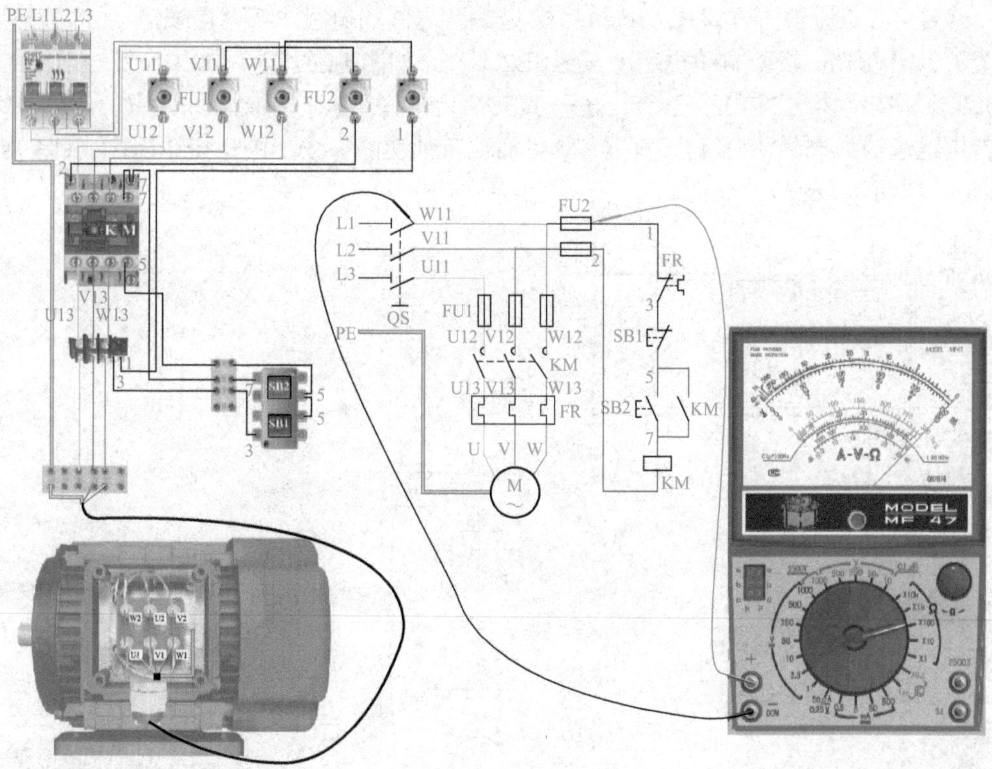

(a)

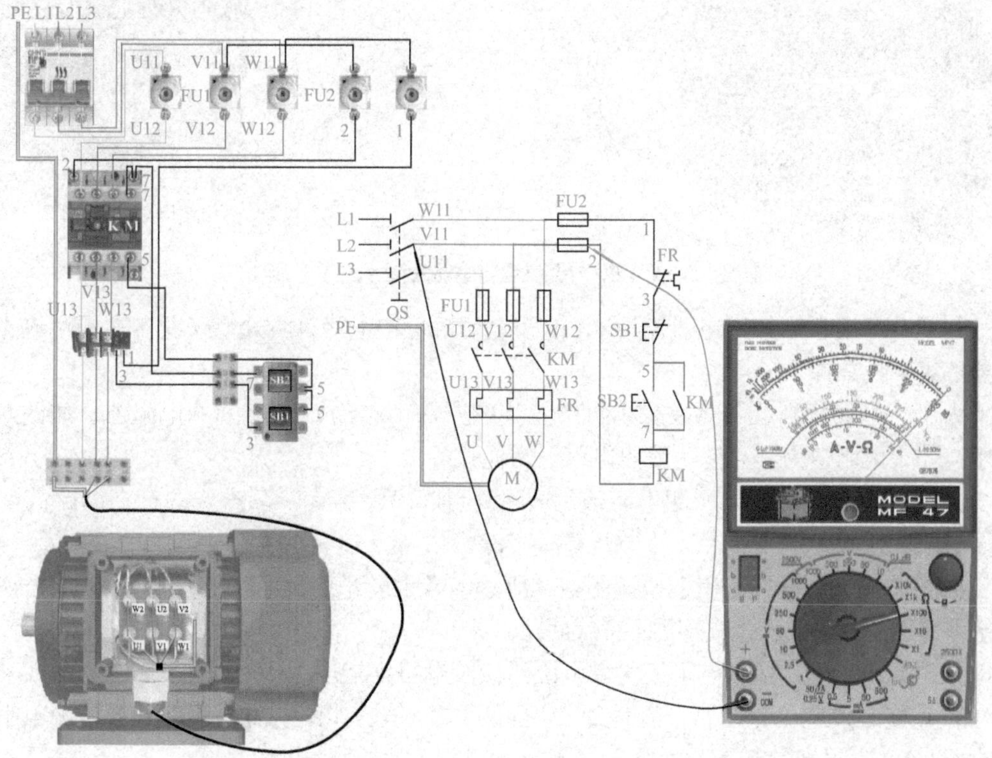

(b)

图4-19 检测控制电路故障（二）

然后将万用表放置欧姆R×100Ω挡检测2—1之间的电阻，将万用表黑、红两表笔分别置于2、1两端，按下电动机启动按钮SB2不放，如图4-20所示，如果所测电阻值约为450Ω，说明电动机正转电路完好；松开电动机启动按钮SB2，电阻值为无穷大，按下KM时若电阻值约为450Ω，说明接触器KM可实现自锁功能；按下停止按钮SB1，如果电阻值为∞，说明可实现停止功能。

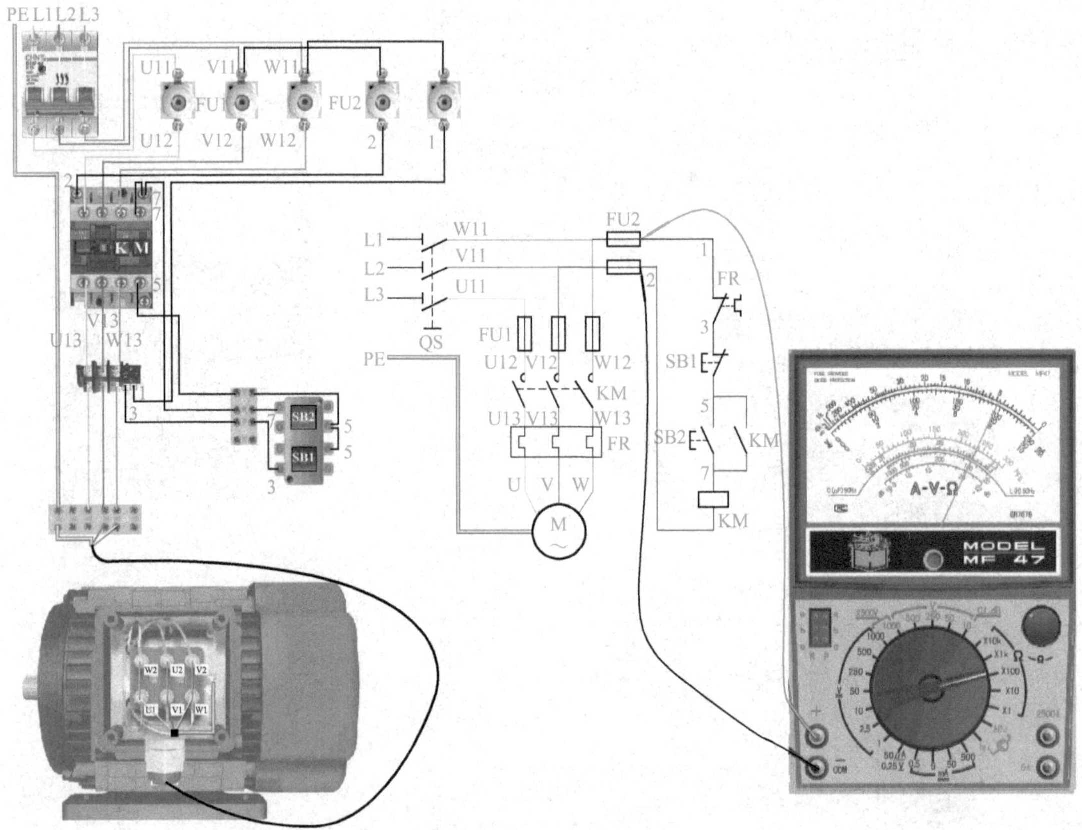

图4-20 检测控制电路故障（三）

如图4-21所示，如果电阻值为∞，说明电动机正转电路有断开点（即存在断路故障），需要继续查找故障。

为了能迅速找到故障点，采用折中查找的方法，测量1—5之间的电阻值，如图4-22所示，如果电阻值为零，说明该段电路正常无故障。

如图4-23所示，如果所测电阻值为∞，说明该段电路有断开点（即存在断路故障），需要继续查找故障。

再测量1—3之间的电阻值。如图4-24所示，当测量到某标号时，若电阻值为∞，说明表笔刚跨过的触头或连接线接触不良或断路。

如图4-25所示，如果电阻值为零，说明该段电路正常。

若1—5之间的电路正常，测量2—7之间的电阻值，如图4-26所示，如果所测电阻值约为450Ω，说明该段电路无故障。

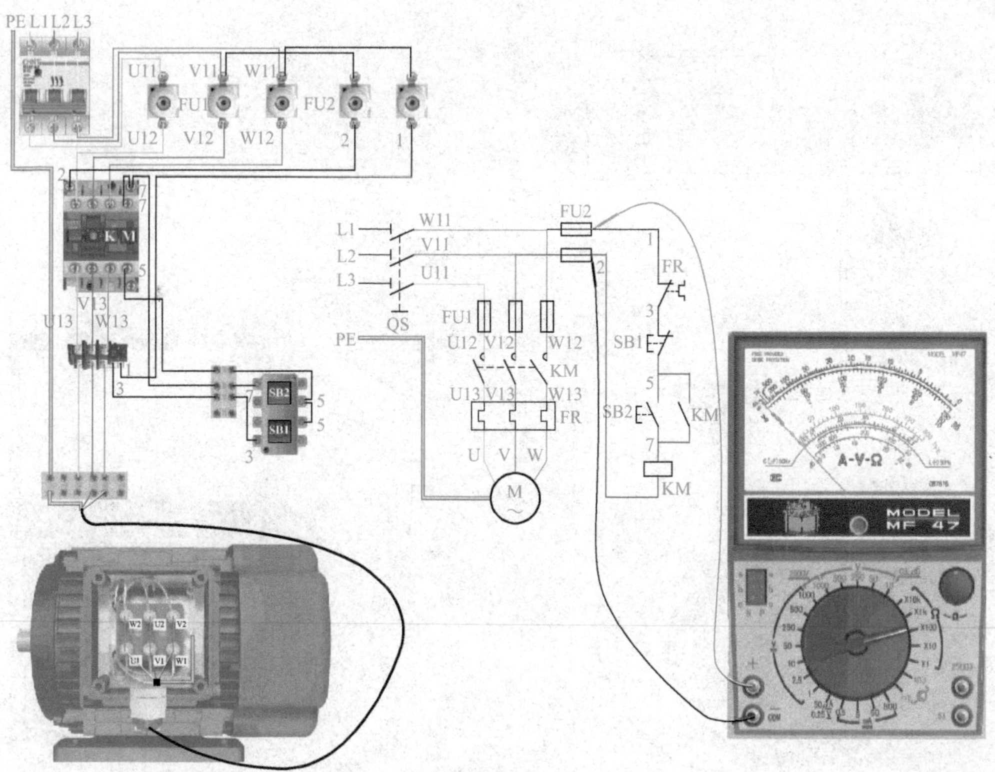

图4-21　检测控制电路故障（四）

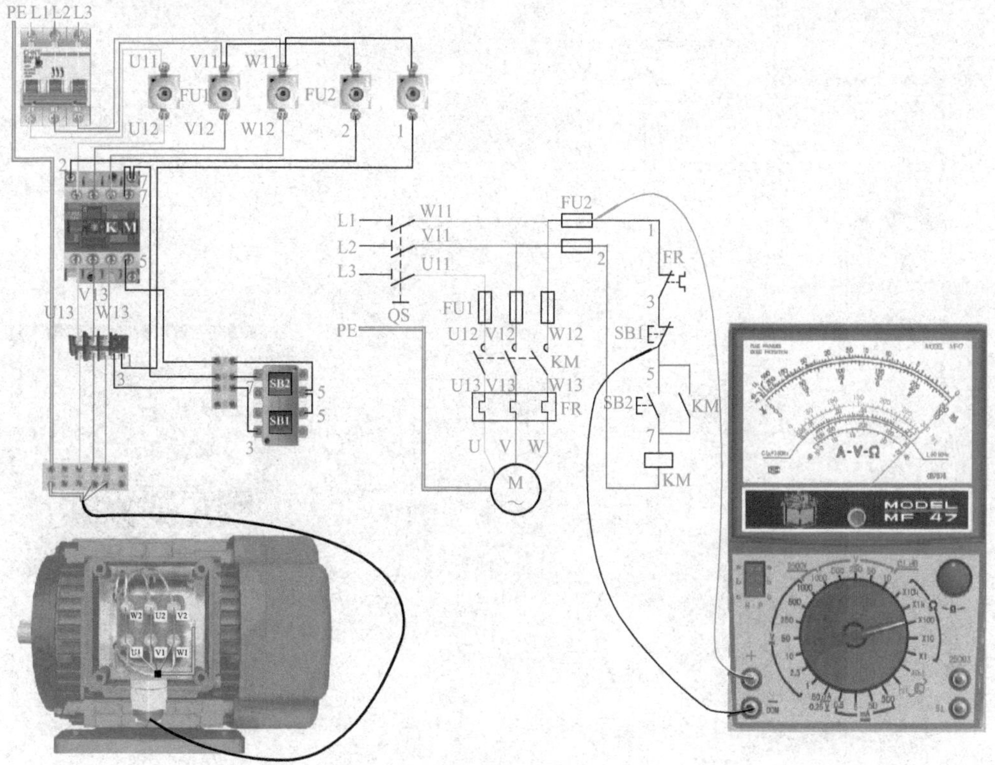

图4-22　检测控制电路故障（五）

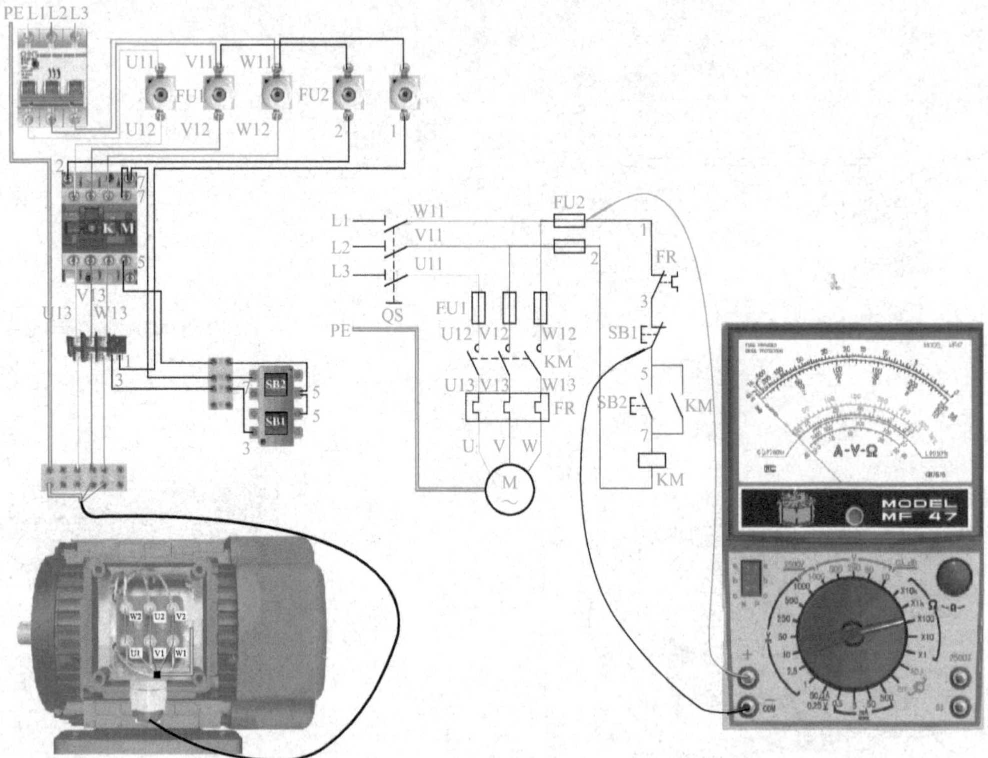

图4-23　检测控制电路故障（六）

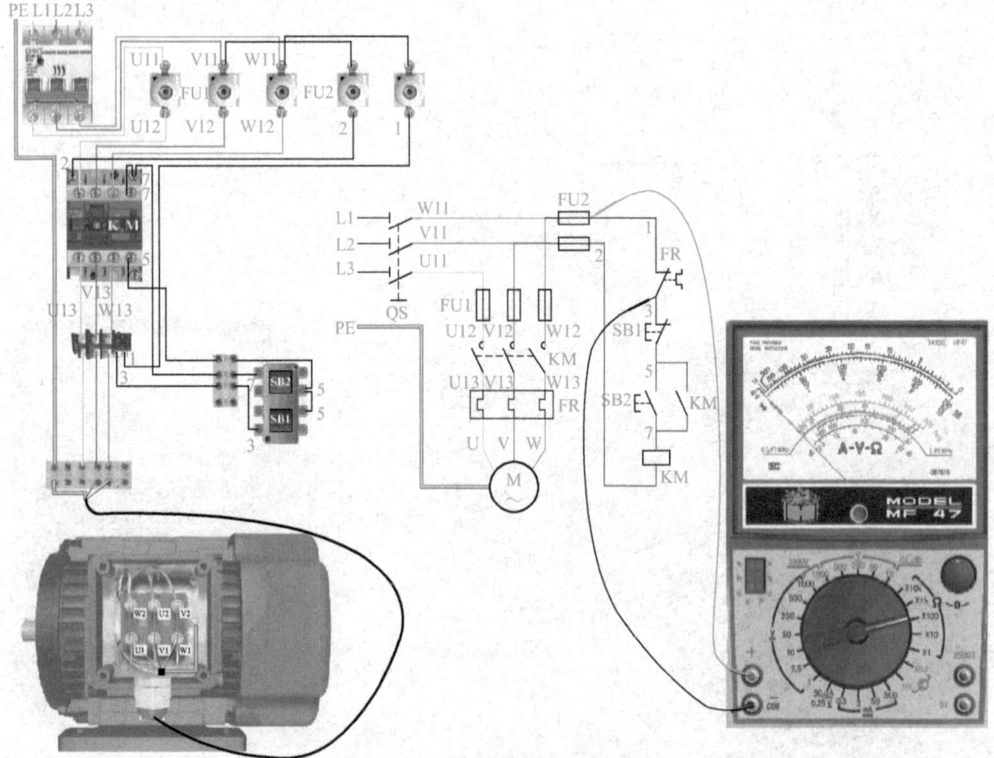

图4-24　检测控制电路故障（七）

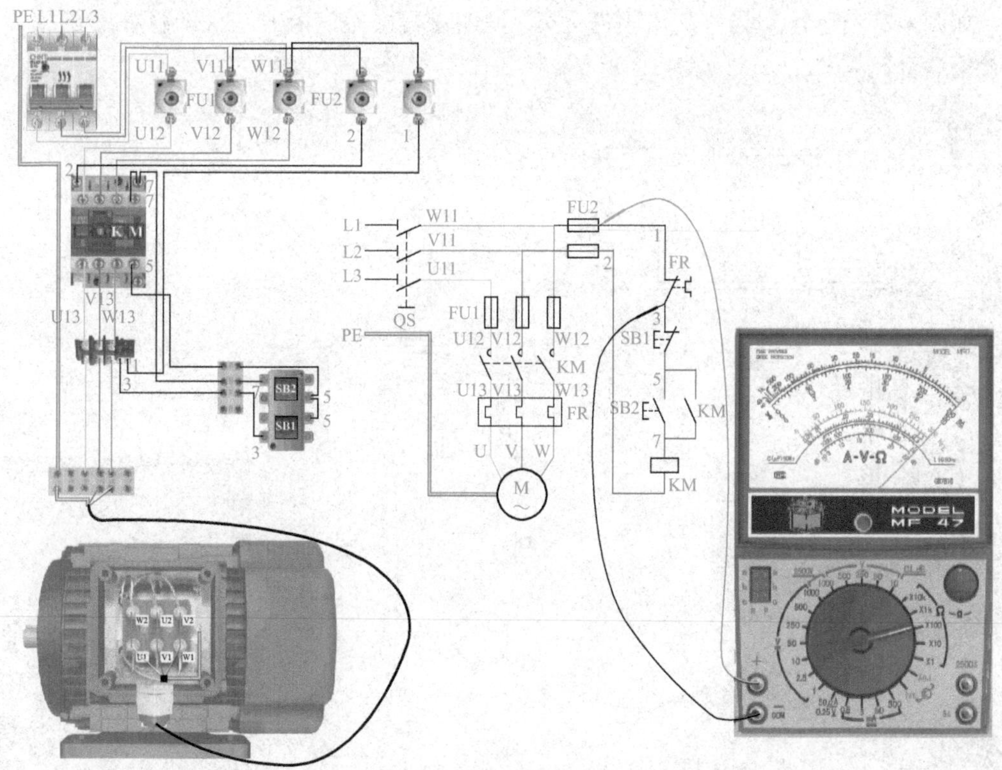

图4-25　检测控制电路故障（八）

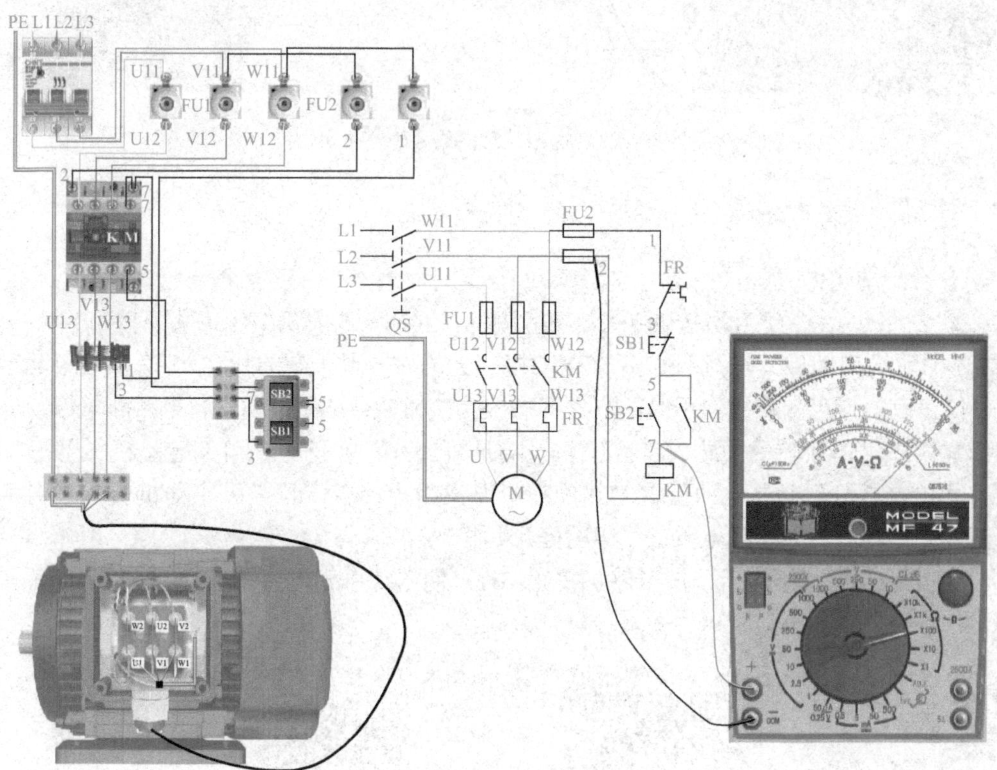

图4-26　检测控制电路故障（九）

如图4-27所示，如果所测电阻值为∞，说明该段电路有断开点（即存在断路故障），需要继续查找故障。

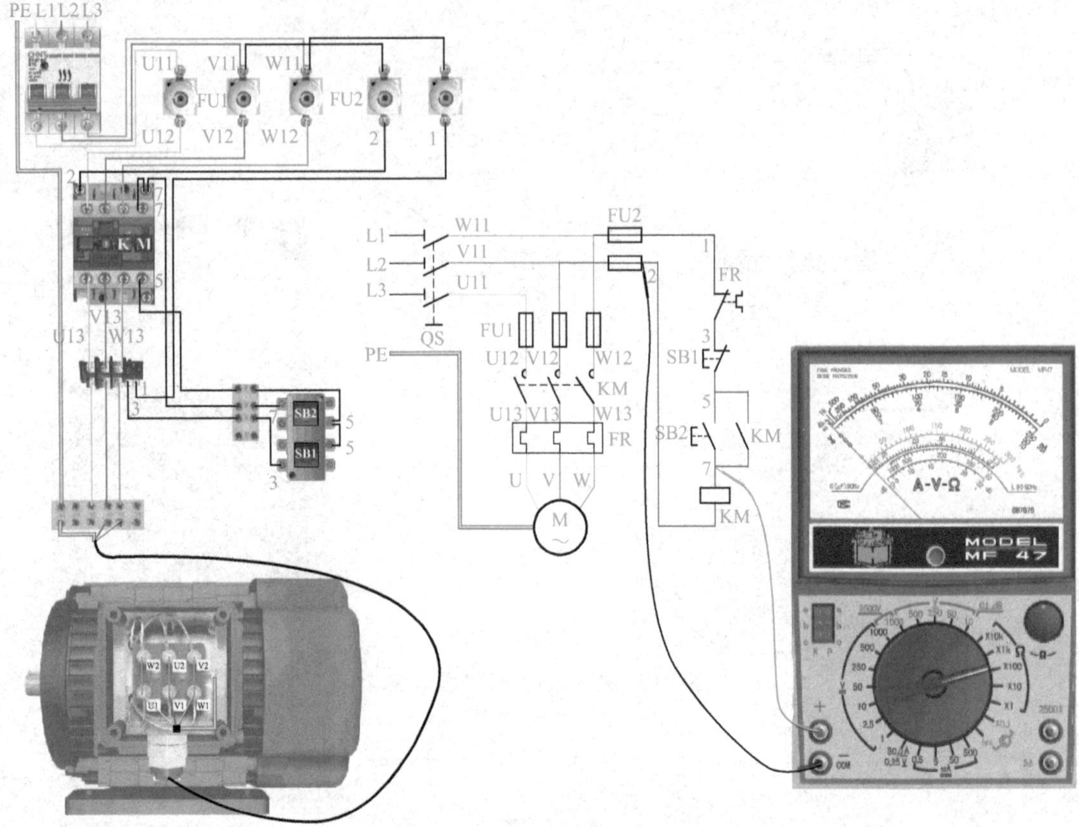

图4-27　检测控制电路故障（十）

5. 电动机单方向运行控制线路检修后通电试车

① 合上总电源开关，如图4-28（a）、（b）所示。

② 左手手指触摸启动按钮SB2，右手手指触摸停止按钮SB1。左手按下启动按钮SB2，电动机启动后，注意听和观察电动机有无异常声响及转向是否正确。如图4-29所示；如果有异常声音或转向不对，应立即按停止按钮SB1，使电动机断电。断电后，电动机依靠惯性仍旧在转动。此时，应注意异响是否还有，如仍有，可判定是机械部分发生故障；如无，可判断是电动机电气部分故障发生噪声及转向异常。电动机转向不对，可将接线盒打开，将电动机电源进线中的任意两相对调即可。

③ 电动机运行正常后，按下停止按钮SB1，使电动机断电停车；如图4-30所示。

扫二维码观看电动机单方向运行控制线路检修后通电试车。

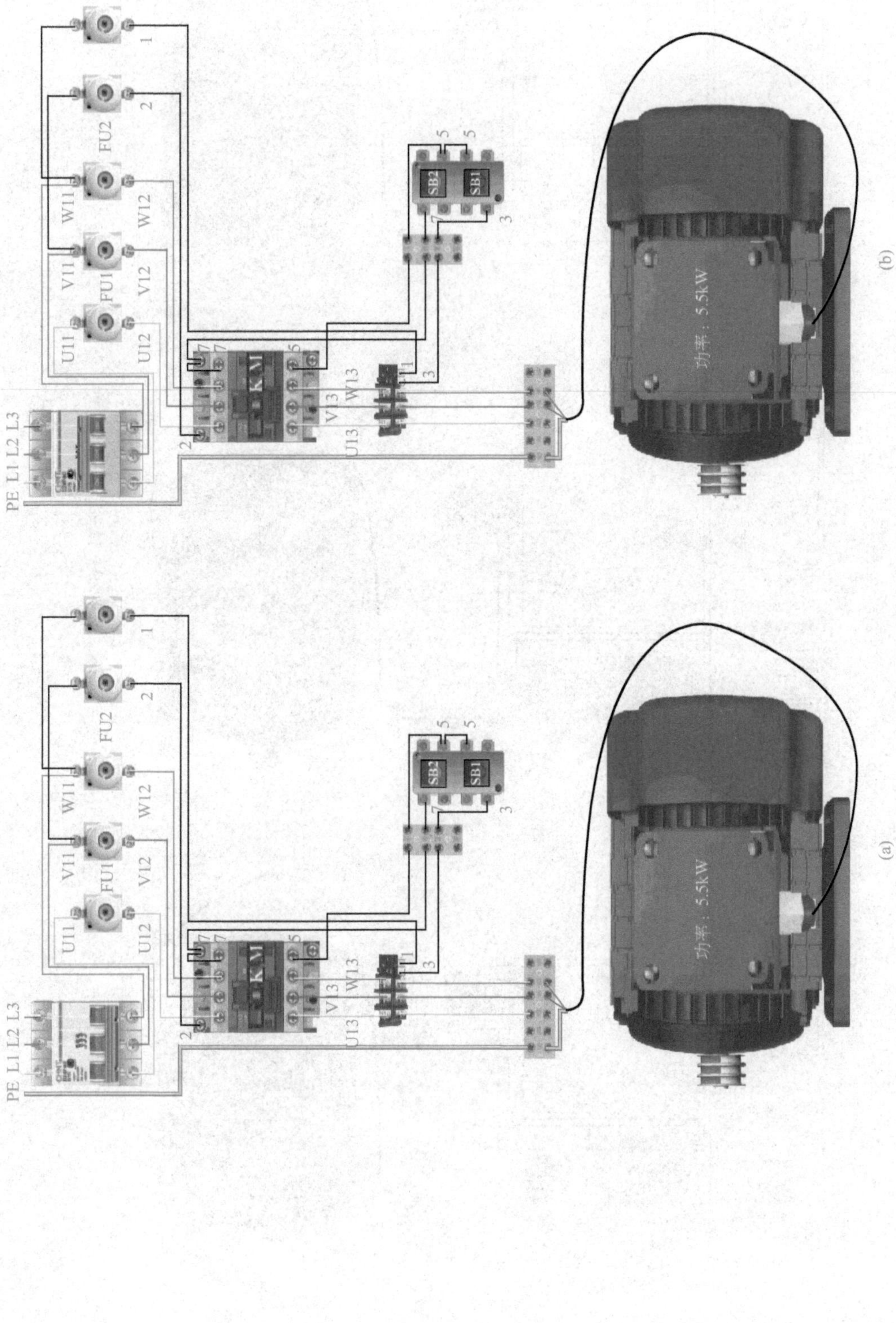
PE L1 L2 L3
U11
V11
W11
U12
V12
W12
FU1
FU2
KM
SB1
SB2
U13
V13
W13
功率：5.5kW
(a)
(b)

图4-28　试车准备

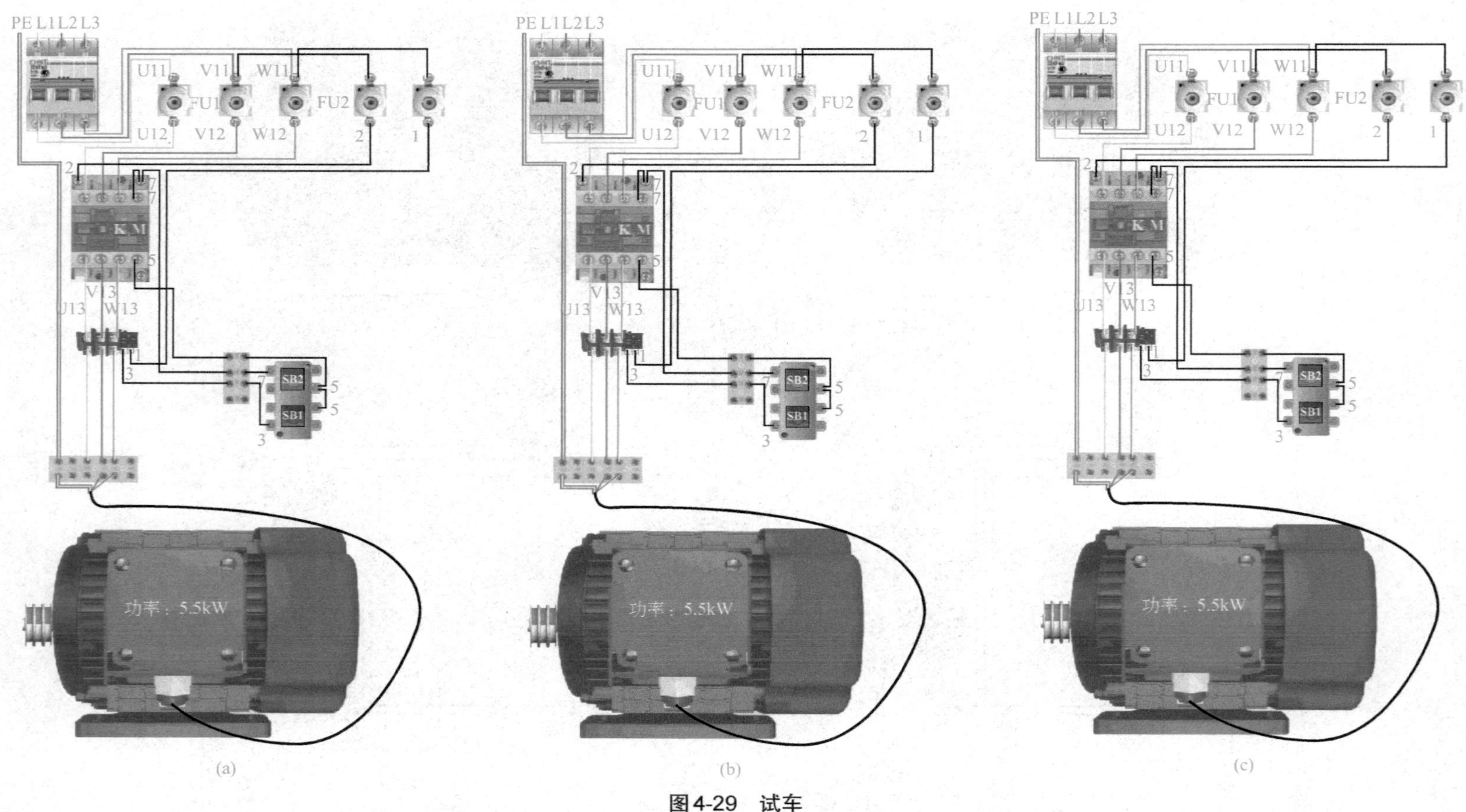
PE L1 L2 L3
U11
V11
W11
FU1
FU2
U12
V12
W12
KM
U13
V13
W13
SB1
SB2
功率：5.5kW
(a)
(b)
(c)

图4-29 试车

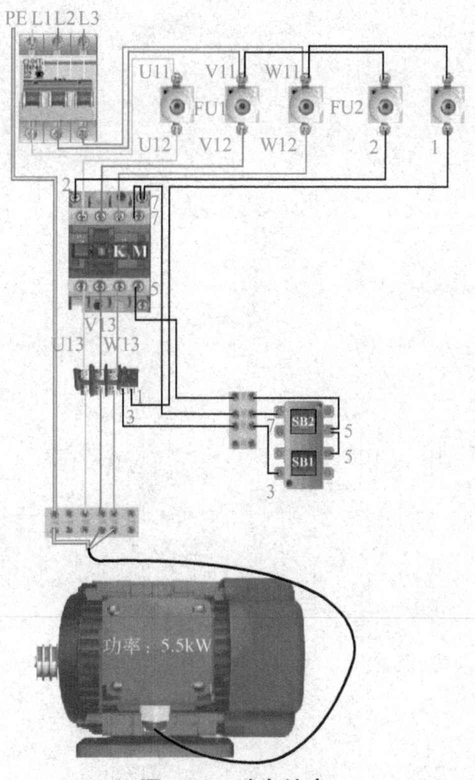

图4-30　试车结束

二、电动机接触器、按钮双重互锁正、反向控制线路的安装与调试

1. 电动机接触器、按钮双重互锁正、反向控制线路的接线原理图

电动机接触器、按钮双重互锁正、反向控制线路的接线原理图如图4-31所示。

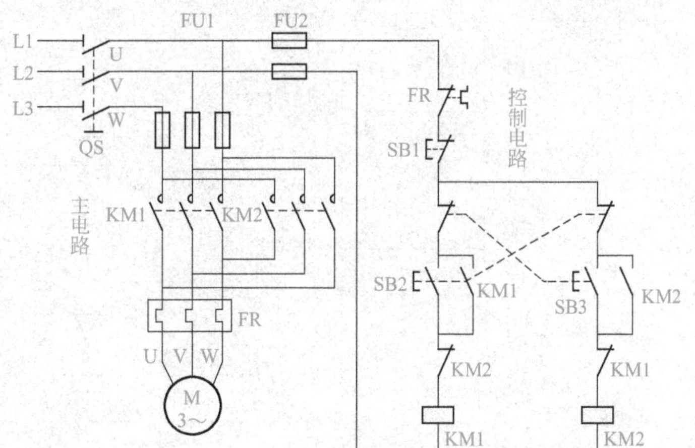

图4-31　电动机接触器、按钮双重互锁正、反向控制线路的接线原理图

2. 电动机接触器、按钮双重互锁正、反向控制过程

（1）特点

把按钮联锁的正反转控制线路和接触器联锁的正反转控制线路的优点结合起来就构成了双重联锁的正反转控制线路，如图4-32所示。这种线路操作方便，安全可靠，应用非常广泛。

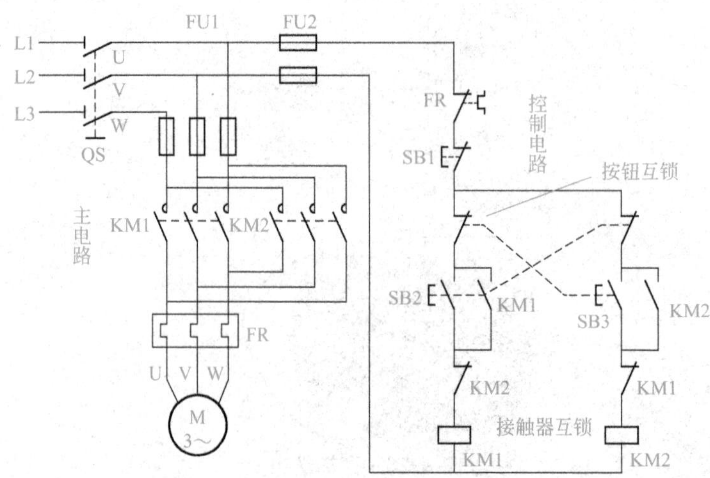

图4-32　接触器、按钮双重互锁

（2）接触器、按钮双重互锁正、反向控制线路工作原理

① 合上开关，如图4-33所示。

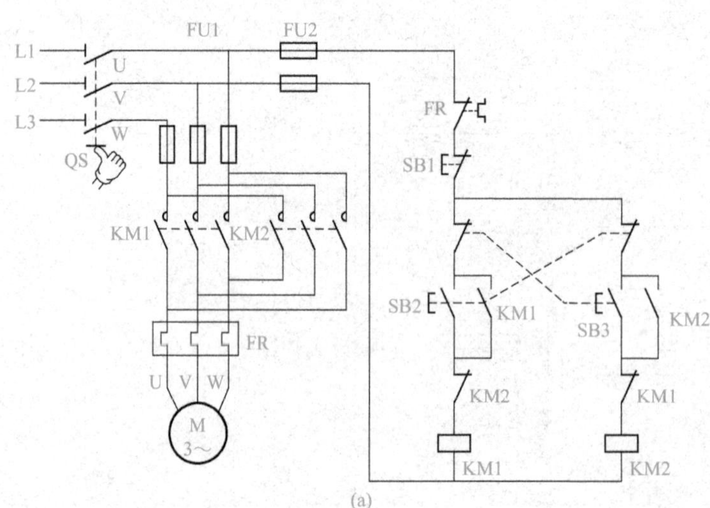

(a)

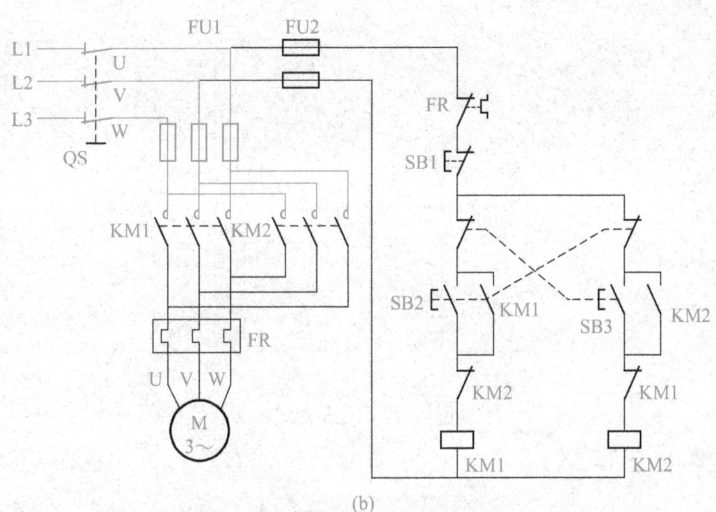

图4-33 试车准备

② 正转控制（见图4-34）：

按下正转启动按钮SB1
- →SB1动断触点先分断→对KM2联锁 → 松开SB1，动断触点闭合，解除联锁
- →SB1动合触点后闭合→KM1线圈得电 →
  - →KM1动合触点闭合，自锁
  - →KM1动合主触点闭合，电动机M正转
  - →KM1动断触点断开对KM2实现联锁

松开SB1—→SB1动断触点闭合，解除联锁，电动机M继续正转。

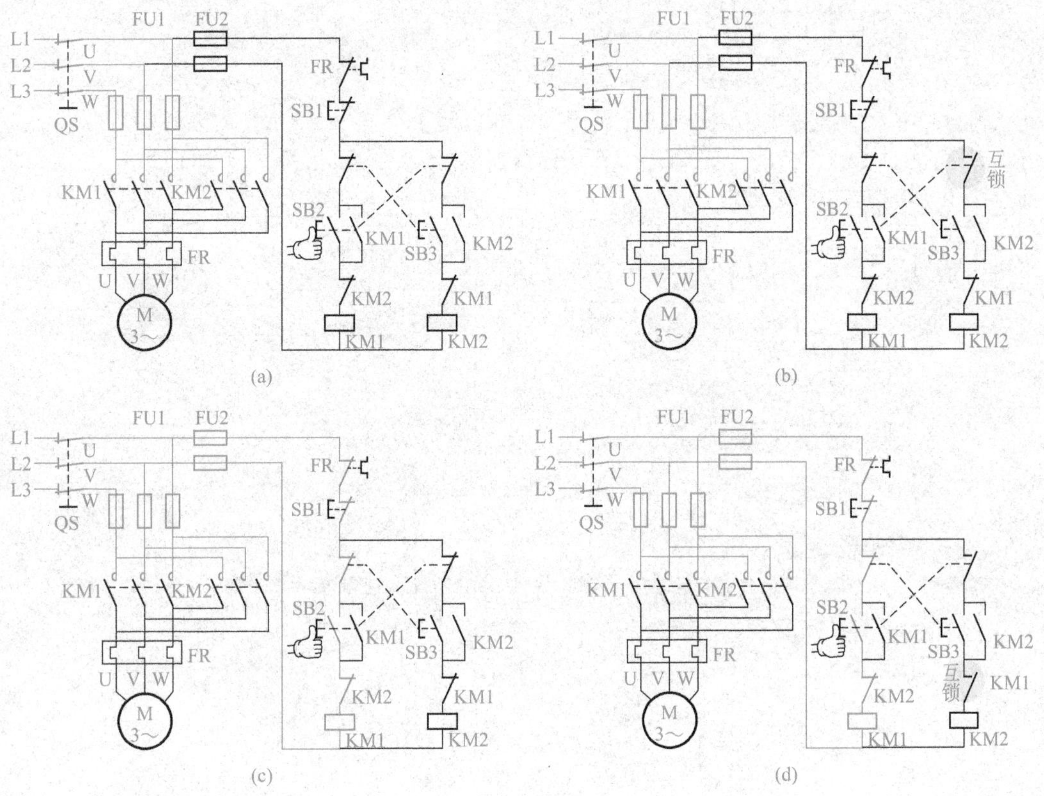

图4-34

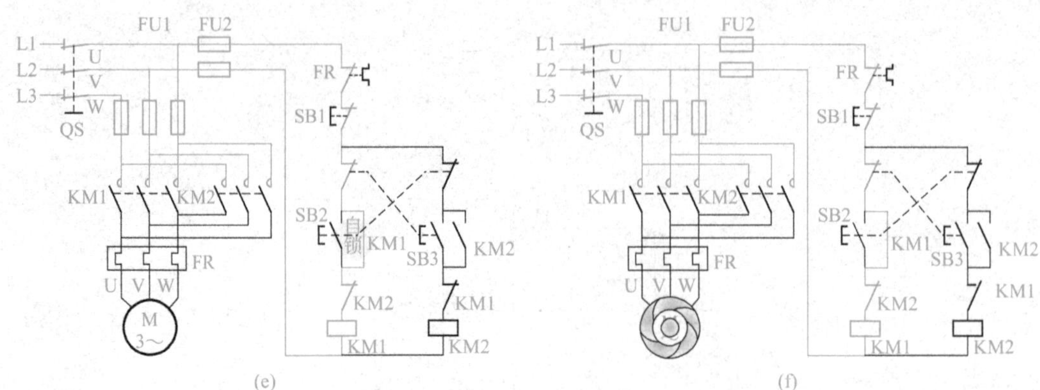

(e) (f)

图4-34 正转试车

③ 反转控制（见图4-35）：

按SB2→SB2动断触点先分断→KM1线圈失电→KM1动合触点分断，解除自锁；KM1动合主触点分断，电动机M停转；KM1动断触点闭合，解除对KM2的联锁

SB2动合触点后闭合→KM2线圈得电→KM2动合触点闭合，自锁；KM2动合主触点闭合，电动机M反转；KM2动断触点断开，对KM1实现联锁

松开SB2→SB2动断触点闭合解除联锁电动机M继续反转。

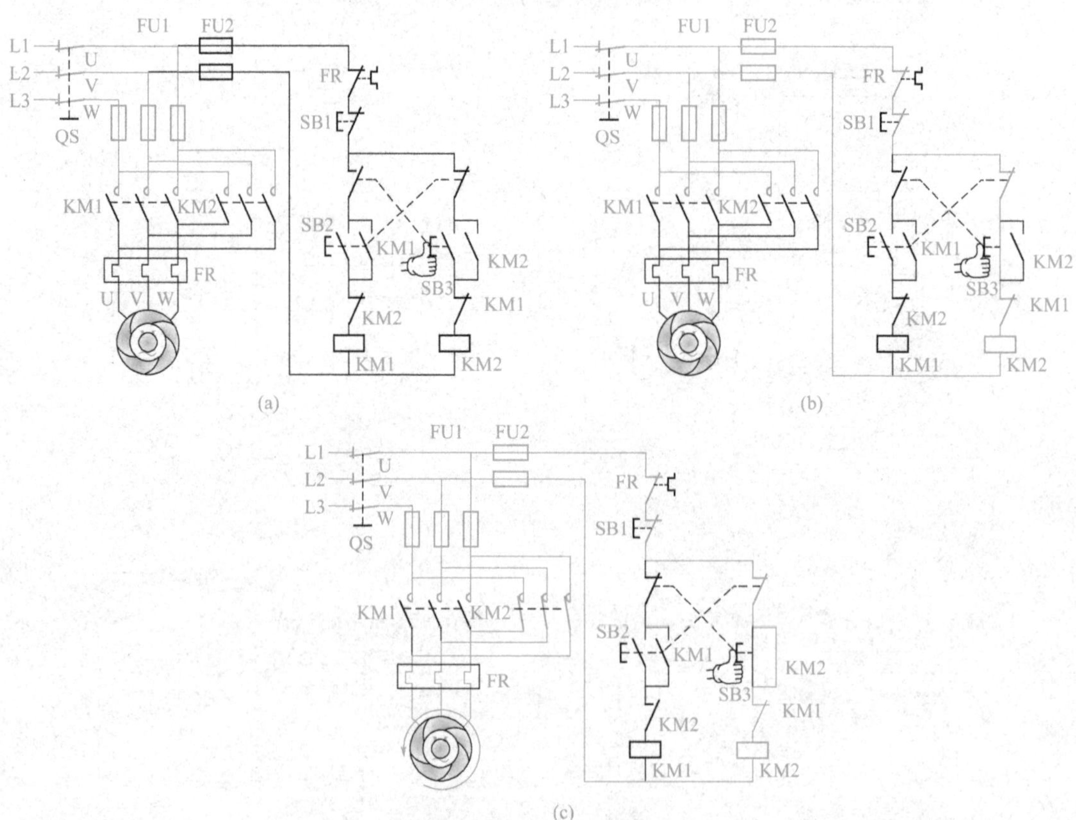

(a) (b)

(c)

图4-35 反转试车

④ 停止：按下停止按钮SB3→电动机M停止转动，如图4-36所示。

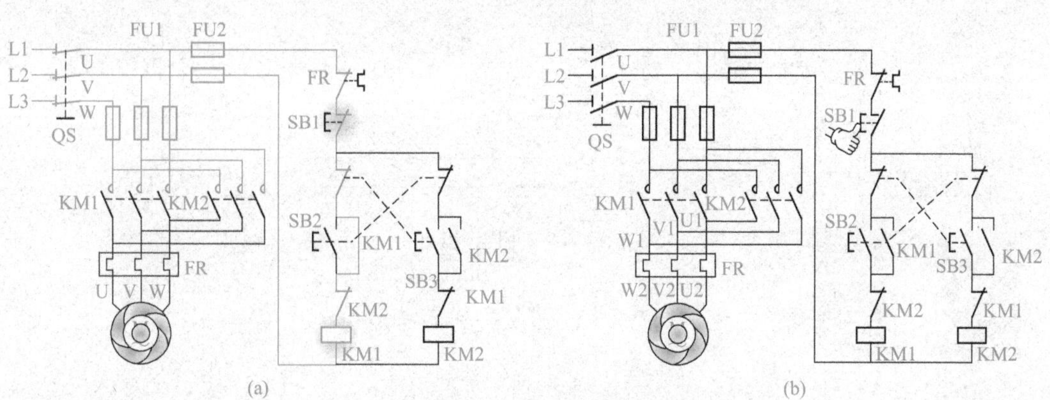

图4-36　试车结束

3. 电动机接触器、按钮双重互锁正、反向控制线路的实物接线

主电路的实物接线如图4-37所示。

扫二维码观看实操视频。

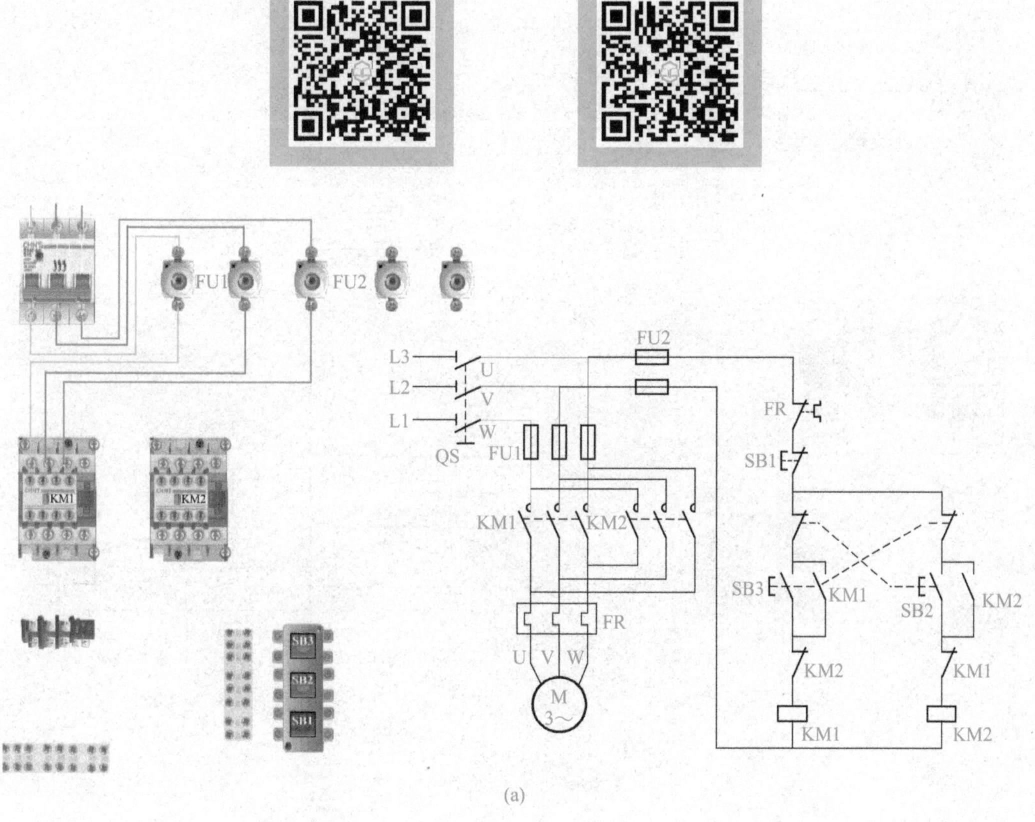

图4-37

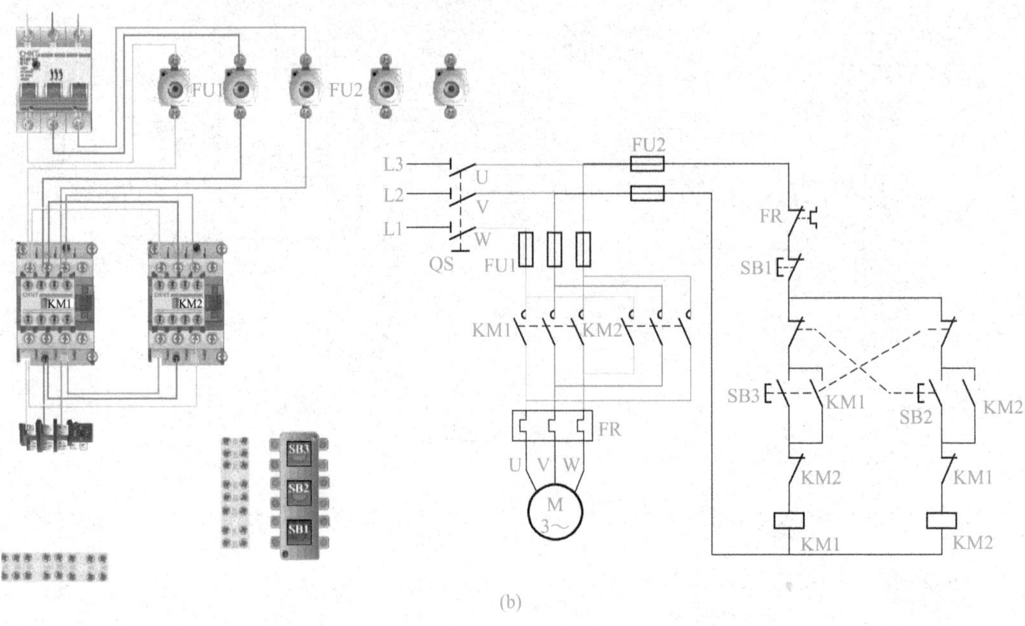
FU1
FU2
KM1
KM2
SB3
SB2
SB1
L3
L2
L1
U
V
W
QS
FU1
FR
SB1
KM1
KM2
SB3
KM1
SB2
KM2
FR
U
V
W
M
3～
KM2
KM1
KM1
KM2
(b)

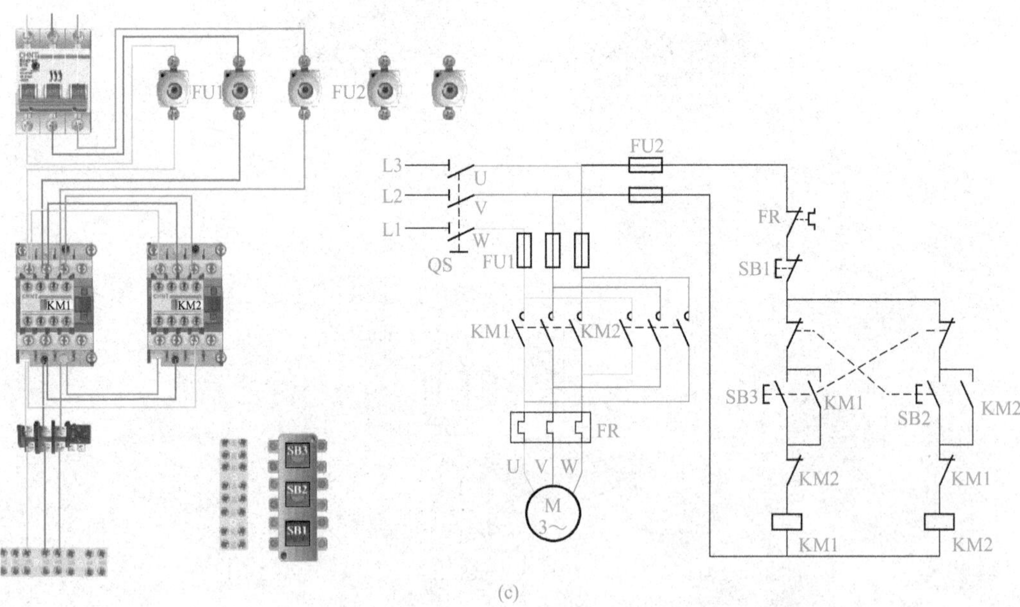
FU1
FU2
KM1
KM2
SB3
SB2
SB1
L3
L2
L1
U
V
W
QS
FU1
FR
SB1
KM1
KM2
SB3
KM1
SB2
KM2
FR
U
V
W
M
3～
KM2
KM1
KM1
KM2
(c)

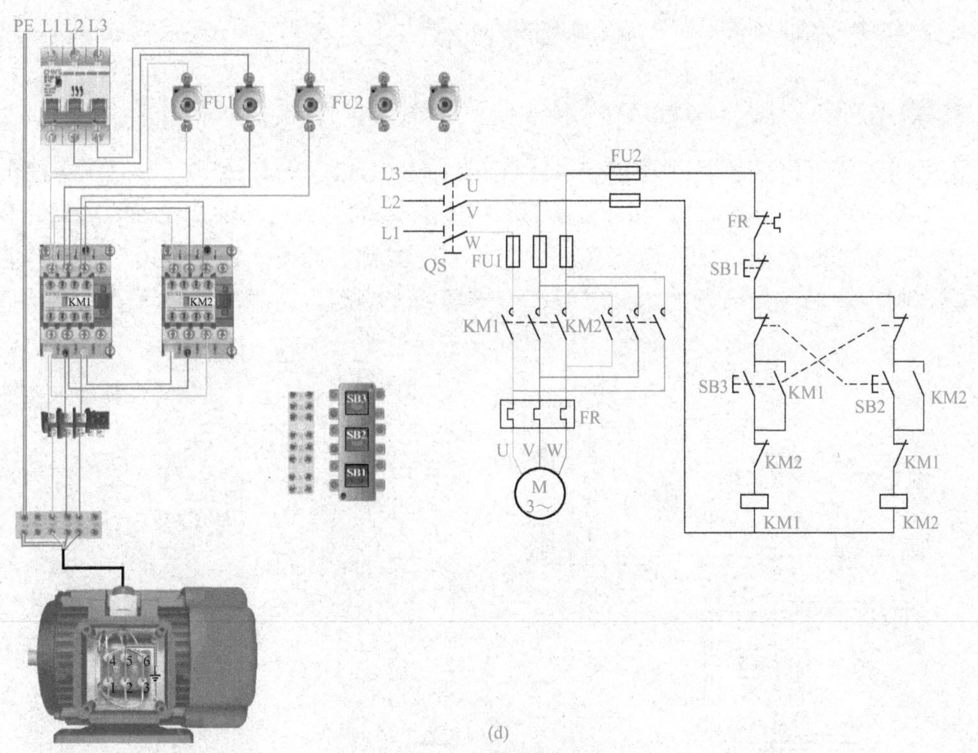

图4-37　主电路的实物接线图

控制电路的实物接线如图4-38所示。

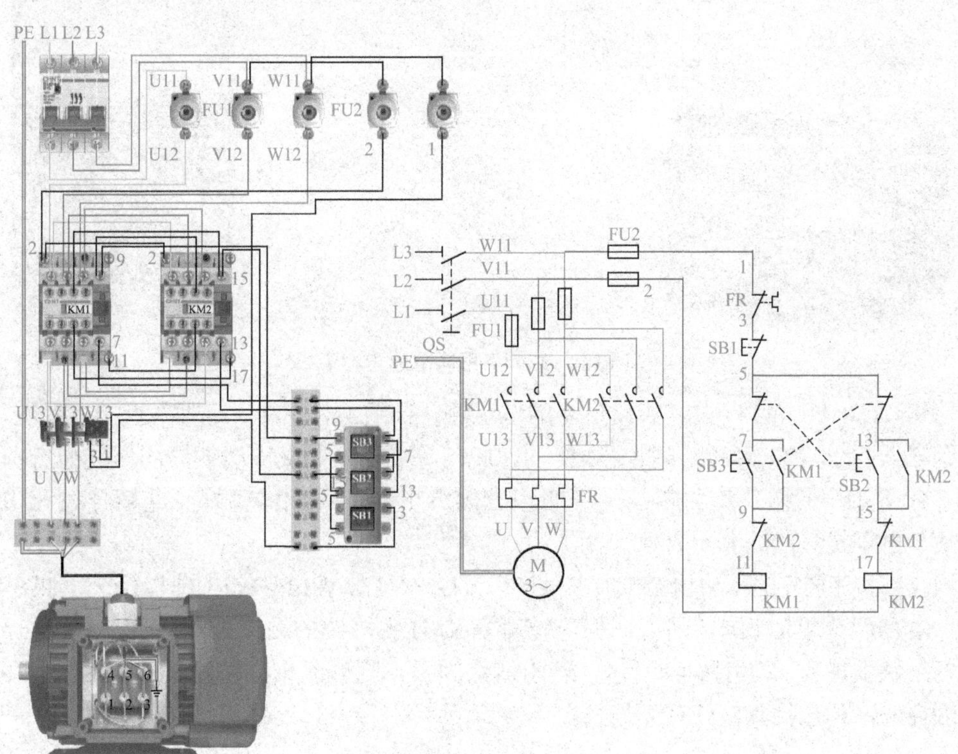

图4-38　控制电路的实物接线图

4. 检修电动机接触器、按钮双重互锁正、反向控制线路

（1）不通电，用万用表欧姆挡检测主电路故障

不通电，将万用表放置欧姆$R\times10\Omega$挡检测U11—U12、V11—V12、W11—W12的电阻值，如图4-39所示，若阻值为∞，则说明相应熔断器的熔体熔断或连接导线松动、脱落等。进一步查找断路点，排除后更换熔体或紧固压线螺钉即可。如图4-40所示，若阻值均为零，则说明相应熔断器的熔体完好，连接导线无松动、无脱落等，再查找其他处有无故障。

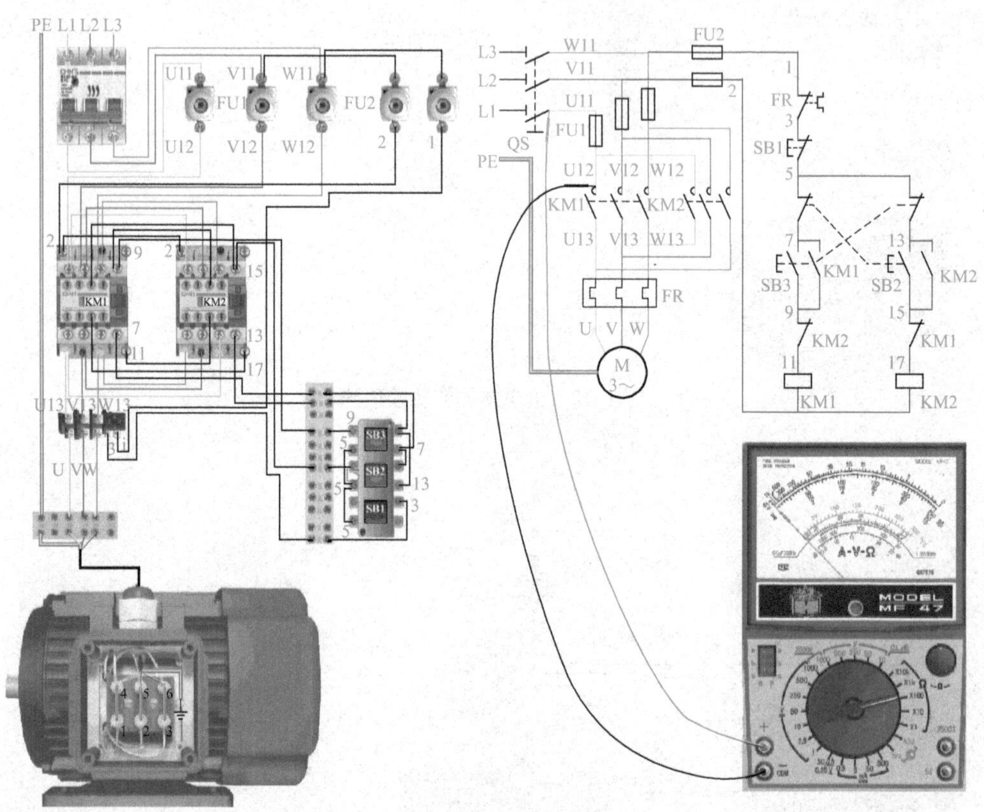

图4-39　检测主电路故障（一）

检测U13—U、V13—V、W13—W的电阻值，如图4-41所示，若阻值为∞，则说明相应热继电器的热元件损坏或连接导线松动、脱落等。更换热继电器或紧固压线螺钉即可。如图4-41所示，若阻值均为零，则说明相应热继电器的热元件完好，连接导线无松动、无脱落，再查找其他处有无故障。

用改锥按下接触器KM1检测U12—U13、V12—V13、W12—W13的电阻值，如图4-43所示，若哪两次阻值为∞，则说明相应接触器KM1主触头的触点接触不良，更换接触器或修复接触器触点。如图4-44所示，若阻值均为零，则说明相应接触器KM1主触头的触点接触良好，再查找其他处有无故障。

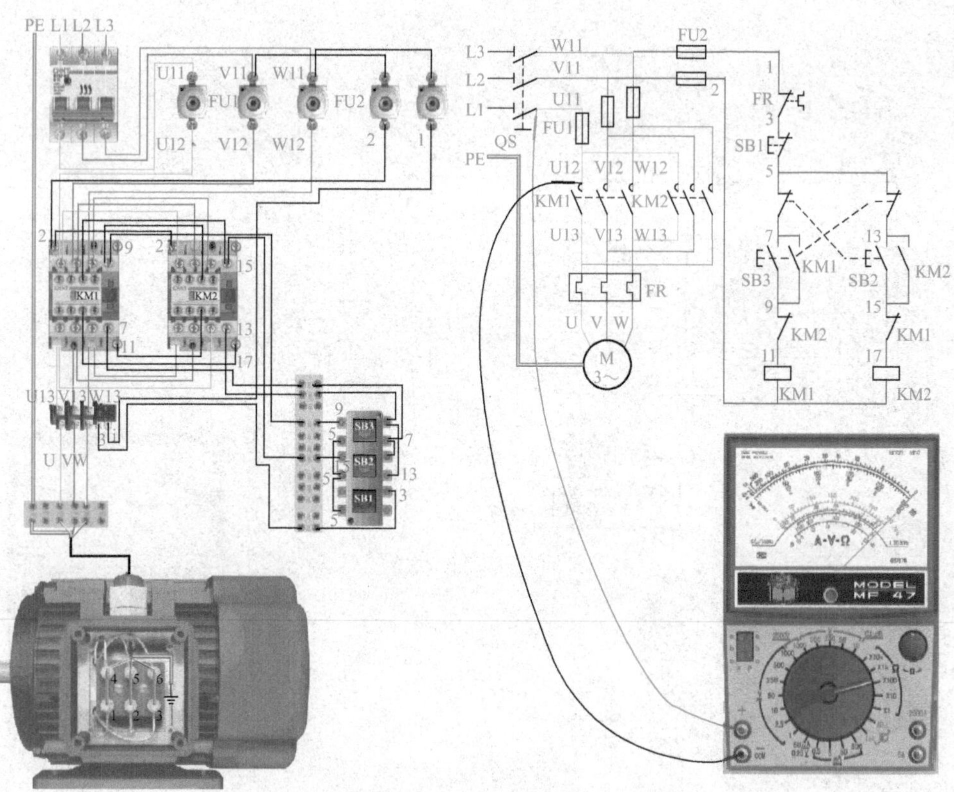

图4-40　检测主电路故障（二）

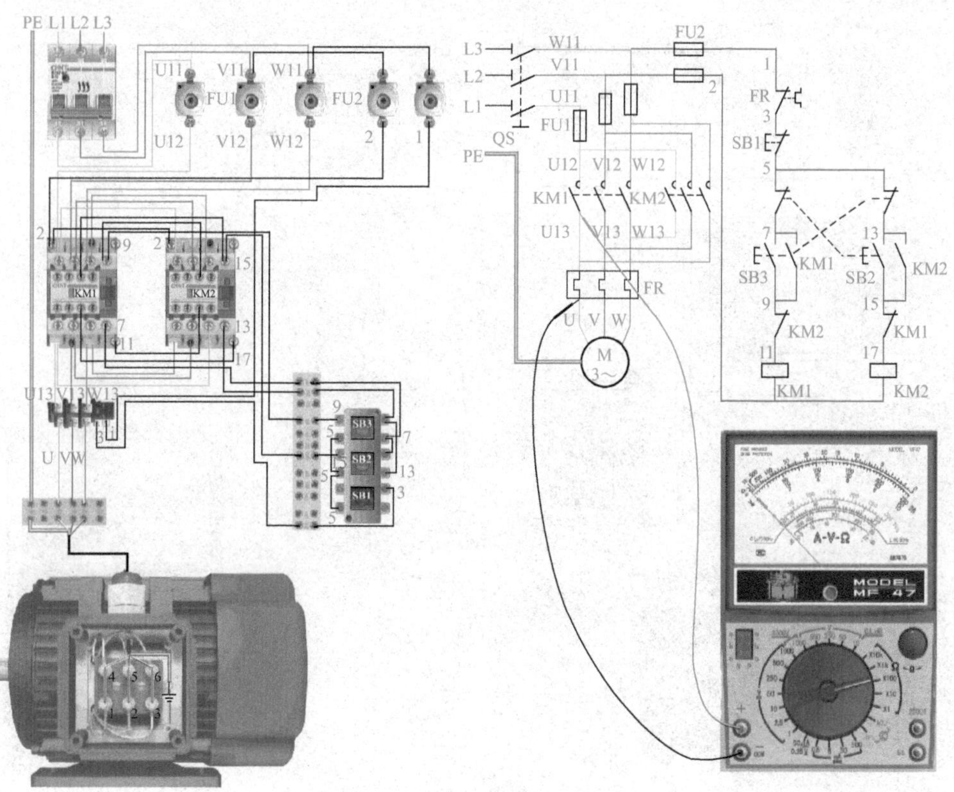

图4-41　检测主电路故障（三）

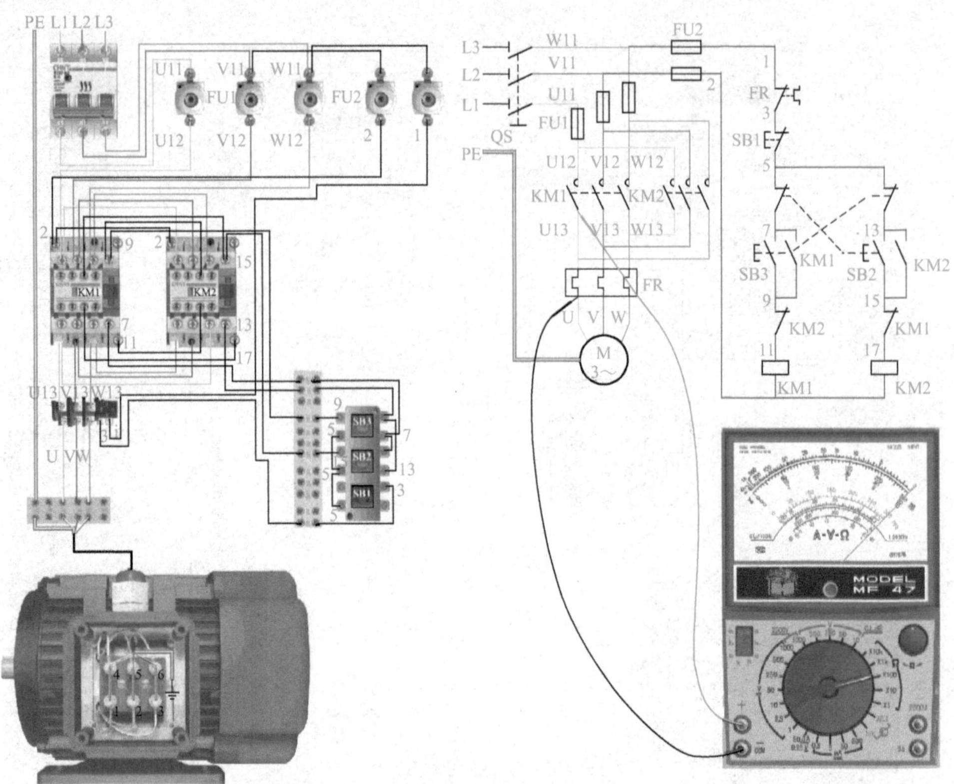

图4-42　检测主电路故障（四）

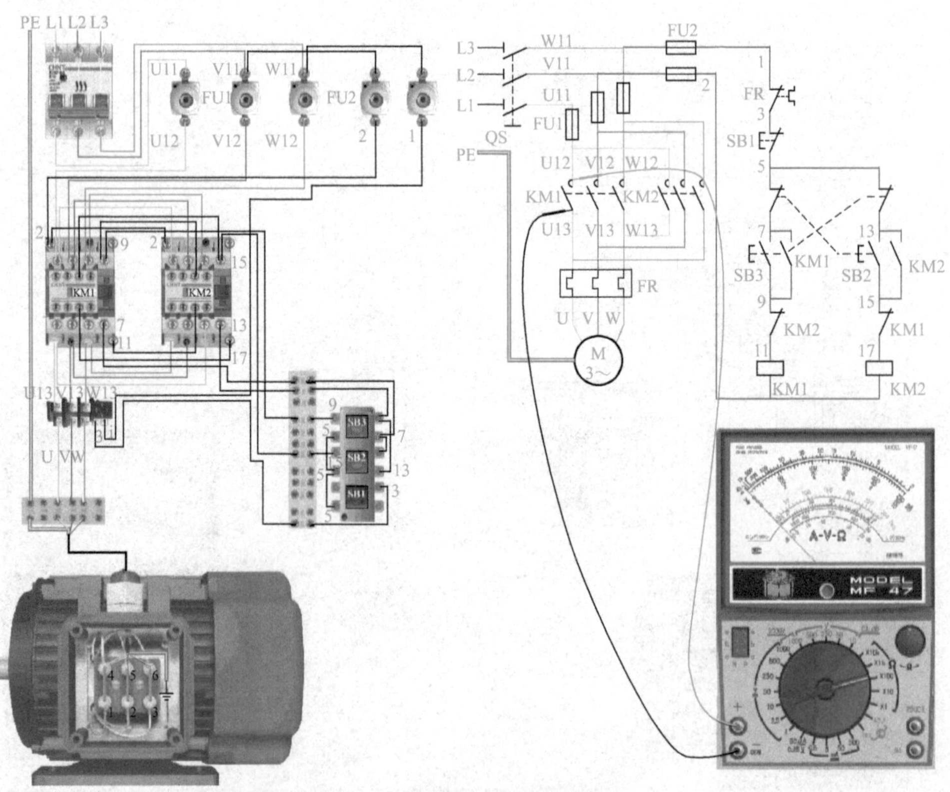

图4-43　检测主电路故障（五）

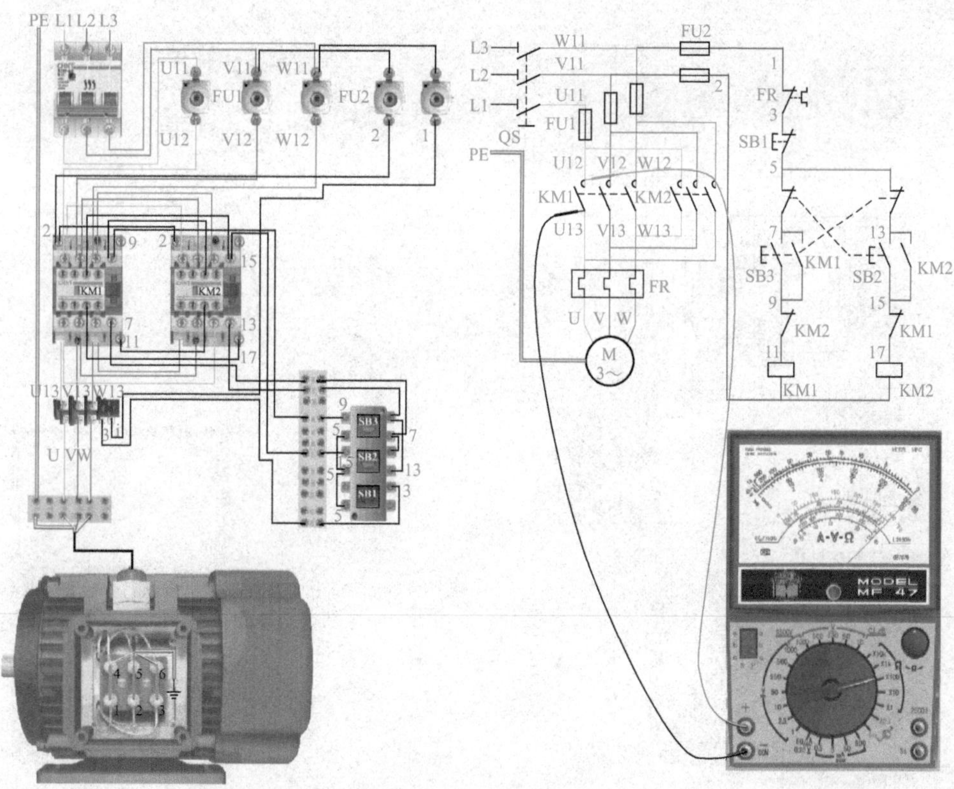

图4-44 检测主电路故障（六）

再用改锥按下接触器KM2检测U12—W13、V12—V13、W12—U13的电阻值，如图4-45所示，若哪两次阻值为∞，则说明对应地接触器KM2主触头的触点接触不良，更换接触器或修复接触器触点；如图4-46所示，若阻值均为零，则说明相应接触器KM2主触头的触点接触良好，再查找其他处有无故障。

若用改锥分别按下接触器KM1、KM2，检测U11—V11、V11—W11、W11—U11的电阻值，如图4-47所示，两次测量结果阻值均为∞，则说明相应相存在电动机定子绕组或连接导线松动、脱落等断路故障。检测U11—V11、V11—W11、W11—U11的电阻值，如图4-48所示，若每次检测地电阻值均近似为零，则说明主电路可能没有故障，应继续检修控制电路。

（2）不通电，用万用表欧姆挡检测控制电路故障

不通电，将万用表放置欧姆$R\times100\Omega$挡，首先检测W11—1、V11—2的电阻值，如图4-49所示，若测得阻值为∞，则说明相应熔断器的熔体熔断或连接导线松动、脱落等，进一步查找断路点，排除后更换熔体或紧固压线螺钉即可。

如图4-50所示，若电阻值接近零，说明FU2完好，连接导线无松动、无脱落等。

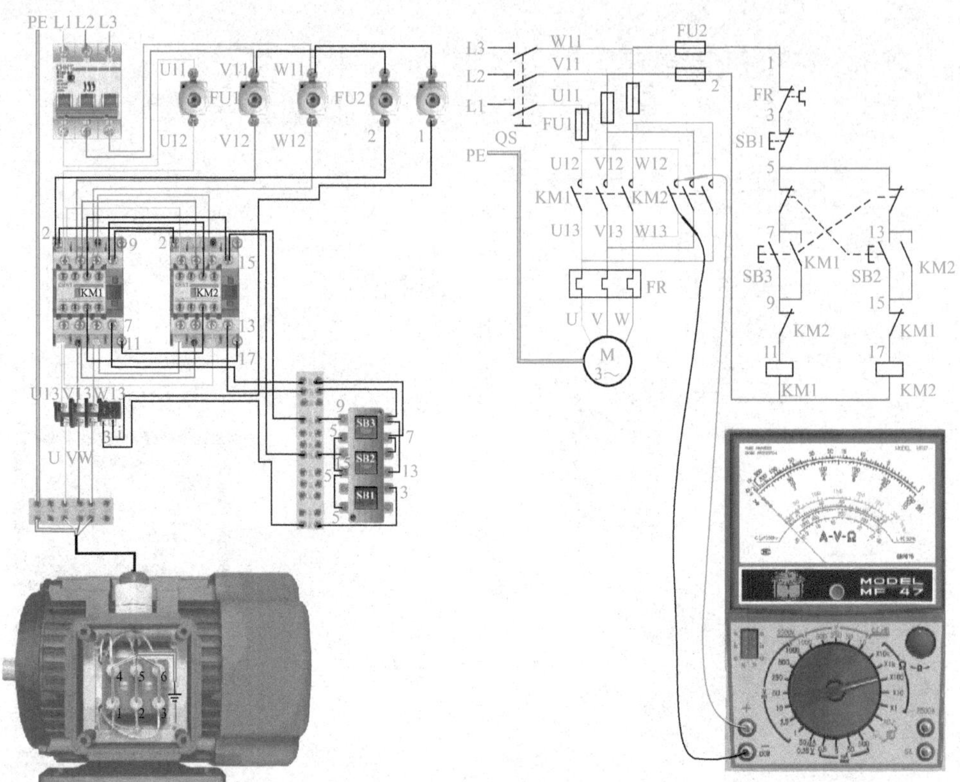

图4-45　检测主电路故障（七）

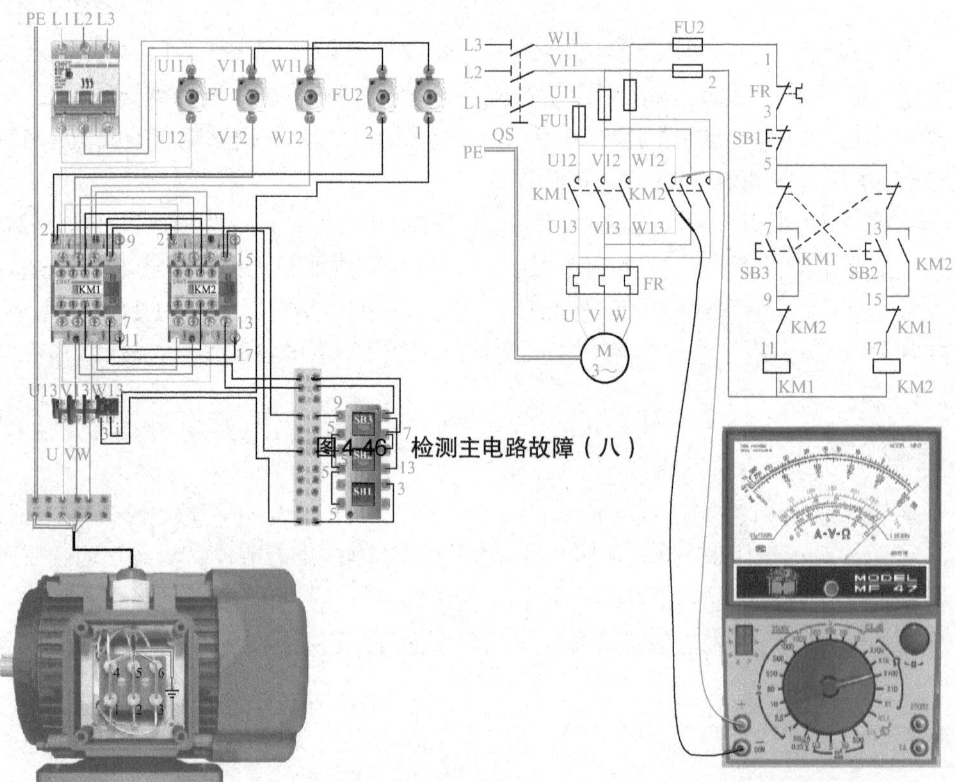

图4-46　检测主电路故障（八）

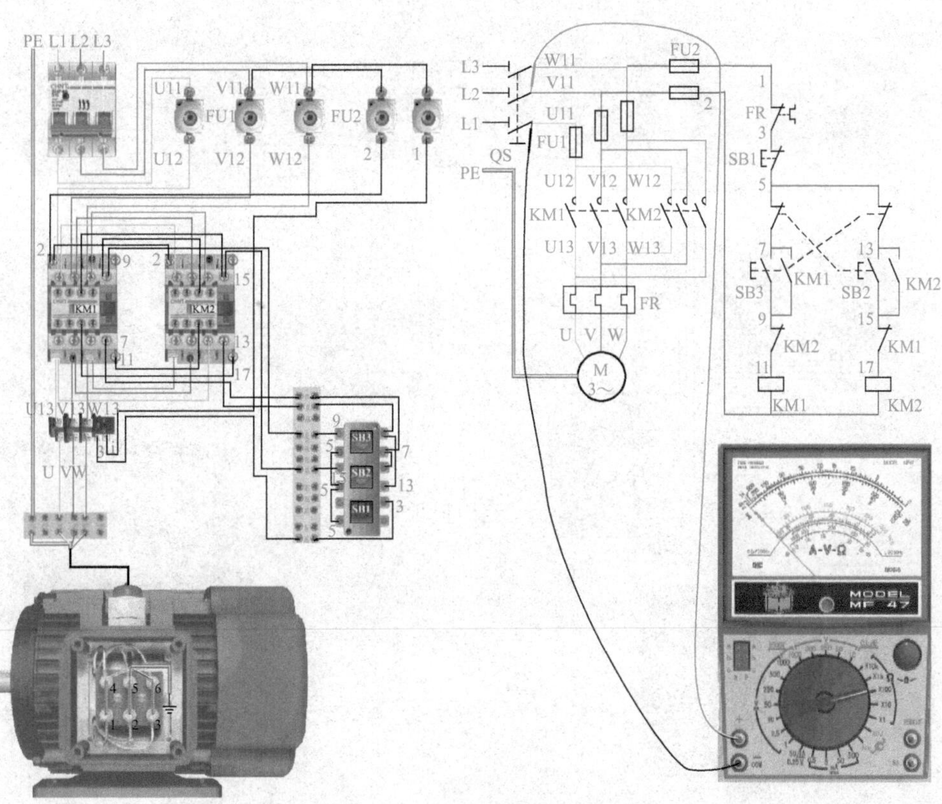

图4-47　检测主电路故障（九）

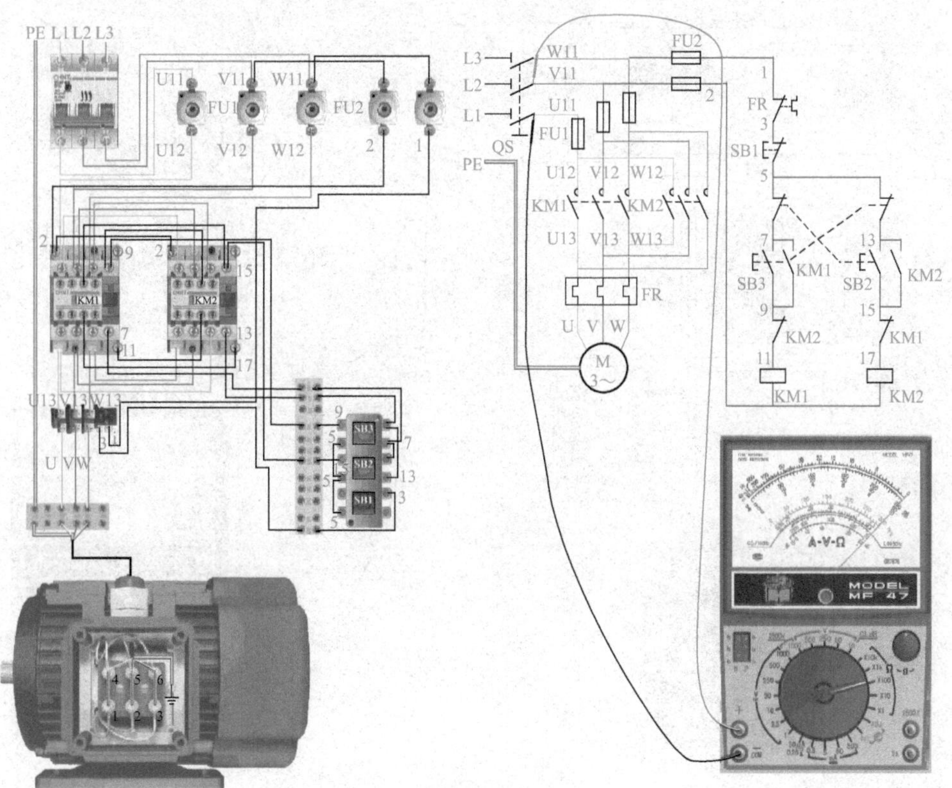

图4-48　检测主电路故障（十）

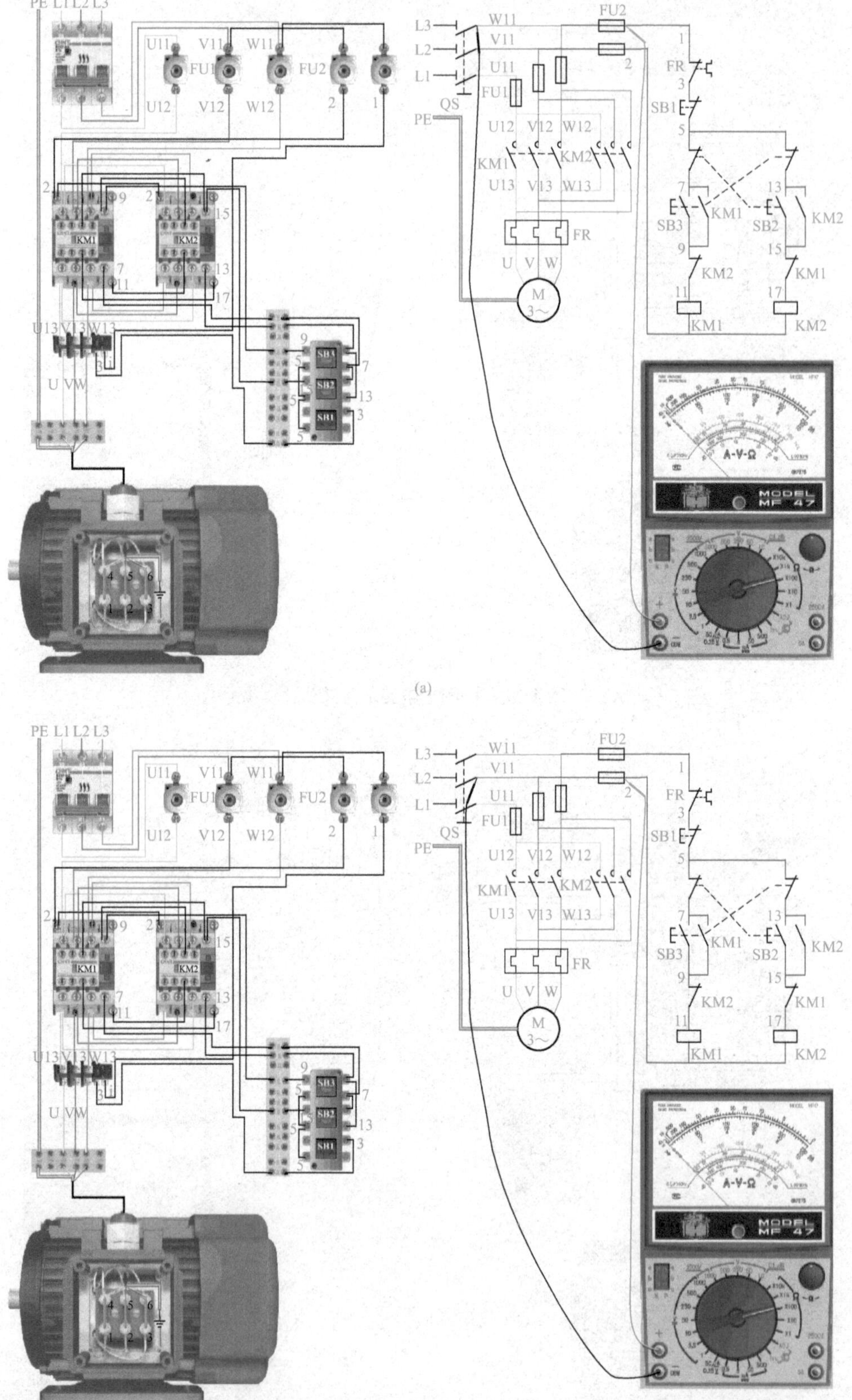

图4-49 检测控制电路故障（一）

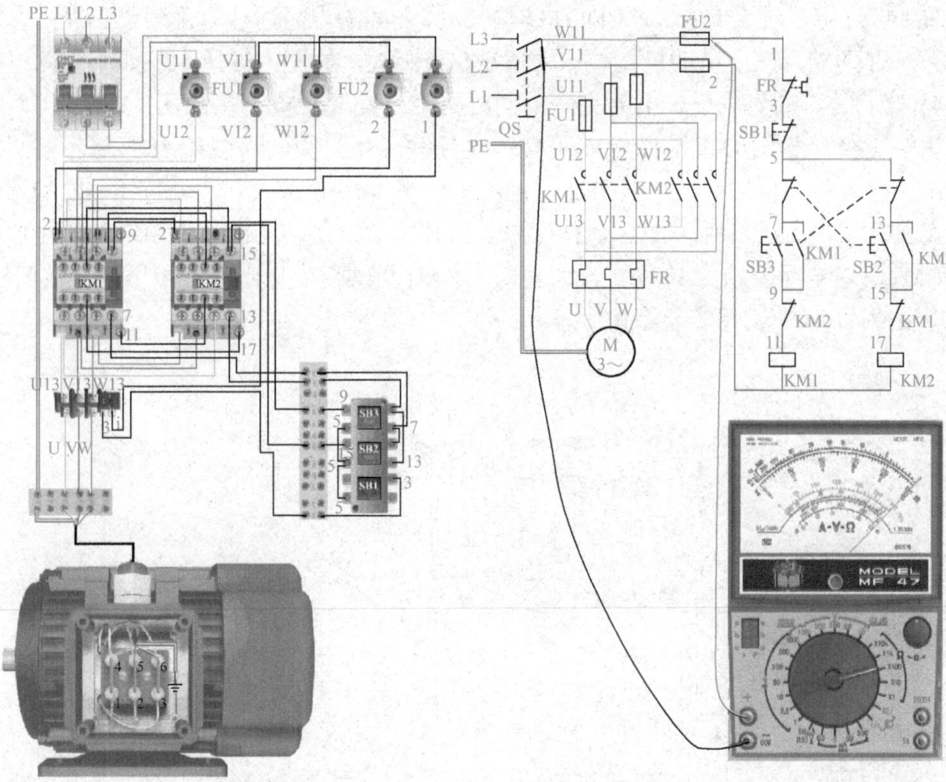

(a)

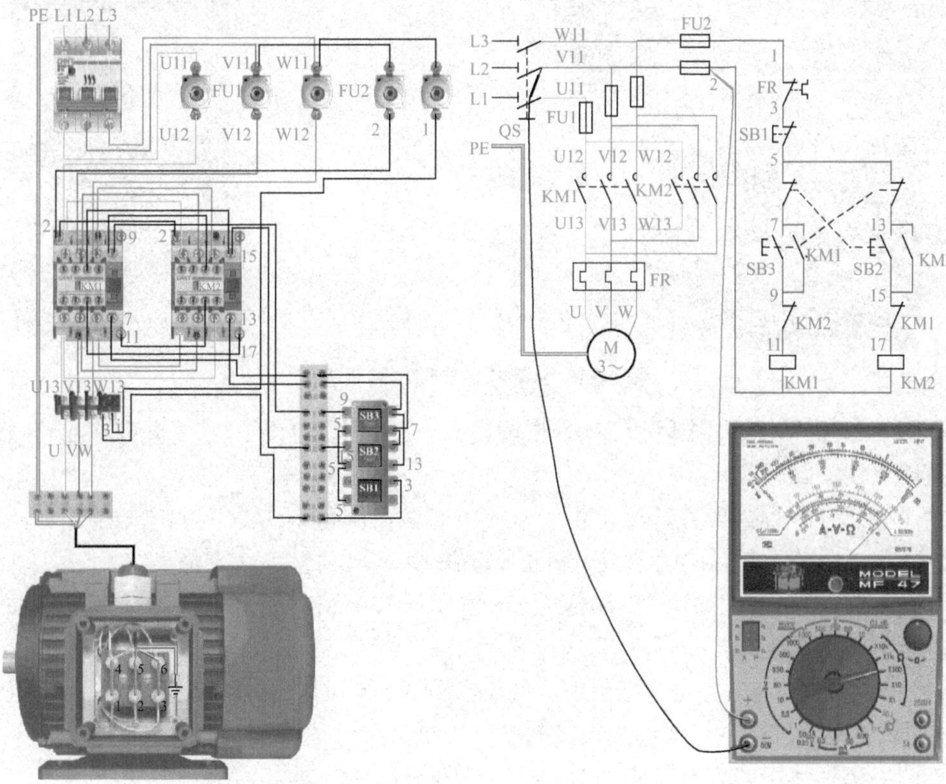

(b)

图4-50 检测控制电路故障（二）

然后将万用表放置欧姆R×100Ω挡检测2—1之间的电阻，将万用表黑、红两表笔分别置于2、1两端，按下电动机正转启动按钮SB3不放，如图4-51所示，如果所测电阻值约为450Ω，说明电动机正转电路完好；同时再用改锥轻轻按下接触器KM2，阻值为∞，则说明相应接触器KM2的动断触点可实现电气联（互）锁，锁住KM1回路，松开接触器KM2；轻轻按下反转启动按钮SB2，阻值为∞，则说明相应反转启动按钮SB2的动断触点可实现机械联（互）锁，锁住KM1回路；松开电动机正转启动按钮SB3，电阻值为∞，按下KM1时若电阻值约为450Ω，说明接触器KM1可实现自锁功能；按下停止按钮SB1，如果电阻值为∞，说明可实现停止功能。

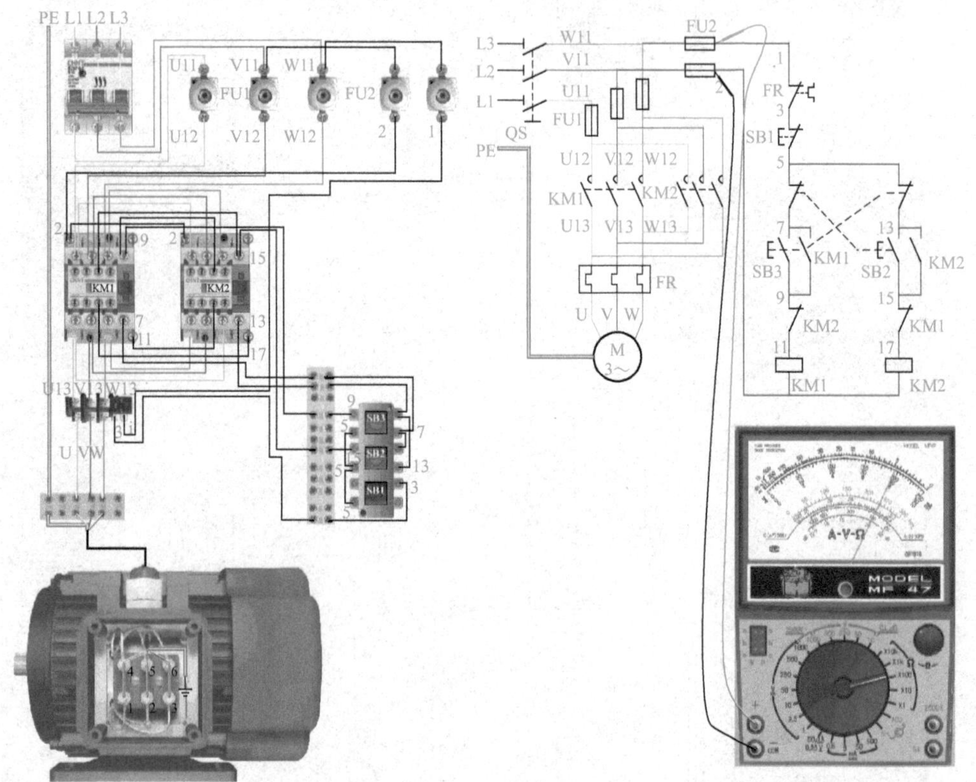

图4-51 检测控制电路故障（三）

如图4-52所示，如果电阻值为∞，说明电动机正转电路有断开点（即存在断路故障），需要继续查找故障。

为了能迅速找到故障点，采用折中查找的方法，测量1—7之间的电阻值，如图4-53所示，如果电阻值为零，说明该段电路正常无故障。

如图4-54所示，如果所测电阻值为∞，说明该段电路有断开点（即存在断路故障），需要继续折中查找故障。

再测量1—3、1—5之间的电阻值。当测量到某标号时，如图4-55所示，若电阻值为∞，说明表笔刚跨过的触点或连接线接触不良或断路。

如图4-56所示，如果电阻值为0，说明该段电路正常。

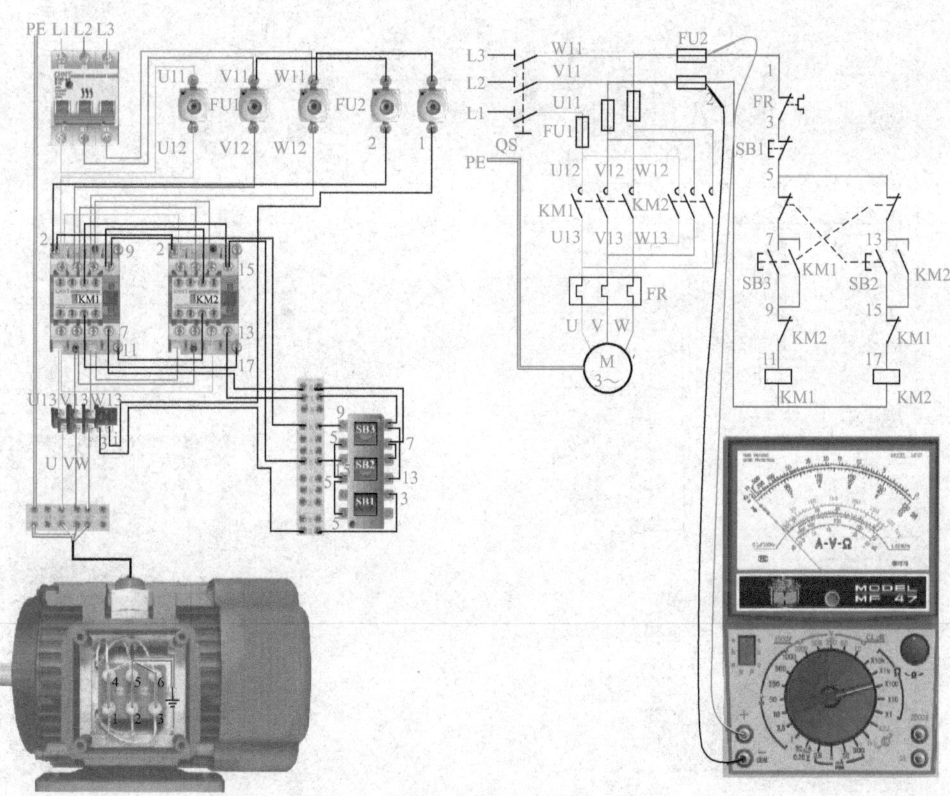

图4-52　检测控制电路故障（四）

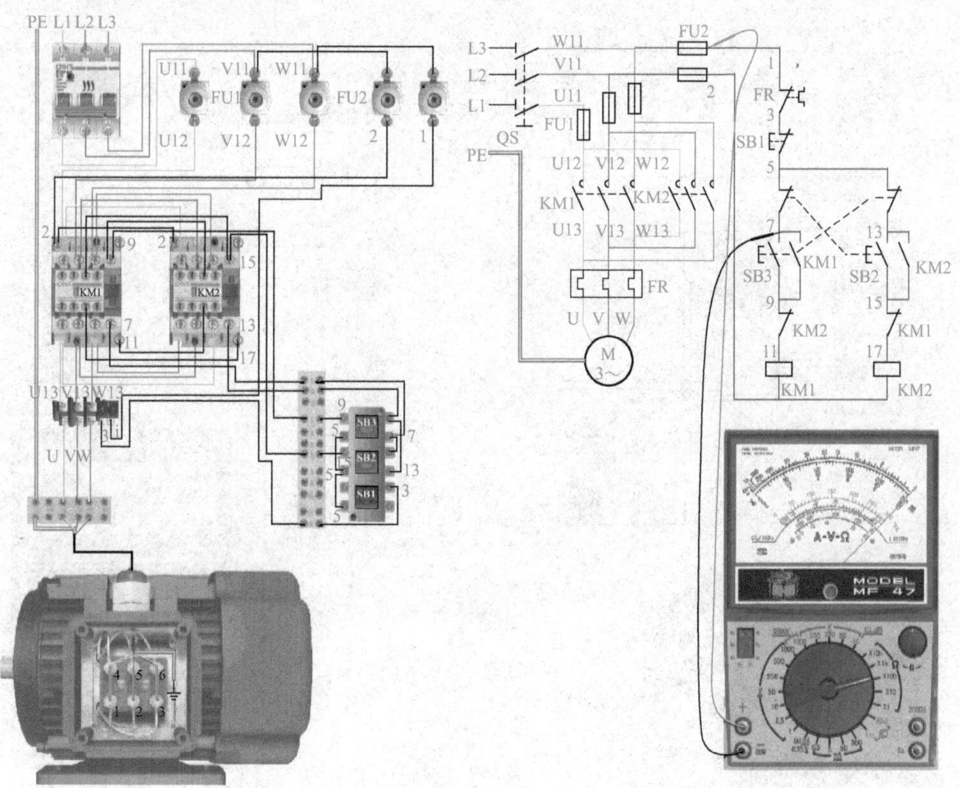

图4-53　检测控制电路故障（五）

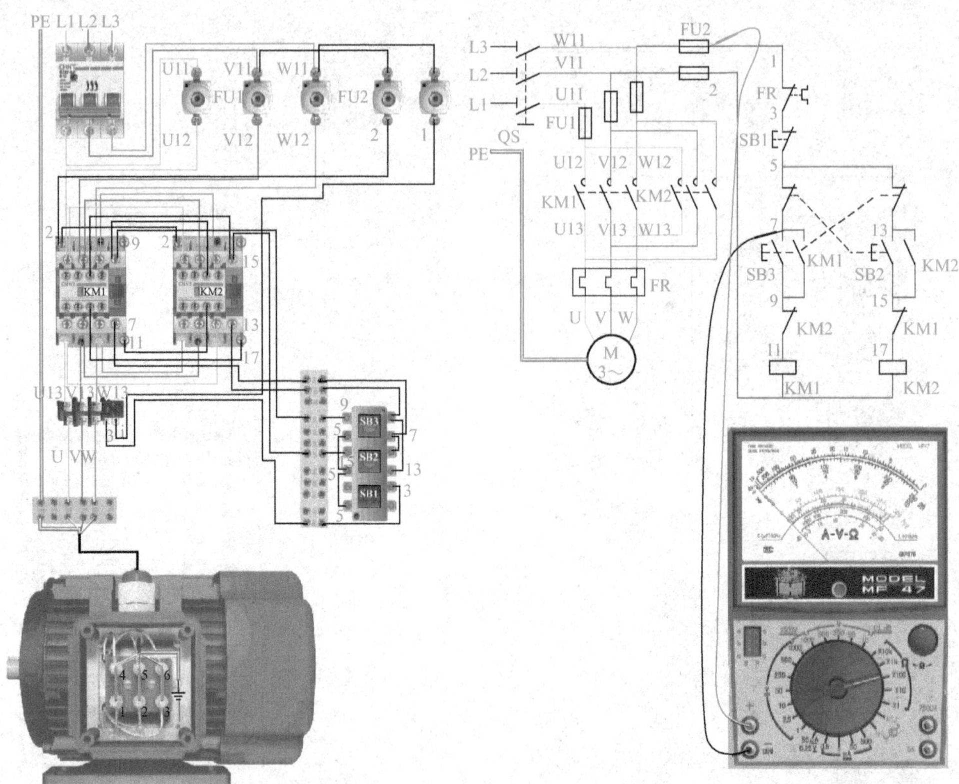

图4-54　检测控制电路故障（六）

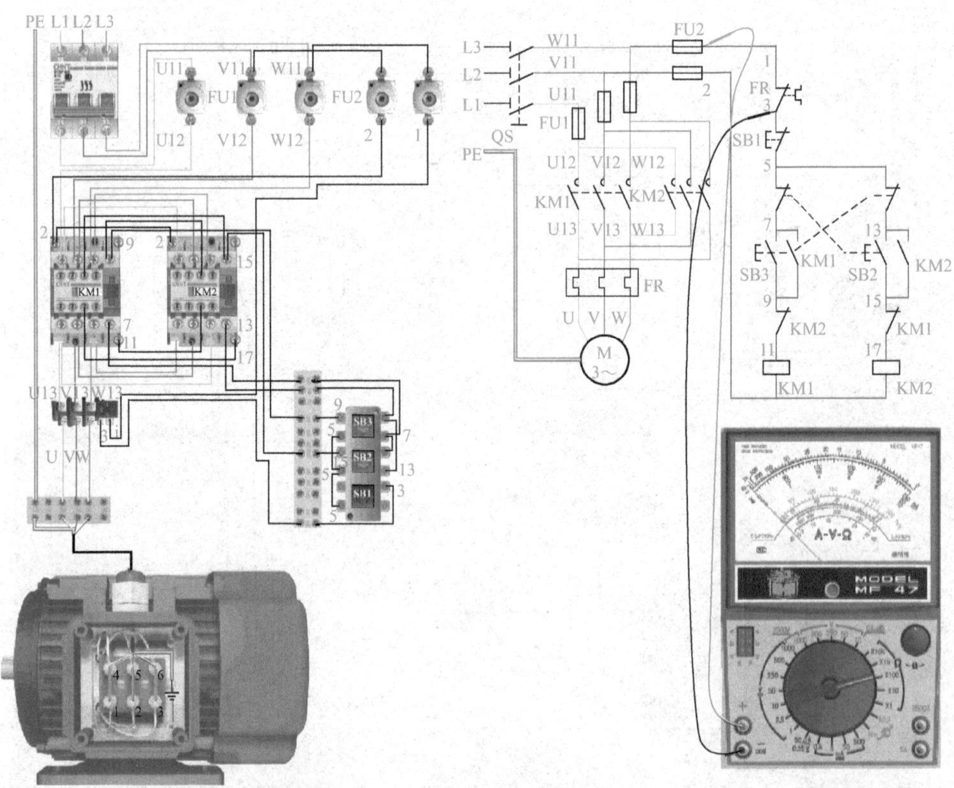

图4-55　检测控制电路故障（七）

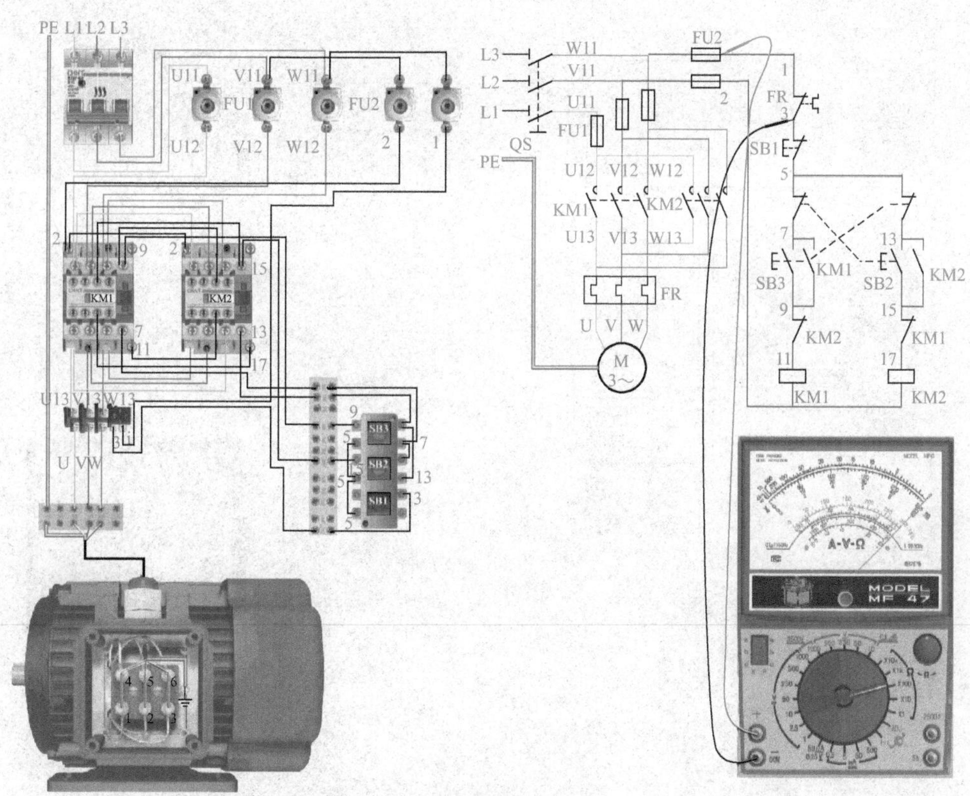

图4-56 检测控制电路故障（八）

若1—7之间的电路正常，测量2—9之间的电阻值，如图4-57所示，如果所测电阻值约为450Ω，说明该段电路完好无故障。

如图4-58所示，如果所测电阻值为∞，说明该段电路有断开点（即存在断路故障），需要继续折中查找故障。

再测量2—11之间的电阻值。当测量到某标号时，如图4-59所示，若电阻值为∞，说明表笔刚跨过的触点或连接线接触不良或断路。

如图4-60所示，如果电阻值约为450Ω，说明该段电路正常。

确定电动机正转控制线路无故障后，同理，检查电动机反转控制线路的电气联（互）锁、机械联（互）锁、停止等功能。

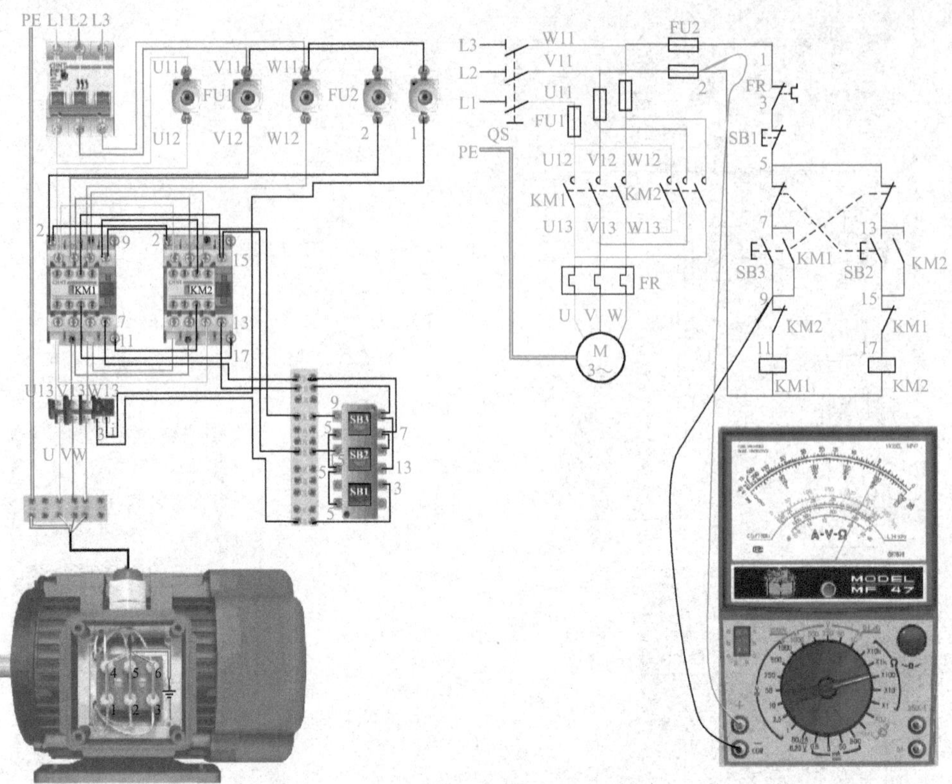

图4-57　检测控制电路故障（九）

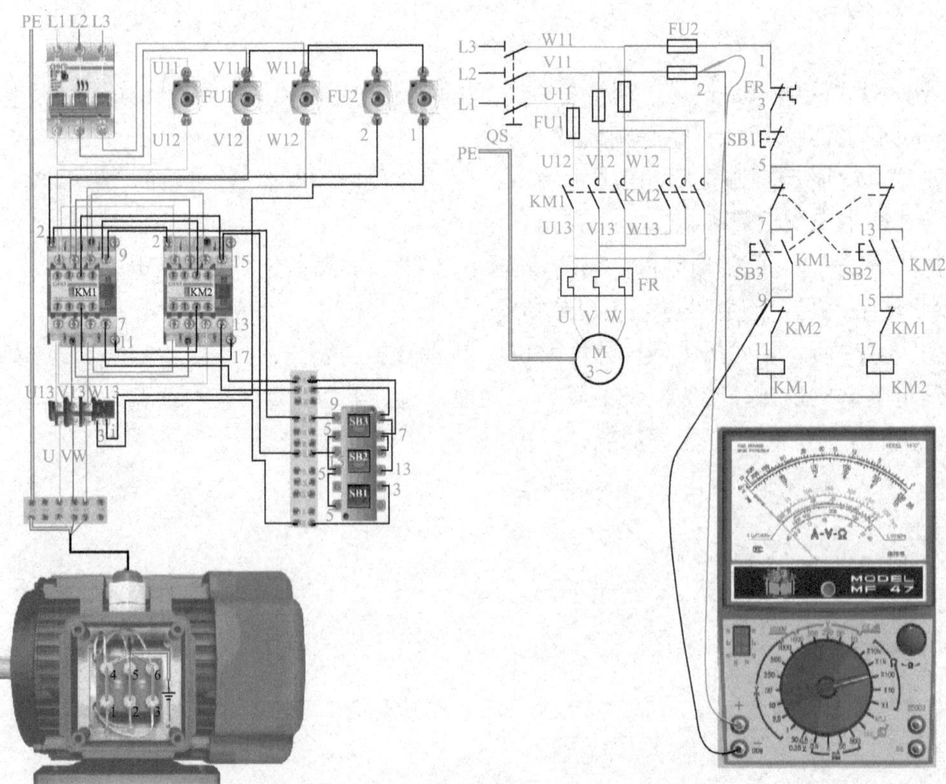

图4-58　检测控制电路故障（十）

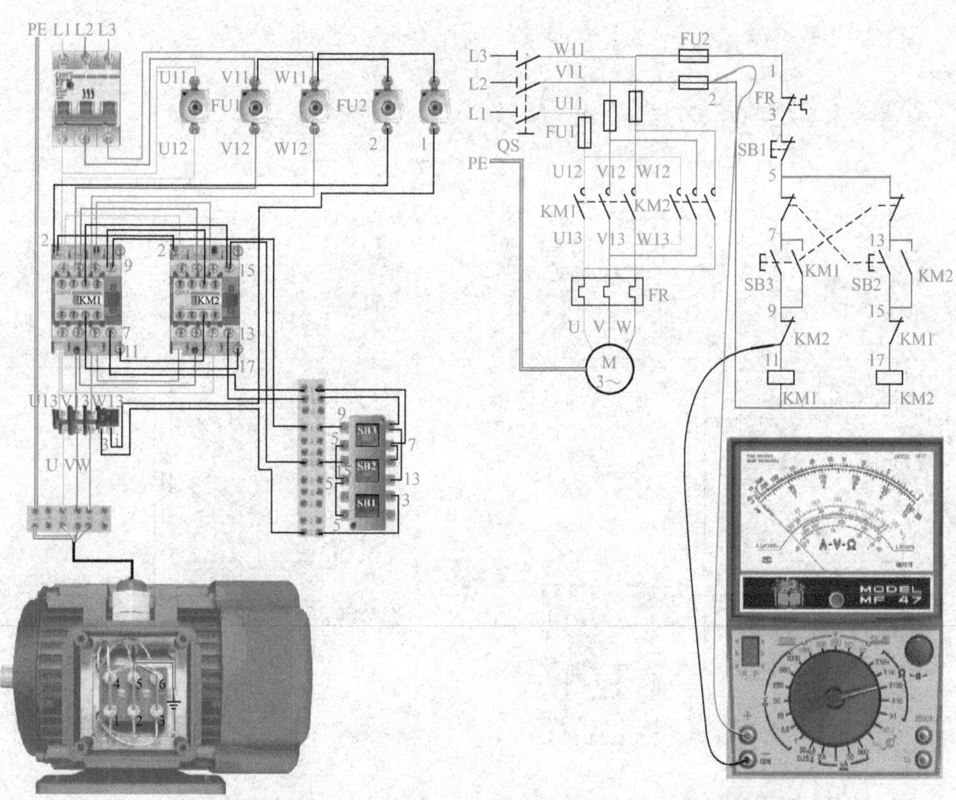

图4-59　检测控制电路故障（十一）

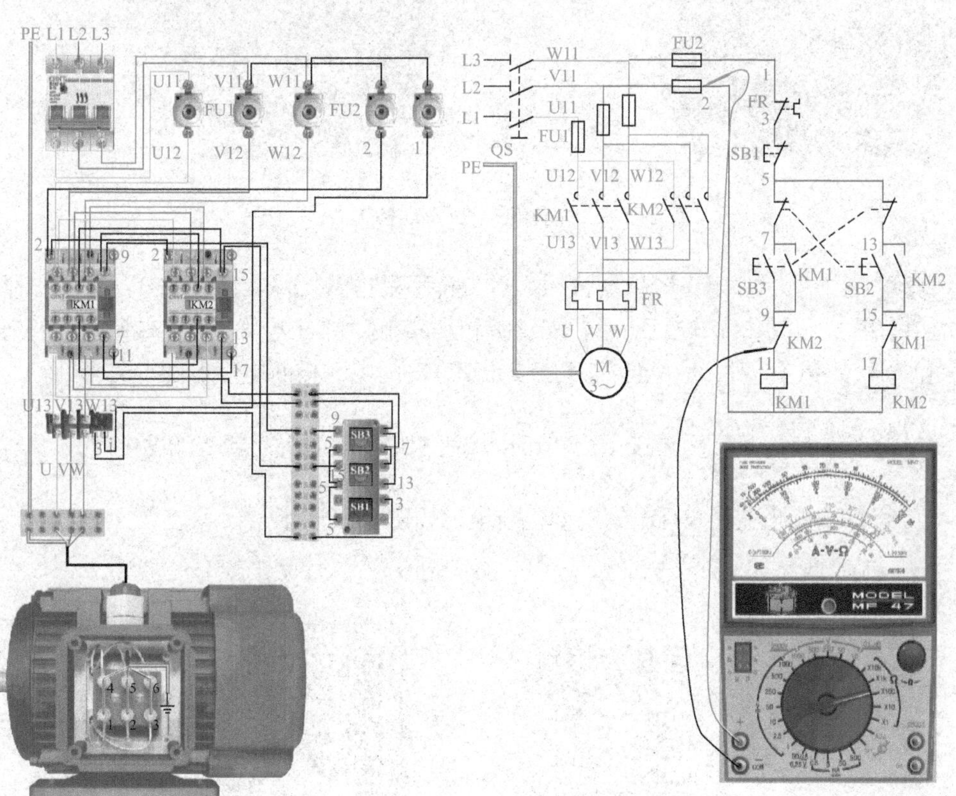

图4-60　检测控制电路故障（十二）

5. 电动机接触器、按钮双重互锁正、反向控制线路通电试车

（1）合上总电源开关，如图4-61所示。

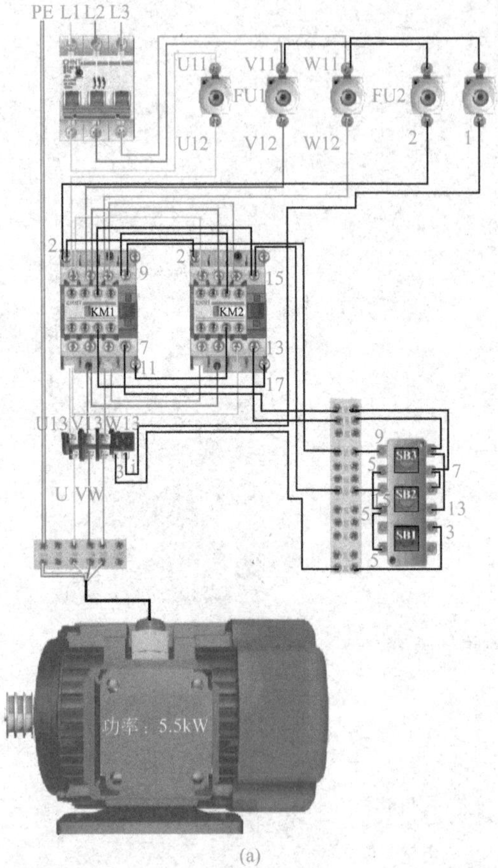

(a)　(b)

图4-61　试车准备

（2）左手手指触摸正转启动按钮SB3，右手手指触摸停止按钮SB1。左手按下正转启动按钮SB3，电动机正转启动后，注意听和观察电动机有无异常声及转向是否正确。如果有异常声或转向不对，应立即按停止按钮SB1，使电动机断电；如图4-62所示。

（3）正转启动正常后，按下反转启动按钮SB2，电动机反转；如图4-63所示。

（4）按下停止按钮SB1，使电动机断电，如图4-64所示。

扫二维码观看实操视频。

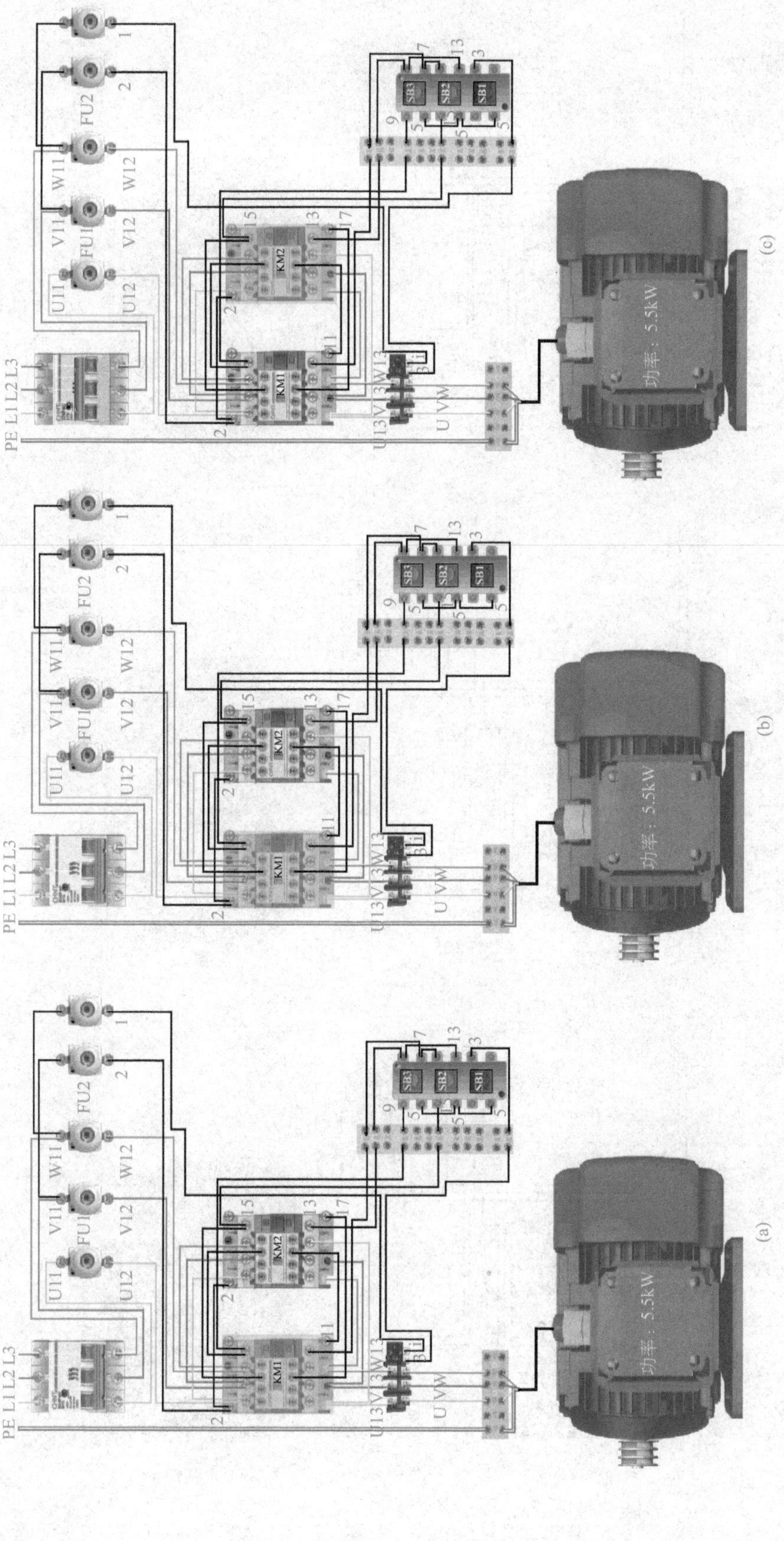

(a)

(b)

(c)

图 4-62　正转试车

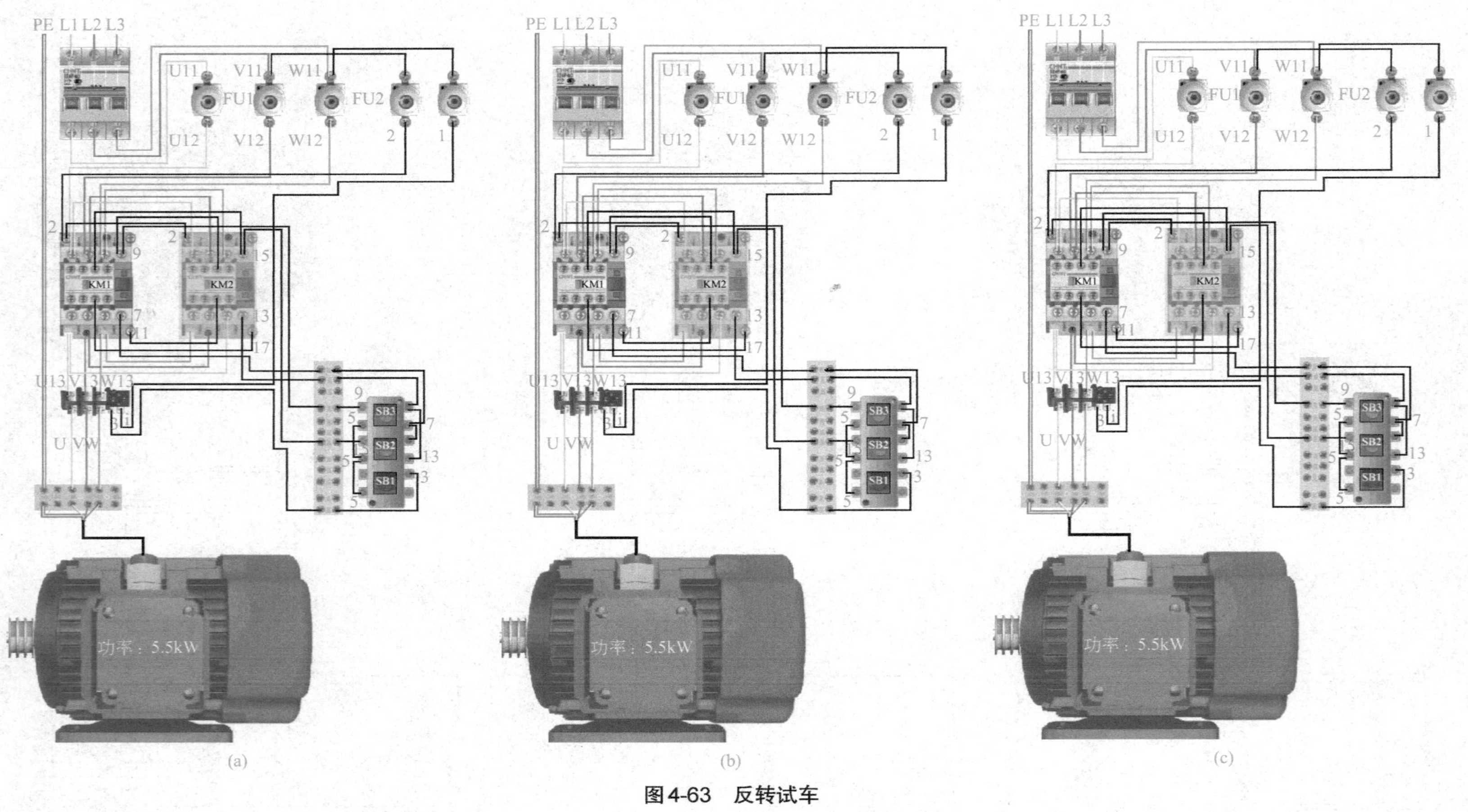
PE L1 L2 L3
U11
V11
W11
FU1
FU2
U12
V12
W12
2
1
KM1
KM2
9
15
7
11
13
17
U13 V13 W13
U V W
SB3
SB2
SB1
5
3
功率：5.5kW
(a)
(b)
(c)

图4-63 反转试车

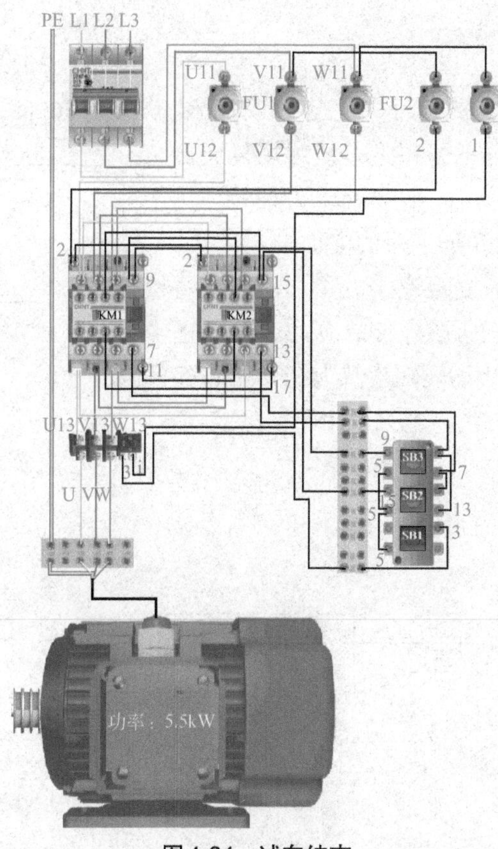

图4-64　试车结束

三、星形—三角形减压启动控制线路的安装与调试

1. 按钮、接触器控制Y—△减压启动控制线路原理图

按钮、接触器控制Y—△减压启动控制线路原理图如图4-65所示。

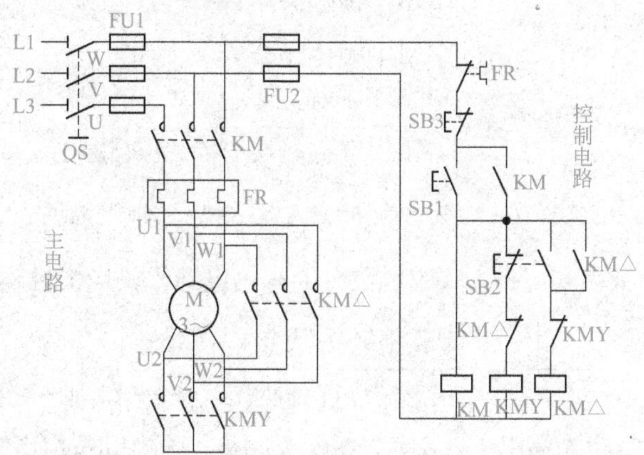

图4-65　按钮、接触器控制Y—△减压启动控制线路

2. 按钮、接触器控制Y—△减压启动控制线路的控制过程

（1） 电动机启动时，把定子绕组连接成星形，如图4-66（a）所示，启动后待电动机转速接近额定转速时再迅速将定子绕组恢复成三角形连接，如图4-66（b）所示。这种启动方法只适用于正常工作时定子绕组为三角形连接的电动机。

电动机启动时，定子绕组连接成星形，加在每相定子绕组上的电压只有三角形连接的$1/\sqrt{3}$，启动电流为三角形连接的1/3，故启动转矩也只有三角形连接的1/3，所以这种减压启动方法，也只适用于空载或轻载启动。

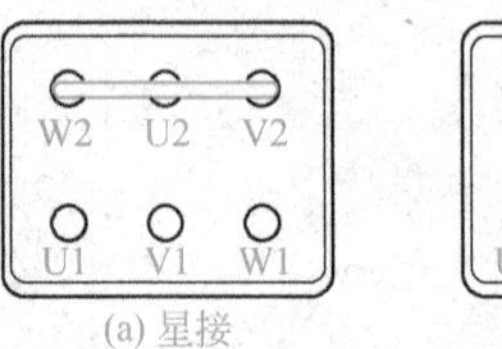

(a) 星接

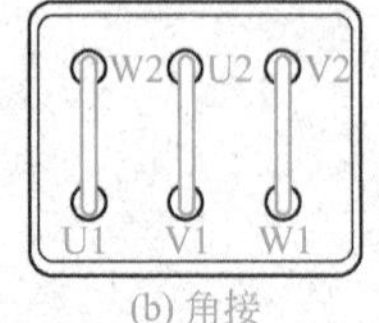

(b) 角接

图4-66　定子绕组的联结

（2） 按钮、接触器控制Y—△减压启动控制线路的工作原理

① 合上电源开关QS，如图4-67所示。

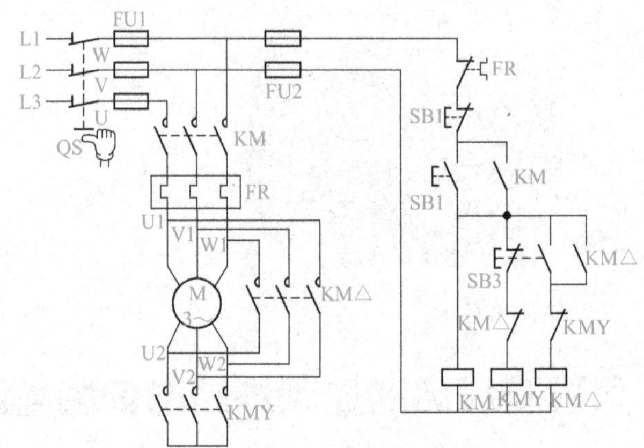

图4-67　合上开关

② 电动机Y连接减压启动，如图4-68所示，

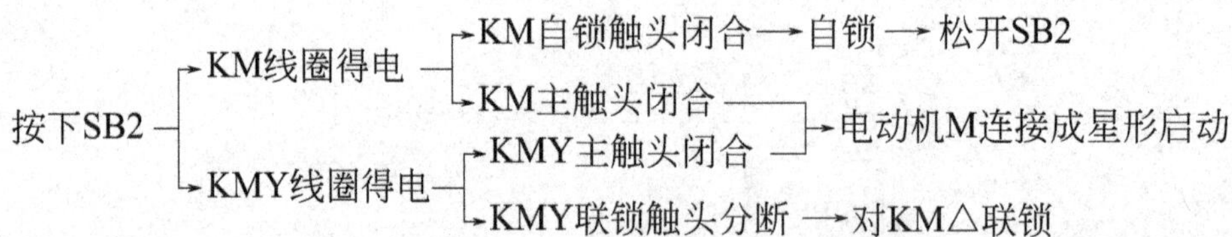

③ 电动机△连接全压运行：当电动机转速上升到接近额定值时，

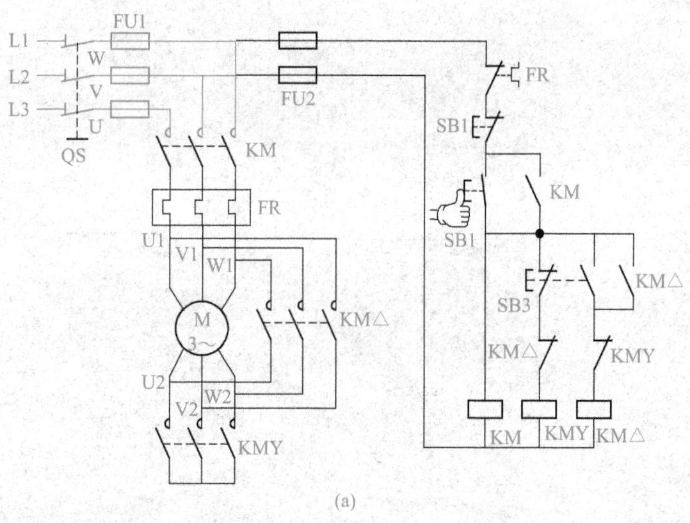

L1
L2
L3
FU1
W
V
U
QS
FU2
FR
SB1
KM
FR
U1
V1
W1
M
3~
KM△
U2
V2
W2
KMY
KM
SB1
SB3
KM△
KM△
KMY
KM
KMY
KM△

(a)

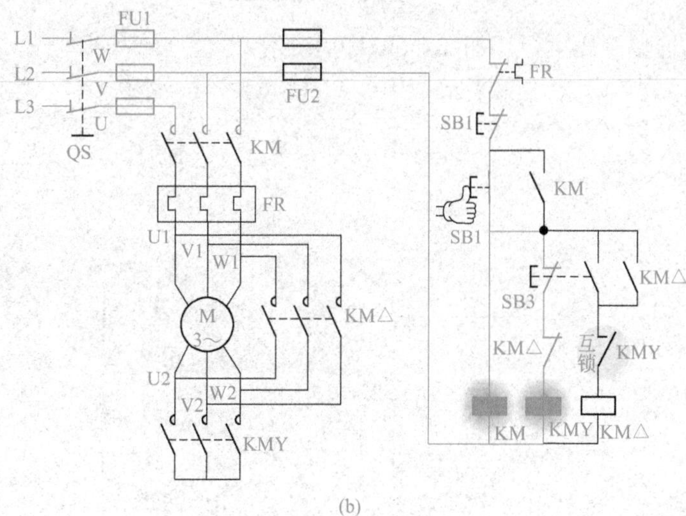

L1
L2
L3
FU1
W
V
U
QS
FU2
FR
SB1
KM
FR
U1
V1
W1
M
3~
KM△
U2
V2
W2
KMY
KM
SB1
SB3
KM△
KM△
互锁
KMY
KM
KMY
KM△

(b)

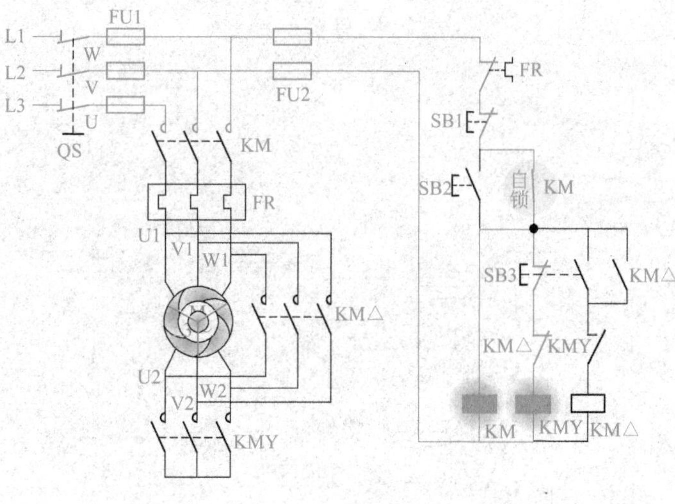

L1
L2
L3
FU1
W
V
U
QS
FU2
FR
SB1
KM
FR
SB2
自锁
KM
U1
V1
W1
KM△
SB3
KM△
U2
V2
W2
KM△
KMY
KMY
KM
KMY
KM△

(c)

图4-68

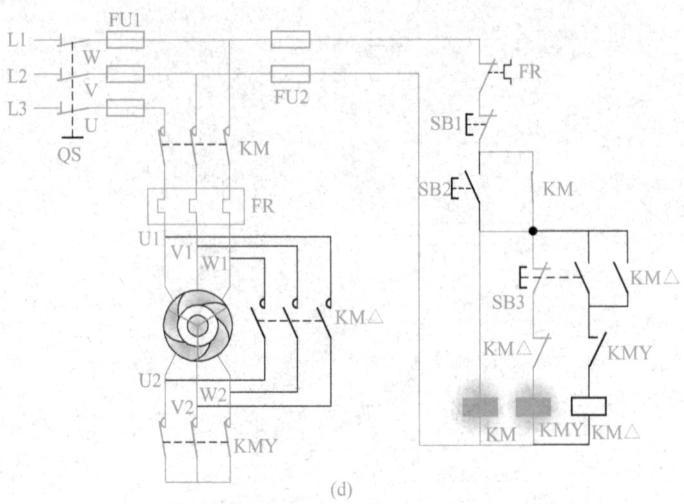

(d)

图4-68　电动机Y连接减压启动

④ 电动机△连接全压运行，如图4-69所示，

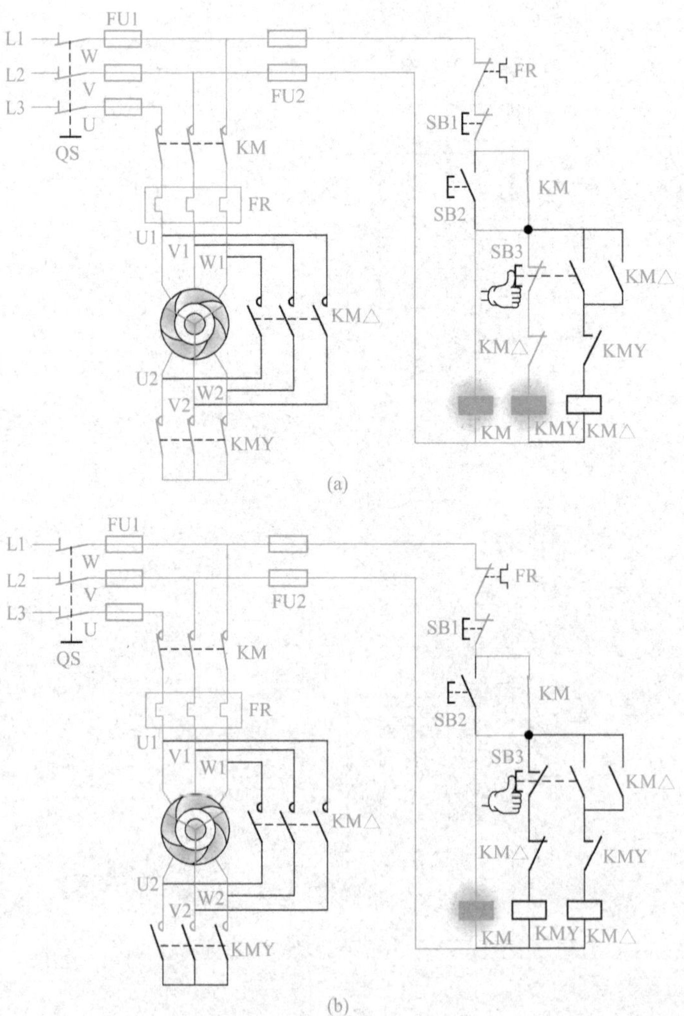

(a)

(b)

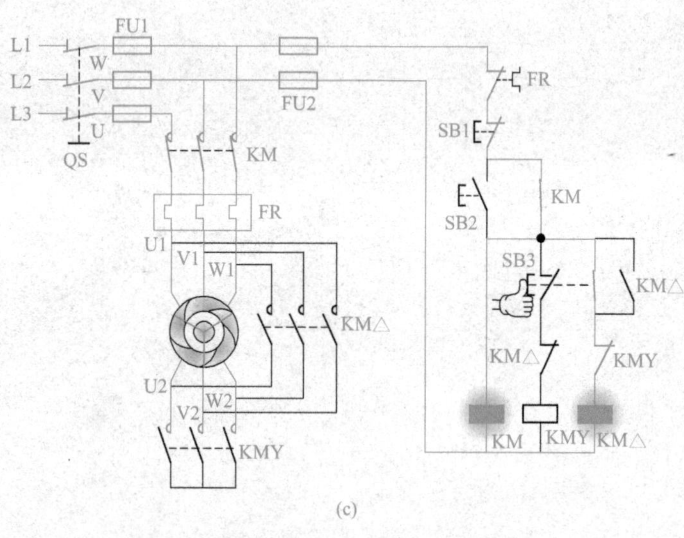
L1
L2
L3
QS
FU1
FU2
W
V
U
KM
FR
U1
V1
W1
KM△
U2
W2
V2
KMY
FR
SB1
SB2
KM
SB3
KM△
KM△
KMY
KM
KMY
KM△

(c)

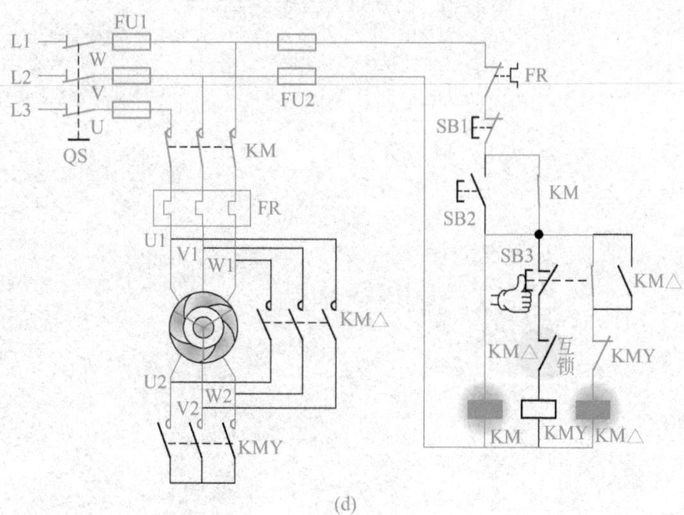
L1
L2
L3
QS
FU1
FU2
W
V
U
KM
FR
U1
V1
W1
KM△
U2
W2
V2
KMY
FR
SB1
SB2
KM
SB3
KM△
KM△
互锁
KMY
KM
KMY
KM△

(d)

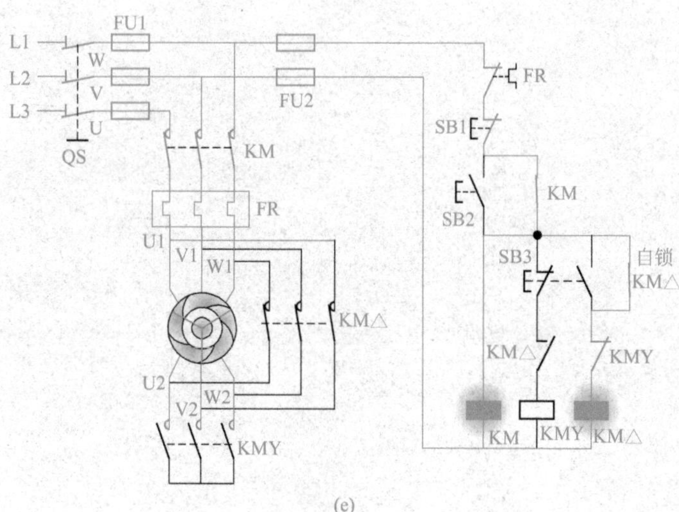
L1
L2
L3
QS
FU1
FU2
W
V
U
KM
FR
U1
V1
W1
KM△
U2
W2
V2
KMY
FR
SB1
SB2
KM
SB3
自锁
KM△
KM△
KMY
KM
KMY
KM△

(e)

图4-69

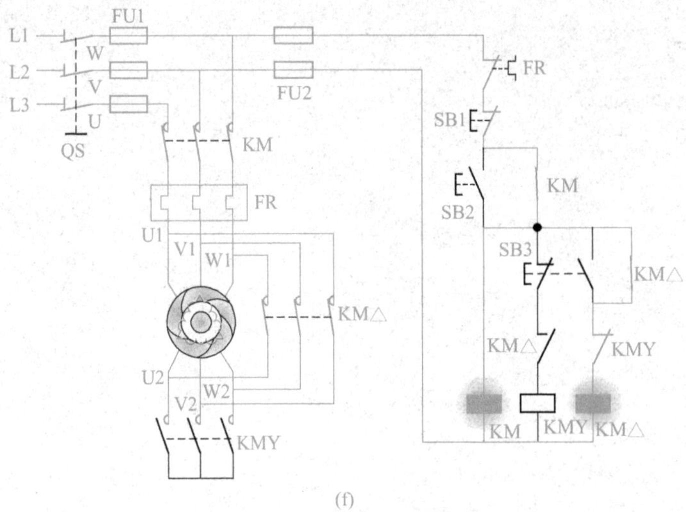

(f)

图4-69　电动机△连接全压运行

⑤ 停止：按下SB1即可实现，如图4-70所示。

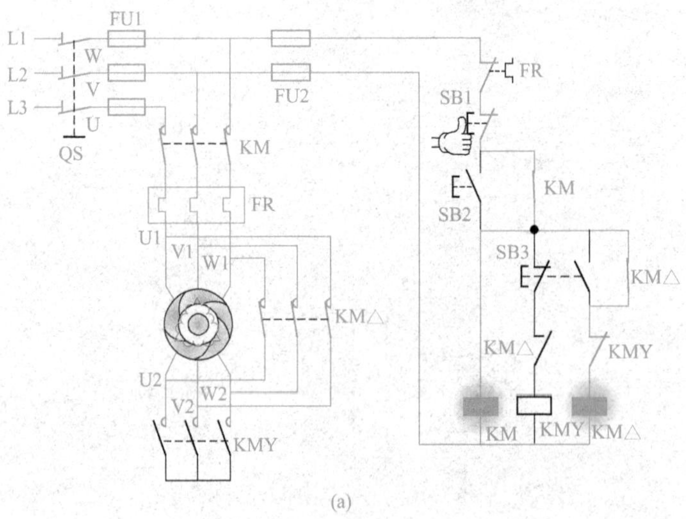

(a)

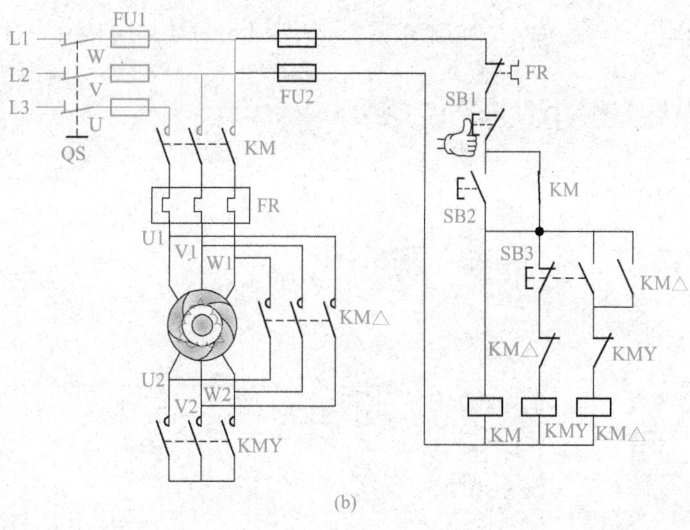

(b)

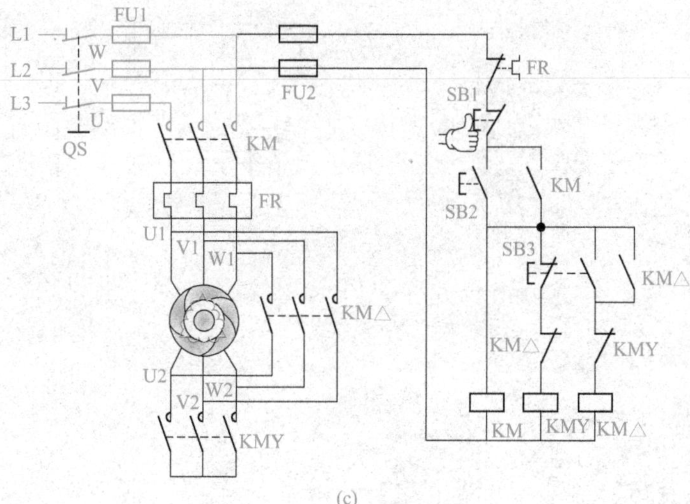

(c)

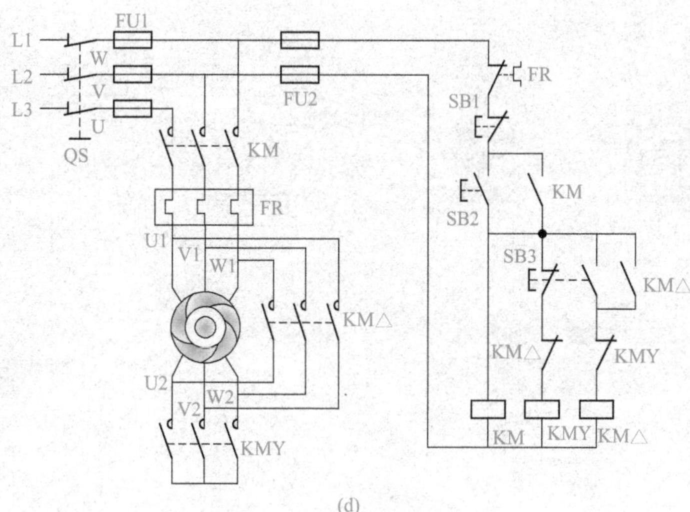

(d)

图4-70　三角形连接运行停车

3. 按钮、接触器控制Y—△减压启动控制线路的实物接线

（1）主电路的实物接线，如图4-71所示。

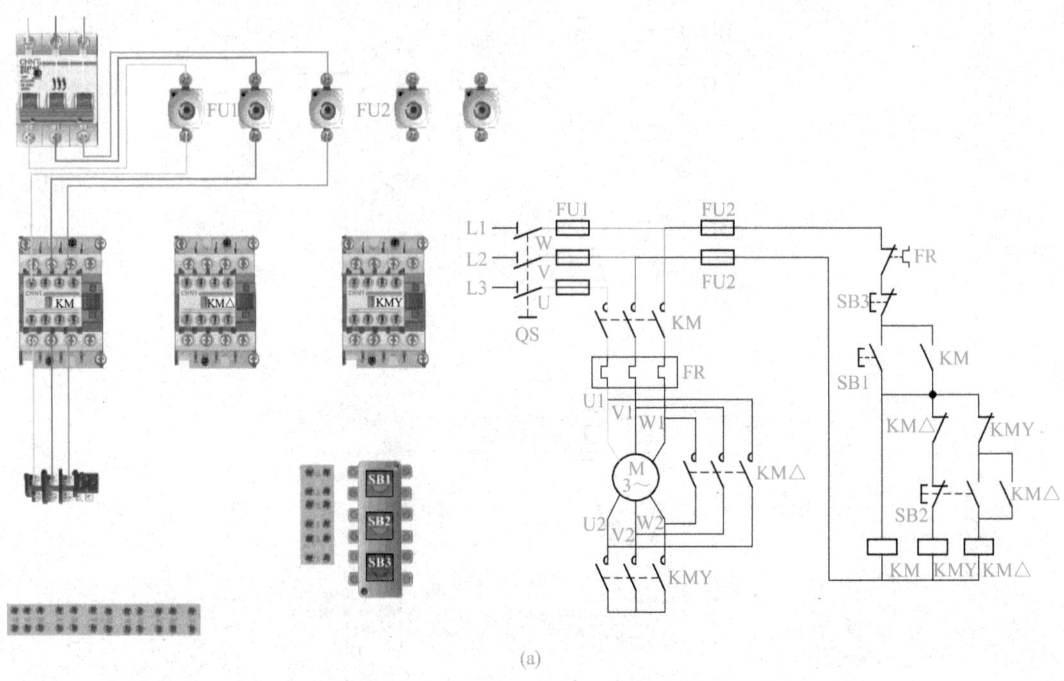

(a)

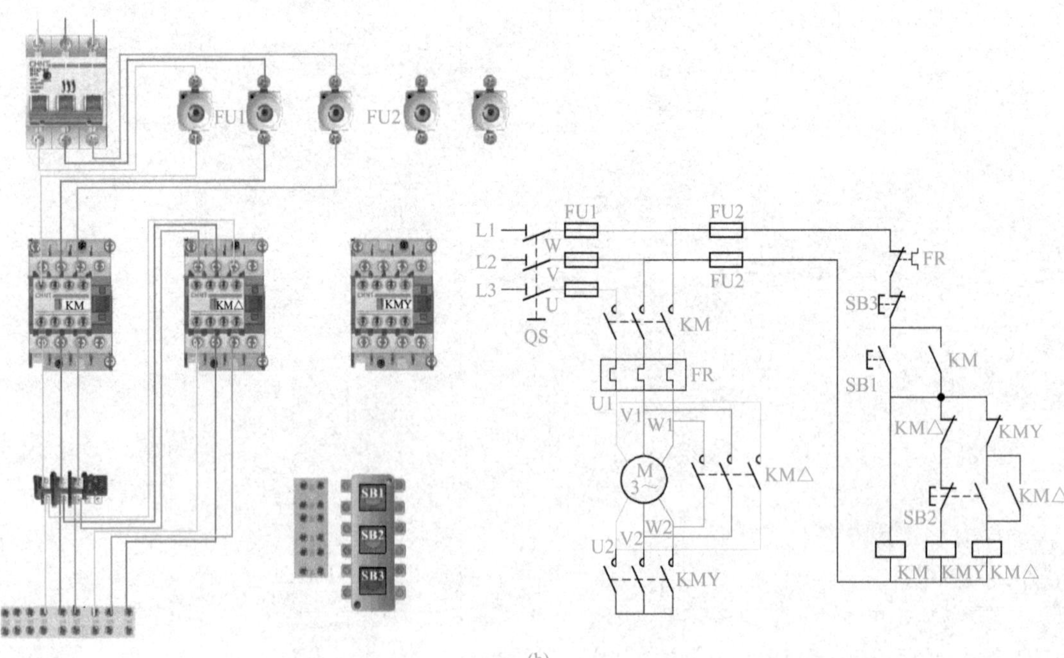

(b)

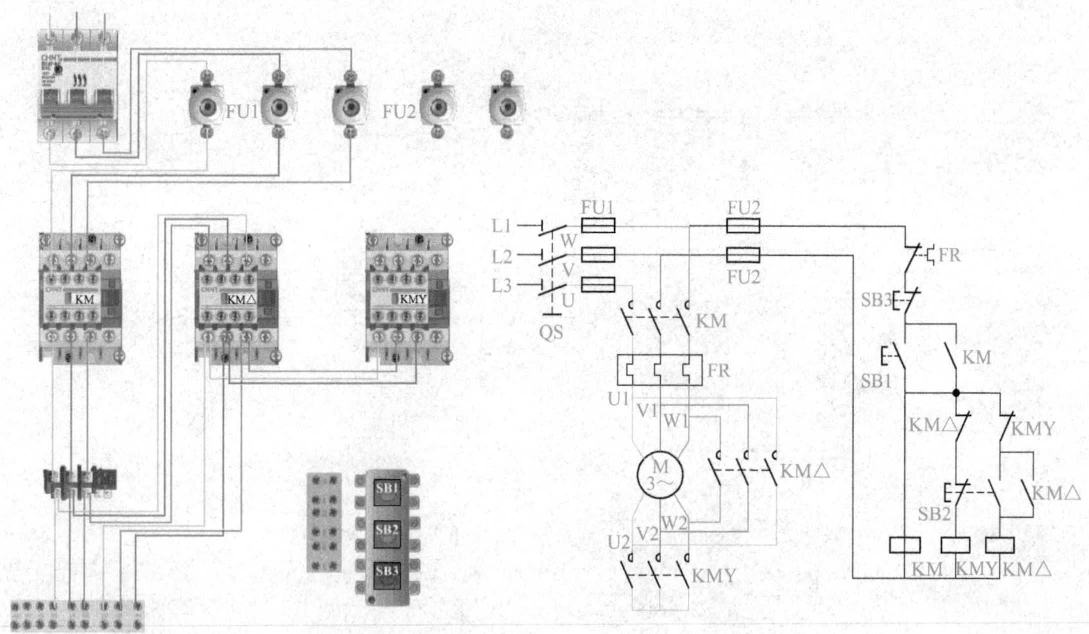

(c)

图4-71 主电路的实物接线

(2)控制电路的实物接线，如图4-72所示。

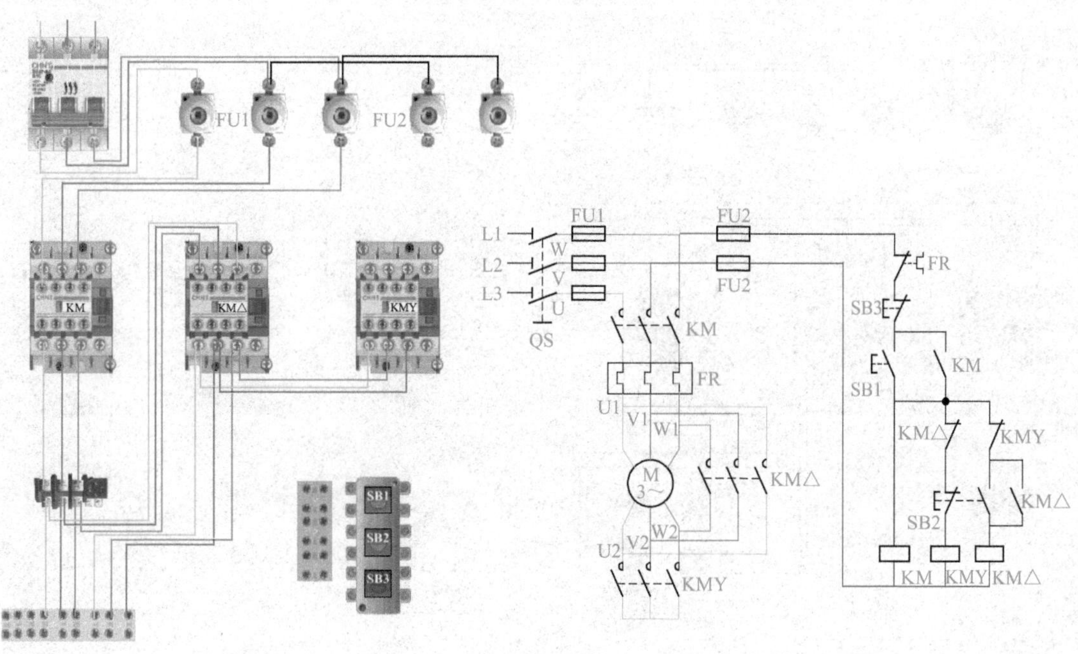

(a)

图4-72

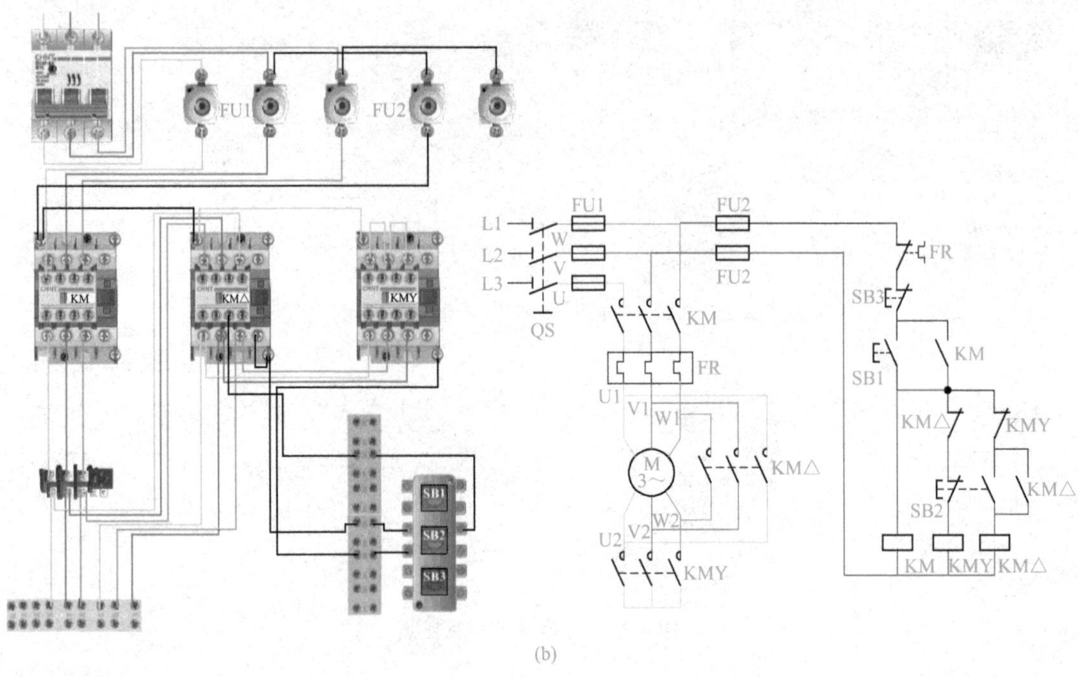

FU1
FU2
KM
KM△
KMY
SB1
SB2
SB3
L1
L2
L3
W
V
U
QS
FR
U1
V1
W1
M
3~
U2
V2
W2

(b)

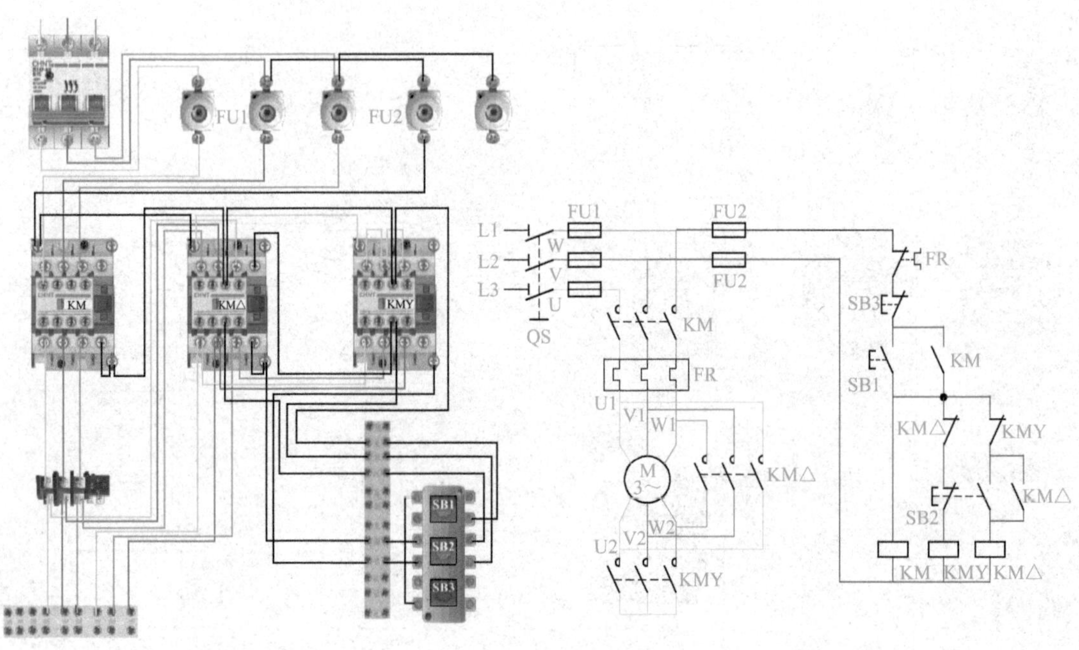

FU1
FU2
KM
KM△
KMY
SB1
SB2
SB3
L1
L2
L3
W
V
U
QS
FR
U1
V1
W1
M
3~
U2
V2
W2

(c)

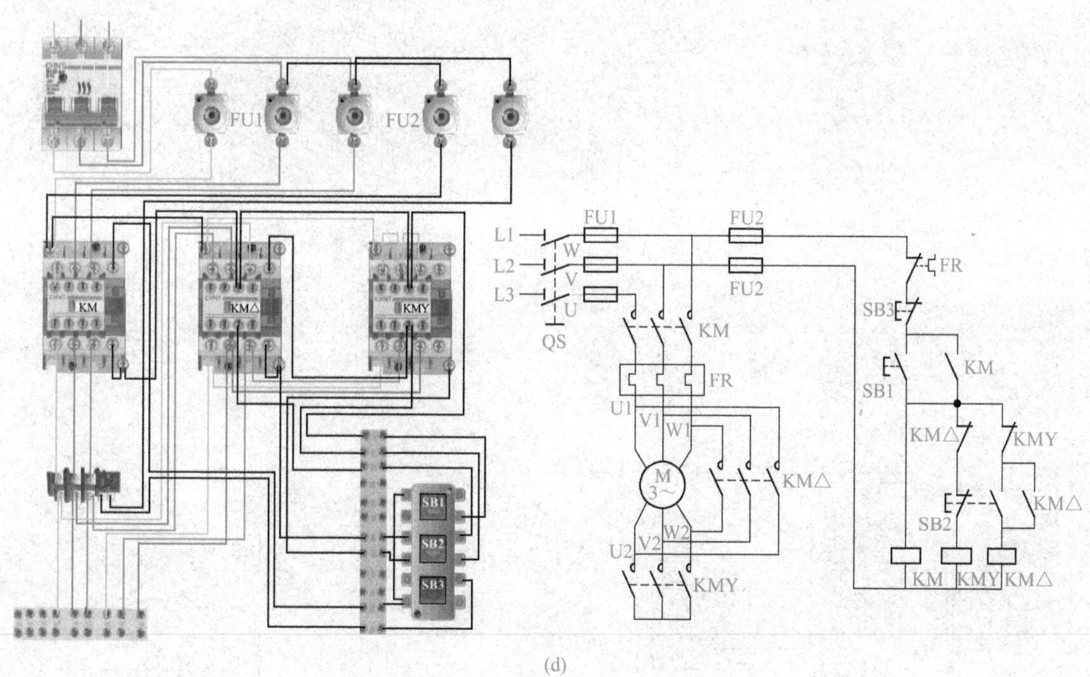

(d)

图4-72　控制电路的实物接线

（3）电动机的实物接线，如图4-73所示。

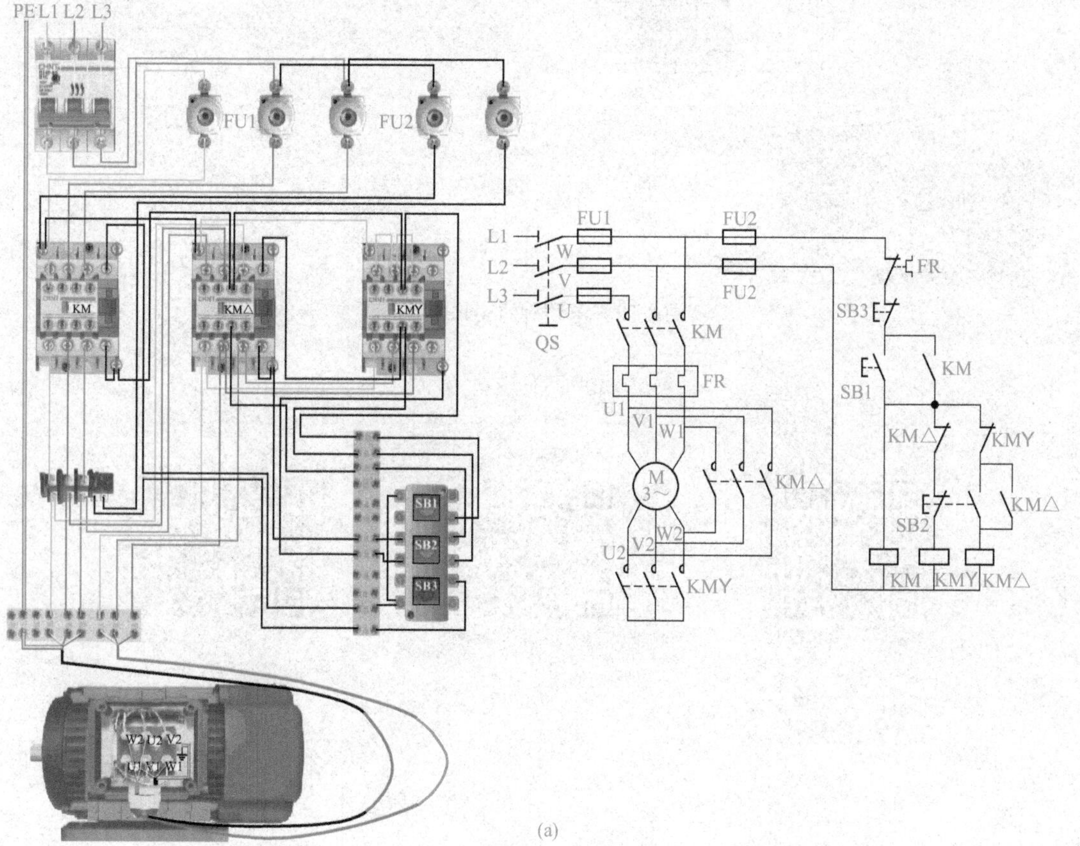

(a)

图4-73

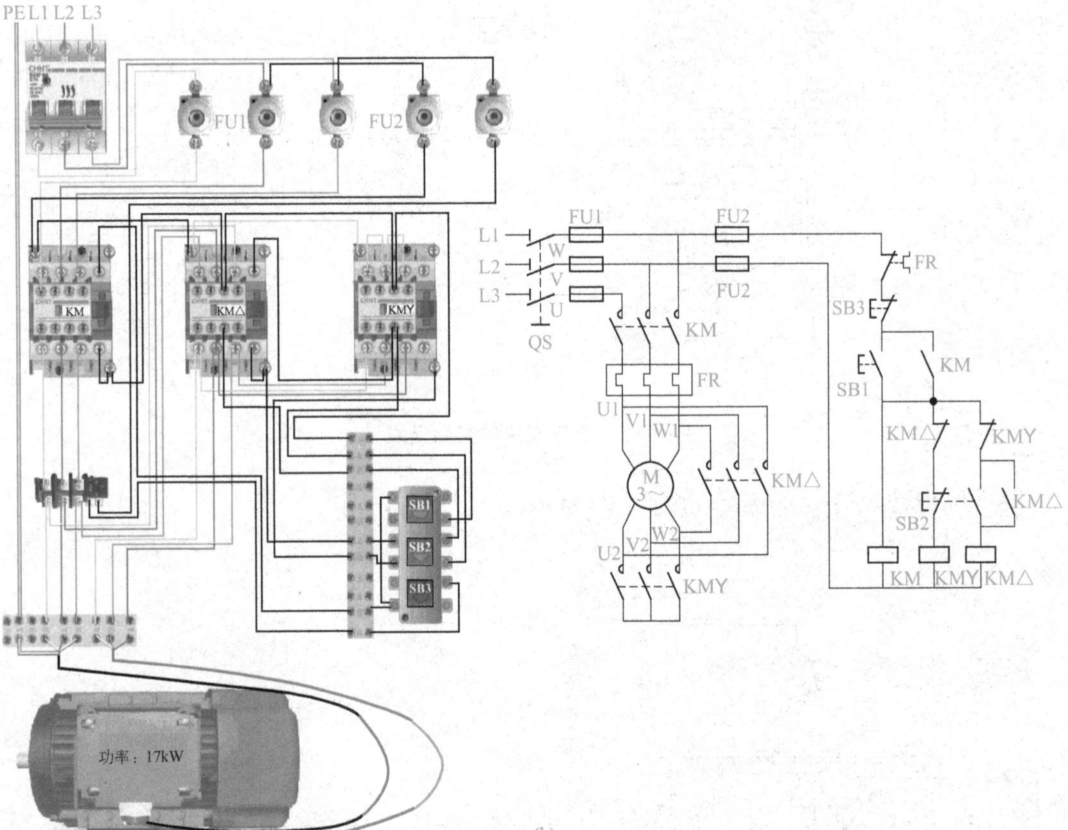

(b)

图4-73　电动机的实物接线

扫二维码观看实操视频。

四、安装与调试时间继电器控制Y—△减压启动线路

1. 时间继电器控制Y—△减压启动线路的原理图

时间继电器控制Y—△减压启动线路的原理图如图4-74所示。

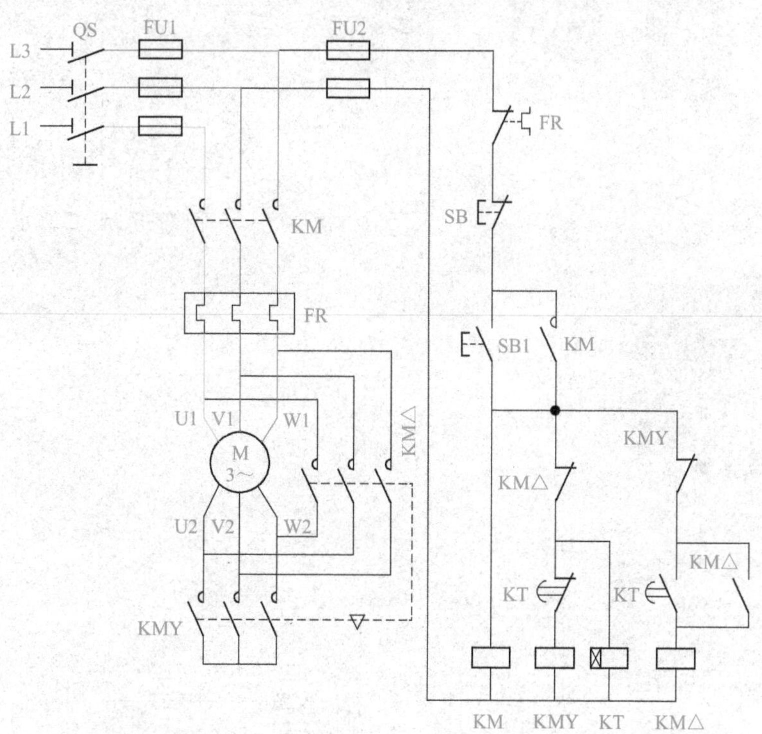

图4-74 时间继电器控制Y—△减压启动控制线路

2. 时间继电器控制Y—△减压启动线路的实物接线

(1) 主电路的实物接线，如图4-75所示。

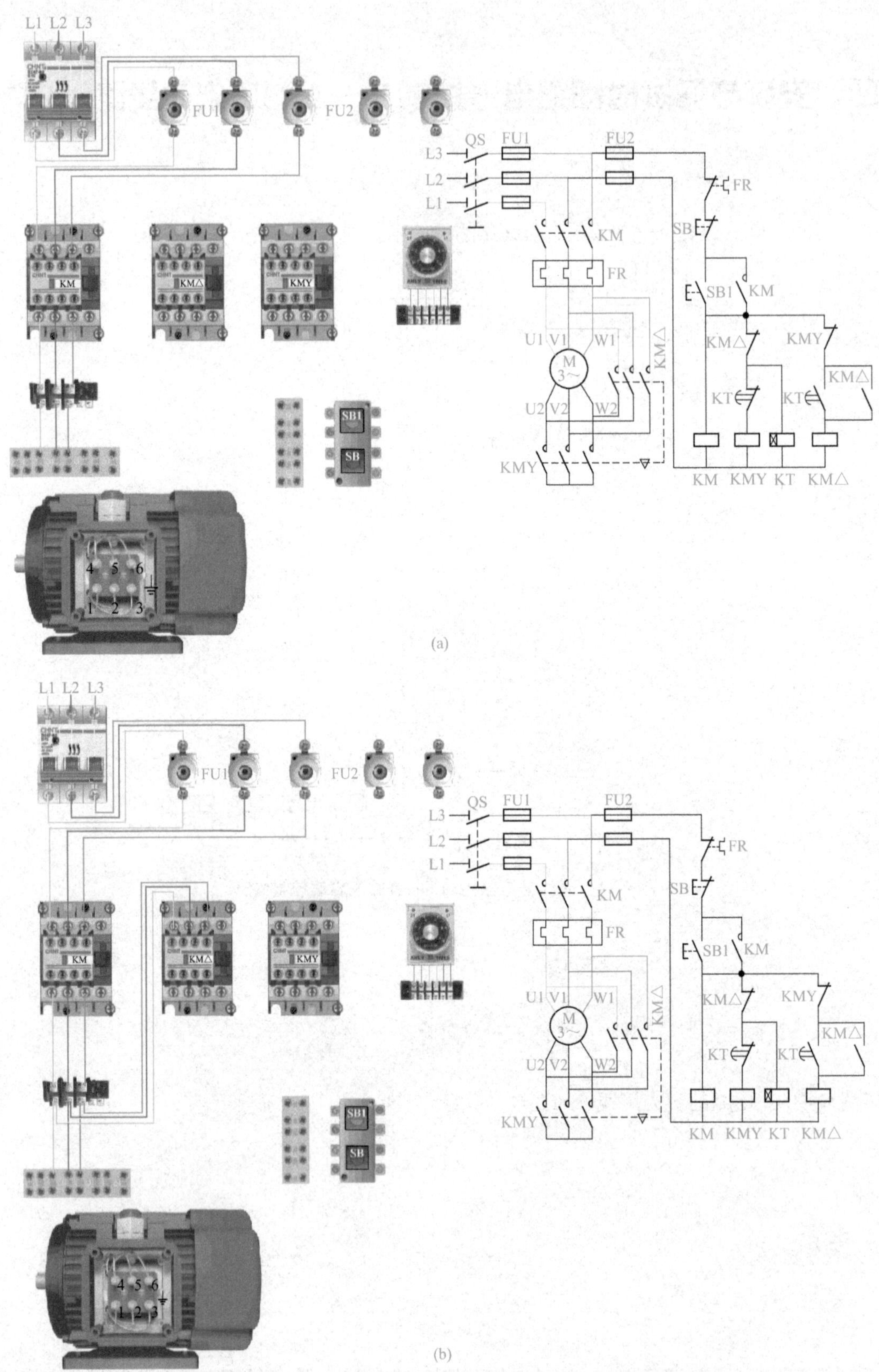
L1 L2 L3
FU1
FU2
KM
KM△
KMY
SB1
SB
4 5 6
1 2 3
QS
FU1
FU2
L3
L2
L1
FR
KM
FR
SB
SB1
KM
U1 V1 W1
M
3~
U2 V2 W2
KM△
KM△
KMY
KM△
KT
KT
KMY
KM KMY KT KM△
L1 L2 L3
FU1
FU2
KM
KM△
KMY
SB1
SB
4 5 6
1 2 3
QS
FU1
FU2
L3
L2
L1
FR
KM
FR
SB
SB1
KM
U1 V1 W1
M
3~
U2 V2 W2
KM△
KM△
KMY
KM△
KT
KT
KMY
KM KMY KT KM△

(a)

(b)

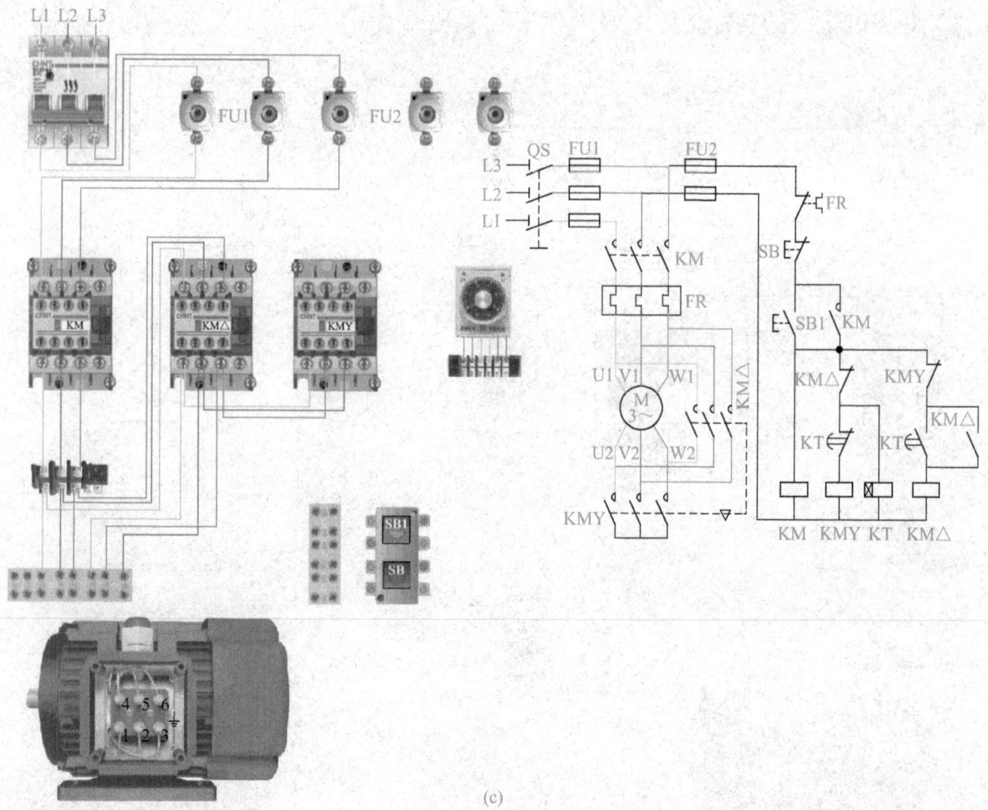

(c)

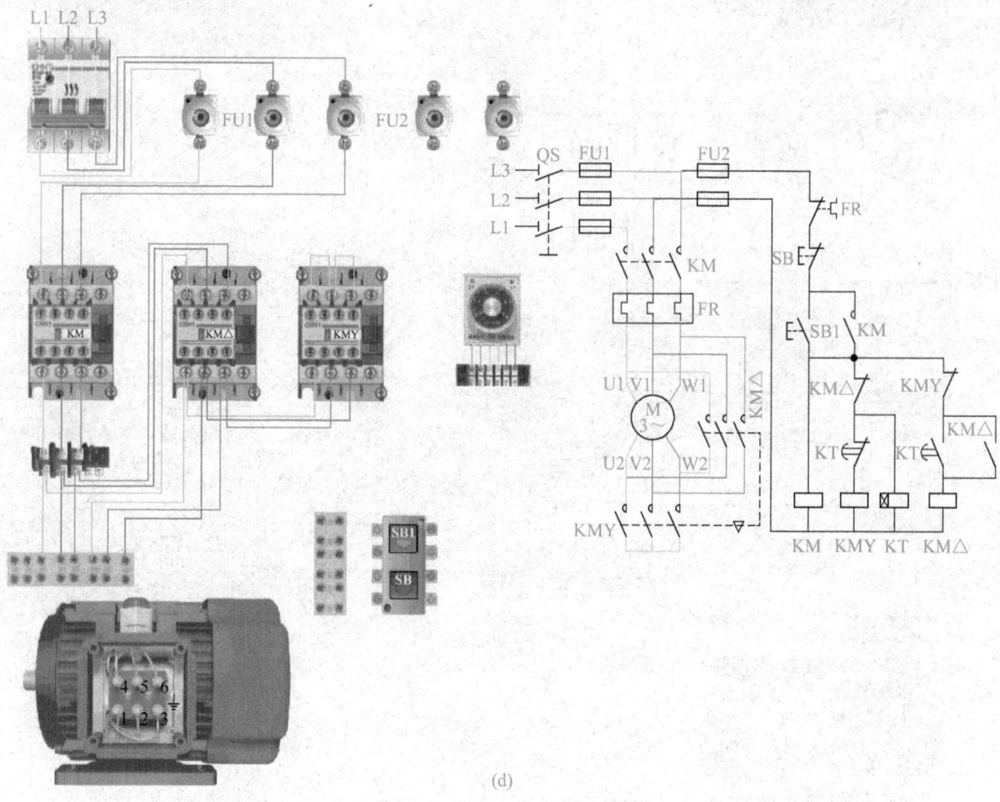

(d)

图4-75　主电路的实物接线

（2）控制电路的实物接线，如图4-76所示。

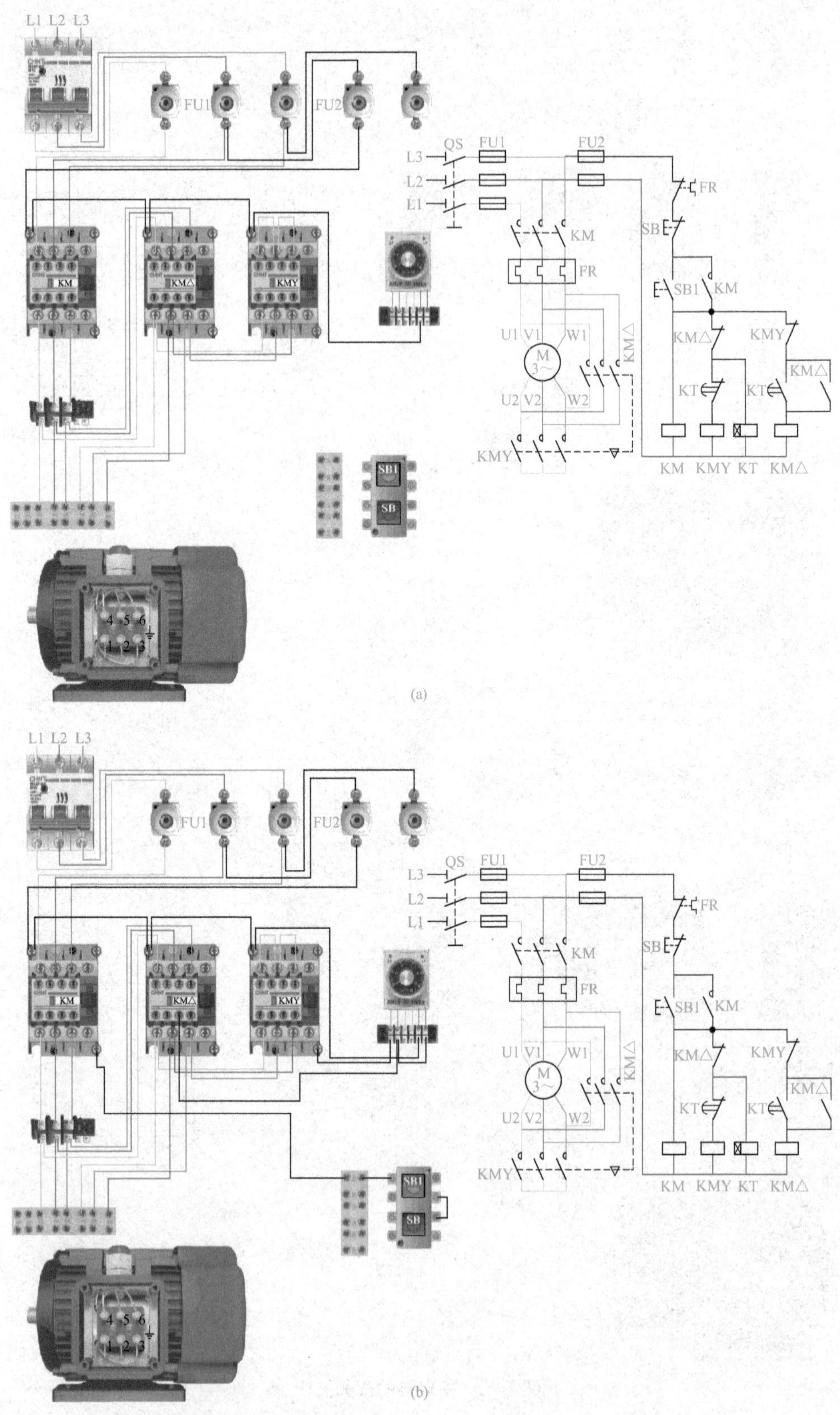

(a)

(b)

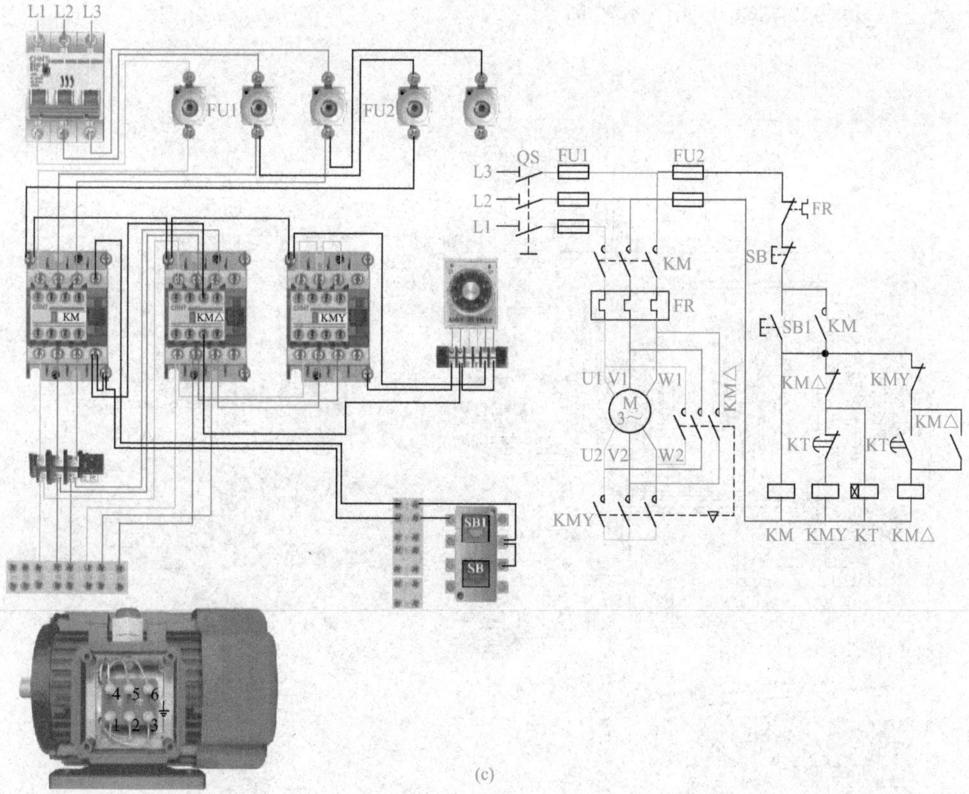

(c)

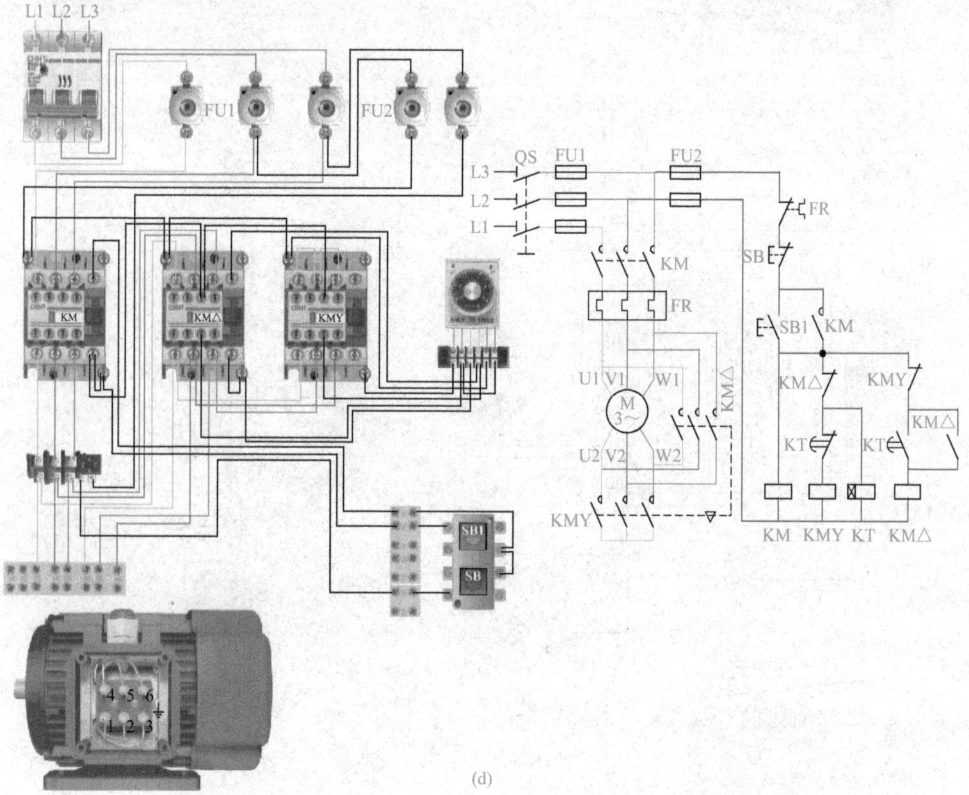

(d)

图4-76　控制电路的实物接线

（3）电动机的接线，如图4-77所示。

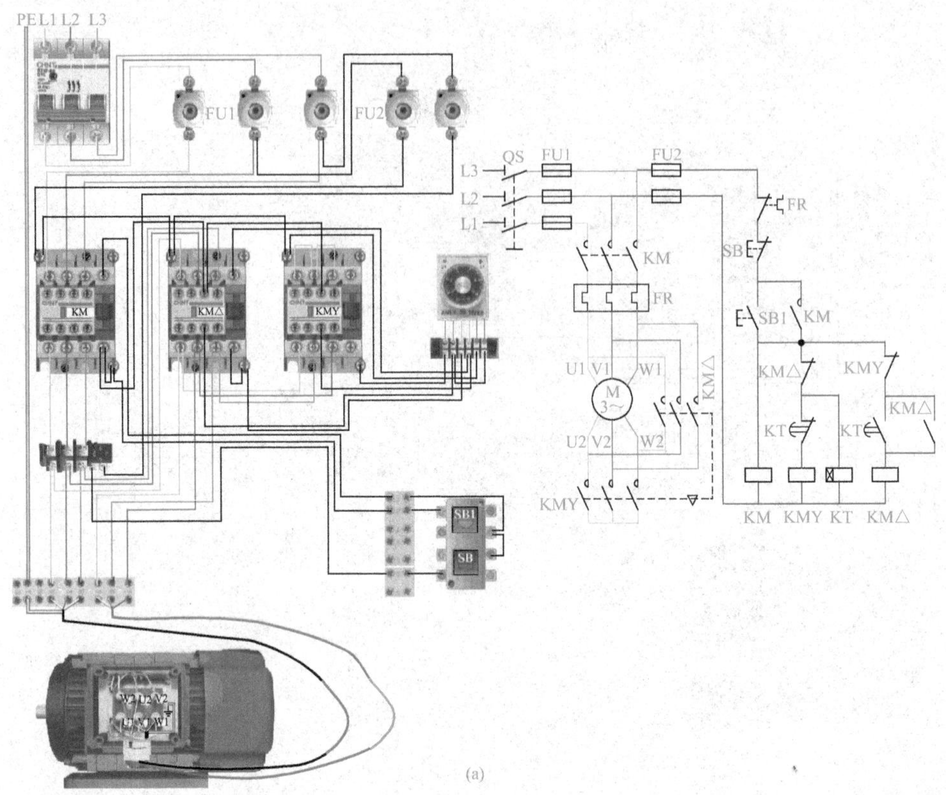

(a)

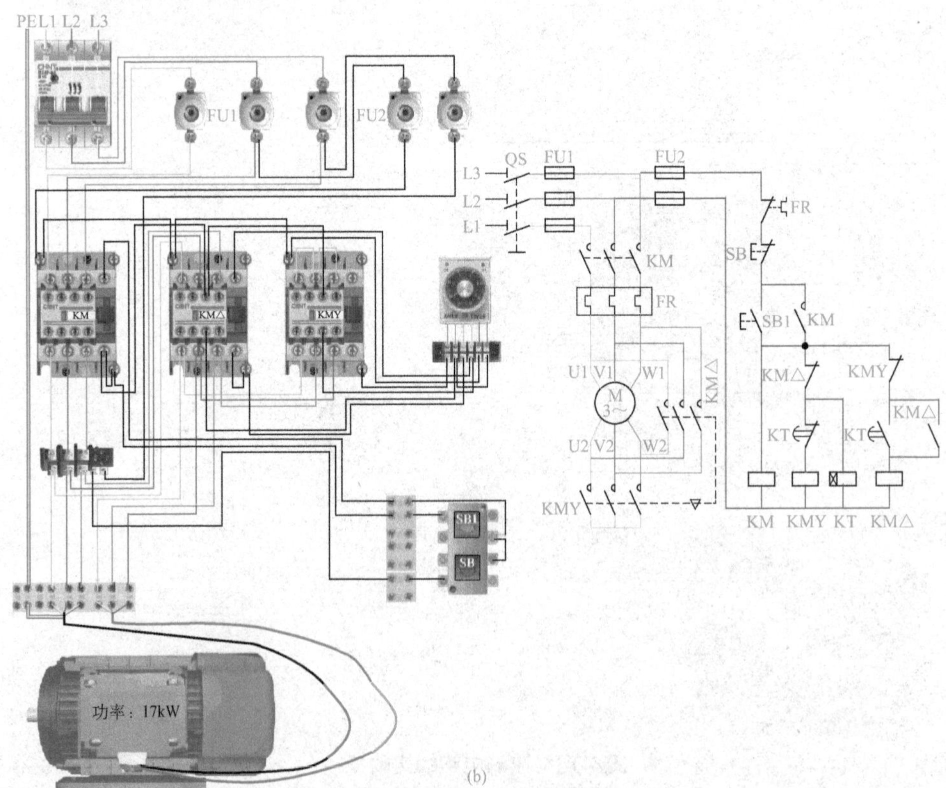

(b)

图4-77 电动机的接线

3. 时间继电器控制Y—△减压启动线路的通电试车

(1) 合上电源开关，如图4-78所示。

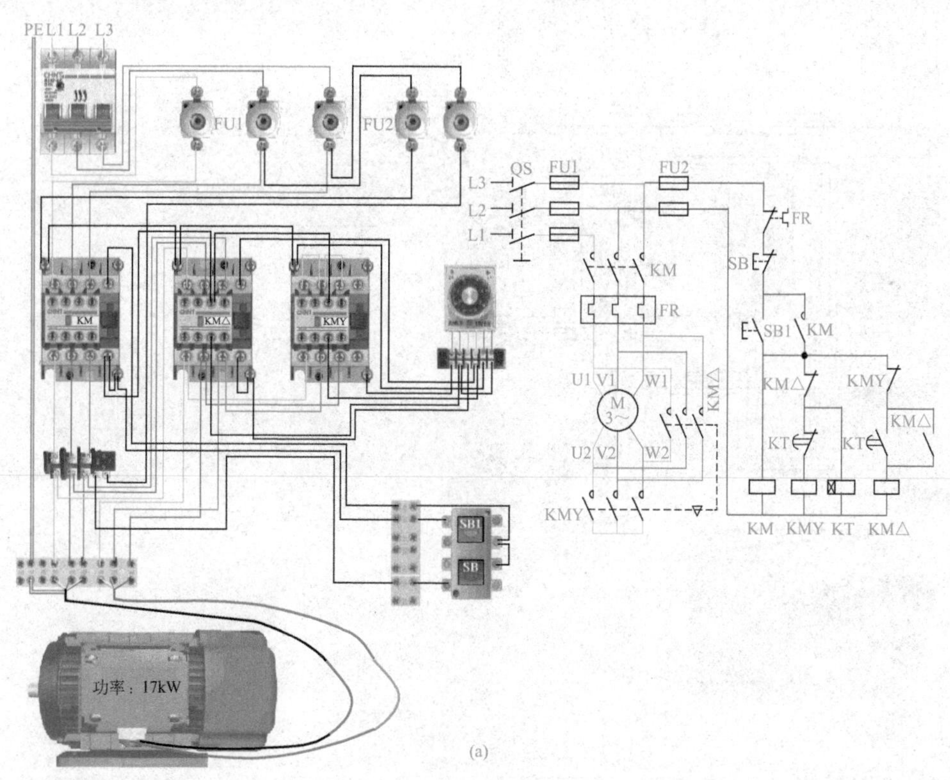

(a)

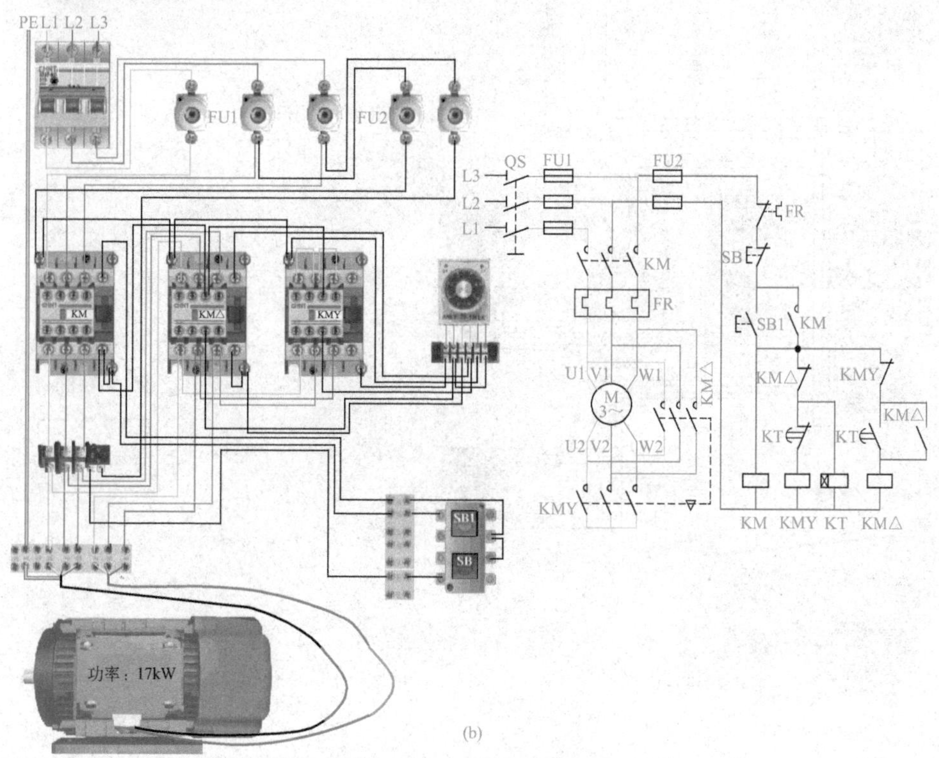

(b)

图4-78 试车准备

（2）按下SB1，电动机定子绕组星接启动，如图4-79所示。

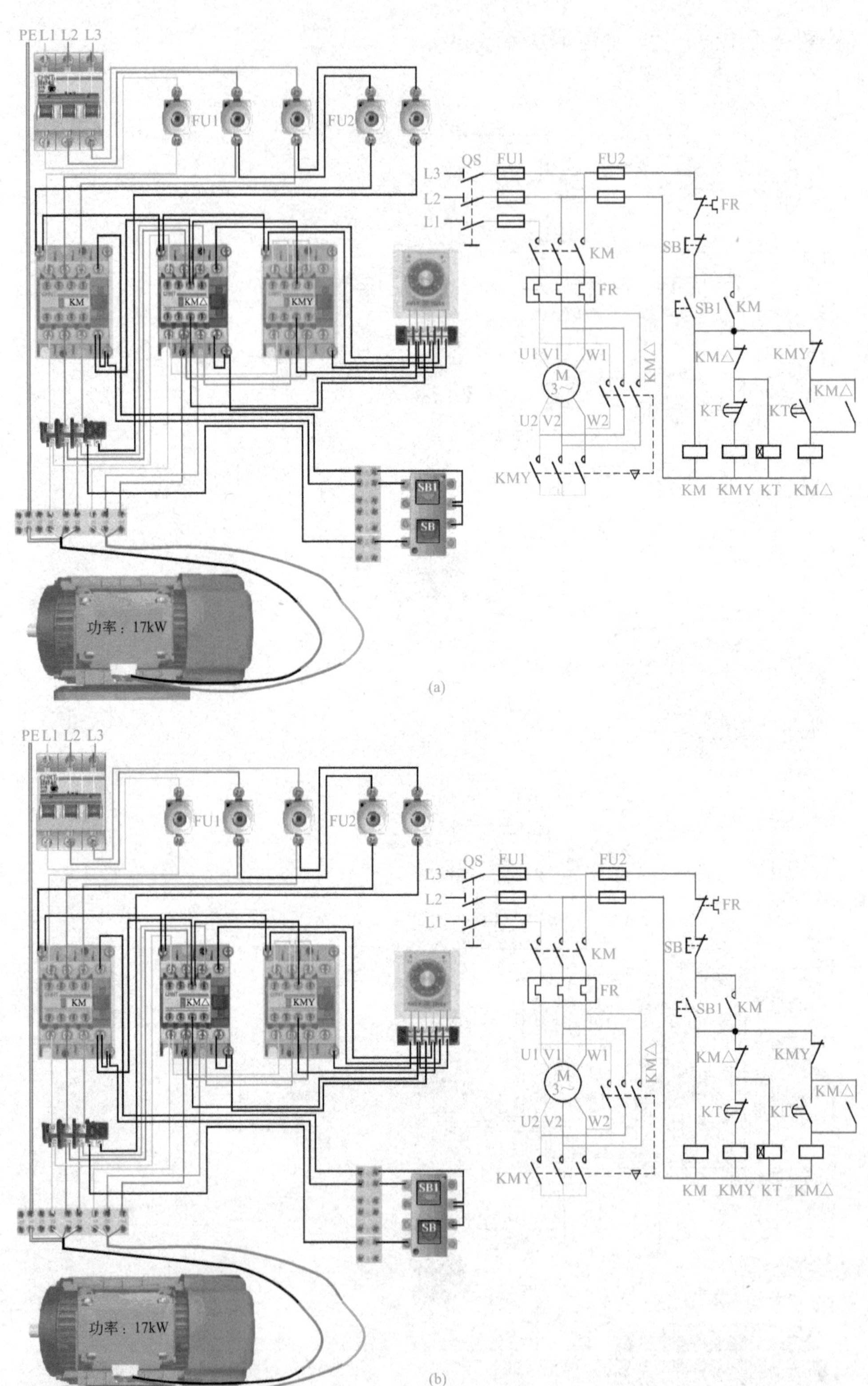

(a)

(b)

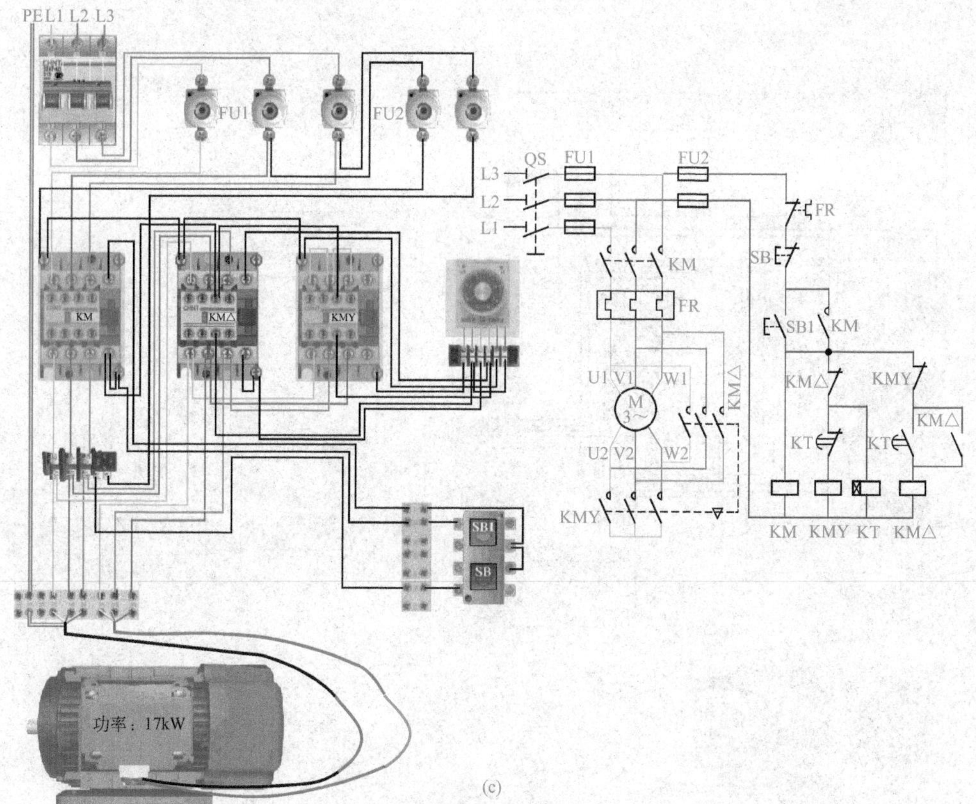

(c)

图4-79　电动机定子绕组星接启动

（3）达到时间继电器整定时间，电动机定子绕组角接运行，如图4-80所示。

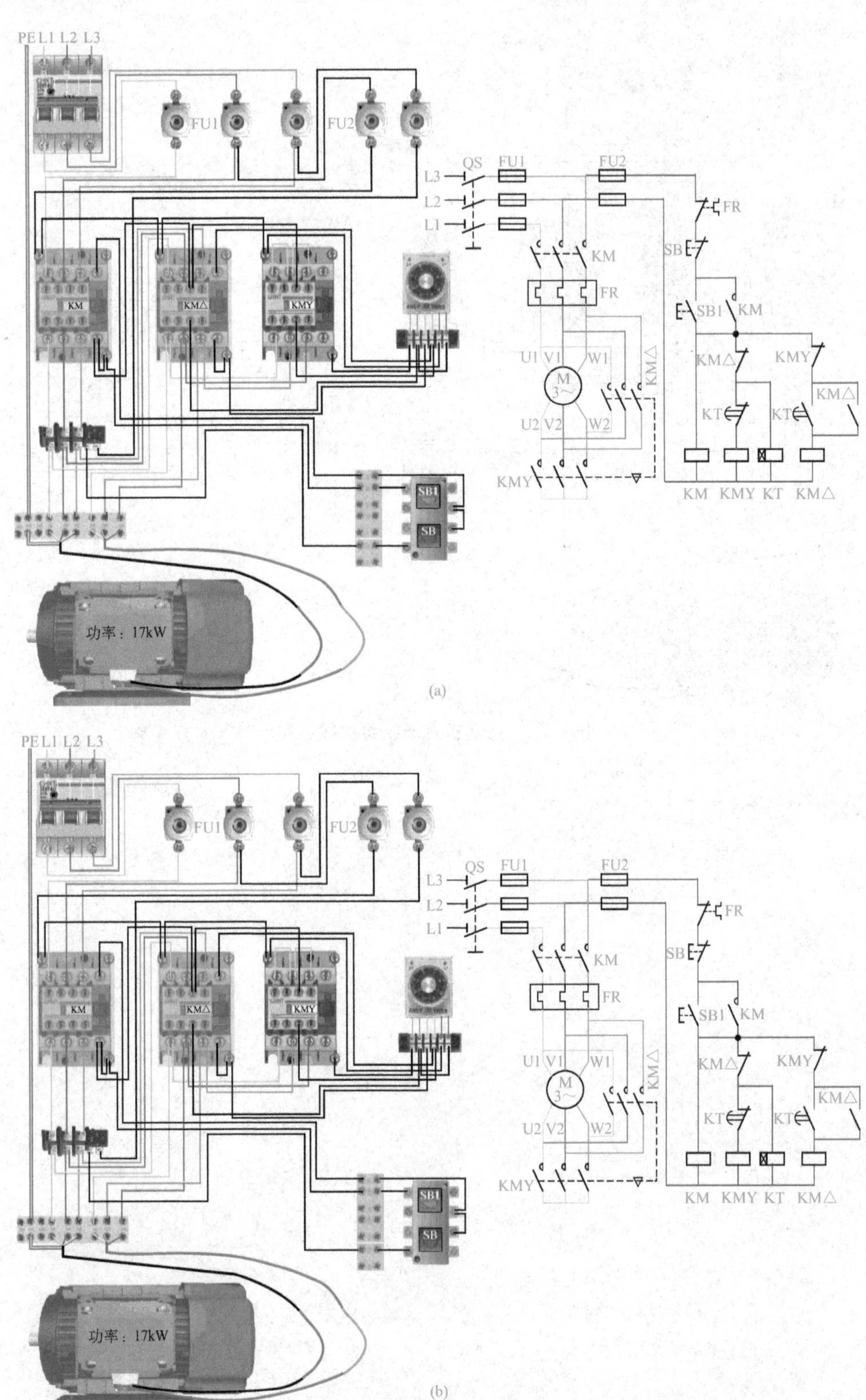

(a)

(b)

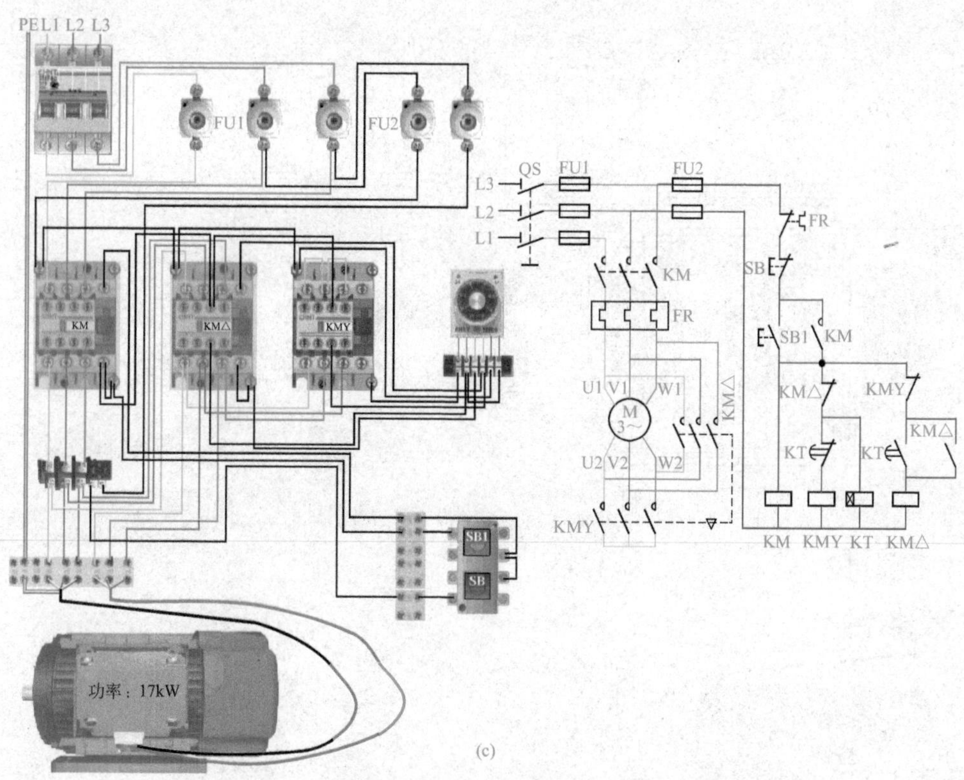

(c)

图4-80　电动机定子绕组角接运行

（4）按下SB，电动机停转，如图4-81所示。

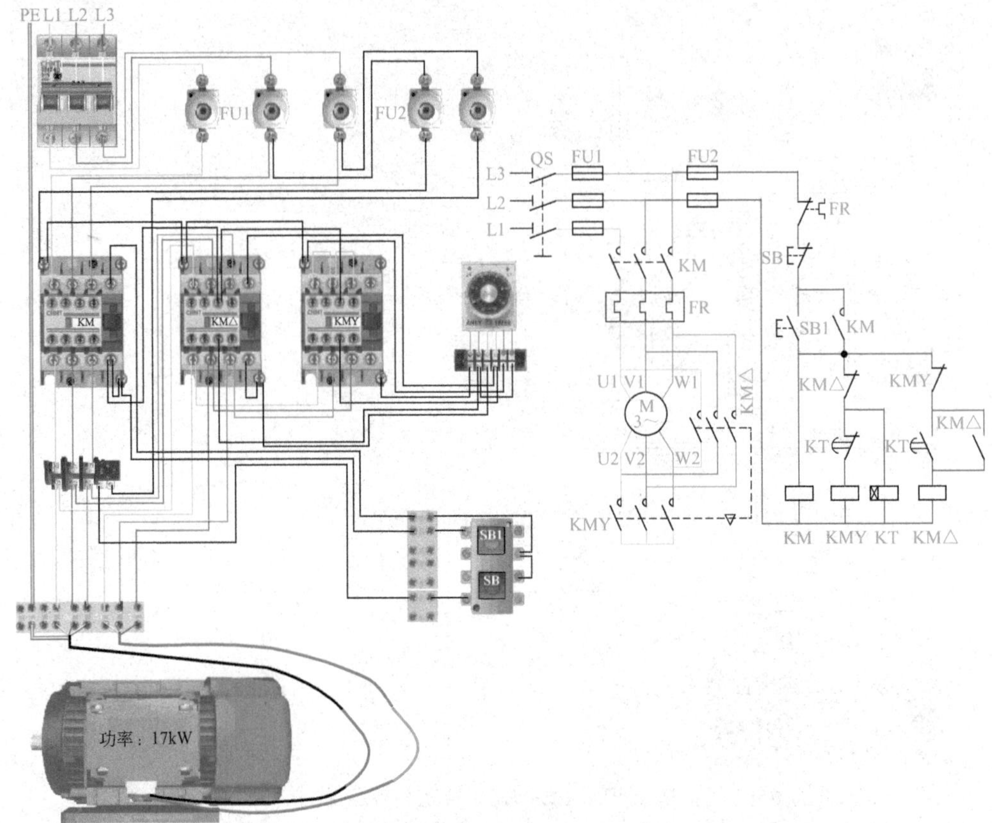

图4-81　电动机停转

第五章

05

Chapter

照明线路的安装

一、白炽灯照明线路的安装

1. 白炽灯的构造

白炽灯由灯丝、玻璃壳、玻璃支架、引线、灯头等组成，如图5-1所示。

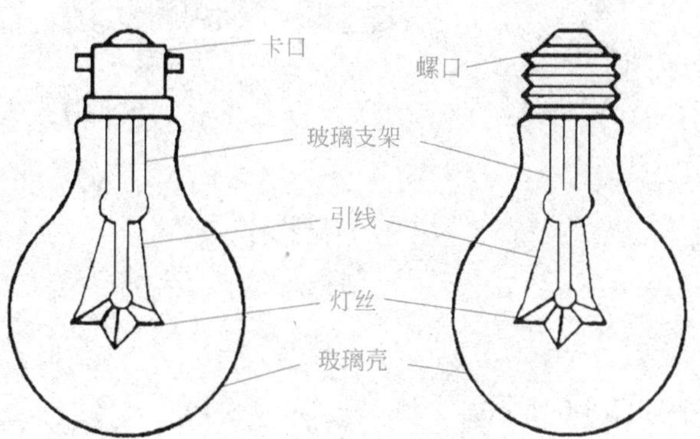

图5-1　白炽灯的构造

2. 白炽灯在电路中的符号

白炽灯在电路中的符号如图5-2所示。

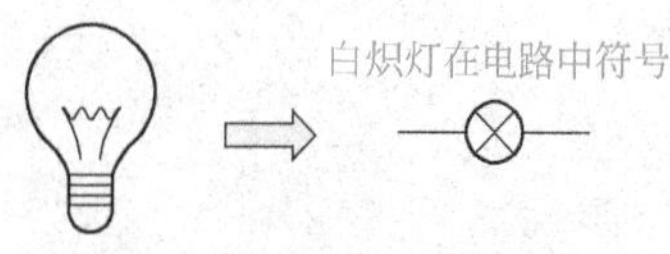

图5-2　白炽灯在电路中的符号

3. 开关在电路中的符号

（1）单联开关的结构、在电路中的图形符号以及接线如图5-3所示。

(a) 单联开关内部结构

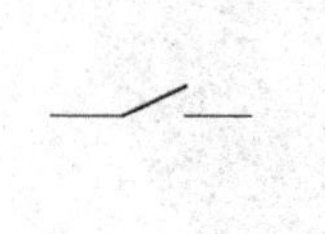

(b) 单联开关的图形符号

(c) 单联开关的接线

图5-3　单联开关

（2）双联开关的结构、在电路中的图形符号以及接线如图5-4所示。

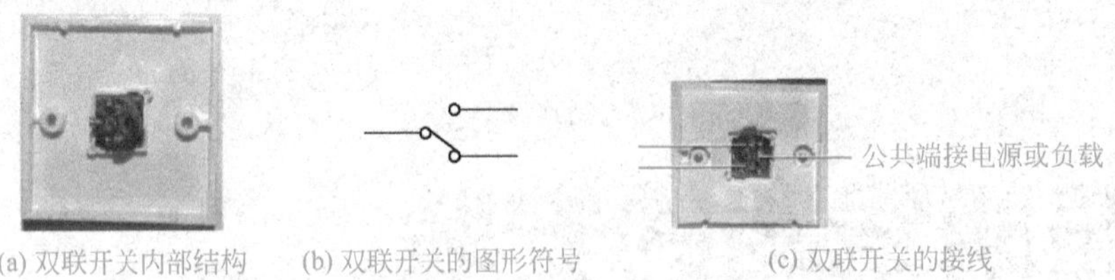

(a) 双联开关内部结构　(b) 双联开关的图形符号　(c) 双联开关的接线

图5-4　双联开关

（3）拉线开关

常用拉线开关如图5-5所示。

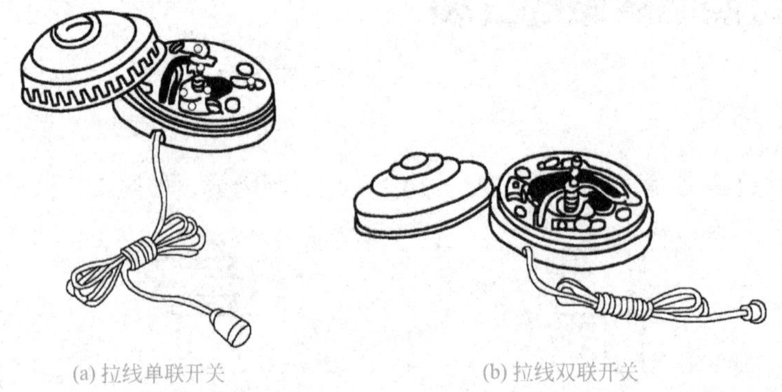
(a) 拉线单联开关　(b) 拉线双联开关

图5-5　拉线开关

4. 白炽灯的灯座

（1）螺口灯座头如图5-6所示。

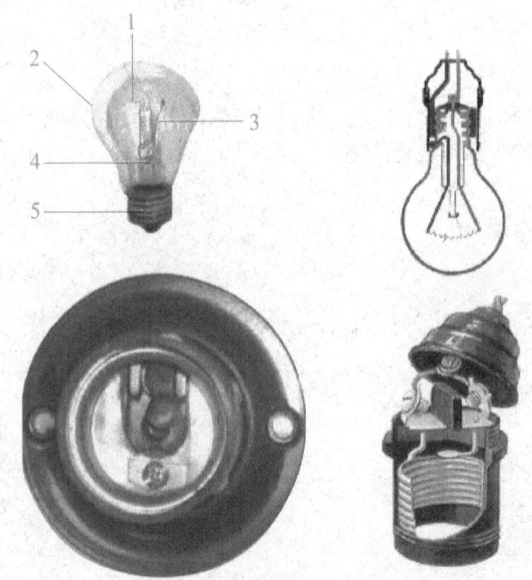

图5-6　螺口灯座

1—灯丝；2—灯壳；3—引线；4—玻璃支架；5—螺口灯头

（2）卡口灯座头如图5-7所示。

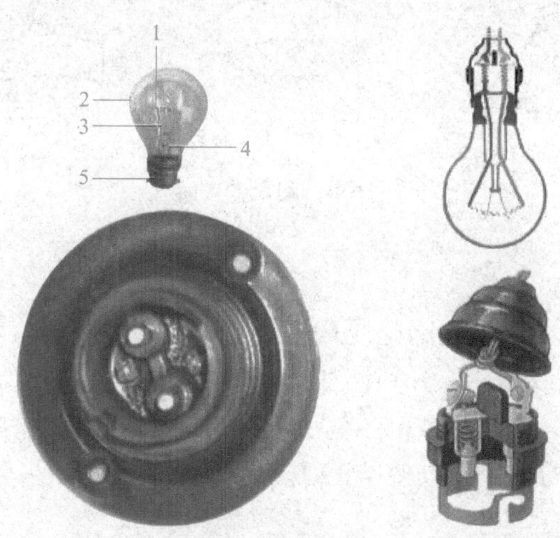

图5-7　卡口灯座

1—灯丝；2—灯壳；3—引线；4—玻璃支架；5—卡口灯头

5. 螺口灯座安装

螺口灯座的安装如图5-8所示。

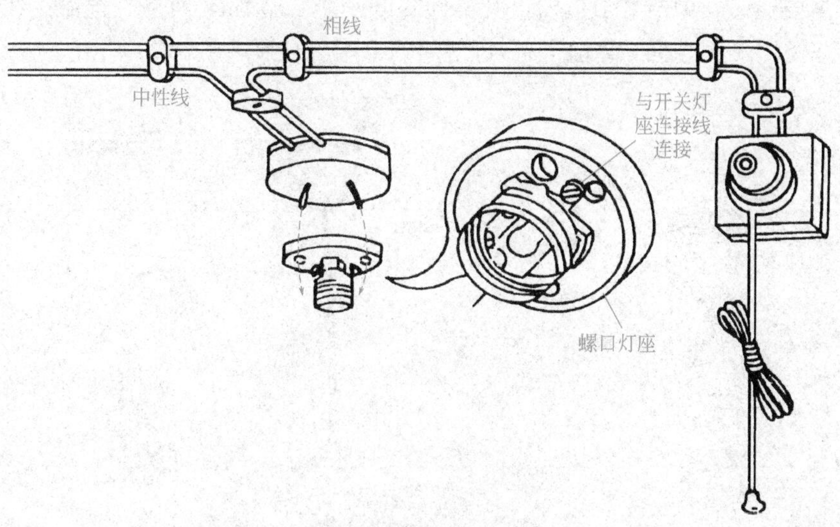

图5-8　螺口灯座的安装

6. 吊灯灯座的安装

（1）安装圆木

如图5-9所示，先在准备安装吊线盒的地方打孔，预埋木榫或尼龙胀管。在圆木底面用电工刀刻两条槽，在圆木中间钻三个小孔，然后将两根电源线端头分别嵌入圆木的两条槽内，并从两边小孔穿出，最后用木螺钉从中间小孔中将圆木紧固在木榫或尼龙胀管上。

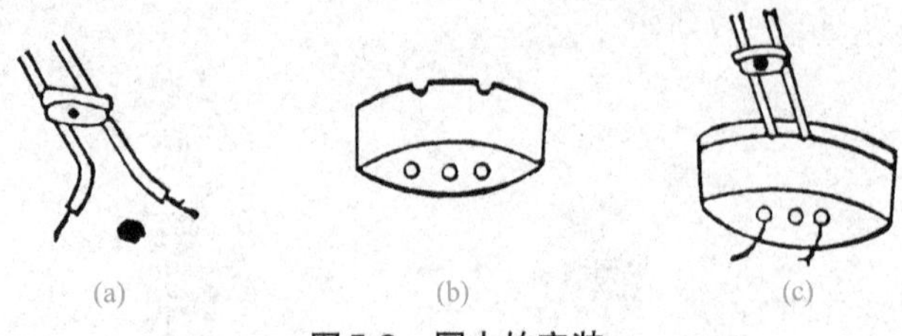

图5-9 圆木的安装

（2）安装吊线盒

如图5-10所示，先将圆木上的电线从吊线盒底座孔中穿出，用木螺钉将吊线盒紧固在圆木上。将穿出的电线剥头，分别接在吊线盒的接线柱上。按灯的安装高度取一段软电线，作为吊线盒和灯头的连接线，将上端接在吊线盒的接线柱上，下端准备接灯头。在离电线上端约5cm处打一个结，使结正好卡在接线孔里，以便承受灯具重量。

（3）安装灯头

如图5-11所示，旋下灯头盖，将软线下端穿入灯头盖孔中。在离线头约3mm处也打一个结，把两个线头分别接在灯头的接线柱上，然后旋上灯头盖。若是螺口灯头，相线应接在与中心铜片相连的接线柱上，否则容易发生触电事故。

在一般环境下灯头离地高度不低于2m，潮湿、危险场所不低于2.5m，如因生活、工作和生产需要而必须把电灯放低时，其离地高度不能低于1m，且应在电源引线上加绝缘管保护，并使用安全灯座。离地不足1m使用的电灯，必须采用36V以下的安全灯。

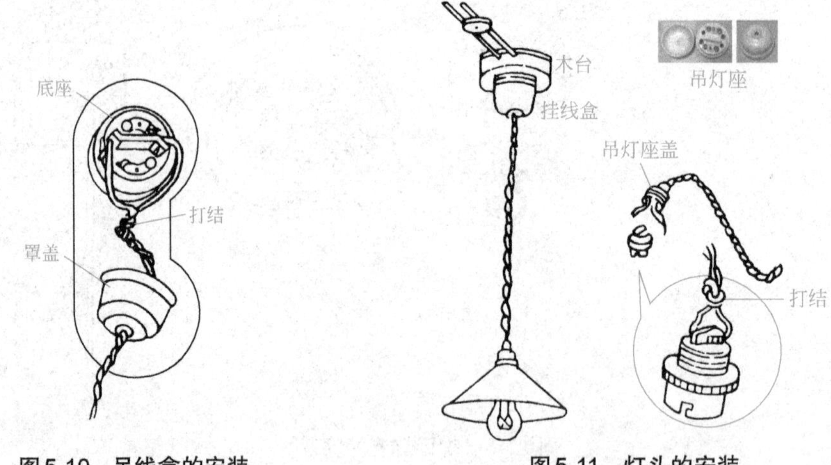

图5-10 吊线盒的安装　　图5-11 灯头的安装

7. 安装开关

控制白炽灯的开关应串接在相线上，即相线通过开关再进灯头。一般拉线开关的安装高度离地面2.5m，扳动开关（包括明装或暗装）离地高度为1.4m。安装扳动开关时，方向要一致，一般向上为“合”，向下为“断”。

安装拉线开关或明装扳动开关的步骤和方法与安装吊线盒大体相同，先安装圆木，

再把开关安装在圆木上，如图5-12所示。

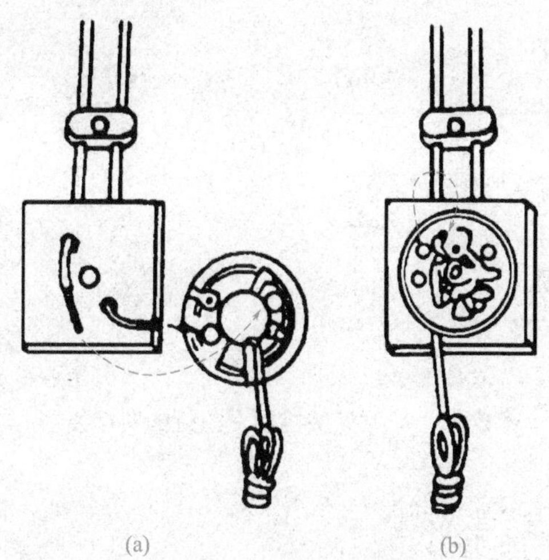

图5-12　开关的安装

常用开关如图5-13所示。

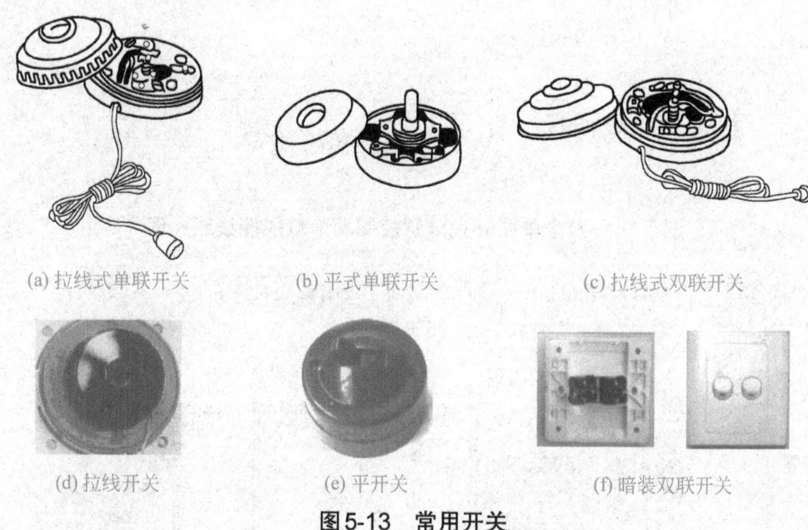

图5-13　常用开关

8. 单联开关控制白炽灯接线

（1）单联开关控制白炽灯接线原理图如图5-14所示。

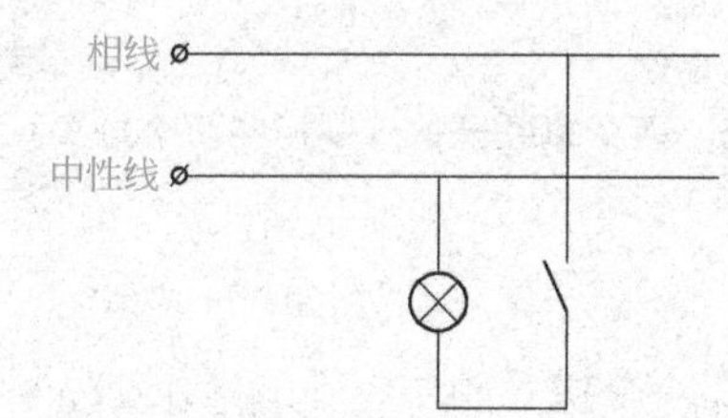

图5-14　单联开关控制白炽灯接线原理图

(2) 单联开关控制白炽灯的实际接线如图5-15所示。

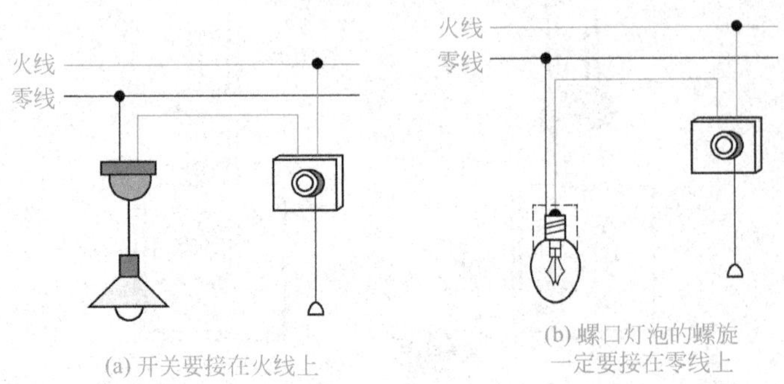

图5-15 单联开关控制白炽灯的实际接线

9. 两个单联开关分别控制两个灯

(1) 两个单联开关分别控制两个灯的接线原理图如图5-16所示，多个开关及多个灯可以延伸接线。

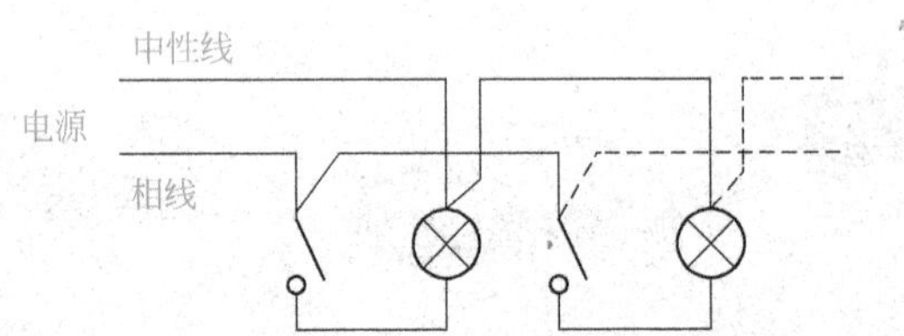

图5-16 两个单联开关分别控制两个灯的接线原理图

(2) 两个单联开关分别控制两个灯实际接线如图5-17所示。

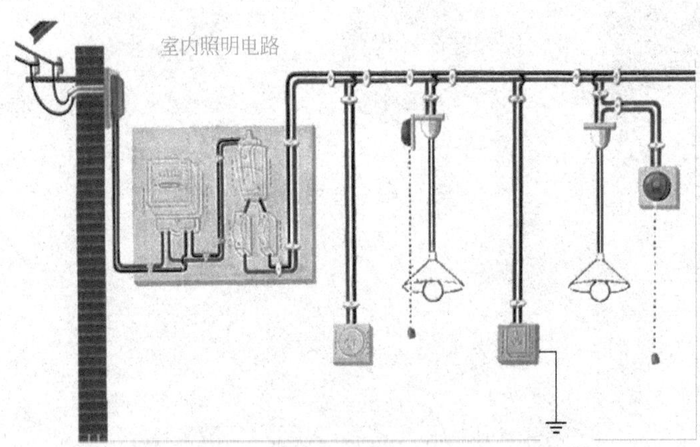

图5-17 两个单联开关分别控制两个灯实际接线

10. 两个双联开关在两地控制一盏灯

两个双联开关在两地控制一盏灯，原理图如图5-18（a）所示；接线示意图如图5-18（b）所示；实物接线如图5-18（c）所示。

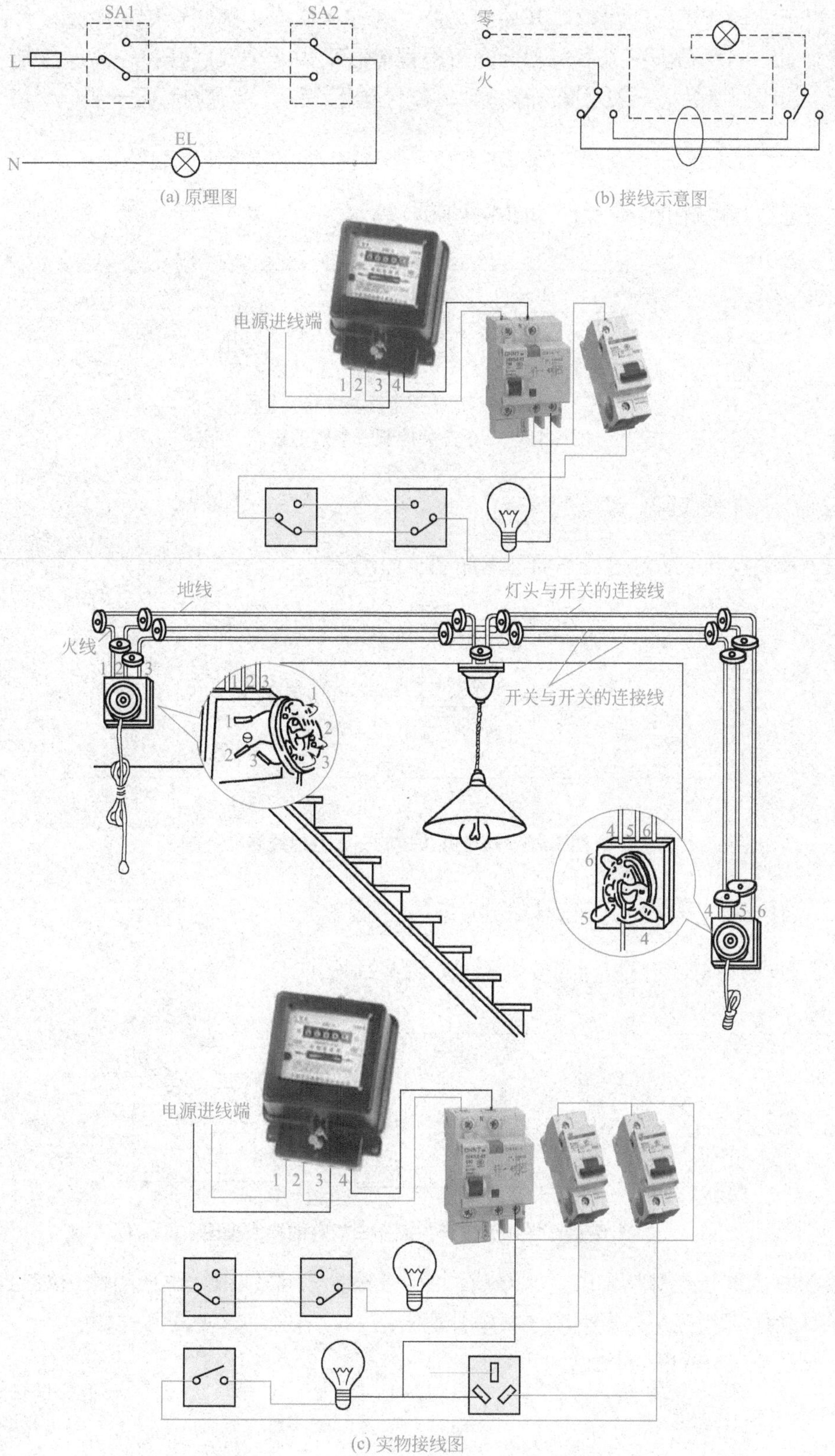

SA1 SA2
L
N
EL

(a) 原理图

零
火

(b) 接线示意图

电源进线端
1 2 3 4

地线
灯头与开关的连接线
火线
开关与开关的连接线
1 2 3
4 5 6

电源进线端
1 2 3 4

(c) 实物接线图

图5-18 两个双联开关在两地控制一盏灯

可用于楼梯或走廊两端都能开关的场所，现在楼梯或走廊广泛使用声光控灯。但在居室装修时，门厅和卧室或书房和卧室可根据需要采用两个双联开关在两地控制一盏灯的接线。接线口诀是：开关之间三条线，零线经过不许断，电源与灯各一边。

11. 三个开关控制一盏灯的线路

在三处控制电灯的线路原理如图5-19所示。

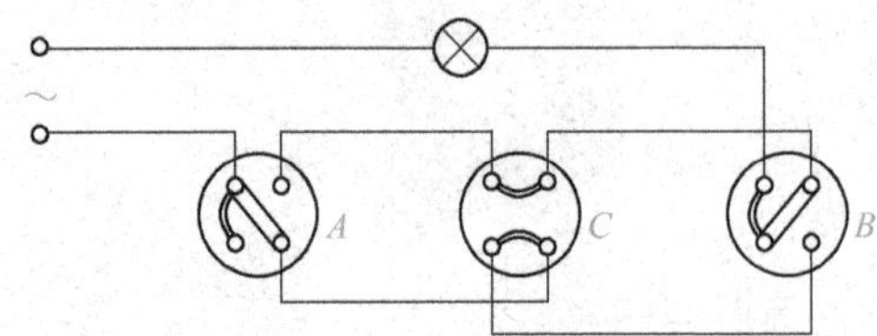

图5-19　三个开关控制一盏灯的线路

12. 四个开关控制一盏灯

四个开关控制一盏灯的线路原理图如图5-20所示。

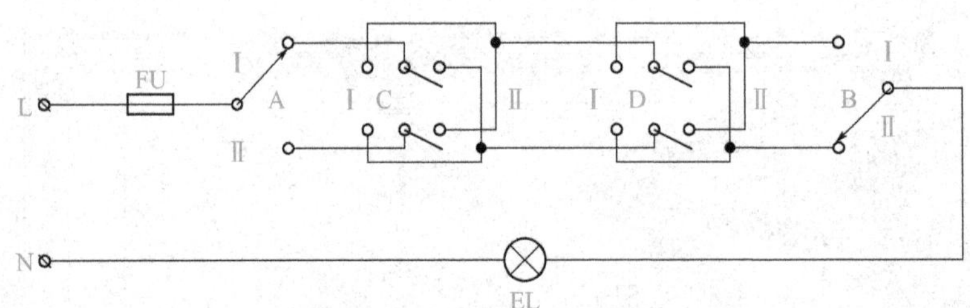

图5-20　四个开关控制一盏灯的线路

13. 数码分段开关控制白炽灯的接线

数码分段开关控制白炽灯的接线原理如图5-21所示。

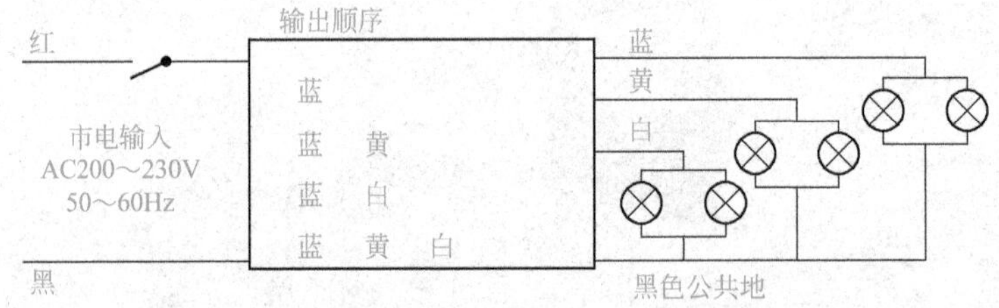

图5-21　数码分段开关控制白炽灯的接线理图

接线时，首先把灯具中的灯泡分成三组，分别是：蓝线组、黄线组和白线组。然后按图5-21所示连接电路，灯亮顺序（每开启一次）为：蓝色→（蓝色+黄色）→（蓝色+白色）→（蓝色+黄色+白色）

14. 光源的发展

白炽灯的发明使人类从此告别了黑暗，迎来了光明，但是白炽灯太耗电了，它大概

只有不到十分之一的能量才变成了光能，其它都是热能白白的被浪费掉了，所以人们都在想办法要用新的光源来替代白炽灯，至此节能灯就应运而生了。由于它相比而言便宜又好制作，所以就得到了广泛应用。节能灯取代白炽灯被称为照明领域的第二次革命，同时，LED照明产品以更加优质的性能取代传统节能灯也是一种趋势，被称为照明领域的第三次革命。

（1）白炽灯

白炽灯是将灯丝通电加热到白炽状态，利用热辐射发出可见光的电光源。不同用途和要求的白炽灯，其结构和部件不尽相同。白炽灯的光效虽低，但光色和集光性能好，是产量最大，应用最广泛的电光源。

（2）节能灯

节能灯又称为省电灯泡、电子灯泡、紧凑型荧光灯及一体式荧光灯，是指将荧光灯与镇流器组合成一个整体的照明设备。节能灯的尺寸与白炽灯相近，与灯座的接口也和白炽灯相同，所以可以直接替换白炽灯。节能灯的光效比白炽灯高得多，同样照明条件下，前者所消耗的电能要少得多，所以被称为节能灯。如图5-22所示。

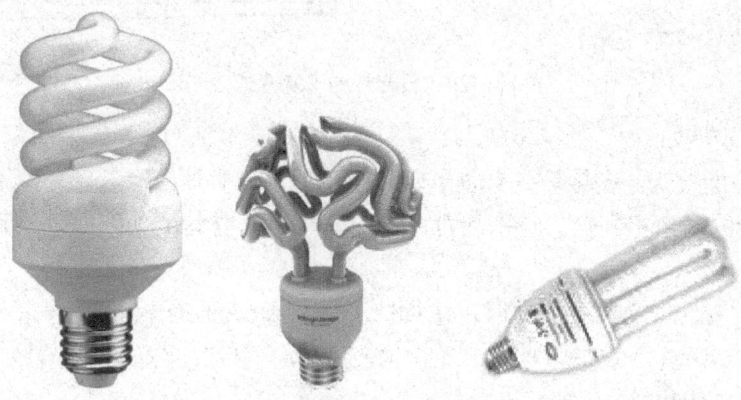

图5-22　节能灯

（3）LED灯

LED又称发光二极管，它们利用固体半导体芯片作为发光材料，当两端加上正向电压，半导体中的载流子发生复合，放出过剩的能量而引起光子发射产生可见光。如图5-23所示。

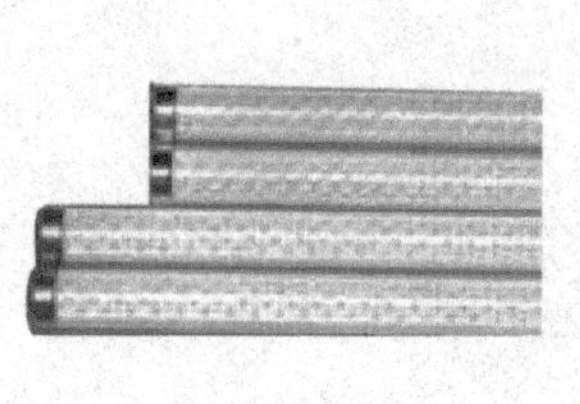

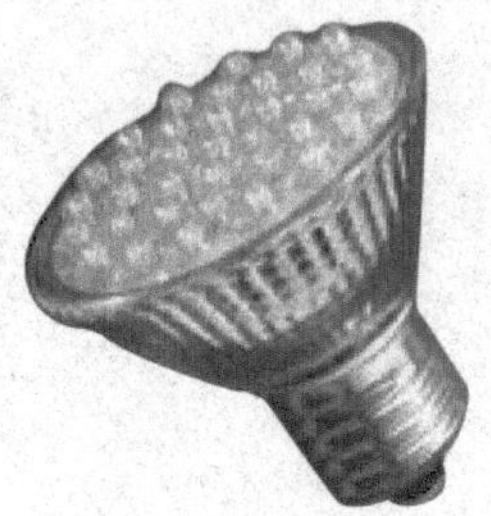

图5-23　LED灯

二、日光灯照明线路的安装

1. 日光灯接线原理图和接线图

日光灯又称荧光灯，它是由灯管、启辉器、镇流器、灯座和灯架等部件组成的。在灯管中充有水银蒸气和氩气，灯管内壁涂有荧光粉，灯管两端装有灯丝，通电后灯丝能发射电子轰击水银蒸气，使其电离，产生紫外线，激发荧光粉而发光。

日光灯发光效率高、使用寿命长、光色较好、经济省电，故被广泛使用。日光灯按功率分，常用的有6W、8W、15W、20W、30W、40W等多种；按外形分，常用的有直管形、U形、环形、盘形等多种；按发光颜色分，又分有日光色、冷光色、暖光色和白光色等多种。

日光灯的安装方式有悬吊式和吸顶式，吸顶式安装时，灯架与天花板之间应留15mm的间隙，以利通风，如图5-24所示。

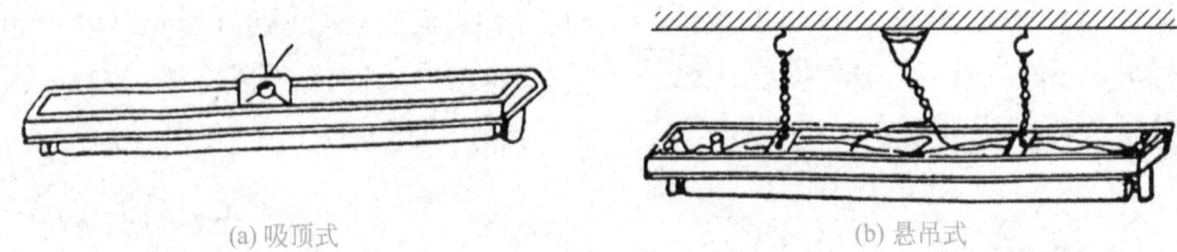

(a) 吸顶式　(b) 悬吊式

图5-24　日光灯的安装方式

具体安装步骤如下：

① 安装前的检查。安装前先检查灯管、镇流器、启辉器等有无损坏，镇流器和启辉器是否与灯管的功率相配合。特别注意，镇流器与日光灯管的功率必须一致，否则不能使用。

② 各部件安装。悬吊式安装时，应将镇流器用螺钉固定在灯架的中间位置；吸顶式安装时，不能将镇流器放在灯架上，以免散热困难，可将镇流器放在灯架外的其他位置。镇流器如图5-25所示。

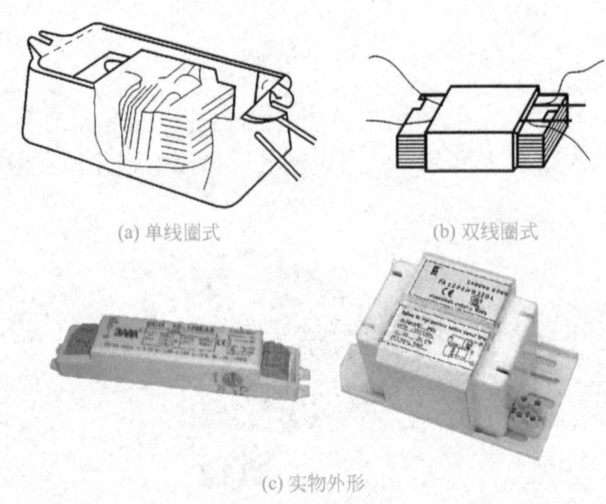

(a) 单线圈式　(b) 双线圈式

(c) 实物外形

图5-25　镇流器

镇流器的作用是在启动时与启辉器配合，产生瞬时高压；工作时限制灯管中的电流。

镇流器有单线圈式和双线圈式。

将启辉器座固定在灯架的一端或一侧边上，两个灯座分别固定在灯架的两端，中间的距离按所用灯管长度量好，使灯脚刚好插进灯座的插孔中。如图5-26所示。

启辉器的作用是使电路接通，并能自动断开，相当于一个自动开关。电容的作用是避免启辉器两触片断开时产生火花烧坏触片和减弱荧光灯对无线电设备的干扰。启辉器座如图5-27所示。

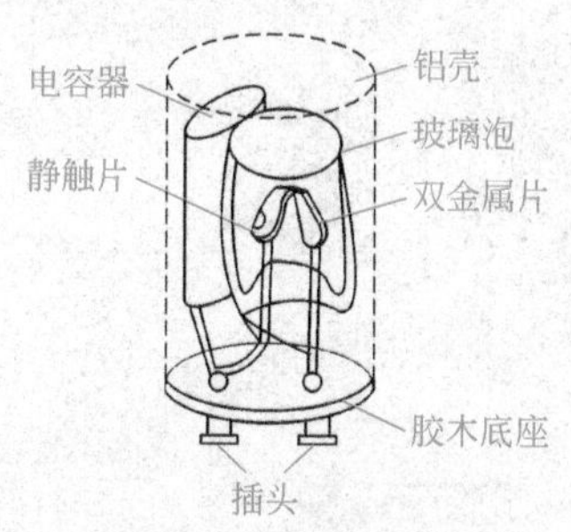

图5-26 启辉器的结构

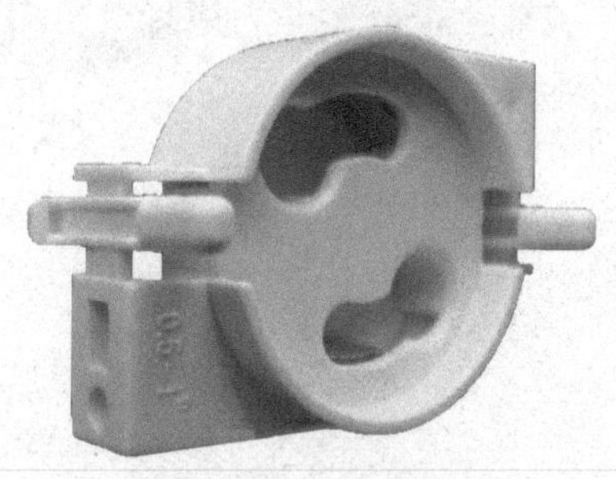

图5-27 启辉器座

③ 电路接线。日光灯接线应接在灯座上，灯座如图5-28所示，各部件位置固定好后，按如图5-29进行接线。接线完毕要对照电路图仔细检查，以防接错或漏接。然后把启辉器和灯管分别装入插座内。接电源时，其相线应经开关连接在镇流器上，通电试验正常后，即可投入使用。

图5-28 灯座

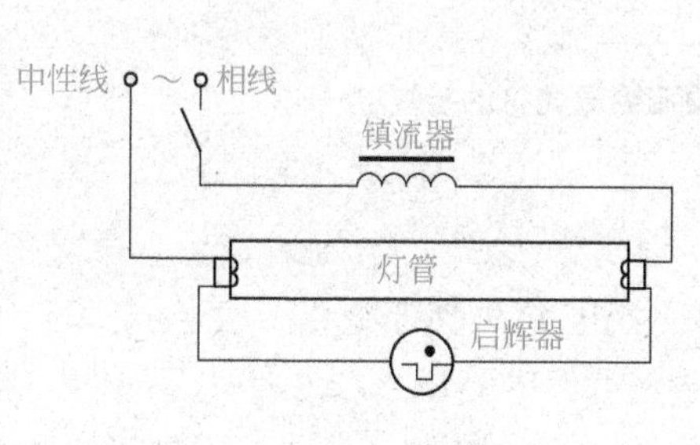

(a) 单线圈式单管电路

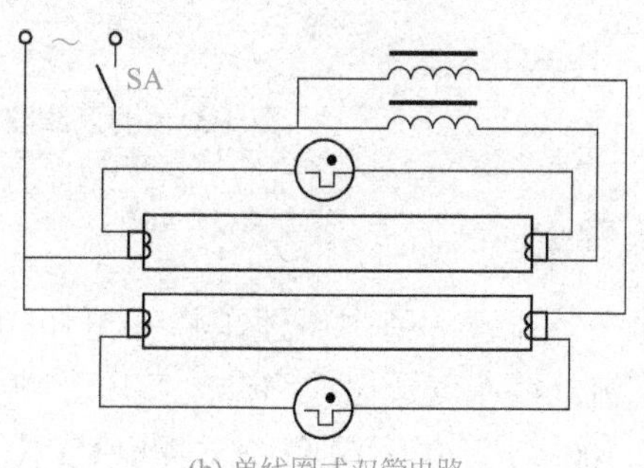

(b) 单线圈式双管电路

图5-29 日光灯接线原理图

2. 一般镇流器日光灯的接线

采用一般镇流器日光灯的接线如图5-30所示。

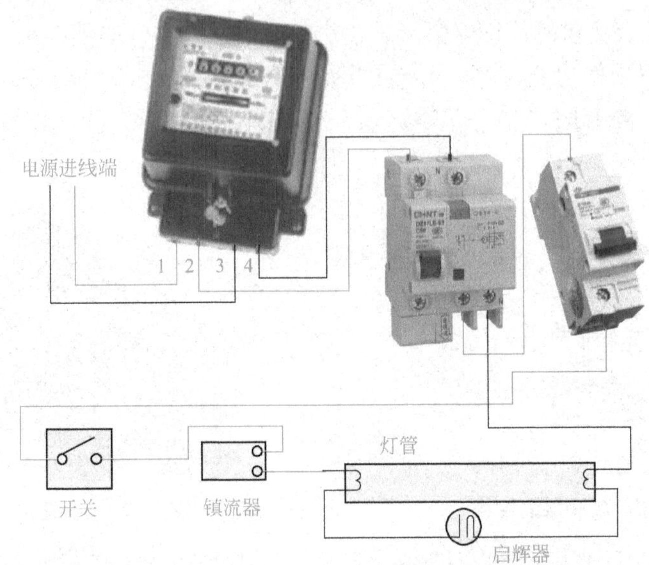

图5-30　采用一般镇流器日光灯的接线

3. 两只线圈的镇流器日光灯的接线

采用两只线圈的镇流器日光灯的接线如图5-31所示。

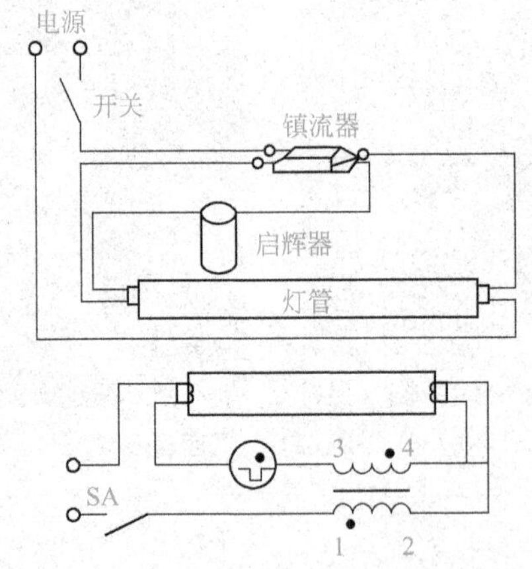

图5-31　两只线圈的镇流器日光灯的接线

4. 电子镇流器荧光灯接线

电子镇流器的基本原理是将工频50Hz的交流电源经整流滤波，变换成20～50kHz高频交流，经串联谐振电路产生高压脉冲点燃灯管。电路串入很小的电感线圈，用单孔磁芯绕100多圈，电感量很少，耗电1W左右，从而节省电力，由功率因数校正电路而使$\cos\varphi$提高，启动电压低，且无噪声、无闪频。

目前市场出售的电子镇流器有灯座式（无壳式）、有壳式两种。有壳式电子式镇流器接线如图5-32所示。

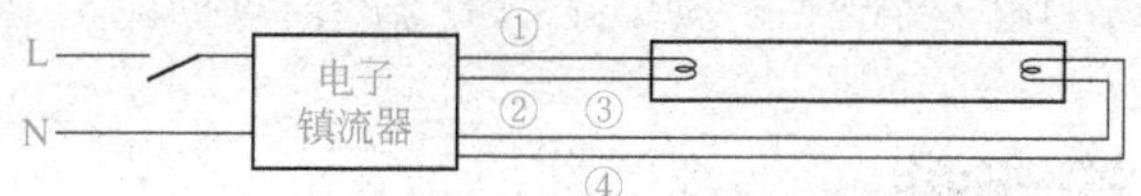

图5-32　有壳式电子式镇流器接线（单管）

接灯丝：①、②一种颜色（如黑色）接灯管一端灯脚，③、④另一种颜色（如灰色）接灯管另一端灯脚；
接电源：L、N（如红色）

电子镇流器，是镇流器的一种，是指采用电子技术驱动电光源，使之产生所需照明的电子设备。与之对应的是电感式镇流器（或镇流器）。现代日光灯越来越多的使用电子镇流器，轻便小巧，甚至可以将电子镇流器与灯管等集成在一起，同时，电子镇流器通常可以兼具启辉器功能，故此又可省去单独的启辉器。电子镇流器还可以具有更多功能，比如可以通过提高电流频率或者电流波形（如变成方波）改善或消除日光灯的闪烁现象，也可通过电源逆变过程使得日光灯可以使用直流电源。

电子镇流器如图5-33所示，是使用半导体电子元件，将直流或低频交流电压转换成高频交流电压，驱动低压气体放电灯（杀菌灯）、卤钨灯等光源工作的电子控制装置。应用最广的是荧光灯电子镇流器。

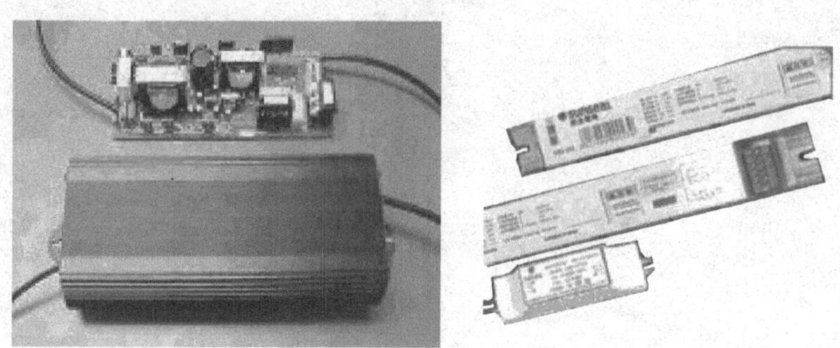

(a) 电子镇流器外观

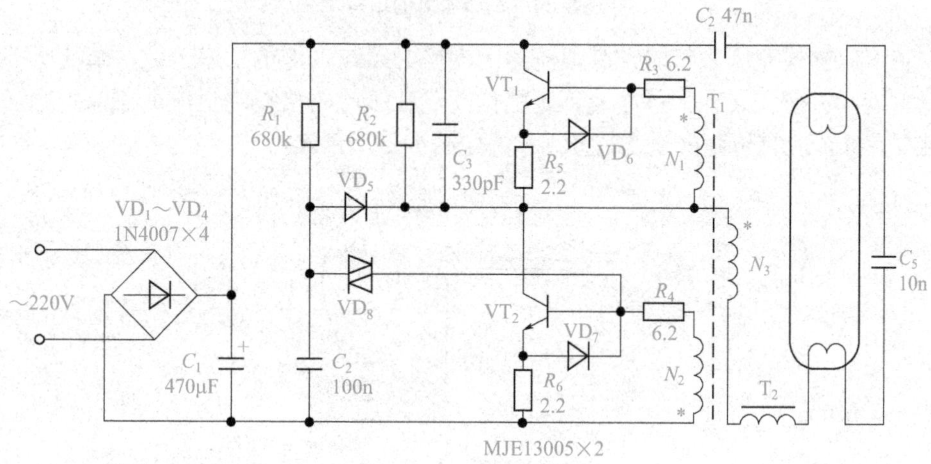

(b) 电子镇流器原理图

图5-33　电子镇流器

电子镇流器分：荧光灯电子镇流器、高压钠灯电子镇流器、金属卤化物灯电子镇流器。由于电子镇流器采用现代软开关逆变技术和先进的有源功率因数矫正技术及电子滤波措施，故而具有很好的电磁兼容性，降低了镇流器的自身损耗。

三、高压汞灯的安装

高压汞灯分镇流器式和自镇流式两种。高压汞灯功率在125W以下的，应配用E27型瓷质灯座，功率在175W以上的，应配用E40型瓷质灯座。

1. 镇流器式高压汞灯

镇流器式高压汞灯是普通荧光灯的改进型，是一种高压放电光源，与白炽灯相比具有光效高、用电省、寿命长等优点，适用于大面积照明。

镇流器式高压汞灯的玻璃外壳内壁上涂有荧光粉，中心是石英放电管，其两端有一对用杜钨丝制成的主电极，上主电极旁装有启动电极，用来启动放电。灯泡内充有水银和氩气，在辅助电极上串有一个4kW的电阻，其结构如图5-34所示。

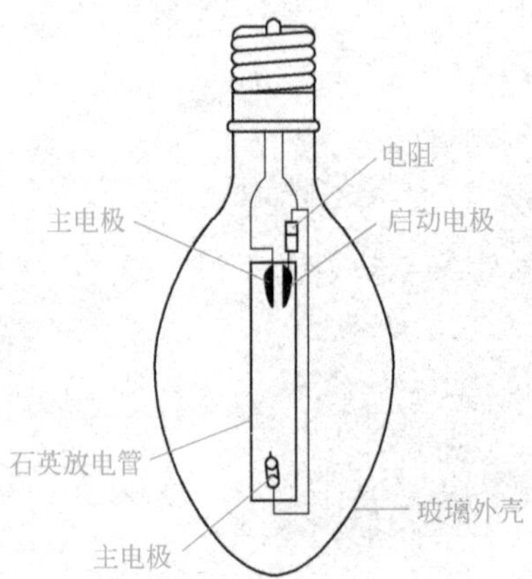

图5-34　高压汞灯的结构

安装镇流器式高压汞灯时，其镇流器的规格必须与灯泡的功率一致，镇流器应安装在灯具附近，并应安装在人体触及不到的位置，在镇流器接线端上应覆盖保护物，若镇流器装在室外，应有防雨措施。其接线方法如图5-35所示。

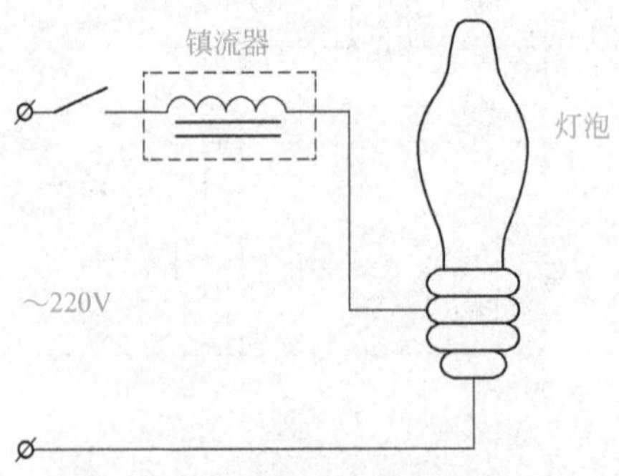

图5-35　镇流器式高压汞灯接线图

2. 自镇流式高压汞灯

自镇流式高压汞灯是利用水银放电管、白炽体和荧光质三种发光元素同时发光的一种复合光源，故又称复合灯。它与镇流器式高压汞灯外形相同，工作原理基本一样。不同的是它在石英放电管的周围串联了镇流用的钨丝，不需要外附镇流器，像白炽灯一样使用，并能瞬时起燃，安装简便，光色也好。但它的发光效率低，不耐振动，寿命较短。如图5-36所示。

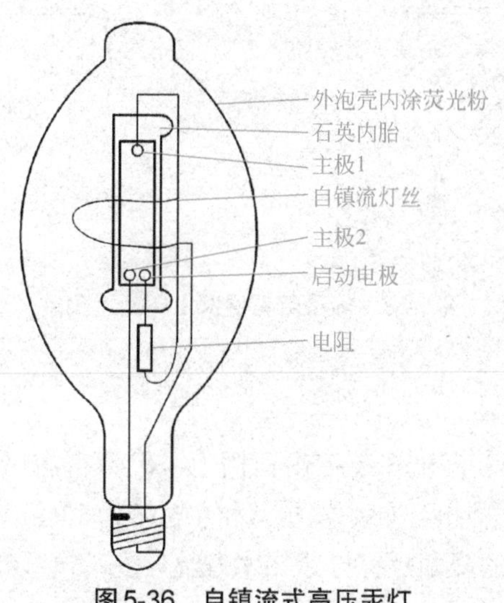

图5-36　自镇流式高压汞灯

四、其他灯具的安装

1. 吸顶灯在混凝土棚顶上的安装

(1) 预埋木砖法

在混凝土棚面上施工时，安装前应根据图纸要求，在浇筑混凝土前把木砖预埋在里面，如图5-37（a）所示。在安装灯具时，可以把灯具的底台（即绝缘台，有木制和塑料制的）先安装上，吸顶灯可选用紧固螺栓或木螺钉在预埋木砖上紧固。如果灯具底台直径超过100mm，必须用2枚螺钉，灯具底台必须安装牢固。灯具底台安装采用预埋螺栓，螺栓不得小于M6。灯具在底台固定可以采用木螺钉，木螺钉数量不得少于灯具给定的安装孔数。小型单头吸顶灯的灯具直接依靠铁支架安装在混凝土棚面上。首选按铁支架给定的安装孔数用胀管摞栓紧固，然后安装吸顶灯的灯具。

(2) 用胀管螺栓安装

大型或多头吸顶灯允许采用金属胀管螺栓紧固，但膨胀螺栓规格不得小于M6。圆形底盘吸顶灯紧固嫘栓数量不得少于3枚；方形或矩形底盘吸顶灯紧固螺栓不得少于4枚。螺栓布置图如图5-37（b）所示。

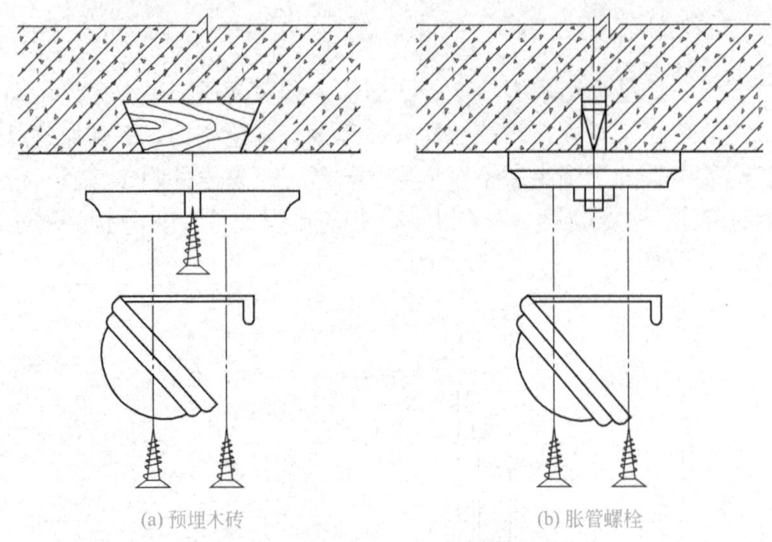

图5-37　吸顶灯在混凝土棚面上安装

2. 小型、轻体吸顶灯在吊顶上安装

小型、轻体吸顶灯可以直接安装在吊顶棚上，但不得用吊顶棚罩面板作为螺钉的紧固基面。安装时应在罩面板上面加装木方，木方规格为60mm×40mm，木方要固定在吊棚的主龙骨上。安装灯具的紧固螺钉拧紧在木方上，安装情况如图5-38所示。

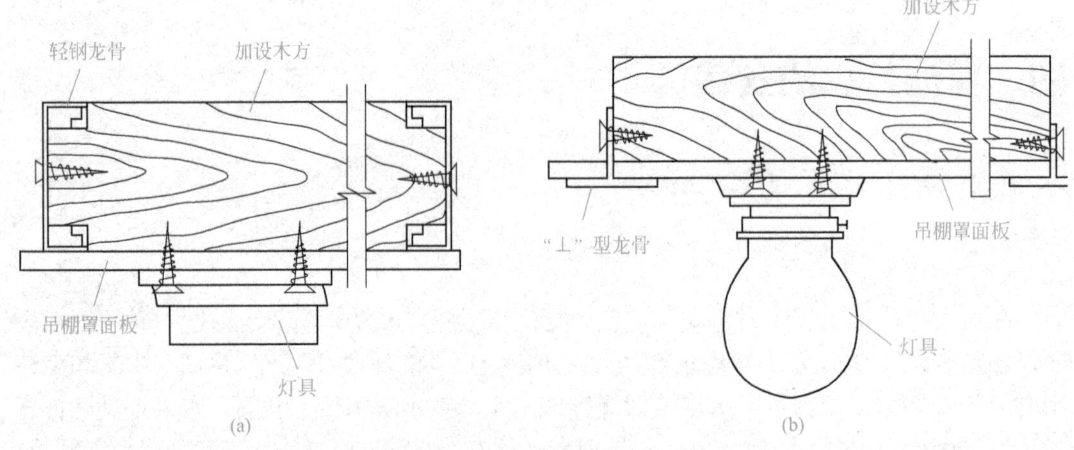

图5-38　吸顶灯在吊棚上安装（一）

3. 较大型吸顶灯在吊顶上安装的方法

较大型吸顶灯应在吊棚上安装，原则是不让吊棚承受更大的重力。其安装方法有三种：一是用吊杆将灯具悬吊固定在建筑物主体顶棚上；二是在吊棚的主龙骨上加设悬吊灯具附件装置，类似吊灯在顶棚上安装的方法；三是采用轻钢龙骨上紧固灯具，不仅快捷、省力而且规范，是值得推广的工艺模式。图5-39中示出了安装程序、节点图示和所含配件的外形。

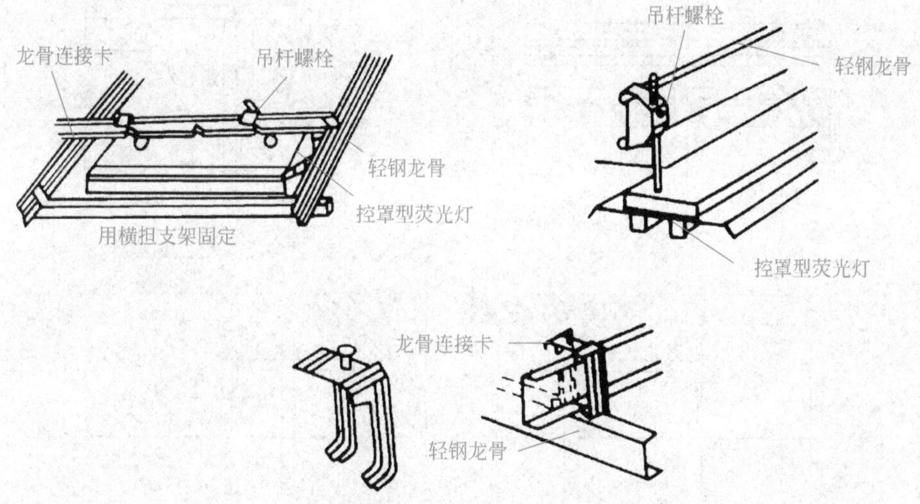

(a) 吊杆螺栓在横竖支架上固定

轻钢龙骨
方抱卡
控罩型荧光灯
方抱卡
控罩型荧光灯
用方抱卡固定
b
a
25
节点
用吊板固定
节点
节点
节点

(b) 用方抱卡在轻钢龙骨上固定

(c) 定形卡件在轻钢龙骨上固定

图5-39 吸顶灯在吊棚上安装（二）

4. 安装大型吊灯

吊灯分为大型吊灯和小型吊灯两种类型。大型吊灯，如豪华枝形吊灯有较大的体积和重量，而且绝大部分属现场组装型。小型吊灯大多数可以在安装前一次装配成型整体安装。

大型吊灯安装时要特别注意吊钩的承重力，按照国家标准规定，吊钩必须能挂超过灯具重量14倍的重物，只有这样，才能被确认是安全的。大型吊灯因体积大、灯体重必须固定在建筑物的主体棚面上（或具有承重能力的构架上），不允许在轻钢龙骨吊棚上直接安装。大型吊灯在混凝土棚面上安装，要事先预埋铁件或放置穿透螺栓，如图5-40所示，并同其连接附件一起，作为灯具的承重紧固装置。紧固装置要位置正确、牢固可靠，同时应有足够的调整余地，用以调整灯具位置的误差。

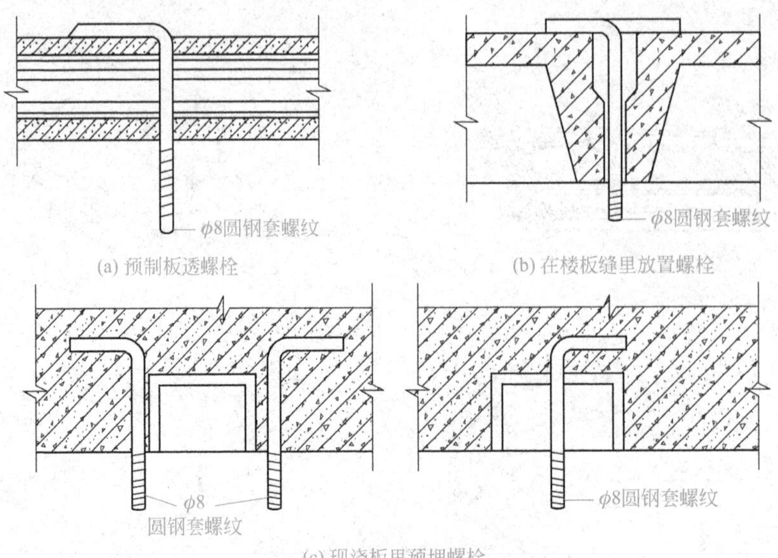

图5-40　在混凝土板里预埋螺栓

5. 小型吊灯在混凝土顶棚上安装

小型吊灯体积小、重量轻，在混凝土顶棚上安装除采用埋件、穿透螺栓外，还可以用胀管螺栓紧固。安装时可视灯具的体积、重量，决定所采用胀管螺栓的规格，但最小不宜小于M6，多头小型吊灯不宜小于M8，螺栓数量至少要2枚，不能采用轻型自攻型胀管螺钉。紧固螺栓在混凝土板面布置情况，如图5-41所示。

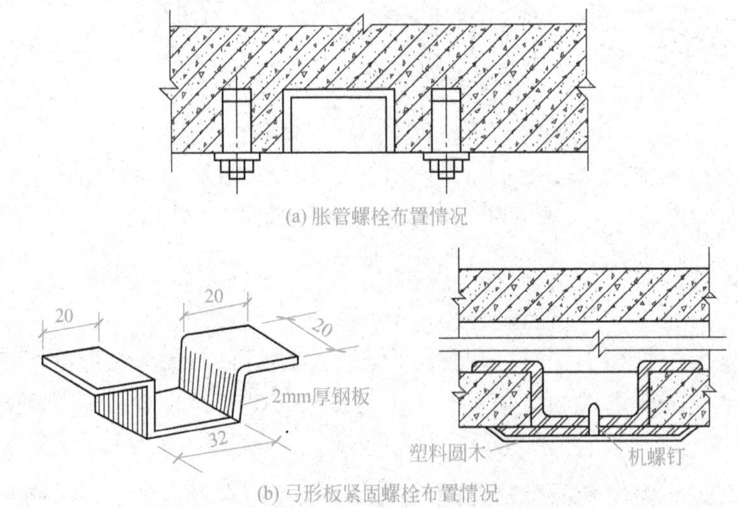

图5-41　在混凝土板里紧固螺栓布置

6. 小型吊灯在吊顶上安装

小型吊灯在吊棚上安装必须在吊棚主龙骨上设灯具紧固装置，可将吊灯通过连接件悬挂在紧固装置上，其紧固装置在主龙骨上的支持点应对称加设吊杆，以抵消灯具加在

吊棚上的重力，使吊棚不至于下沉、变形。其安装如图5-42所示。

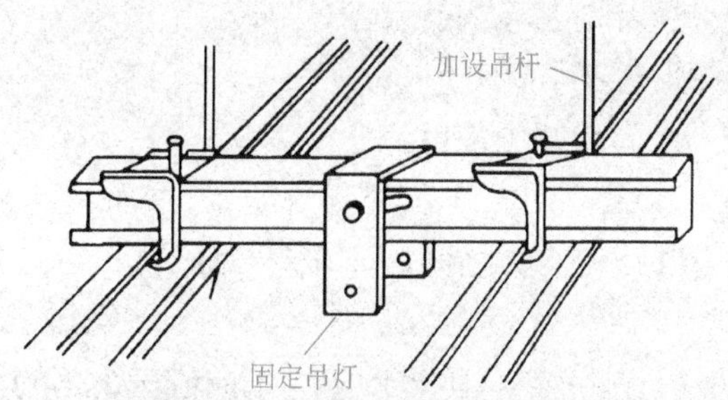

图5-42　吊灯在吊棚上安装

7. 在墙面、柱面上安装壁灯应注意的事项

在墙面、柱面上安装壁灯，可以用灯位盒的安装螺孔旋入螺钉来固定，也可在墙面上打孔量入金属或塑料胀管螺钉。壁灯底台固定螺钉一般不少于2个。体积小、重量轻、平衡性较好的壁灯可以用1个螺栓，采取挂式安装。过道壁灯安装高度一般为灯具中心距地面2.2m左右；床头壁灯以1.2～1.4m高度较为适宜。壁灯安装如图5-43所示。

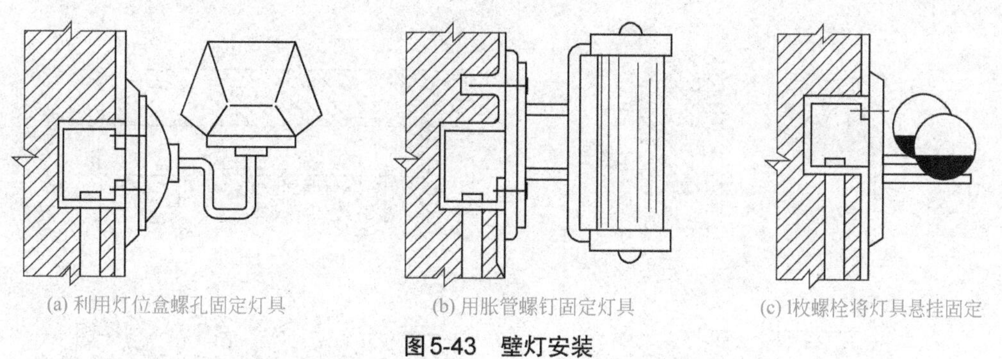

图5-43　壁灯安装

8. 行灯变压器的安装

① 变压器应具有加强绝缘结构（如图5-44所示）。这时变压器二次边保持独立，既不接地也不接零，更不接其他用电设备。

② 当变压器不具备加强绝缘结构时（如图5-45所示），其二次的一端应接地（接零）。

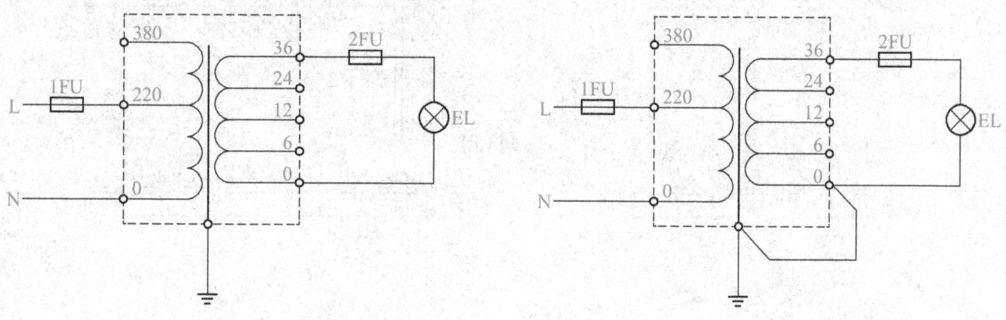

图5-44　加强绝缘变压器　　图5-45　普通绝缘的变压器

③ 一、二次应分开敷设，一次侧采用护套三芯软铜线，长度不宜超过3m。二次侧应采用不小于0.75mm^{2}的软铜线或护套软线。

④ 一、二次均应装短路保护。

⑤ 不宜将变压器带入金属容器中使用。

⑥ 绝缘电阻应合格：

a.加强绝缘的变压器1次与2次之间，不低于5MΩ；1次、2次分别对外壳不低于7MΩ。

b.普通绝缘的变压器，上述各部位绝缘地阻均不应低于0.5MΩ。

⑦ 行灯应有完整的保护网，应有耐热、耐湿的绝缘手柄。

9. 明配线管的敷设方式

明配线管有沿墙敷设、吊装敷设和管卡槽敷设。

（1）沿墙敷设

一般采用管卡将线管直接固定在墙壁或墙支架上，其基本方法如图5-46（a）、（b）、（d）所示。

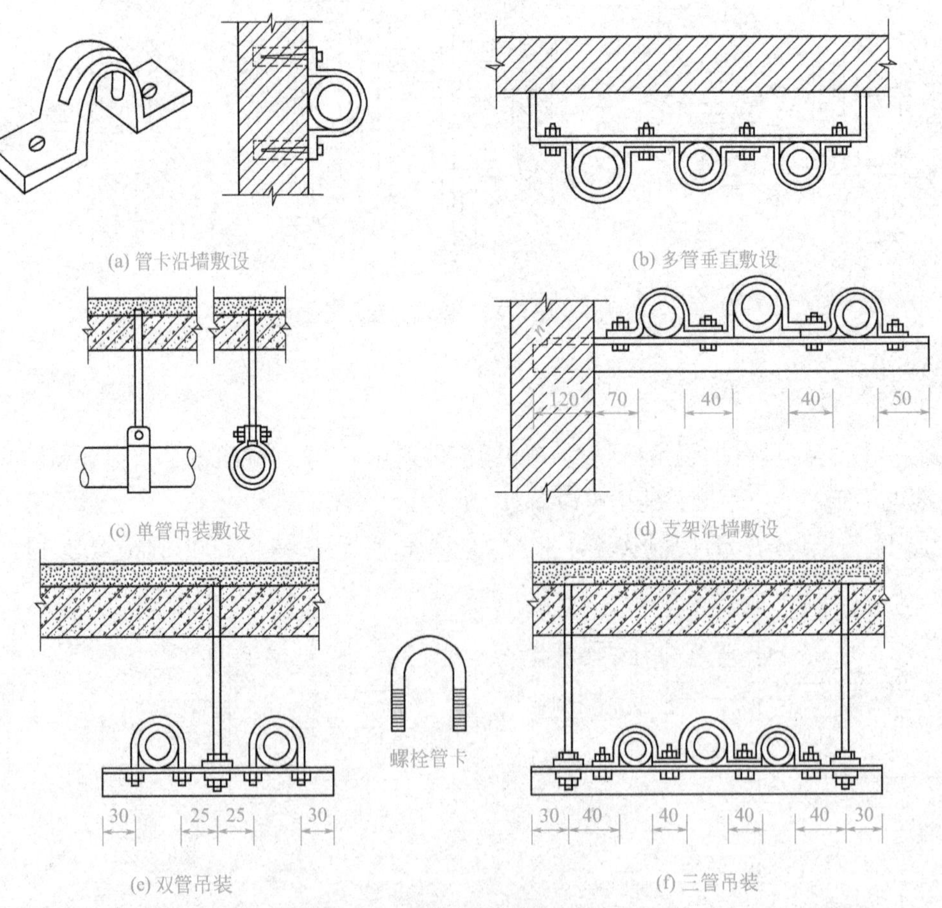

图5-46　明配线管的敷设方式

（2）吊装敷设

多根管子或管径较粗的线管在楼板下敷设时，可采用吊装敷设。其做法如图5-46（c）、（e）、（f）所示。

（3）管卡槽敷设

将管卡板固定在管卡槽上，然后将线管安装在管卡板上，即为管卡槽敷设，如图5-47所示，它适用于多根线管的敷设。

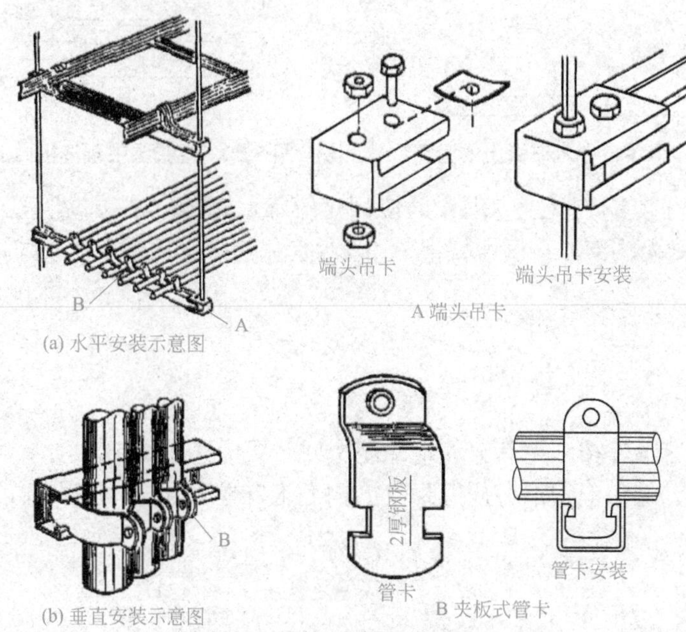

图5-47　明配线管的管卡槽的敷设

10. 暗配线管的敷设方法

暗配线管有线管敷设、灯头盒敷设和接线盒敷设。

（1）线管敷设

现浇混凝土结构敷设线管时，应在土建施工前将管子固定牢靠，并用垫块（一般厚约15mm）将管子垫高，使线管与土建模板保持一定距离。然后可用铁丝将线管固定在（或直接焊接在）土建结构的钢筋上，或用铁钉将其固定在木模板上，如图5-48所示。

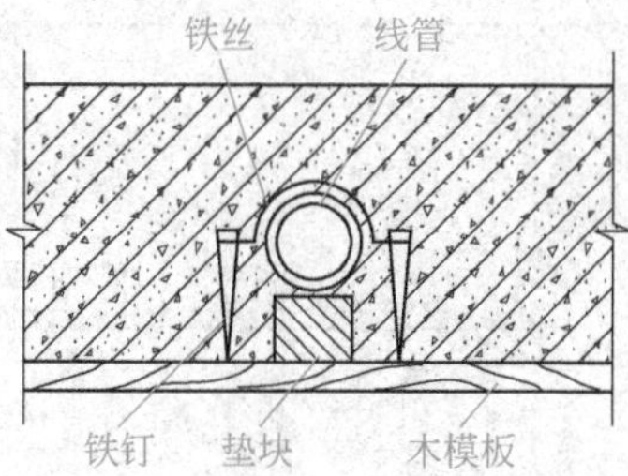

图5-48　线管在木模板上的固定

（2）灯头盒敷设

在现浇板内敷设时，灯头盒的固定可参照图5-49所示，灯头盒的敷设如图5-50所示。

（3）接线盒敷设

接线盒和开关盒的预埋安装可参照图5-50灯头盒的方法进行。

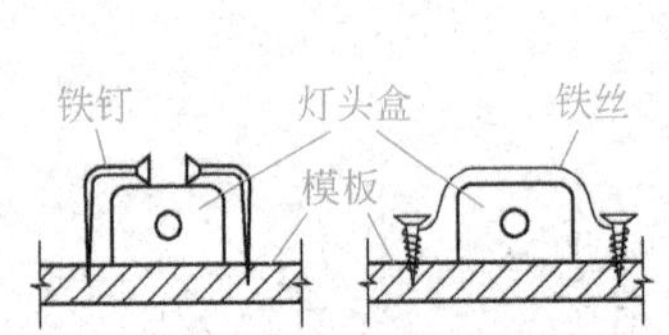

图5-49　灯头盒在木模板上的固定

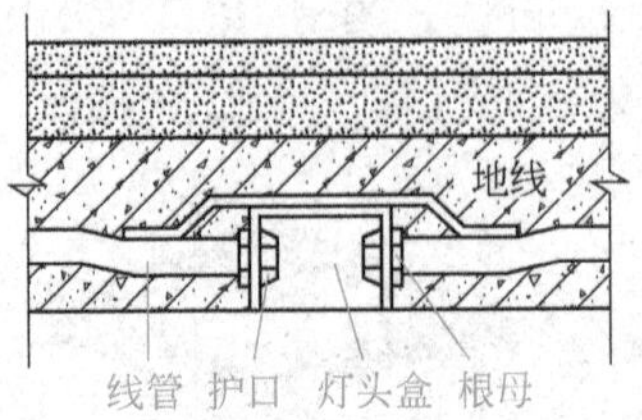

图5-50　灯头盒在现浇板内的敷设

线管与箱体在现浇混凝土内埋设时应固定牢靠，以防土建振捣混凝土时使其移位。也可在墙壁粉刷前凿沟槽、孔洞，将管子和器件埋入后，再用水泥砂浆抹平。

11. 金属配管管间或与箱体连接

（1）管间连接

管间宜采用管箍连接，尤其直埋地和防爆线管更应采用图5-51所示连接。有时为保证管口的严密性，管子丝扣部分应顺螺纹方向缠上麻丝再涂上一层白漆，然后用管钳拧紧，使两管端部吻合。

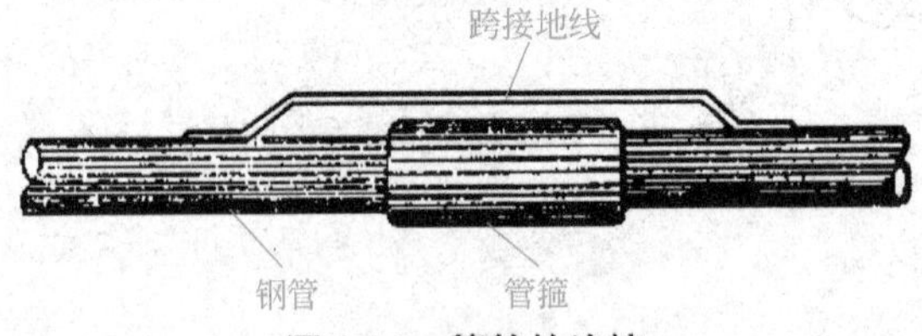

图5-51　管箍的连接

（2）管盒连接

先在线管上旋一个锁紧螺母（俗称根母），然后把盒上敲落孔打掉将管手穿人孔内，再旋上盒内螺母（俗称护口），最后用两把扳手将锁紧螺母和盒内螺母反向拧紧，如图5-52所示。如需密封时，可分别垫入封口垫圈。

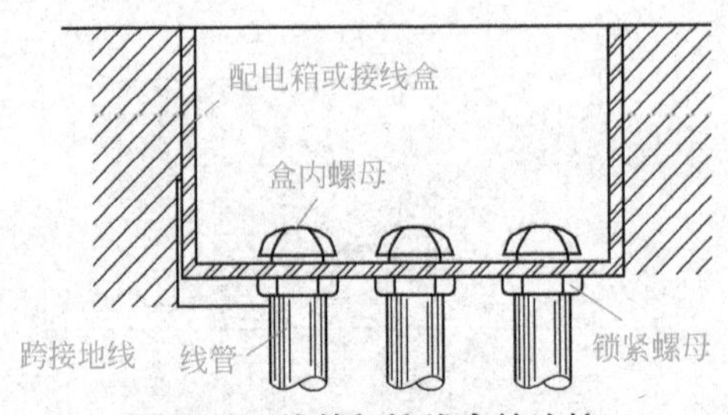

图5-52　线管与接线盒的连接

（3）接地连接

当配管有接地要求时，因螺纹连接会降低导电性能，保证不了接地的可靠性。

为了安全用电，管间及管盒间的连接处，应按图5-51所示的方法焊接跨接地线，其跨接地线的规格可参照表5-1选择。

表5-1 跨接地线选择表

公称直径/mm		跨接线/mm	
电线管	钢管	圆钢	扁钢
＜32	＜25	$\phi 6$	
40	32	$\phi 8$	
50	40～50	$\phi 10$	
70～80	70～80		25×4

12. 扫管穿线

扫管穿线工作一般在土建地坪和粉刷完毕后进行。

（1）清扫线管

土建施工中，管内难免进入尘埃和污水。为避免损伤导线和顺利穿线，在穿线前最好用压缩空气吹入管路中，以除去灰土杂物和积水；或在引线钢丝上绑以擦布，来回拉动数次，将管内灰尘和水份擦净。管路扫清后，可向管内吹入滑石粉，使得导线润滑以利穿线。

（2）导线穿管

导线穿管工作应由两个人合作。将绝缘导线绑在线管一端的钢丝上，由一人从另一端慢慢拉引钢丝，另一人同时在导线绑扎处慢慢牵引导线入管，如图5-53所示。穿线时，应采用前述的放线方法放线，不能将导线弄乱，使导线有缠绕和急弯现象。

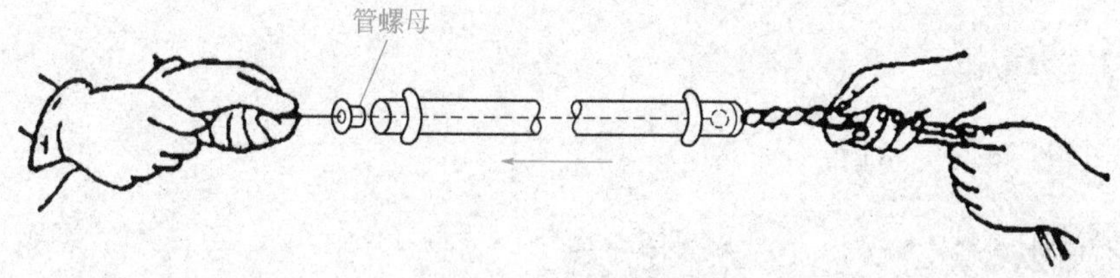

图5-53 导线穿管方法

（3）剪断导线

导线穿好后，要剪断多余导线，并留有适当余量，以便于以后的接线安装。当管内导线根数较多时，应进行校线工作，以免产生接线错误。

13. 应装设线路补偿装置的场所

① 当线管经过建筑物的沉降伸缩缝时，为防止建筑物伸缩沉降不匀而损坏线管，需

在变形缝旁装设补偿装置（图5-54）。补偿装置连接管的一端用根母和护口拧紧固定，另一端无需固定，如图5-54（a）所示。当为明配线管时，可采用金属软管补偿，如图5-54（b）所示。

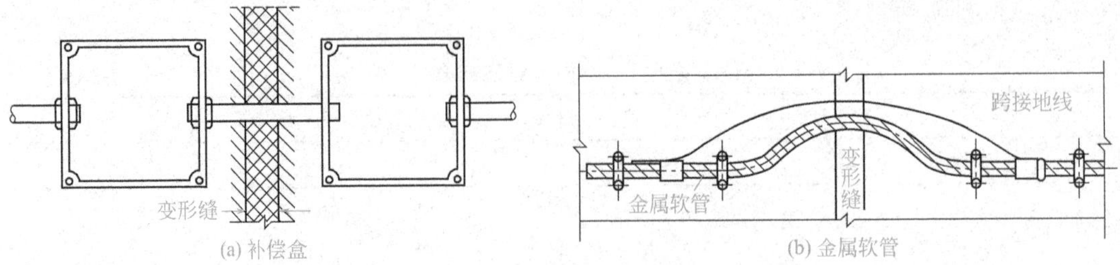

图5-54　变形缝补偿装置

② 由于硬塑料管的热胀系数较大（为钢管的5～7倍），所以当线管较长时，每隔30m要装设一个温度补偿装置（在支架上架空敷设除外），如图5-55所示。

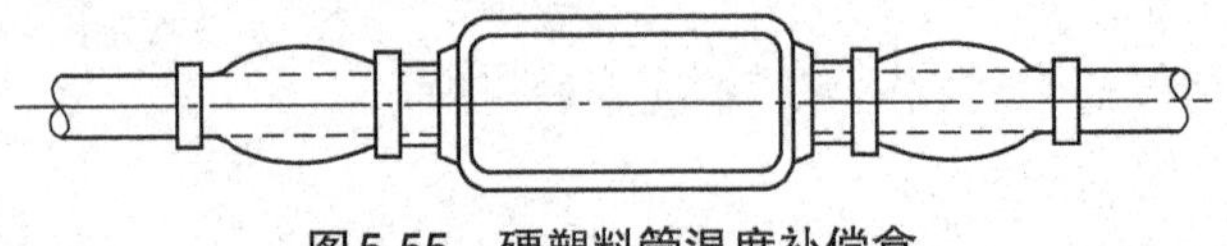

图5-55　硬塑料管温度补偿盒

五、插座的安装

1. 常用明装插座

明装插座如图5-56所示。

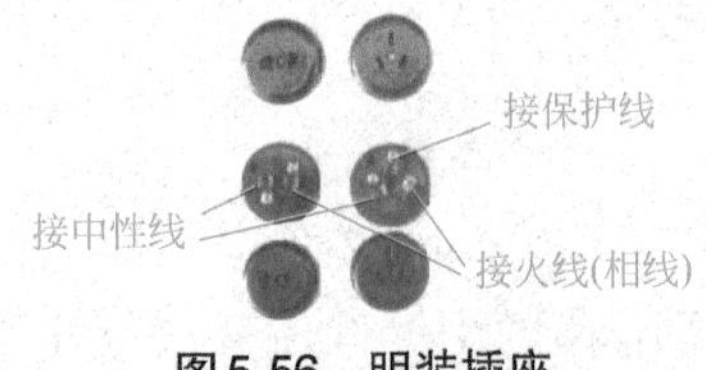

图5-56　明装插座

2. 常用暗装插座

暗装插座如图5-57所示。

3. 带开关插座

带开关插座如图5-58所示。

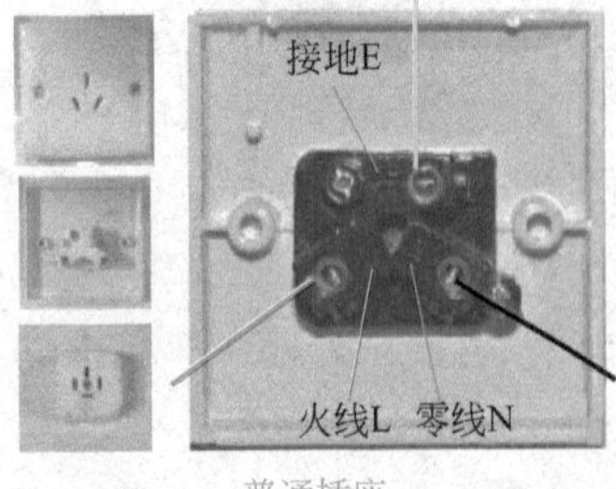

普通插座

防水插座

图5-57　暗装插座

图5-58　带开关插座

4. 插头与插座

插头与插座的连接如图5-59所示。

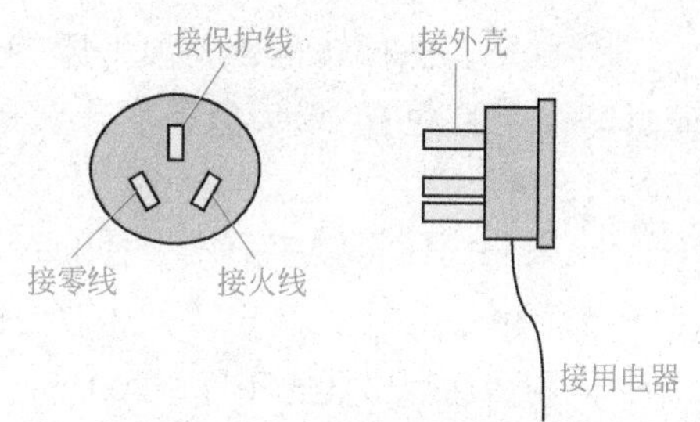

图5-59　插头与插座的连接

5. 插座的安装

插座安装方式有明装和暗装两种，在住宅电气设计中，尤以暗装插座居多。普通家用插座的额定电流为10A。

（1）两孔插座的安装

在水平排列安装时，应零线接左孔，相线接右孔，即左零右火；垂直排列安装时，应零线接上孔，相线接下孔，即上零下火，如图5-60（a）所示。三孔插座安装时，下方两孔接电源线，零线接左孔，相线接右孔，上面大孔接保护接地线，如图5-60（b）所示。

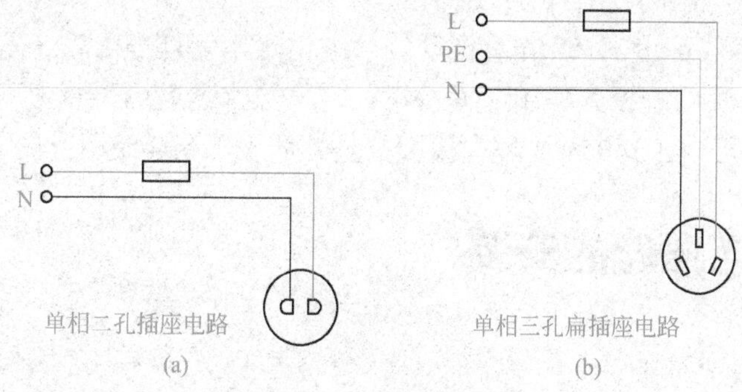

图5-60　电源插座及接线

（2）插座的安装高度

明装插座距地面应不小于1.8m，暗装插座应不小于0.3m，儿童活动场所应用安全插座。不同电压等级的插座在结构上应有明显区别，以防插错。严禁翘扳插座，靠近安装。在爆炸危险场所，应使用防爆插座。施工现场，移动式用电设备，插座必须带保护接地线，室外应有防雨设施。插座接线如图5-61所示。

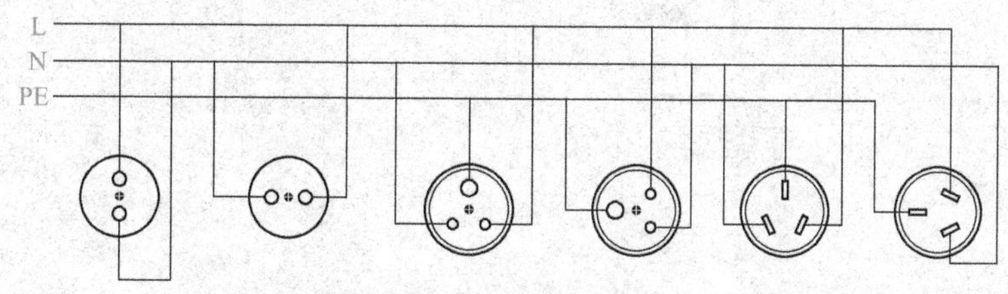

图5-61　单相插座的安装

① 正常家用插座高度：台面插座距离台面15cm使用最方便；非台面插座距地面高度40cm。

② 空调插座高度：挂机空调距离顶面20cm（实际设计安装中一般不以这个为标准，下面讲回路设计时会详细说明空调插座最好的安装方式），柜机空调插座高度为40cm。

③ 卧室床头两边插座高度：床的高度一般是30cm加床垫后应以60cm为宜（平膝盖或者略高于膝盖），床头柜高度一般是50cm，距离床沿5 ～ 8cm，插座安装在距离床沿10 ～ 15cm位置合适。

④ 厨房操作台插座高度：120cm（操作台标准高度是80cm，洗菜池旁边插座高度需高于台面40cm以上，其他位置距离台面20 ～ 30cm比较方便）。

⑤ 厨房油烟机插座高度：200cm，集成灶安装在操作台橱柜里面，距地面30 ～ 40cm。

⑥ 冰箱插座高度：50 ～ 60cm，一侧，避开冰箱散热器。

⑦ 阳台插座高度：120cm。

⑧ 卫生间洗手盆上方插座高度：140cm。

⑨ 卫生间预留插座高度：140 ～ 150cm。

⑩ 卫生间智能马桶插座（预留）高度：60cm。

⑪ 洗衣机插座高度：120cm。

⑫ 燃气热水器插座高度：140cm。

⑬ 电热水器插座高度：180cm，自动烧水的电热水器耗电大，一般为了省电都是烧热一热水器的水，然后一家人集中时间洗漱，这样热水器就需要反复开、关，所以设计中电热水器的高度可以在140cm高度，用带开关的插座，这样使用方便。

六、照明灯与插座的安装

1. 单控灯与插座的安装

单控灯与插座的安装如图5-62所示。

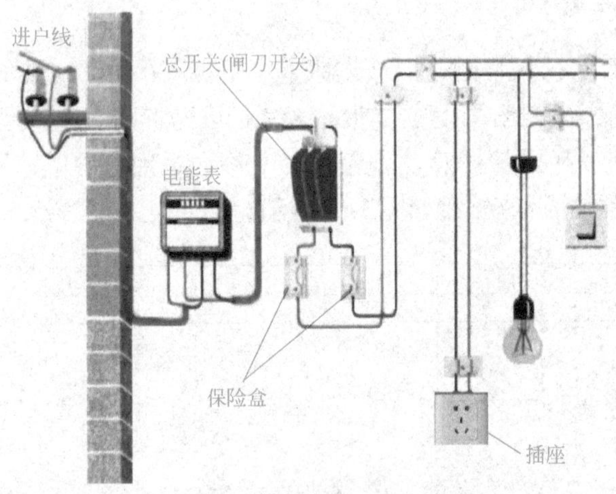

图5-62　单控灯与插座

一个开关控制一盏灯，插座不受开关控制的电路如图5-63所示；实际接线图5-64所示。

2. 单控灯、双控灯与插座的安装

单控灯、双控灯与插座如图5-65所示。

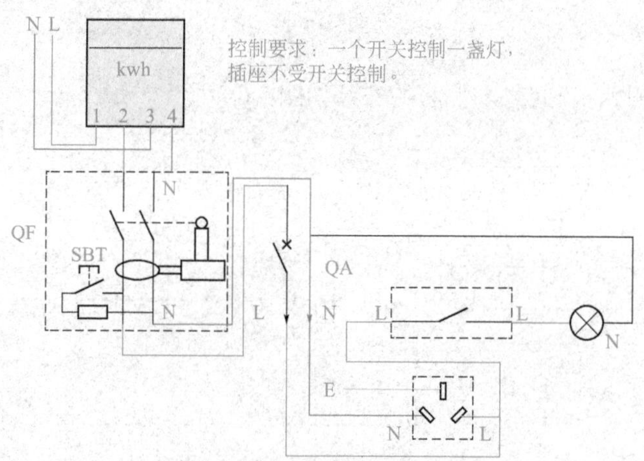

图5-63　一个开关控制一盏灯，插座不受开关控制的电路

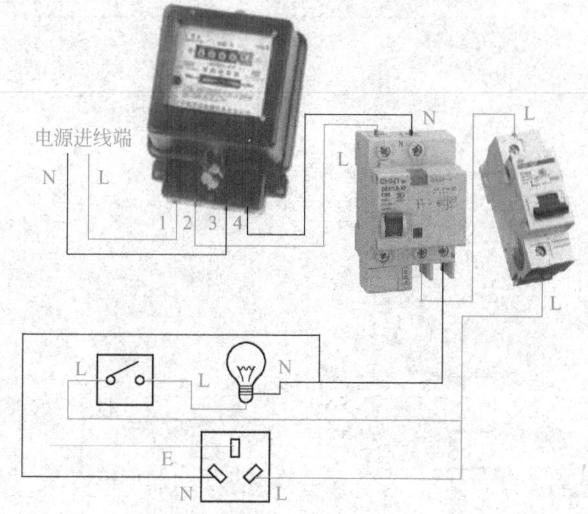

图5-64　一个开关控制一盏灯，插座不受开关控制的实际接线图

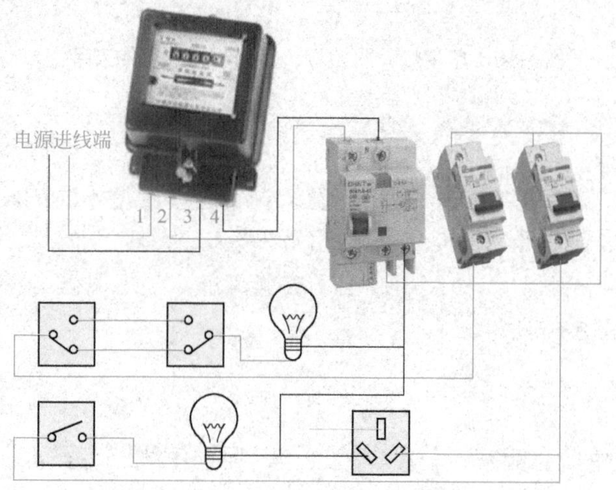

图5-65　单控灯、双控灯与插座实物接线

3. 单控灯、双控灯、日光灯与插座的安装

单控灯、双控灯、日光灯与插座的安装如图5-66所示。

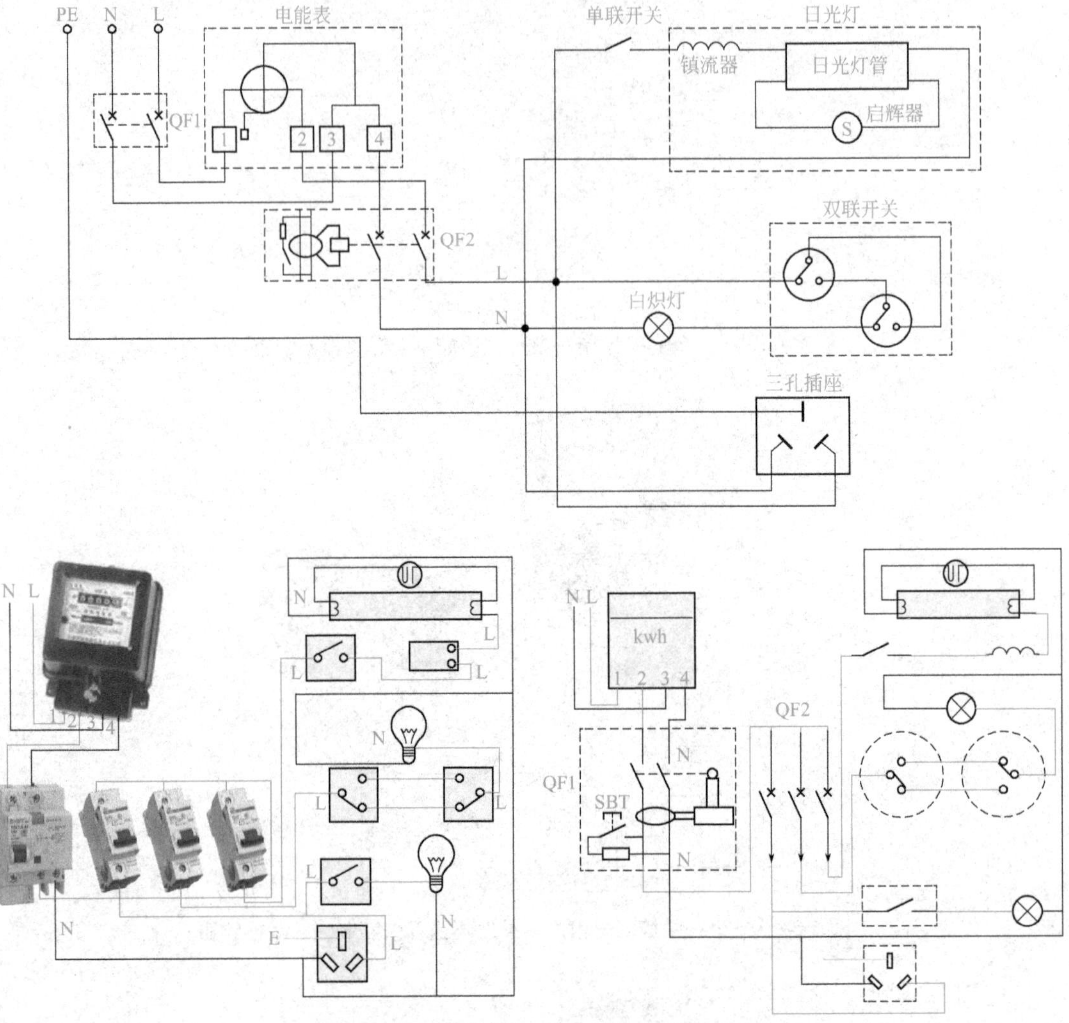

图5-66　单控灯、双控灯、日光灯与插座的安装图

4. 电路回路设计与开关、插座安装准则

不同的电路回路设计，开关、插座的设计安装选择也是不同的。最普通的电路回路是三路：弱电回路、强电照明回路和强电插座回路。

但是在现在实际的设计、安装中，出于安全考虑，很多时候会有5、6个回路，甚至更多。实际接线如图5-67所示。

5. 室内布线的技术要求

室内布线不仅要使电能安全、可靠地传送，还要使线路布置正规、合理、整齐和牢固，其技术要求如下。

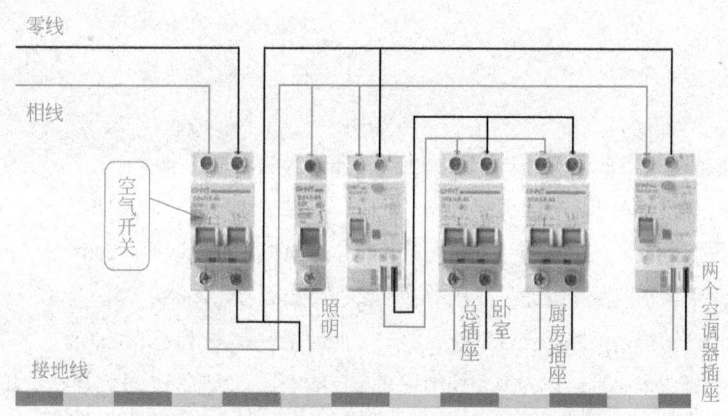

图5-67 电路回路设计与开关、插座安装图

① 所用导线的额定电压应大于线路的工作电压，导线的绝缘应符合线路的安装方式和敷设环境的条件。导线的截面积应满足供电安全电流和机械强度的要求，一般的家用照明线路主干线选用2.5mm^{2}的铜芯绝缘导线，分支线选用1.5mm^{2}的铜芯绝缘导线为宜。

② 布线时应尽量避免导线有接头，若必须有接头时，应采用压接或焊接，连接方法按导线的电连接中的操作方法进行，然后用绝缘胶布包缠好。穿在管内的导线不允许有接头，必要时应把接头放在接线盒、开关盒或插座盒内。

③ 布线时应水平或垂直敷设，水平敷设时导线距地面不小于2.5m，垂直敷设时导线距地面不小于2m，布线位置应便于检查和维修。

④ 导线穿过楼板时，应敷设钢管加以保护，以防机械损伤。导线穿过墙壁时，应敷设塑料管保护，以防墙壁潮湿产生漏电现象。导线相互交叉时，应在每根导线上套绝缘管，并将套管牢靠固定，以避免碰线。

⑤ 为确保用电的安全，室内电气线路及配电设备和其他管道、设备间的最小距离，应符合有关规定，否则应采取其他保护措施。

⑥ 室内布线的工艺步骤如下：

a. 按设计图样确定灯具、插座、开关、配电箱等装置的位置；

b. 勘察建筑物情况，确定导线敷设的路径，穿越墙壁或楼板的位置；

c. 在土建未涂灰之前，打好布线所需的孔眼，预埋好螺钉、螺栓或木榫。暗敷线路，还要预埋接线盒、开关盒及插座盒等；

d. 装设绝缘支撑物、线夹或管卡；

e. 进行导线敷设，导线连接、分支或封端；

f. 将出线接头与电器装置或设备连接。

参考文献

[1] 邱利军，于曰浩．电工操作技能．北京：化学工业出版社，2011.

[2] 白玉岷．照明电路及单相电气装置的安装．北京：机械工业出版社，2011.

[3] 闫和平．常用低压电器与电气控制技术问答．北京：机械工业出版社，2006.

[4] 陈惠群．电工仪表与测量．北京：中国劳动社会保障出版社，2008.

[5] 代佳乐．电力拖动控制线路与技能训练．西安：西北工业大学出版社，2008.

[6] 田建芬，张文燕，朱小琴．电力拖动控制线路与技能训练．北京：科学出版社，2009.

[7] 张建霞．电工仪表与测量．北京：中国电力出版社，2010.

[8] 陈键．电工仪表与测量．北京：北京理工大学出版社，2009.